ANATOMIA DAS PLANTAS COM SEMENTES

Blucher

KATHERINE ESAU
Professora de Botânica, University of California, EUA

ANATOMIA DAS PLANTAS COM SEMENTES

Tradução:
BERTA LANGE DE MORRETES
Professora de Botânica do Instituto de Biociências da
Universidade de São Paulo

ANATOMY OF SEED PLANTS
A edição em língua inglesa foi publicada
pela JOHN WILEY & SONS, INC.
© 1960 by John Wiley & Sons, Inc.

Anatomia das plantas com sementes
© 1974 Editora Edgard Blücher Ltda.
21ª reimpressão – 2017

Blucher

Rua Pedroso Alvarenga, 1245, 4º andar
04531-934 – São Paulo – SP – Brasil
Tel.: 55 11 3078-5366
contato@blucher.com.br
www.blucher.com.br

É proibida a reprodução total ou parcial
por quaisquer meios sem autorização
escrita da editora.

Todos os direitos reservados pela Editora
Edgard Blücher Ltda.

FICHA CATALOGRÁFICA

E72a   Esau, Katherine
       Anatomia das plantas com sementes / Esau Katherine; tradução: Berta Lange de Morretes. – São Paulo: Blucher, 1974.

       p. ilust.

       Bibliografia.
       ISBN 978-85-212-0102-1

       1. Botânica – Anatomia 2. Plantas – Células e tecidos I. Título.

                                    CDD-581.4
73-0978   -581.8

Índices para catálogo sistemático:
1. Anatomia vegetal: Botânica   581.4
2. Botânica: Anatomia   581.4
3. Citologia e histologia: Botânica   581.8
4. Histologia e citologia: Botânica   581.8
5. Plantas: Anatomia: Botânica   581.4
6. Plantas: Histologia e citologia: Botânica   581.8

Conteúdo

PREFÁCIO À EDIÇÃO BRASILEIRA XIII
PREFÁCIO XV

Capítulo 1. INTRODUÇÃO 1
  Organização interna do corpo vegetal 1
  Sumário dos tipos de células e tecidos 3
    Epiderme 3
    Periderme 3
    Parênquima 3
    Colênquima 3
    Esclerênquima 3
    Xilema 4
    Floema 4
    Estruturas secretoras 4
  Referências bibliográficas 4

Capítulo 2. O EMBRIÃO 6
  Embrião das dicotiledôneas 6
    Partes do embrião 6
    Origem e desenvolvimento das partes 6
    Início da organização dos tecidos 9
    Meristemas apicais 9
  Embrião das monocotiledôneas 10
    Embrião de *Allium cepa* (cebola) 11
    Embrião das gramíneas 12
  Referências bibliográficas 14

Capítulo 3. DO EMBRIÃO À PLANTA ADULTA 16
  Meristemas e origem dos tecidos 16
  Diferenciação e especialização 19
  Expressões da organização no corpo vegetal 20
  Crescimento primário e secundário 22
  Referências bibliográficas 22

Capítulo 4. PARÊNQUIMA 23
  Formato das células 23
  Parede celular 23
  Conteúdo 27
    Plastídios 28
    Mitocôndrios 29
    Substâncias ergásticas 29
  Referências bibliográficas 31

Capítulo 5. COLÊNQUIMA 33
  Parede celular 33
  Distribuição na planta 35
  Estrutura em relação à função 35
  Referências bibliográficas 37

Capítulo 6. ESCLERÊNQUIMA 38
  Parede celular 38
  Esclereídeos 4
    Esclereídeos nos caules 44
    Esclereídeos em folhas 44
    Esclereídeos em frutos 44
    Esclereídeos em sementes 45
  Fibras 45
    Fibras econômicas 45
  Desenvolvimento dos esclereídeos e das fibras 47
  Referências bibliográficas 48

Capítulo 7. EPIDERME 49
  Composição da epiderme 49
  Parede celular 50
  Estômatos 52
  Tricomas 57
  Referências bibliográficas 57

Capítulo 8. XILEMA: ESTRUTURA GERAL E TIPOS DE CÉLULAS 59
  Estrutura geral do xilema secundário 59
    Sistemas axial e radial 59
    Camadas de crescimento 60
    Alburno e cerne 61
  Tipos de células do xilema secundário 61
    Elementos traqueais 61
    Fibras 60
    Especialização filogenética dos elementos traqueais e fibras 67
    Células de parênquima 69
  Xilema primário 70
    Protoxilema e metaxilema 70
    Paredes secundárias nos elementos traqueais primários 72
  Referências bibliográficas 73

Capítulo 9. XILEMA: VARIAÇÃO NA ESTRUTURA DO LENHO 75
  Lenho das coníferas 75
  Lenho das dicotiledôneas 79
    Lenho estratificado e não-estratificado 80
    Distribuição dos vasos 82
    Distribuição do parênquima axial 82
    Estrutura dos raios 83
    Tiloses 84
    Canais e cavidades intercelulares 85
  Lenho de reação 85
  Chave para identificação de madeiras 85
  Referências bibliográficas 89

Capítulo 10. CÂMBIO VASCULAR 90
   Organização do câmbio 90
   Mudanças evolutivas na camada inicial 92
   Referências bibliográficas 95

Capítulo 11. FLOEMA 97
   Tipos de células 97
      Elementos crivados 97
         Paredes e áreas crivadas 98
         Células crivadas e elementos de tubos crivados 99
         Protoplastos 101
      Células companheiras 103
      Células esclerenquimáticas 103
      Células de parênquima 104
   Floema primário 104
   Floema secundário 105
      Floema das coníferas 105
      Floema das dicotiledôneas 106
   Referências bibliográficas 112

Capítulo 12. PERIDERME 113
   Estrutura da periderme e tecidos relacionados 113
      Poliderme 116
      Ritidoma 116
   Desenvolvimento da periderme 117
      Periderme de cicatrização 120
      Tecidos protetores das monocotiledôneas 120
   Aspectos externos da cortiça em relação a sua estrutura 120
   Lenticelas 121
   Referências bibliográficas 123

Capítulo 13. ESTRUTURAS SECRETORAS 125
   Estruturas secretoras externas 125
      Tricomas e glândulas 125
      Nectários 126
      Hidatódios 128
   Estruturas secretoras internas 128
      Células secretoras 128
      Cavidades e canais secretores 129
      Laticíferos 131
   Referências bibliográficas 134

Capítulo 14. A RAIZ: ESTÁGIO PRIMÁRIO DO CRESCIMENTO 135
   Tipos de raízes 135
   Estrutura primária 135
      Epiderme 136
      Córtex 136
         Endoderme 137
         Exoderme 138
      Cilindro vascular 138
      Coifa 142
   Desenvolvimento 142

Meristema apical 142
Crescimento do ápice radicular 144
Diferenciação primária 145
Raízes laterais 145
Referências bibliográficas 148

Capítulo 15. A RAIZ: ESTÁGIO SECUNDÁRIO DO CRESCIMENTO E RAÍZES ADVENTÍCIAS 150

Tipo comum de crescimento secundário 150
   Dicotiledôneas herbáceas 153
   Espécies lenhosas 154
Variações do crescimento secundário 155
   Raízes de reserva 155
Raízes adventícias 158
Referências bibliográficas 159

Capítulo 16. O CAULE: ESTÁGIO PRIMÁRIO DE CRESCIMENTO 160

O caule como parte da planta 160
Estrutura primária 160
   Epiderme 161
   Córtex e medula 162
   Sistema vascular 163
      Traços e lacunas foliares 164
      Disposição das folhas e organização vascular 167
      Traços e lacunas de ramos 168
      Conceito de estelo 169
Desenvolvimento 170
   Meristema apical 170
      Meristema apical com células apicais 171
      Organização túnica-corpo 172
      Zonação citoistológica 174
      Conceito de promeristema quiescente 176
   Origem das folhas 176
   Origem das gemas 177
      Gemas axilares 177
      Gemas adventícias 178
   Crescimento primário do caule 178
   Diferenciação vascular 179
      Origem do procâmbio 179
      Origem do floema e do xilema 183
Referências bibliográficas 183

Capítulo 17. O CAULE: ESTÁGIO SECUNDÁRIO DE CRESCIMENTO E TIPOS ESTRUTURAIS 186

Crescimento secundário 186
   Localização e extensão do câmbio vascular 186
   Efeitos do crescimento secundário no corpo primário 188
      Efeitos nas lacunas e traços foliares 190
   Atividade estacional e câmbio vascular 191
   Cicatrização e enxertia 192
Tipos de caules 192

Coníferas 192
Dicotiledôneas lenhosas 193
Dicotiledôneas herbáceas 193
Dicotiledôneas trepadeiras 195
Dicotiledôneas com crescimento secundário anômalo 196
Monocotiledôneas 199
    Caule de gramíneas 199
    Crescimento secundário 199
Referências bibliográficas 200

Capítulo 18. A FOLHA: ESTRUTURA BÁSICA E DESENVOLVIMENTO 201

Morfologia externa 201
Histologia da folha das angiospermas 201
    Epiderme 201
    Mesófilo 203
    Sistema vascular 203
Desenvolvimento 208
    Início de primórdios foliares 208
    Crescimento apical e marginal 208
    Crescimento intercalar 209
    Diferenciação do mesófilo 213
    Desenvolvimento do tecido vascular 213
Abscisão 214
Referências bibliográficas 214

Capítulo 19. A FOLHA: VARIAÇÕES DA ESTRUTURA 216

Estrutura foliar e ambiente 216
    Xeromorfia 216
    Estrutura da folha e posição na planta 219
Folhas de dicotiledôneas 219
    Variação na estrutura do mesófilo 219
    Tecido de sustentação 221
    Pecíolo 222
Folhas das monocotiledôneas 223
    Folha das gramíneas 223
Folhas de gimnospermas 225
Referências bibliográficas 230

Capítulo 20. A FLOR 232

Estrutura 232
    Partes florais e sua disposição 232
    Sépalas e pétalas 232
    Estame 233
    Gineceu 234
    Anatomia vascular 239
Desenvolvimento 239
    Meristema floral 239
    Origem e desenvolvimento das peças florais 241
Referências bibliográficas 244

Capítulo 21. O FRUTO 246
    Histologia da parede do fruto 246
        Parede dos frutos secos 247
            Parede dos frutos deiscentes 247
            Parede dos frutos indeiscentes 248
        Parede dos frutos carnosos 250
            Exemplos 250
            Desenvolvimento 251
        Periderme e lenticelas 253
        Abscisão 253
    Referências bibliográficas 254

Capítulo 22. A SEMENTE 256
    Tegumento da semente 256
    Endosperma 260
    Referências bibliográficas 262

GLOSSÁRIO 265
ÍNDICE 286

Prefácio à edição brasileira

Berta Lange de Morretes como eu, foi discípula de Felix Rawitscher. Visto que eu entrara na Faculdade antes dela, durante algum tempo fui seu professor e, assim, conheço-a de longa data. Tornamo-nos, depois, colegas, ambos assistentes de Rawitscher.

Sob orientação deste eminente cientista fez sua tese de doutoramento intitulada: "Ciclo evolutivo de *Pilacrella delectans* Möll". Essa tese ela defendeu em 1948 tendo sido publicada, no ano seguinte, nos Boletins da Faculdade de Filosofia, Ciências e Letras, da Universidade de São Paulo, 100(7): 1 – 34.

Quando Rawitscher, por motivo de saúde deixou o Departamento de Botânica, regressando para a Alemanha, assumi a chefia do mesmo e mantive Berta Lange de Morretes como assistente. Desde então mantivemos permanente contacto e, assim, posso dizer que conheço muito bem a pessoa de quem estou tratando: minha prezada amiga Berta.

Segui-lhe os passos de perto, no ensino e na pesquisa. No ensino dividimos tarefas, na pesquisa fomos co-autores de alguns trabalhos.

Um dia auxiliei Berta a obter bolsa de estudos da Rockefeller Foundation para os Estados Unidos. Para lá seguiu a fim de aprimorar seus conhecimentos em Anatomia Vegetal, justamente com Esau, a autora deste excelente livro que hoje é oferecido ao público em tradução primorosa de Berta Lange de Morretes.

Regressando dos Estados Unidos, Berta incrementou, no Departamento de Botânica, então pertencente ainda à Faculdade de Filosofia, hoje abrangido pelo Instituto de Biociências, as pesquisas em Anatomia. Aparelhou laboratórios adequados e estimulou a um bom número de jovens a se dedicarem a estudos dessa disciplina.

Inúmeros são os discípulos que orientou, levando-os a obter o grau de Mestre ou o de Doutor, discípulos esses que se encontram hoje de volta a seus estados de origem, não faltando entre eles, alguns provenientes de outros países.

Se Berta é boa pesquisadora e excelente professora, é também, e principalmente, possuidora das melhores qualidades pessoais: prestativa ao extremo, acolhe a quantos a procuram, mesmo com sacrifício de suas próprias atividades; sua ajuda não se limita à vida universitária, mas amplia-se mesmo até ao auxílio nas atividades particulares das pessoas que dela se acercam. Mas há três qualidades de seu caráter que me agradam de modo especial: fidelidade total para com os amigos, exato sentido de ética universitária, dignidade que a faz sofrer resignada, sem queixas, as injustiças com que tem sido atingida.

Por todo o exposto recebo como um privilégio o convite para fazer este Prefácio.

Do livro mesmo e de sua autora Katherine Esau, nada preciso dizer, por se tratar de obra básica para quantos se dedicam aos estudos e pesquisas de Anatomia das plantas. Traduzido para diversos idiomas, surge agora em português, edição brasileira feita conjuntamente pela Editora da Universidade de São Paulo e pela Editora Edgard Blücher Ltda. Servirá a um imenso número de estudantes de Botânica, nos cursos de História Natural, Ciências, Ciências Biológicas e Agronomia. Será útil, também, a professores do secundário e aos estudantes que se preparam para o vestibular das escolas que exigem conhecimentos de Ciências Biológicas.

Sua excelente qualidade gráfica torna-o ainda mais útil.

Quero felicitar Berta Lange de Morretes por seu magnífico trabalho como tradutora; as Editoras que patrocinaram a publicação deste livro, e, principalmente, os que se dedicam ou pretendam se dedicar a este importante ramo da Botânica, por terem agora à sua disposição, em língua portuguesa, esta obra fundamental no campo da Anatomia das plantas.

São Paulo, março de 1974.

Mário Guimarães Ferri
Professor Titular — Depto. de Botânica
Instituto de Biociências da Universidade
de São Paulo.

Prefácio

O lançamento de uma segunda obra sobre Anatomia vegetal, da parte da mesma autora, exige, talvez, breve comentário. A concepção deste livro teve início a partir do momento em que apareceu o meu primeiro, *Plant Anatomy*, editado por John Wiley and Sons, em 1953. Já durante a redação do mesmo, os editores manifestaram preferência por um texto relativamente mais breve, destinado a um curso semestral. Contudo, minha idéia, era escrever um tratado compreensível, no qual pudesse desenvolver, amplamente, conceitos e pormenores da estrutura e ontogênese da planta. Dispensando-me elevada consideração, meus editores não levantaram objeções, passando a cooperar em todos os sentidos. Apreciando esta atitude, ofereci-me para escrever, mais tarde, um texto mais curto. Depois do primeiro livro ter sido adotado nas escolas e a partir do momento em que revisões e sugestões se tornaram disponíveis, a idéia de escrever um texto novo mais breve, tornou-se cada vez mais estimulante. Além do mais, as numerosas pesquisas em anatomia vegetal realizadas na última década, fizeram com que desejasse atualizar a matéria tratada.

Este livro pode ser melhor caracterizado comparando-o ao primeiro. Ambos são semelhantes quanto ao esquema básico: os dois seguem o método "clássico" de discutir primeiro as células e tecidos e a seguir as partes do vegetal constituídas dessas unidades. "Anatomia das plantas com sementes", entretanto, contém menos pormenores referentes ao desenvolvimento, os conceitos são definidos com menor ênfase quanto aos precedentes históricos e os termos não são relacionados às suas origens grega e latina. Contém um glossário preparado com atenção especial ao desenvolvimento dos últimos conceitos e terminologia. As bibliografias colocadas ao fim dos capítulos são curtas, consistindo, na maioria dos casos, de publicações ocorridas após o aparecimento de *Plant Anatomy*. Esta limitação é assinalada no primeiro capítulo com a sugestão de que o livro maior deve ser consultado em relação aos trabalhos mais antigos e as obras clássicas de Anatomia vegetal. Esse tratamento afigurou-se-me como a melhor solução do problema de tratar o enorme crescimento da literatura botânica nos últimos dez anos.

Ao organizar este livro foi feito um esforço para alcançar brevidade, não pela supressão de tópicos, mas pela reunião de assuntos estreitamente relacionados. Por isso, protoplasto e parede celular são revistos não em capítulos separados, como ocorre no livro anterior, mas juntamente com o parênquima, colênquima e esclerênquima. O câmbio vascular é descrito depois do tecido xilemático, seqüência que facilita a explicação do arranjo das suas células. Finalmente, os meristemas apicais são tratados nos capítulos referentes à raiz e ao caule, ao invés de separadamente. Assim, a atividade destes meristemas pode ser analisada em estreita relação com as partes das plantas que por eles são produzidas. Esta maneira de encarar o problema é particularmente favorável à introdução das pesquisas recentes sobre os meristemas apicais, que acentuam os aspectos causais da estrutura específica dos órgãos das plantas. Devem ser mencionadas mais duas características da disposição do texto. Primeiro, os capítulos que tratam do desenvolvimento do embrião, são colocados antes da discussão que diz respeito aos tecidos e órgãos. Estes capítulos destinam-se a introduzir os conceitos referentes à diferenciação e organização da planta. Segundo, a raiz é tratada antes do caule por ser mais fácil apresentar os conceitos pertinentes à divisão em regiões vasculares e não vasculares da planta, referindo-os à estrutura relativamente mais simples da raiz.

Dado que este livro se destina principalmente a estudantes que tiveram experiência relativamente limitada no estudo das plantas, algumas palavras sobre a organização da Anatomia vegetal entre os capítulos da Botânica, poderiam ser úteis. Quer tratemos de plantas na qualidade de horticultores, agrônomos, silvicultores, patologistas ou ecólogos, devemos saber como ela é formada e como funciona. Ganha-se esse conhecimento estudando-se-lhe a estrutura, o desenvolvimento e suas diversas atividades. Seria ideal realizar a análise da planta sob todos esses aspectos, conjuntamente, mas achamos mais eficiente concentrar-nos em cada um dos aspectos por vez. Em conseqüência, dividimos o estudo de seu organismo em áreas separadas: primeiro as duas mais amplas, a da Morfologia e a da Fisiologia; depois, cada uma destas dividida em áreas mais circunscritas tais como Citologia, Anatomia, Taxonomia, Ecologia e outras. É óbvio que as diversas áreas não são nitidamente separadas; além disso, o estudo de uma área levanta invariavelmente questões que só podem obter respostas apropriadas pelas referências de outras áreas.

Nessa inter-relação das ciências, a Anatomia desempenha papel dos mais importantes. Uma interpretação realística do funcionamento da planta pelos fisiólogos deve apoiar-se num cuidadoso conhecimento da estrutura das células e dos tecidos associados à respectiva função. Exemplos notáveis de funções cuja compreensão tornou-se materialmente possível graças aos estudos das estruturas das partes envolvidas são a fotossíntese, movimento da água, translocação de alimentos e absorção pelas raízes. O conhecimento da Anatomia vegetal é também indispensável ao progresso das pesquisas em Patologia vegetal. O efeito causado por um parasita não pode ser completamente compreendido se a estrutura normal da planta atacada não for conhecida.

A prevenção contra os efeitos do parasita ou mesmo a resistência do próprio parasita podem ser reveladas por alterações ou peculiaridades estruturais do hospedeiro. A explicação dos êxitos ou insucessos de muitas práticas hortícolas tais como enxertia, poda, propagação vegetativa, fenômenos associados à formação do calo, cicatrização, regeneração e desenvolvimento de raízes e gemas adventícias, adquire maior sentido se as características estruturais que fundamentam esses fenômenos forem compreendidas com propriedade. Resultados proveitosos são obtidos pelo ecólogo quando relaciona o comportamento das plantas que se desenvolvem em ambientes diferentes, com as suas peculiaridades estruturais. É significativo que um dos campos mais ativos da moderna pesquisa vegetal — o estudo do desenvolvimento da forma e da organização — é freqüentemente realizado à base da correlação constante entre mudanças bioquímicas e estruturais que ocorrem nas plantas sujeitas a esses experimentos. Mediante esta correlação, obtém-se um quadro do desenvolvimento muito mais complexo do que aquele que resultaria se fossem levadas em conta, separadamente, as mudanças bioquímicas, de um lado, e as de número, tamanho e estrutura que ocorrem nas células, do outro. Finalmente, a Anatomia é interessante por si mesma. É uma experiência compensadora acompanhar o desenvolvimento ontogenético e evolutivo dos caracteres estruturais e chegar à compreensão do alto grau de complexidade e notável ordenação existente na organização do vegetal.

1

Introdução

Este livro trata da estrutura interna de plantas com sementes, ainda existentes na atualidade. É dada ênfase às angiospermas, embora alguns dos caracteres dos órgãos vegetativos das gimnospermas também sejam revistos. No que diz respeito às angiospermas, a anatomia da flor, do fruto e da semente é descrita nos capítulos finais.

A planta produtora de sementes possui corpo altamente evoluído, apresentando evidências de uma especialização funcional e estrutural expressa pela diferenciação externa em órgãos e interna, por várias categorias de células, tecidos e sistemas de tecidos. Três órgãos da vida vegetativa são comumente reconhecidos: raiz, caule e folha; a flor é interpretada como uma associação de órgãos dos quais alguns estão relacionados com o fenômeno da reprodução (estames e carpelos) e outros são estéreis (sépalas e pétalas). Em relação à estrutura interna, salientam-se os caracteres distintivos das células e tecidos e estabelecem-se alguns tipos à base destas diferenças.

A subdivisão do corpo vegetal e a conseqüente classificação de seus órgãos constituem abordagens lógicas e convenientes para o estudo da planta porque focalizam as especializações estruturais e funcionais dos órgãos, mas não deverão ser salientadas a ponto de obscurecer a sua unidade essencial. Esta unidade é claramente perceptível se a planta for estudada do ponto de vista de seu desenvolvimento, método que revela o gradual aparecimento dos órgãos e tecidos a partir de um corpo relativamente pouco diferenciado, que é o do embrião jovem. Mudanças semelhantes, isto é, do menos ao mais diferenciado, do menos ao mais particularizado, ocorreram no processo de evolução das plantas de sementes, de tal maneira que raiz, caule, folhas e órgãos florais são considerados filogeneticamente inter-relacionadas e as diferentes células e tecidos como derivados de células não-especializadas do tipo atualmente denominado parenquimático. Uma simples visão estática das partes componentes de uma planta adulta revela a sua unidade e interdependência; os mesmos sistemas de tecidos são comuns a todas essas partes.

Por esses motivos a separação da planta em órgãos só pode ser feita de forma aproximada. É impossível, por exemplo, fazer uma demarcação clara entre haste e raiz e entre caule e folha; a própria flor, sob muitos aspectos, lembra o ramo vegetativo. Do mesmo modo a estrutura interna não é nitidamente delimitada e as diversas categorias de células e tecidos mostram formas de transição.

ORGANIZAÇÃO INTERNA DO CORPO VEGETAL

O corpo vegetal é constituído de unidades morfologicamente reconhecíveis, as *células*; cada célula apresenta sua própria parede e está ligada a outra por meio de uma substância intercelular cimentante. Dentro dessas massas celulares, certos grupos de células divergem de outros, estrutural ou funcionalmente ou ainda de ambas as maneiras. Estes agrupamentos são denominados *tecidos*. As variações estruturais dos tecidos baseiam-se nas diferenças das células componentes e na maneira de como elas se interligam. Alguns tecidos possuem estrutura simples, pois são constituídos de apenas um tipo de célula; outros, contêm mais de um tipo, podendo apresentar maior ou menor complexidade.

A disposição dos tecidos na planta como um todo, bem como nos seus órgãos principais, revela organização estrutural e funcional definida. Tecidos relacionados com condução de alimento e água — os tecidos vasculares — formam um sistema coerente que se estende através dos órgãos de toda a planta. Estes tecidos ligam regiões de absorção de água e síntese de alimentos com regiões de crescimento, desenvolvimento e reserva. Tecidos não-vasculares também são contínuos e sua disposição é indicadora de inter-relações específicas (tais como as que existem entre os tecidos vasculares e os de reserva) e funções especializadas (sustentação e reserva). Para enfatizar a organização de tecidos em entidades maiores, revelando a unidade básica do corpo da planta foi adotada a expressão *sistema de tecidos*.

Como foi exposto no início do presente capítulo, a classificação de células e tecidos é um tanto arbitrária em vista da freqüente ocorrência de formas intermediárias entre as diversas categorias de células e tecidos. No entanto, o estabelecimento destas categorias é necessário para a descrição ordenada da estrutura da planta. Além disso, se as classificações se desenvolvem a partir de estudos comparativos amplos, nos quais a variabilidade e transição de caracteres sejam claramente reveladas e interpretadas com propriedade, elas não serão úteis apenas em sentido descritivo, como ainda refletirão as relações naturais existentes entre as entidades classificadas.

Em concordância com Sachs (1875), os principais tecidos de uma planta vascular são grupados, neste livro, de acordo com uma base de continuidade topográfica, em três sistemas: *dérmico, vascular* e *fundamental*. O primeiro compreende a epiderme, isto é, o tecido de revestimento do corpo vegetal em estrutura primária e a *periderme*, tecido de proteção que substitui a epiderme nos órgãos que apresentam crescimento secundário em espessura. O sistema vascular é formado por dois tipos de tecido condutor: *floema* (transporte de alimento) e *xilema* (condução de água).

O sistema fundamental inclui tecidos que formam o fundamento do corpo vegetal mas que, ao mesmo tempo apresentam vários graus de especialização: o principal tecido fundamental é o *parênquima*, com todas as suas variações; *colênquima*, tecido de sustentação de paredes espessadas, relacionado com o parênquima e *esclerênquima*, tecido de sustentação mais resistente, cujas células apresentam paredes espessas, freqüentemente lignificadas.

No corpo vegetal os vários sistemas de tecidos distribuem-se segundo padrões característicos de acordo com o órgão considerado, o grupo vegetal ou ambos. Basicamente os padrões se assemelham no seguinte: o sistema vascular é envolvido pelo sistema fundamental e o tecido dérmico reveste a planta. As principais variações de padrão dependem da distribuição relativa do sistema vascular no tecido fundamental. Nas dicotiledôneas, por exemplo, o tecido vascular do caule forma um cilindro ôco que apresenta em seu interior tecido fundamental (medula); o mesmo tecido fundamental é encontrado entre os tecidos de revestimento e vascular (córtex). Na folha, o tecido vascular forma um sistema anastomosado, mergulhado no tecido fundamental, aqui diferenciado em mesófilo. Na raiz, o cilindro vascular pode ou não incluir medula, mas o córtex está presente.

As células e os tecidos da planta derivam do zigoto (algumas vezes da oosfera) através dos estágios intermediários representados pelo embrião. No entanto, o estágio embrionário não é completamente superado após a transformação do embrião em planta adulta. As plantas apresentam crescimento aberto, propriedade ímpar, resultante da presença de zonas de tecidos embrionários, os *meristemas*, nos quais novas células são formadas, enquanto outras partes da planta atingem a maturidade. Os *meristemas apicais* das raízes e caules produzem células cujas derivadas se diferenciam em novas partes destes órgãos.

Este tipo de crescimento é chamado *primário* e o corpo vegetal resultante é o corpo primário ou seja, a estrutura primária. Em muitas plantas, caule e raiz crescem em espessura, por adição de tecido vascular ao corpo primário. O crescimento e espessura é decorrente de atividades do *câmbio vascular*, sendo denominado crescimento secundário. Geralmente, este condiciona a formação de uma periderme às expensas do *felogênio*. Câmbio vascular e felogênio são também denominados *meristemas laterais,* em virtude de sua posição paralela à superfície do caule e da raiz.

SUMÁRIO DOS TIPOS DE CÉLULAS E TECIDOS

A literatura referente à anatomia vegetal, publicada na edição do primeiro livro pela autora do presente (Esau, 1953) não necessita de uma revisão profunda dos tipos de células e tecidos referidos naquele. O mesmo sumário, levemente revisado, é apresentado abaixo.

Epiderme. As células da epiderme formam uma camada contínua que reveste a superfície do corpo vegetal em estágio primário. Elas apresentam várias características, relacionadas com sua posição superficial. As células epidérmicas, em sua maior parte, variam em formato, mas freqüentemente são tabulares. Outras células que integram a epiderme são as estomáticas e vários tricomas, inclusive pêlos absorventes radiculares. A epiderme pode conter células secretoras e esclerenquimáticas. A característica distintiva mais importante das células epidérmicas das partes aéreas da planta é a presença da cutícula na parte celular externa e a cutinização desta e de algumas ou todas as outras paredes. O tecido fornece proteção mecânica e está relacionado com a restrição da transpiração e com a aeração. Em caules e raízes que apresentam crescimento secundário, a epiderme é comumente substituída pela periderme.

Periderme. A periderme compreende o tecido suberoso ou *felema*, o câmbio do súber ou *felogênio* e a *feloderme*. O felogênio ocorre nas proximidades da superfície dos órgãos apresentando crescimento secundário, e é secundário quanto à origem. Surge na epiderme, no córtex, no floema ou no periciclo, produzindo súber em direção à periferia e feloderme em direção ao interior. A feloderme pode formar-se em pequena quantidade ou estar ausente. As células de súber têm geralmente forma tabular, são compactamente dispostas; não apresentam protoplastos quando maduras, tendo paredes suberizadas. A feloderme é geralmente constituída de células parenquimáticas.

Parênquima. As células do parênquima, formam camada tissular contínua no córtex do caule e da raiz e no mesófilo foliar. Também ocorrem como feixes verticais e raios no tecido vascular. As células são primárias quanto a origem, no córtex, medula e folha e primárias ou secundárias no tecido vascular. Com freqüência, tais células são vivas, capazes de crescer e dividir-se. Variam em formato, geralmente são poliédricas, podendo no entanto ser estreladas ou muito alongadas. Amiúde suas paredes são primárias, podendo também ocorrer paredes secundárias. O parênquima está relacionado com a fotossíntese, reserva de várias substâncias, cicatrização e origem de estruturas adventícias. As células do parênquima podem especializar-se como células secretoras ou estruturas excretoras.

Colênquima. As células de colênquima ocorrem em feixes ou cilindros contínuos na superfície do córtex em caules e pecíolos e ao longo das nervuras das folhas. O colênquima é pouco comum em raízes. É tecido vivo, intimamente relacionado com o parênquima; com efeito, é usualmente interpretado como uma forma de parênquima especializado em tecido de sustentação, nos órgãos jovens. O formato das células varia de prismático curto a muito alongado. O caráter mais marcante é o espessamento desigual das paredes primárias.

Esclerênquima. As células do esclerênquima podem formar massas contínuas, ocorrer em pequenos grupos ou ainda individualmente entre outras células. Podem desenvolver-se em alguns ou todos os órgãos do corpo vegetal, em estrutura primária ou secundária. São elementos de sustentação de órgãos vegetais maduros. As células do esclerênquima apresentam paredes secundárias espessas, freqüentemente lignificadas, podendo quando maduras não possuir protoplasto. São distinguíveis dois tipos de células: esclereídeos e fibras. Os esclereídeos variam em formato, de poliédricos a alongados, podendo ser muito ramificados. Fibras são geralmente células longas e delgadas.

Xilema. As células do xilema formam um tecido estrutural e funcionalmente complexo, associado ao floema, distribuindo-se sem interrupção pelo corpo vegetal. Estão relacionadas com a condução de água, armazenamento e sustentação. Quanto à origem, o xilema pode ser primário ou secundário. As principais células condutoras de água são os traqueídeos e os elementos de vaso. Estes se juntam ponta a ponta formando o vaso lenhoso. A reserva ocorre em células de parênquima que se dispõem em fileiras verticais e, no xilema secundário, também nos raios. Células mecânicas são fibras e esclereídeos.

Floema. As células do floema formam um tecido complexo. O floema ocorre ao longo de todo corpo vegetal, junto com o xilema, podendo ser primário ou secundário quanto à origem. Está relacionado com transporte e armazenamento de alimentos e com a sustentação. As principais células condutoras são as crivadas e os elementos de vaso crivado, ambos enucleados quando maduros. Os elementos de vaso crivado se justapõem ponta a ponta, originando o vaso crivado e estão associados a células companheiras de natureza parenquimática especial. Outras células do parênquima floemático ocorrem em fileiras verticais. O floema secundário também contém parênquima, em forma de raios. Células de sustentação são fibras e esclereídeos.

Estruturas secretoras. Células secretoras — células produzindo variedade de secreções — não formam um tecido claramente definido, mas ocorrem entre outros tecidos, primários ou secundários, como células isoladas, grupos ou séries de células ou também, em formações mais ou menos organizadas, na superfície da planta. As principais estruturas secretoras da superfície do corpo vegetal são células epidérmicas glandulares, pêlos e várias glândulas, como por exemplo, nectários florais e extraflorais, certos hidatódios e glândulas digestivas. Geralmente as glândulas estão diferenciadas em células secretoras de posição superficial e não secretoras, que as sustentam. Estruturas secretoras internas são células secretoras, cavidades intercelulares ou canais revestidos de células secretoras (ductos resiníferos, ductos de óleo) e cavidades secretoras resultantes da desintegração de células (cavidades oleíferas). Os laticíferos podem ser incluídos entre as estruturas secretoras internas, podem ser células isoladas (laticíferos não-articulados, usualmente muito ramificados) ou séries de células unidas pela dissolução parcial das paredes (laticíferos articulados). Os laticíferos contêm um fluido chamado látex, que pode ser rico em borracha e são geralmente multinucleados.

REFERÊNCIAS BIBLIOGRÁFICAS

As citações bibliográficas que aparecem no fim dos Caps. 2 a 22, foram selecionadas em grande parte de literatura mais recente mas, a longa lista dada em *Plant Anatomy* de Esau (1953), também foi usada para a interpretação dos assuntos. Este capítulo introdutório fornece uma lista selecionada de livros que tratam de anatomia e morfologia vegetais. A maioria deles diz respeito a plantas com sementes mas alguns que tratam da estrutura de plantas inferiores também foram incluídos.

Aleksandrov, V. G. *Anatomiĩa rasteniĩ*. [Anatomy of plants.] Moskva, Sovetskaĩa Nauka. 1954.
Bailey, I. W. *Contributions to plant anatomy*. Waltham, Massachusetts, Chronica Botanica Company. 1954.
Biebl, R., e H. Germ. *Praktikum der Pflanzenanatomie*. Wien, Springer. 1950.

Boureau, E. *Anatomie végétale.* 3 vols. Paris, Presses Universitaires de France. 1954, 1956, 1957.
Chamberlain, C. J. *Gymnosperms, structure and evolution.* Chicago, University of Chicago Press. 1935.
De Bary, A. *Comparative anatomy of the vegetative organs of the phanerogams and ferns.* (English translation by F. O. Bower e D. H. Scott.) Oxford, Clarendon Press. 1884.
Deysson, G. *Éléments d'anatomie des plantes vasculaires.* Paris, Sedes, 1954.
Eames, A. J. *Morphology of vascular plants. Lower groups.* New York, McGraw-Hill Book Company. 1936.
Eames, A. J., e L. H. MacDaniels. *An introduction to plant anatomy.* 2.ª ed. New York, McGraw-Hill Book Company. 1947.
Esau, K. *Plant anatomy.* New York, John Wiley and Sons. 1953.
Foster, A. S. *Practical plant anatomy.* 2.ª ed. Princeton, D. Van Nostrand Company. 1949.
Foster, A. S., e E. M. Gifford, Jr. *Comparative morphology of vascular plants.* San Francisco, W. H. Freeman and Company. 1959.
Haberlandt, G. *Physiological plant anatomy.* London, Macmillan and Company. 1914.
Hasman, M. *Bitki anatomisi.* [Plant anatomy.] Istanbul, Matbaasi. 1955.
Hayward, H. E. *The structure of economic plants.* New York, The Macmillan Company. 1938.
Hector, J. M. *Introduction to the botany of field crops.* 2 vols. Johannesburg, South Africa, Central News Agency Ltd. 1938.
Jackson, B. D. *A glossary of botanic terms.* 4.ª ed. New York, Hafter Publishing Co. 1953.
Jane, F. W. *The structure of wood.* New York, The Macmillan Company. 1956.
Jeffrey, E. C. *The anatomy of woody plants.* Chicago, University of Chicago Press. 1917.
Küster, E. *Pathologische Pflanzenanatomie.* 3.ª ed. Jena, Gustav Fischer. 1925.
Linsbauer, K. *Handbuch der Pflanzenanatomie.* Vol. 1 and Following. Berlin, Gebrüder Borntraeger. 1922-1943.
Mansfield, W. *Histology of medicinal plants.* New York, John Wiley and Sons. 1916.
Metcalfe, C. R., e L. Chalk. *Anatomy of the dicotyledons.* 2 vols. Oxford, Clarendon Press. 1950.
Molish, H. *Anatomie der Pflanze.* 6.ª ed. Revisada por K. Höfler. Jena, Gustav Fischer. 1954.
Popham, R. A. *Developmental plant anatomy.* Columbus, Ohio, Long's College Book Company. 1952.
Rauh, W. *Morphologie der Nutzpflanzen.* Heidelberg, Quelle und Meyer. 1950.
Record, S. J. *Identification of the timbers of temperate North America.* New York, John Wiley and Sons. 1934.
Reuter, L. Protoplasmatische Pflanzenanatomie. In: *Protoplasmatologia.* Vol. XI. pp. 1-113. Wien, Springer. 1955.
Sachs, J. *Textbook of botany.* Oxford, Clarendon Press. 1875.
Smith, G. M. *Cryptogamic botany.* Vol. 2: *Bryophytes and Pteridophytes.* New York, McGraw-Hill Book Company. 1938.
Solereder, H. *Systematic anatomy of the dicotyledons.* Oxford, Clarendon Press. 1908.
Solereder, H., e F. J. Meyer. *Systematische Anatomie der Monokotyledonen.* Berlin, Gebrüder Borntraeger. N.º 1, 1933; N.º 3, 1928; N.º 4, 1929; N.º 6, 1930.
Stover, E. L. *An introduction to the anatomy of seed plants.* Boston, D. C. Heath and Company. 1951.
Troll, W. *Praktische Einführung in die Pflanzenmorphologie.* Parte 1; *Der vegetative Aufbau.* Parte 2: *Die blühende Pflanze.* Jena, Gustav Fischer. 1954 e 1957.

2
O embrião

O estudo da embriogênese ou formação do embrião revela a origem das partes vegetativas da planta e o início da organização dos tecidos. A embriogenia, por este motivo, presta-se como introdução ao estudo da estrutura de plantas adultas. Entretanto, a formação do embrião, não é um tópico simples para ser apresentado. O seu desenvolvimento varia consideravelmente nos diversos grupos de plantas e muitas discordâncias existem quanto às divisões iniciais do embrião jovem e a interpretação de determinadas partes do maduro. Por outro lado, enquanto existe volumosa literatura tratando dos estágios iniciais do desenvolvimento do embrião, encontram-se apenas informações esparsas no que se refere aos estágios mais avançados, durante os quais os sistemas de tecidos e os meristemas apicais atingem sua organização embrionária final.

De início o termo embrião foi empregado em botânica para designar o esporófito jovem, no interior da semente, mas, posteriormente, tornou-se mais amplo servindo para designar qualquer planta em seus estágios iniciais de desenvolvimento (cf. Wardlaw, 1955). Neste livro, a discussão é limitada ao embrião das angiospermas.

EMBRIÃO DAS DICOTILEDÔNEAS
Partes do embrião

As partes básicas de um embrião maduro de dicotiledônea são o seu eixo e as duas primeiras estruturas foliares, os cotilédones. Visto que o eixo se situa abaixo (do grego *hupos*) dos cotilédones, é referido, ao menos em parte, como hipocótilo (Fig. 2.1E). A qualificação "em parte" é necessária porque, em sua porção terminal inferior o eixo do embrião dá origem à raiz incipiente da nova planta. Esta entidade é representada freqüentemente apenas por um meristema apical de raiz revestido pela coifa mas, algumas vezes, a porção terminal do eixo adquire certas características de raiz antes que a semente germine. Uma raiz embrionária deste tipo também é denominada radícula. Como nem sempre é óbvio que ocorra uma radícula ou apenas um meristema apical, o eixo do embrião pode ser chamado de eixo do hipocótilo-raiz.

No embrião maduro, a parte do tecido meristemático permanece em reserva no ápice do eixo, entre os dois cotilédones. Este tecido é o meristema da futura gema apical do caule (Fig. 2.1E). Algumas vezes uma gema apical pequena, com um ou mais primórdios foliares, desenvolve-se a partir deste meristema antes do embrião amadurecer. A gema resultante é chamada epicótilo (*epi* — acima), termo algumas vezes empregado em lugar de plúmula.

Origem e desenvolvimento das partes

O embrião desenvolve-se no interior do óvulo, geralmente a partir da oosfera fertilizada ou zigoto. Embora pareça que o crescimento inicial do embrião siga um plano

O embrião

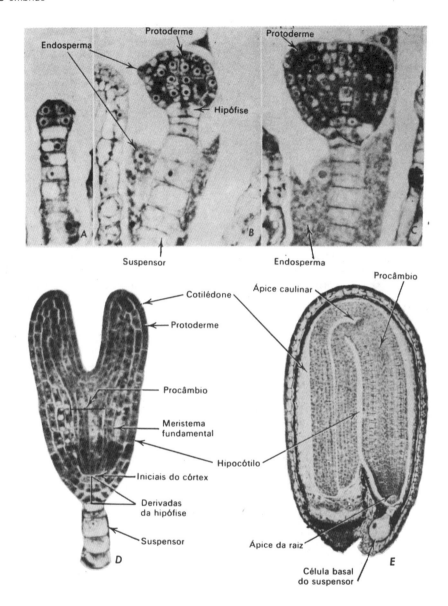

Figura 2.1 Embriões de *Capsella* em diferentes estágios de desenvolvimento. Em *A*, a disposição das células na porção superior das duas fileiras indica o início do desenvolvimento do corpo do embrião, já com forma distinta da do suspensor. Em *B*, o corpo do embrião é esférico, apresentando protoderme; a célula superior do suspensor é uma hipófise — isto é, uma célula que participa na formação do embrião. Em *C* foi estabelecida a simetria bilateral um pouco antes da emergência dos cotilédones. *D*, embrião com todas as regiões de tecidos básicos, delineadas. *E*, embrião quase maduro. (*A–D*, ×435; *E*, ×64. *A, D* de A. S. Foster e E. M. Gifford Jr., *Comparative Morphology of Vascular Plants*, San Francisco, W. H. Freeman and Company, 1959. *B, C, E*, cortesia de E. M. Gifford Jr)

simples, a primeira divisão do zigoto já revela na maioria das dicotiledôneas, determinada seqüência de desenvolvimento: das duas primeiras células formadas, a que está próxima à micrópila (a célula proximal) torna-se a parte inferior do embrião e a outra (a célula distal), a superior. Em outras palavras, o embrião mostra polaridade: possui um pólo radicular e um caulinar. De fato, a aparência citológica da oosfera — presença de um grande vacúolo em sua parte proximal e citoplasma denso e núcleo, na distal — sugere que a polaridade possa estar estabelecida antes da fertilização.

Tipicamente, a primeira divisão é transversal ou mais ou menos oblíqua em relação ao eixo longo do zigoto. Sucessivas divisões transversais ou em sentido vertical podem ocorrer em algumas partes do embrião. Seja qual for a combinação de divisões, sua seqüência é ordenada. Geralmente, no início, o embrião assume um formato cilíndrico ou claviforme (Fig. 2.1A). Logo a seguir a parte distal do embrião torna-se sede ativa de divisões celulares freqüentes. Como resultado, a parte distal aumenta de volume, tornando-se uma estrutura mais ou menos esférica (Fig. 2.1B). Com esta mudança surge a distinção entre o corpo do embrião e o suspensor. Antes de alcançar este estágio, o embrião é freqüentemente denominado proembrião.

Nos estágios seguintes, o embrião sofre mudanças de simetria. O corpo esférico de simetria radial desenvolve-se em estrutura distalmente achatada, apresentando agora simetria bilateral. O achatamento é seguido pela iniciação de dois cotilédones (Fig. 2.1C). Estas

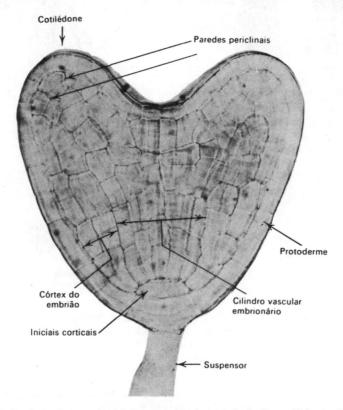

Figura 2.2 Embrião de *Diplotaxis tenuifolia*, por ocasião da emergência dos cotilédones. O embrião foi tratado com enzimas, para remover o citoplasma e, deste modo, revelar claramente a disposição das células. (De Von Stosch, *Ztschr. für Mikros. und mikros. Tech.*, 62, 1955)

O embrião

primeiras estruturas foliares formam-se a partir de divisões que ocorrem à direita e à esquerda da porção terminal achatada (Fig. 2.2). No começo os cotilédones são pequenas protrusões (Figs. 2.2 e 2.1D) para, depois, em consequência de novas divisões e aumento do volume, assumirem o aspecto de estruturas semelhantes a folhas (Fig. 2.1E). O eixo situado abaixo dos cotilédones diferencia em sua porção terminal um meristema de raiz ou uma radícula, tornando-se em eixo hipocótilo-raiz.

Como já foi dito, as divisões que ocorrem durante o desenvolvimento do embrião seguem uma seqüência ordenada, apresentando características específicas para os diversos grupos de plantas. Os pormenores referentes ao desenvolvimento do embrião têm sido utilizados limitadamente em taxonomia e filogenia (cf. Lebègue, 1952; Maheshwari, 1950; Souèges e Crété, 1952; Takhtadzhian, 1954). Em estudos que tratam de aspectos fisiológicos da embriogenia, os pesquisadores chamaram a atenção para os fatores que determinam a ordem e seqüência do processo (cf. Wardlaw, 1955). Algumas fases do crescimento inicial do embrião foram elucidadas por meio da cultura de embriões *in vitro* (Rappaport, 1954).

Início da organização dos tecidos

O desenvolvimento dos cotilédones é acompanhado ou precedido de alterações da estrutura interna que dão início à organização dos sistemas de tecidos (Meyer, 1958). A futura epiderme, a *protoderme* (muitas vezes chamada *dermatogêneo*) é formada por divisões periclinais próximas da superfície (Fig. 2.1B, C). Quando os cotilédones se desenvolvem, a protoderme propaga-se pela superfície dos cotilédones em expansão, por divisões anticlinais (Fig. 2.1D). Uma vacuolização acelerada em certas partes do embrião indica o desenvolvimento do *meristema fundamental* (Fig. 2.1D) que é precursor do tecido fundamental. O tecido do eixo hipocótilo-raiz e dos cotilédones, que permanece menos vacuolizado, constitui o meristema que originará o futuro sistema vascular primário, o *procâmbio*. Por subseqüentes divisões longitudinais e alongamento, as células do procâmbio tornam-se longas e estreitas. A disposição do meristema que vai formar o sistema vascular como um todo, varia nos embriões das diferentes plantas, mas em todas representa um sistema ordenado e contínuo entre os cotilédones e o eixo hipocótilo-raiz. O sistema vascular da planta jovem, que se desenvolveu a partir do embrião, representa uma réplica diferenciada e aumentada do sistema procambial deste.

Meristemas apicais

O crescimento da futura planta, a partir do embrião é possível devido a organização dos meristemas apicais do caule e da raiz. Estes meristemas aparecem nos dois pólos opostos do eixo embrionário, pólo proximal (ou de raiz) e o pólo distal (ou da gema apical) do caule (Fig. 2.1E).

O meristema apical do caule pode ser encarado como um resíduo de tecido embrionário, localizado entre os cotilédones. Em plantas adultas, o meristema apical vegetativo apresenta organização celular característica (Cap. 16). Este meristema pode ou não adquirir tal organização antes da germinação da semente e dar ou não início ao desenvolvimento do caule ou epicótilo, enquanto o embrião ainda está incluído na semente.

O meristema apical da raiz é formado geralmente por uma seqüência característica de divisões em uma ou mais camadas celulares inferiores do embrião. Algumas vezes, a célula distal do suspensor, contígua ao corpo propriamente dito do embrião, está especialmente relacionada com a formação do meristema radicular (e da coifa) recebendo o nome de hipófise (Fig. 2.1B). O meristema apical da raiz embrionária pode ou não assumir a mesma organização celular da raiz em crescimento (Cap. 14) mas possui uma coifa. Em algumas dicotiledôneas, primórdios de raízes adventícias se diferenciam no hipocótilo do embrião (Steffen, 1952).

EMBRIÃO DAS MONOCOTILEDÔNEAS

Nos estágios iniciais de desenvolvimento, (ou seja, de proembrião) os embriões de dicotiledôneas e monocotiledôneas seguem uma seqüência semelhante de divisões, tornando-se, ambos, corpos cilíndricos ou claviformes (Fig. 2.3A). A diferença entre os dois torna-se evidente quando tem início a formação dos cotilédones. Na ausência de um segundo cotilédone, o embrião das monocotiledôneas deixa de ser bilobado na extremidade distal (Fig. 2.3B-D). Além disto, o único cotilédone domina o desenvolvimento de tal maneira, que freqüentes vezes parece ser continuação do eixo embrionário (Figs. 2.3E e 2.4B). Em outras palavras, o cotilédone ocupa uma posição terminal, enquanto o meristema do epicótilo — isto é, o meristema apical do caule — é visto ao lado do cotilédone. A relação ontogenética entre cotilédone e meristema apical do caule é assunto de muitas discussões, pois baseia-se na natureza morfológica das monocotiledôneas. Alguns pesquisadores, por exemplo, interpretam o cotilédone como estrutura realmente terminal e encaram as monocotiledôneas como um simpódio de ramos laterais, cada qual produzindo uma folha terminal e um novo meristema apical de ramo (Souèges, 1954). Outros afirmam que a posição terminal do cotilédone é apenas aparente, resultando de um deslocamento do meristema apical do caule em conseqüência do crescimento vigoroso do cotilédone. Os partidários

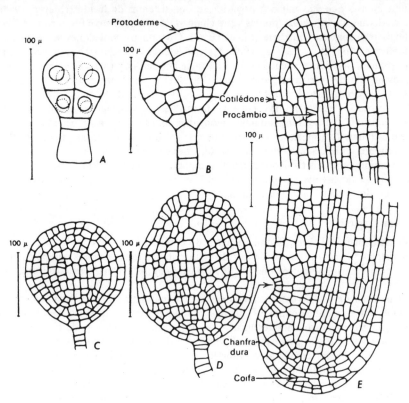

Figura 2.3 Embrião de *Allium Cepa* (cebola) em vários estágios de desenvolvimento. *A*, o corpo do embrião já se tornou diferente do suspensor. *B*, a protoderme foi iniciada na fileira distal. *C*, o corpo do embrião continua esférico. *D*, alongamento da porção distal — início da formação do cotilédone. *E*, embrião ainda imaturo mas com regiões de tecidos evidentes; também a chanfradura, sede do meristema apical caulinar, já está presente

O embrião

deste ponto de vista baseiam-se no fato da existência de certo grau de variabilidade em relação à posição terminal do cotilédone. Em algumas monocotiledôneas, o cotilédone e o meristema apical surgem lado a lado a partir da porção distal do embrião (Baude, 1956; Haccius, 1952), e as verdadeiras posições terminal e lateral deste meristema apresentam estágios intermediários de transição quanto à posição. O conceito segundo o qual o único cotilédone das monocotiledôneas não é realmente terminal reforça-se pela ocorrência de espécies dicotiledôneas que normalmente possuem apenas um cotilédone e cuja embriogenia lembra a das monocotiledôneas (Haccius, 1954).

O desenvolvimento do embrião de *Allium Cepa* — cebola (Liliaceae) e de Gramíneas (Gramineae) ilustra a embriogenia em monocotiledôneas.

Embrião de Allium Cepa (cebola)

Divisões iniciais conduzem a um embrião claviforme (Fig. 2.3A). Mais tarde, o embrião compreende um corpo praticamente esférico e um suspensor delgado (Fig. 2.3B, C). O cotilédone desenvolve-se para cima, a partir do corpo esférico (Fig. 2.3D, E). Uma leve depressão ou chanfradura em um dos lados do embrião — a sede do futuro meristema apical — indica que o crescimento para cima não representa simples prolongamento do eixo embrionário. Não obstante, devido ao seu crescimento vigoroso, o cotilédone parece ser terminal e a depressão na qual se localiza o meristema apical, lateral.

A depressão de início é rasa (Fig. 2.3E) aumentando em profundidade à medida em que crescem os tecidos localizados em suas margens. Este crescimento marginal é uma extensão semelhante a uma bainha de cotilédone (Fig. 2.4A). O meristema apical inicia-se

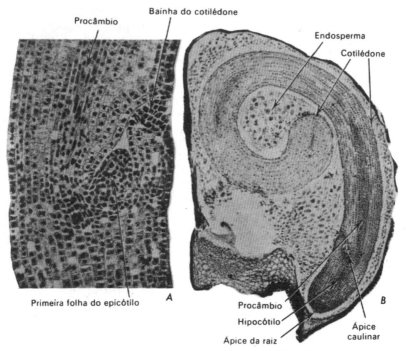

Figura 2.4 Embrião maduro de *Allium Cepa* (cebola). *A*, região mediana do embrião com o epicótilo (corte através da primeira folha) sendo envolvido pelo cotilédone. *B*, embrião maduro, no interior da semente, visto em corte longitudinal mediano. (*A*, ×100; *B* ×25. *B*, de Esau, *Plant Anatomy*, John Wiley and Sons, 1953)

como uma pequena protuberância de células embrionárias, no fundo da depressão, formando o primeiro primórdio foliar (Fig. 2.4A). Quando a semente germina, a primeira folha emerge através de uma fenda, acima da bainha. O meristema apical da raiz e a coifa, organizam-se na base do hipocótilo curto. (Um estudo pormenorizado dos estágios embrionários da formação da raiz é encontrado em Guttenberg e outros, 1954).

O embrião maduro apresenta protoderme, meristema fundamental um tanto vacuolizado e procâmbio menos vacuolizado. Este último se estende do meristema radicular até a base do cotilédone onde se amplia, formando um ramo curto que se dirige ao ápice do epicótilo e um longo que atravessa o cotilédone (Fig. 2.4B).

Embrião das gramíneas

Já chamamos a atenção para as dificuldades existentes na interpretação da morfologia do embrião das monocotiledôneas. O desenvolvimento e a estrutura do embrião das gramíneas são tão complexos que podemos afirmar que ele suscita maior número de problemas de interpretação morfológica do que qualquer outro embrião vegetal. Na discussão que se segue, empregaremos apenas uma das interpretações em relação às partes do embrião. (Para outros pontos de vista, ver Pankow e Guttenberg, 1957; Roth, 1955, 1957 e Wardlaw, 1955).

O embrião das gramíneas atinge um grau de diferenciação relativamente elevado. Quando observado no interior da cariopse madura, apresenta-se justaposto ao endosperma, por meio do cotilédone maciço, chamado escutelo (Fig. 2.5). Num corte longitudinal mediano através do escutelo, o eixo do embrião apresenta-se inserido lateralmente no

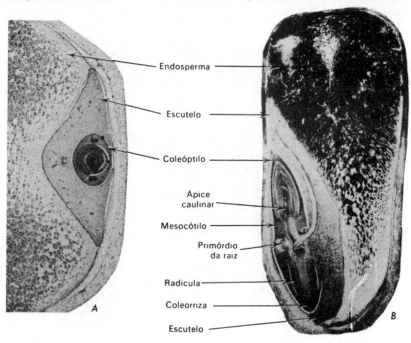

Figura 2.5 *Zea mays* (milho). Embrião no interior da cariopse, coletado cerca de 30 dias após a polinização. A, corte transversal, com parte da cariopse removida. B, corte longitudinal. (A, ×12; B, ×14. Cortesia de J. E. Sass. A, de J. E. Sass, *Botanical Microtechnique*, 3.º ed. Iowa State College Press, 1958)

O embrião

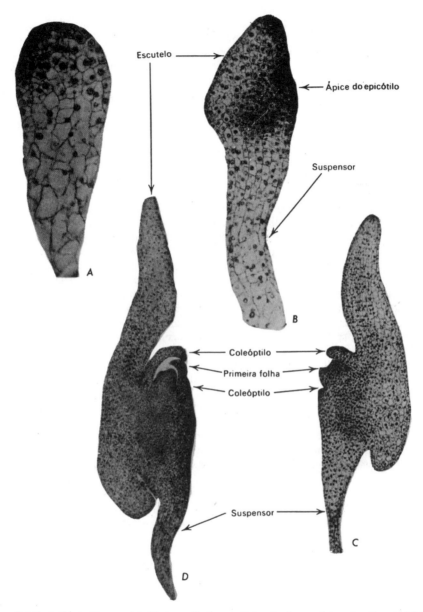

Figura 2.6 Embrião de *Zea mays* (milho) em diversos estágios do desenvolvimento. O material foi coletado nos seguintes dias, após a polinização: *A*, 5; *B*, 10; *D, C*, 15. (*A*, ×230; *B*, ×130; *C*, ×96; *D*, ×48. Cortesia de J. E. Sass. *D*, em J. E. Sass, *Botanical Microtechnique*, 3.º ed. The Iowa State College Press, 1958)

escutelo (Fig. 2.5B). A porção inferior do eixo é o primórdio da raiz (radícula) que tem meristema apical e coifa na parte terminal. Raiz e coifa estão encerradas na coleorriza que, no embrião jovem, se continua com o suspensor.

Acima da radícula encontra-se o nó cotiledonar (por isso, não é possível distinguir hipocótilo e radícula) seguindo-se o epicótilo, provido de vários primórdios foliares. O primórdio mais externo é o coleóptilo, que na maioria das gramíneas é um cone oco, provido de um pequeno poro no seu ápice. (Em *Streptochaeta*, uma gramínea primitiva, o coleóptilo abriga vários primórdios foliares e o meristema apical do caule. A parte do eixo localizada entre ele e o nó do escutelo é um internódio, muitas vezes denominado mesocótilo. Em algumas Gramineae uma pequena excrecência, o epiblasto, é encontrado em posição oposta ao escutelo. Algumas vezes esta estrutura é interpretada como sendo um segundo cotilédone rudimentar. Um complexo sistema procambial desenvolve-se no embrião. O mesmo ocorre na radícula, no nó do escutelo, no escutelo, no coleóptilo e em alguns dos outros primórdios foliares.

Os pormenores referentes ao desenvolvimento são melhor conhecidos nos embriões de *Zea mays*, milho (por exemplo Abbe e Stein, 1954; Kisselbach, 1949) e do *Triticum*, trigo (por exemplo Roth, 1957). Cinco dias após a polinização, o embrião do milho torna-se claviforme (Fig. 2.6A). A porção superior avolumada dá origem ao corpo principal do embrião; a parte inferior origina o suspensor. O embrião com dez dias apresenta-se alongado e espessado em um dos lados devido ao crescimento do escutelo (Fig. 2.6B). Em posição oposta ao escutelo, no eixo do embrião, encontra-se o ápice epicotiledonar, que é uma protuberância circundada por uma dobra de tecido, o coleóptilo incipiente. A medida em que o coleóptilo se desenvolve (Fig. 2.6C), são iniciados os primórdios foliares e o crescimento do epicótilo é reorientado, passando da posição lateral para a vertical (Fig. 2.6D). O escutelo aumenta de volume, crescendo ao redor do sulco no endosperma, no qual está localizado o eixo do embrião (Fig. 2.5A) e eventualmente cobre o nó escutelar. Em contraste com o embrião do milho, o do trigo possui um epiblasto. Este desenvolve-se tardiamente durante a embriogênese, após alongamento considerável do escutelo; o coleóptilo nesta ocasião já envolveu parcialmente o meristema apical.

Na porção inferior do eixo do embrião, acima do suspensor, organizam-se a radícula e a coifa. De início a radícula é unida ao tecido da coleorriza, separando-se desta à medida em que o embrião amadurece (Fig. 2.5B). O modo pelo qual se desenvolve a radícula, coloca o interessante problema da identificação da coleorriza e da radícula. Se a coleorriza não é parte do suspensor, mas sim do hipocótilo (Roth, 1957) ou se ela é uma raiz primária suprimida (Pankow e Guttenberg, 1957), então a radícula origina-se endogenamente (isto é, internamente) como uma raiz lateral ou adventícia (Cap. 14 e 15). Em monocotiledôneas que não possuem coleorriza e na maioria das dicotiledôneas, a radícula geralmente é considerada como tendo origem exógena (isto é, externa).

Acima do nó do escutelo tem início a formação de raízes adicionais (Fig. 2.5B), denominadas adventícias seminais. Após a germinação, durante o estágio de crescimento denominado "brotação", desenvolvem-se novas raízes adventícias ao nível dos ramos laterais e do principal.

REFERÊNCIAS BIBLIOGRÁFICAS

Abbe, E. C., e O. L. Stein. The growth of the shoot apex in maize: embryogeny. *Amer. Jour. Bot.* 41:285-293. 1954.

Baude, E. Die Embryoentwicklung von *Stratiotes aloides* L. *Planta* 46:649-671. 1956.

Guttenberg, H. von, H.-R. Heydel, e H. Pankow. Embryologische Studien an Monocotyledonen. II. Die Entwicklung des Embryos von *Allium giganteum* Rgl. *Flora* 141:476-500. 1954.

Haccius, B. Die Embryoentwicklung bei *Ottelia alismoides* und das Problem der terminalen Monokotylen-Keimblattes. *Planta* 40:433-460. 1952.

Haccius, B. Embryologische und histogenetische Studien an "monokotylen Dikotylen." I. *Claytonia virginica* L. *Österr. Bot. Ztschr.* 101:285-303. 1954.

Kiesselbach, T. A. The structure and reproduction of corn. Univ. Nebraska Coll. Agr., *Agric. Exp. Sta. Res. Bul* 161. 1949.

Lebègue, A. Recherches embryogéniques sur quelques Dicotylédones Dialypétales. *Ann. des Sci. Nat., Bot. Ser.* 11. 13:1-160. 1952.

Maheshwari, P. *An introduction to the embryology of angiosperms.* New York, McGraw-Hill Book Company. 1950.

Meyer, C. F. Cell patterns in early embryogeny of the McIntosh apple. *Amer. Jour. Bot.* 45:341-349. 1958.

Pankow, H., e H. V. Guttenberg. Vergleichende Studien über die Entwicklung monokotyler Embryonen und Keimpflanzen. In: *Bot. Studien.* N.º 7:1-39. 1957.

Rappaport, J. In vitro culture of plant embryos and factors controlling their growth. *Bot. Rev.* 20:201-225. 1954.

Reeder, J. R. The embryo of *Streptochaeta* and its bearing on the homology of the coleoptile. *Amer. Jour. Bot.* 40:77-80. 1953.

Roth, I. Zur morphologischen Deutung des Grasembryos und verwandter Embryotypen. *Flora* 142:564-600. 1955.

Roth, I. Histogenese und Entwicklungsgeschichte des *Triticum*-Embryos. *Flora* 144:163-212. 1957.

Souèges, R. L'origine du cône végétatif de la tige et la question de la "terminalité" du cotylédon des Monocotylédones. *Ann. des Sci. Nat., Bot. Ser.* 11. 15:1-20. 1954.

Souèges, R., e P. Créte. Les acquisitions les plus récentes de l'embryogénie des Angiospermes (1947-1951). *Année Biol. Ser.* 3. 28:9-45. 1952.

Steffen, K. Die Embryoentwicklung von *Impatiens glanduligera* Lindl. *Flora* 139:394-461. 1952.

Takhtadzhîân, A. L. Voprosy evoliûzionnoĭ morfologii rasteniĭ. [Problems of evolutionary morphology of plants.] Leningrad, University Press. 1954.

Wardlaw, C. W. *Embryogenesis in plants.* New York, John Wiley and Sons. 1955.

3

Do embrião à planta adulta

Após a germinação da semente, o meristema apical do caule forma, em seqüência regular, folhas, nós e entrenós, isto é, incrementa o crescimento do caule primordial (Fig. 3.1). Meristemas apicais em axilas de folhas podem produzir ramos axilares (Fig. 3.2A). Estes, por sua vez, também podem apresentá-los. Como resultado desta atividade dos meristemas apicais, a planta apresenta um sistema de ramos em seu caule principal. O meristema apical da raiz, localizado na base do hipocótilo — ou radícula, conforme a situação — origina a raiz principal (ou raiz primária; Fig. 3.1). Em muitas plantas a raiz principal forma ramificações (raízes secundárias; Fig. 3.1E) a partir de meristemas localizados profundamente na raiz principal (origem endógena). As laterais, por sua vez, se ramificam. Desta maneira resulta um sistema radicular muito subdividido. Em algumas plantas, especialmente entre as monocotiledôneas, o sistema radicular da planta adulta desenvolve-se a partir de raízes adventícias que têm sua origem no caule.

O crescimento acima descrito abrange o estágio vegetativo da planta com sementes. Em época apropriada, determinada por um ritmo endógeno de crescimento (Bünning, 1953) e em parte pelas condições do ambiente, especialmente por efeito da luz (Parker e Borthwick, 1950) e temperatura (Thompson, 1953) o meristema apical vegetativo do caule é transformado em reprodutivo, isto é, nas angiospermas, num meristema apical floral, que produz flores ou inflorescências. O estágio vegetativo do ciclo vital da planta é sucedido por um estágio relacionado com a reprodução.

MERISTEMAS E ORIGEM DOS TECIDOS

A formação de novas células, tecidos e órgãos, através da atividade dos meristemas apicais, envolve divisões celulares. Certas células dos meristemas dividem-se de tal modo que uma das resultantes torna-se numa nova célula do corpo, enquanto a outra, permanece no meristema. Em outras palavras, determinadas células meristemáticas têm um duplo papel: perpetuar-se e formar novas células do corpo. As células que se auto-perpetuam podem ser denominadas iniciais e as resultantes da divisão, derivadas. O conceito de iniciais e derivadas deveria no entanto incluir a caracterização de que as iniciais não diferem de suas derivadas, podendo inclusive ser suplantadas por estas. O conceito em questão surge de vários aspectos em conexão com descrições de meristemas apicais da raiz (Cap. 14) e do caule (Cap. 16). Basta chamar a atenção para o ponto de vista geral, de que certas células dos meristemas atuam como iniciais, principalmente porque ocupam posição adequada para desempenhar tal atividade e que os meristemas apicais de raízes e caules das plantas vasculares superiores (gimnospermas e angiospermas) contêm grupos de iniciais.

Do embrião à planta adulta

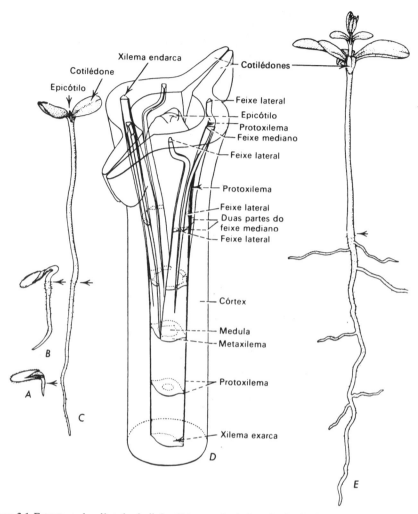

Figura 3.1 Estrutura da plântula de linho (*Linum usitatissimum*). A–C, E, semente em germinação (A) e três estágios do desenvolvimento da plântula: crescimento da raiz principal (abaixo da seta); e aparecimento das raizes laterais; alongamento do hipocótilo (acima da seta); desdobramento dos cotilédones e desenvolvimento do epicótilo. D, sistema do xilema, na região de transição por meio do qual são conectados a raiz e os cotilédones. O floema estaria localizado perifericamente em relação ao xilema. (A–C, E, desenhados por Alva D. Grand; D, Crooks, *Bot. Gaz.*, 1933)

As iniciais e suas derivadas imediatas compõem os meristemas apicais (Fig. 3.2). As derivadas geralmente dividem-se por sua vez, produzindo uma ou mais gerações de células, antes de apresentar alterações citológicas denunciando diferenciação de tipos específicos de células e tecidos nas proximidades do ápice da raiz e do caule. Além disso, divisões continuam a ocorrer mesmo nas regiões em que as modificações citadas já são discerníveis. Em outras palavras, crescimento, no sentido de divisão celular, não está limitado ao ápice da raiz e do caule, estendendo-se a regiões consideravelmente afastadas da área normalmente chamada de meristema apical. De fato, divisões a certa distância do ápice são mais abundantes do que no próprio ápice (cf. Buvat, 1952). No meristema apical caulinar, obser-

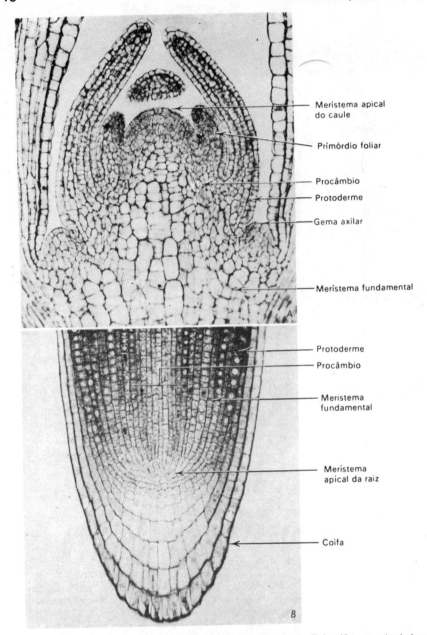

Figura 3.2 Ápice do caule (A) e ápice da raiz (B) da plântula do linho (*Linum usitatissimum*) em corte longitudinal. Ambos ilustram meristemas apicais e tecidos meristemáticos derivados. *A*, primórdios foliares e gemas axilares estão presentes; *B*, a coifa cobre o meristema apical da raiz. (*A*, ×184; *B*, ×200. *A*, de J. E. Sass, *Botanical Microtechnique*, 3.º ed., The Iowa State College Press, 1958)

va-se atividade meristemática mais intensa junto às zonas de iniciação de folhas novas do que no ápice; e durante o alongamento do caule, divisões celulares são encontradas em vários entrenós, abaixo do meristema apical.

No processo da atividade meristemática, a divisão celular combina-se com aumento de volume de produtos resultantes da divisão. Geralmente o aumento do volume celular cresce a partir do tecido meristemático mais jovem para o mais velho (Fig. 3.2), tornando-se eventualmente o fator principal do crescimento em largura e comprimento da região correspondente, na raiz e no caule. As células que não se dividiram e que podem estar crescendo, diferenciam-se gradativamente em células específicas, características para a região do caule ou raiz em que ocorrem. Em conseqüência os diferentes fenômenos de crescimento e diferenciação se sobrepõem na mesma célula; de outro lado, no mesmo nível do caule ou da raiz, diferentes regiões podem apresentar diferentes estágios de crescimento e diferenciação.

Tendo em vista as mudanças gradativas de meristemas apicais em tecidos adultos e intergradação dos fenômenos de divisão celular, crescimento e diferenciação, não é possível restringir o termo meristema aos ápices do caule e da raiz. As partes destes órgãos em que os futuros tecidos ou estruturas já se encontram parcialmente estabilizados mas onde ainda ocorrem divisões e o crescimento ainda está em processo, são também meristemáticas. Se desejarmos uma distinção entre meristema apical e zonas subjacentes, podemos falar em meristemas apicais e tecidos meristemáticos abaixo deles, empregando-se então os termos ápice radicular e ápice caulinar em sentido mais amplo, englobando o meristema apical e os tecidos meristemáticos subjacentes.

DIFERENCIAÇÃO E ESPECIALIZAÇÃO

A mudança progressiva dos tecidos meristemáticos de estrutura relativamente simples para as combinações de tecidos complexos e variáveis do corpo vegetal adulto é denominada diferenciação. A passagem do estágio meristemático indiferenciado para o estágio adulto, diferenciado, envolve a constituição química da célula, bem como suas características morfológicas (cf. Commoner e Zucker, 1953), podendo ser analisada em termos de célula isolada, tecido, sistema de tecidos, órgão ou planta como um todo (Bonner, 1952). A diferenciação pode ser encarada, em primeiro lugar como o processo de tornar-se diferente dos seus precursores meristemáticos e, em segundo lugar, das células vizinhas dos tecidos adjacentes. O segundo aspecto implica num processo em que células meristemáticas semelhantes podem passar por diferentes etapas durante sua maturação e podem mesmo dar origem a estruturas diferentes, a partir de um tecido de início relativamente homogêneo.

Se compararmos células que completaram sua diferenciação, reconheceremos que algumas se diferenciam mais do que outras e que o mais alto grau de mudança está associado à especialização mais acentuada em relação ao papel que as células desempenham no corpo vegetal. Elevado grau de especialização é atingido por exemplo, pelas células condutoras de água do xilema, que possuem paredes relativamente espessas e ausência de conteúdo vivo, quando maduras; e no floema, os elementos crivados, condutores de material elaborado que não possuem núcleo quando desenvolvidos. Mudanças menos profundas ocorrem durante a diferenciação de uma célula do parênquima fotossintetizante quanto ao formato em relação ao precursor meristemático, mas as paredes só se espessam moderadamente e o protoplasto permanece completo. A característica mais marcante no desenvolvimento desta célula é a aquisição de numerosos cloroplastos. A célula fotossintetizante também toma parte em outras atividades não relacionadas com a fotossíntese e, o que é particularmente importante, ela é capaz de ser estimulada a reassumir atividade meristemática. Por exemplo lesões em uma folha podem induzir divisões em células do mesófilo e subseqüente formação de tecido de proteção suberizado (cf. Bloch, 1952). Formação de "callus" ao longo de superfícies de corte é outro exemplo de reinício de divisão celular no parênquima embora com vários anos de idade (Barker, 1953). Células vivas, completamente diferenciadas, podem reassumir espontaneamente atividade meristemática. A formação de uma periderme em caules, por exemplo, resulta de tal atividade. O desenvolvimento de ramos e raízes adventícias, à custa da reativação de divisões em células parenquimáticas diferenciadas, também pode ser espontâneo. Os exemplos dados mostram claramente a variabilidade no grau de diferenciação e especialização entre as células do mesmo corpo vegetal. Podemos dizer que algumas células são mais induzidas do que outras, se compararmos suas potencialidades ulteriores de crescimento.

A presença de potencialidade meristemática em muitos tipos de células vivas completamente desenvolvidas torna difícil admitir que estejam maduras. Não obstante, é conveniente falar em células maduras, quando completam a sua diferenciação. Portanto, células maduras podem ser não-vivas ou apresentar protoplasto ativo, capaz de retomar atividades meristemáticas.

EXPRESSÕES DA ORGANIZAÇÃO DO CORPO VEGETAL

Um aspecto significativo da diferenciação é que células com determinadas características, aparecem em posições definidas no corpo vegetal; em outras palavras, a diferenciação tem como resultado o aparecimento na planta de padrões de tecidos. Muitas das pesquisas modernas que se relacionam com os estudos do desenvolvimento morfológico e fisiológico ocupam-se das possíveis causas do desenvolvimento do complexo, mas ordenado, padrão interno da planta. Estas pesquisas podem consistir em estudos do desenvolvimento de células, tecidos, embriões, partes da planta ou de plantas inteiras; estudo do crescimento anômalo (Bloch, 1954); estudo de células, tecidos ou partes maiores isoladas de plantas e a seguir cultivadas in vitro (Gautheret, 1953; Steward e outros, 1958); estudos das respostas por parte da planta, aos vários estímulos ou tratamentos cirúrgicos (cf. Wardlaw, 1952); ou estudos do efeito de genes sobre o desenvolvimento (Hansen, 1957). Todos estes trabalhos levam a uma conclusão: a planta é uma entidade organizada na qual o desenvolvimento segue um caminho definido, que lhe confere sua estrutura característica.

Uma das expressões da organização é a polaridade (cf. Bloch, 1943), propriedade mencionada na discussão do desenvolvimento do embrião, que é caracterizado como estrutura axial, apresentando um pólo radicular e outro caulinar. A polaridade, que pode ser detectada a partir do momento em que o embrião inicia o seu desenvolvimento, continua a ser uma das condições dominantes na diferenciação do corpo vegetal (Bünning, 1953). Seus efeitos podem manifestar-se através de mudanças de estruturas das extremidades do eixo ou por diferenças fisiológicas expressas no comportamento celular ou de unidades maiores. O fenômeno da polaridade pode ser bem demonstrado experimentalmente. Na regeneração das plantas a partir de células livres suspensas em meio de cultura, o crescimento organizado começa pela formação de nódulos vascularizados. Logo que um destes produz uma raiz, a polaridade se torna evidente: em ponto oposto a ela organiza-se um pólo caulinar e o nódulo desenvolve-se em forma de plântula semelhante à planta normal (Steward e outros, 1958).

É instrutivo analisar a estrutura vascular de uma destas em termos de polaridade. Como foi explicado no Cap. 2, o embrião inicia a organização da futura planta com o arranjo de seus tecidos meristemáticos parcialmente diferenciados: a protoderme, o procâmbio e o meristema fundamental. Esta organização se torna claramente definida nas plantas jovens depois do crescimento das raízes e do alongamento do hipocótilo. Um exame da estrutura interna de uma plântula de dicotiledônea mostra que a natureza radicular do pólo radicular do eixo se expressa através da diferenciação do tipo de cilindro vascular, característica das raízes dessas plantas. A extremidade caulinar da planta, por outro lado, mostra estreita relação, típica das plantas vasculares superiores, entre o sistema vascular do eixo (hipocótilo nas plantas jovens) e as folhas (cotilédones nas mesmas plantas) geradas no eixo: o tecido vascular do hipocótilo parece ramificar-se acima em feixes que podem ser acompanhados nas folhas cotiledonares (Fig. 3.1D). Estes feixes do hipocótilo podem ser considerados como traços cotiledonares.

Entre os dois níveis, o do caule e o da raiz, existe uma conexão ligando o sistema vascular cilíndrico desta e do hipocótilo superior (Fig. 3.1D). Acompanhando-se esta conexão de nível em nível, a começar, por exemplo, da raiz, tem-se a impressão de que a estrutura desta se muda gradativamente em estrutura caulinar. O cilindro compacto da raiz é substituído por uma estrutura menos compacta à medida que se vai subindo. Se não houver medula presente na raiz, ela se tornará evidente mais acima. Em plano ainda superior, o tecido vascular parece separar em duas ou mais unidades os traços cotiledonares.

Somando-se a essas diferenças simples da forma geral do sistema vascular entre um nível e outro, presencia-se freqüentemente a disparidade complexa envolvendo a orientação da diferenciação dos elementos do xilema. Os primeiros elementos maduros do xilema (protoxilema) da raiz ocorrem nas posições periféricas do cilindro vascular. Os elementos que amadurecem subseqüentemente (metaxilema) aparecem sucessivamente mais próximos do centro. Por outras palavras, como se nota em cortes transversais, a direção de maturação dos elementos vasculares é centrípeta. O xilema que demonstra esse tipo de diferenciação é denominado "xilema exarco". Nos feixes cotiledonares (ou primeiramente no epicótilo, em certas plantas) a ordem de maturação do xilema é inversa. Os primeiros elementos maduros do xilema estão localizados mais distante da periferia, e os elementos subseqüentes do xilema amadurecem em direção centrífuga. O xilema de tipo centrífugo de maturação é denominado endarco. As conexões entre o xilema exarco da raiz e o endarco do caule ocorrem em uma parte do sistema vascular na qual a posição relativa dos elementos primários e secundários do xilema é intermediária entre os da raiz e do caule.

A região da plântula onde o sistema radicular e o caulinar estão ligados e onde os pormenores estruturais mudam de nível em nível em relação as diferenças entre os dois sistemas, é denominado região de transição (Fig. 3.1D). A exposição anterior trata de um tipo relativamente simples de região de transição de uma dicotiledônea. Muitos destes vegetais têm conexões radiculares e caulinares mais complexas e, nas monocotiledôneas a presença de um único cotilédone associa-se a uma estrutura assimétrica da região de transição (cf. Boureau, 1954; Hayward, 1938). Nas gimnospermas, a freqüente presença de mais de dois cotilédones contribui para a complexidade da região de transição (Boureau, 1954).

A mudança de caráter dos padrões histológicos dos níveis sucessivos da região de transição é gradativa e, conseqüentemente, sugere que influências graduais procedentes dos pólos radicular e caulinar sejam responsáveis pelo desenvolvimento desse determinado padrão. Alguns pesquisadores constataram evidências das influências graduais na diferenciação de numerosos outros padrões no corpo vegetal até o ponto dessas influências serem perceptíveis em células isoladas e afirmam, a esse respeito, verificarem-se gradientes de diferenciação (Prat, 1951).

Os fenômenos que foram definidos como polaridade e gradientes de diferenciação foram concebidos para explicar, pelo menos parcialmente, a ocorrência de padrões estruturais nas plantas. Um dos aspectos importantes do desenvolvimento de padrões é que o curso da diferenciação de uma célula vem a ser determinado por sua posição no interior do padrão geral. Dito de outra forma, a célula está sujeita a uma inibição posicional durante o seu desenvolvimento. A inibição pode ser modificada até certo grau por influências ambientais, doenças ou outras causas de acidentes, e também pela remoção de pequenas partes da planta ou sujeitando-as a vários tratamentos nas culturas de tecidos (Gautheret, 1953). Entretanto, parece difícil reorientar a polaridade geral numa planta especializada como um todo ou em suas partes. Com efeito, pesquisas com culturas de tecidos sugerem que até mesmo pequenos fragmentos destes podem conservar a polaridade que fora estabelecida originariamente pela posição desse determinado fragmento no corpo da planta (cf. Bloch, 1943 e Wardlaw, 1952). Por outro lado, a separação de tecidos em células isoladas pode levar à organização de nova planta com seu próprio sistema de polaridade (Steward e outros, 1958).

CRESCIMENTO PRIMÁRIO E SECUNDÁRIO

O desenvolvimento da planta adulta a partir da plântula resulta da atividade do meristema apical e do crescimento e diferenciação de suas derivadas. O estágio de desenvolvimento que termina com a maturação de derivadas mais ou menos diretas dos meristemas apicais é denominado crescimento primário. O corpo completo da planta, com raízes, caule, folhas, frutos e sementes, seu sistema dérmico (epiderme), o sistema meristemático fundamental e o sistema vascular, é produzido pelo crescimento primário. Plantas dicotiledôneas anuais de pequeno porte bem como a maioria das monocotiledôneas completam os respectivos ciclos de vida com o crescimento primário. Contudo, a maioria das dicotiledôneas e das gimnospermas experimentam um estágio secundário de crescimento resultante da atividade de um meristema vascular especial, o câmbio vascular. Tal meristema aumenta a quantidade de tecidos vasculares e causa, por isso, o espessamento do eixo (caule e raiz). A formação do tecido protetor, a periderme, que substitui a epiderme, é também considerada como parte do crescimento secundário. A adição secundária de tecidos vasculares e de coberturas protetoras torna possível o desenvolvimento de plantas avantajadas e muito ramificadas, como as árvores.

REFERÊNCIAS BIBLIOGRÁFICAS

Barker, W. G. Proliferative capacity of the medullary sheath region in the stem of *Tilia americana*. *Amer. Jour. Bot.* 40:773-778. 1953.
Bloch, R. Polarity in plants. *Bot. Rev.* 9:261-310. 1943.
Bloch, R. Wound healing in higher plants. II. *Bot. Rev.* 18:655-679. 1952.
Bloch, R. Abnormal plant growth. *Brookhaven Symposia in Biology* N.º 6:41-54. 1954.
Bonner, J. T. *Morphogenesis. An essay on development.* New Jersey, Princeton University Press. 1952.
Boureau, É. *Anatomie végétale.* Vol. I. Paris, Presses Universitaires de France. 1954.
Bünning, E. *Entwicklungs- und Bewegungsphysiologie der Pflanze.* 3.ª ed. Berlin, Springer. 1953.
Buvat, R. Structure, évolution et fonctionnement du méristème apical de quelques Dicotylédones. *Ann. des Sci. Nat., Bot. Ser.* 11. 13:202-300. 1952.
Commoner, B., e M. L. Zucker. Cellular differentiation: an experimental approach. In: *Growth and Differentiation in Plants.* W. E. Loomis, ed. pp. 339-392. Ames, Iowa State College Press. 1953.
Gautheret, R. Recherches anatomiques sur la culture des tissus de rhizomes de topinambour et d'hybrides de soleil et de topinambour. *Rev. Gén. de Bot.* 60:129-218. 1953.
Hansen, A. The expression of the gene dwarf-1 during the development of the seedling shoot in maize. *Amer. Jour. Bot.* 44:381-390. 1957.
Hayward, H. E. *The structure of economic plants.* New York, The Macmillan Company. 1938.
Parker, M. W., e H. A. Borthwick. Influence of light on plant growth. *Annu. Rev. Plant Physiol.* 1:43-58. 1950.
Prat, H. Histo-physiological gradients in plant organogenesis. II. *Bot. Rev.* 17:693-746. 1951.
Steward, F. C., M. O. Mapes, e K. Mears. Growth and organized development of cultured cells. II. Organization in cultures grown from freely suspended cells. *Amer. Jour. Bot.* 45:705-708. 1958.
Thompson, H. C. Vernalization of growing plants. In: *Growth and Differentiation of Plants.* W. E. Loomis, ed. pp. 179-196. Ames, Iowa State College Press. 1953.
Wardlaw, C. W. *Phylogeny and morphogenesis.* London, Macmillan and Company. 1952.

4

Parênquima

O parênquima é o representante principal do tecido fundamental e é encontrado em todos os órgãos da planta formando um tecido contínuo, como, por exemplo, no córtex e na medula do caule (Fig. 4.1A,B), córtex das raízes, tecido fundamental dos pecíolos (Fig. 4.2) e mesófilo das folhas (Cap. 18). Além disso, as células do parênquima são componentes de certos tecidos complexos, notadamente dos vasculares. As diferentes atividades metabólicas das plantas efetuam-se nos protoplastos das células parenquimáticas. A presença de protoplastos nucleados normais no interior destas indica que elas são relativamente não-especializadas. De fato, o parênquima é caracterizado com freqüência, como sendo potencialmente meristemático. Os fenômenos de cicatrização de lesões, regeneração, formação de raízes e caules adventícios e a união de enxertos são possíveis devido ao restabelecimento da atividade meristemática das células do parênquima.

Em termos de desenvolvimento, o tecido parenquimático, como meristema potencial que é, não se afasta muito deste, podendo, portanto, ser considerado primitivo. Esta caracterização não implica, contudo, em que suas células sejam de organização interna simples. Ao contrário, elas são mais complexas que outras, altamente especializadas, porque possuem protoplastos vivos. Assim, as células parenquimáticas, em sua maioria, podem ser consideradas simples quanto a sua morfologia e complexas, quanto à fisiologia.

FORMATO DAS CÉLULAS

As células parenquimáticas variam na forma, mas o parênquima fundamental típico consiste de células não muito mais longas que largas, chegando quase a ser isodiamétricas. Mas podem ser também consideravelmente alongadas ou lobadas de vários modos (Fig. 4.1C-E). E ainda que sejam aproximadamente isodiamétricas, não são esféricas, apresentando várias facetas pelas quais se mantêm em contato com as células vizinhas. Nos parênquimas relativamente homogêneos, tal como se encontram na medula e no córtex dos caules, o número de facetas aproxima-se de quatorze. A ocorrência de células maiores ou menores no mesmo tecido, o desenvolvimento de espaços intercelulares e a mudança de algumas células do formato quase isodiamétrico para outro, são fatores associados a mudança do número médio de facetas por célula (com relação a variabilidade das facetas, consulte Matzke e Duffy, 1956).

PAREDE CELULAR

As paredes celulares do parênquima fundamental vegetativo em atividade incluindo o mesófilo das folhas, são relativamente delgadas (Figs. 4.2 e 4.3); seus principais carboidratos são a celulose, a hemicelulose e substâncias pécticas (veja, porém, Bishop e outros, 1958). Como todas as paredes celulares de órgãos vegetais, as do parênquima são cimentadas às adja-

Anatomia das plantas com sementes

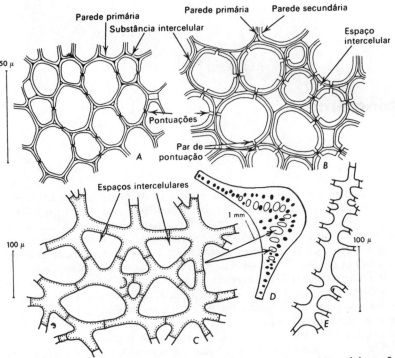

Figura 4.1 Formato e estrutura da parede de células do parênquima. (Conteúdos celulares são omitidos, estando indicados apenas simbolicamente em C.) A, B, parênquima medular do caule de bétula (*Betula*). Em caules mais jovens (A), as células apresentam apenas paredes primárias; nos mais velhos (B), podem também ocorrer paredes secundárias. C, D, células parênquimáticas do tipo aerênquima, encontradas em lacunas do pecíolo e nervuras centrais (D) das folhas de *Canna*. As células podem apresentar muitos "braços". E, célula longa, provida de braços, proveniente do mesófilo de *Gaillardia*

centes por uma substância intercelular (Fig. 4.1A) constituída predominantemente de compostos pécticos. A lamela delgada é chamada, na maioria das vezes. *lamela média*. O reconhecimento da substância cimentante esclareceu uma das características fundamentais da parede celular, a saber: cada célula tem sua própria parede e que os tabiques vistos entre duas células adjacentes consistem de uma substância cimentante e duas paredes, pertencentes a cada uma das respectivas células. A dupla natureza desses tabiques revela-se com clareza durante a formação dos chamados espaços intercelulares esquizógenos (Fig. 4.1B e 4.2) quando as duas paredes se separam ao longo da lamela média.

A parede aparece durante a divisão celular no estágio da mitose conhecido por telófase (Fig. 4.4A). No início desta, os dois núcleos filhos estão ligados um ao outro por um sistema de fibrilas denominadas *fragmoplastos*. Na zona equatorial do fragmoplasto percebe-se uma placa de material que se colore diferentemente (Fig. 4.4A, B; vista frontal na Fig. 4.4C). A natureza exata desta placa celular por ocasião de sua formação, não é conhecida, mas admite-se que contenha os materiais pécticos que constituirão mais tarde a lamela média. Os protoplastos das duas novas células depositam, sobre a lamela média, uma parede contendo celulose, hemicelulose e substâncias pécticas. Novos estratos de paredes celulares aparecem também ao redor dos protoplastos no interior da célula-mãe, continuando-se com a parede que está em contato com a placa celular (Fig. 4.4D). Na medida em que as novas células aumentam de volume, a parede da célula-mãe distende-se (Fig. 4.4D) e, final-

Parênquima

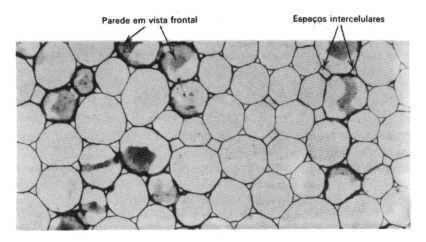

Figura 4.2 Parênquima do pecíolo de aipo (*Apium*). As células são regulares, de paredes finas e os espaços intercelulares são esquizógenos. (×250)

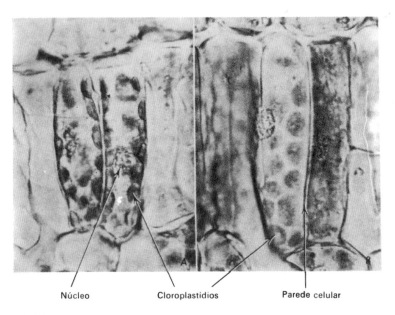

Figura 4.3 Células parênquimáticas do mesófilo de *Ligustrum californicum*, apresentando cloroplastídios *A*, cloroplastídios em vista lateral. *B*, cloroplastídios em vista frontal. Ambos, provenientes de tecido vivo, sem tratamento. (Ambos, ×740)

mente, rompe-se (Fig. 4.4E). Por vezes, mais de duas células podem acumular-se no interior de uma parede originária antes desta desaparecer como entidade diferenciada.

Nos tecidos meristemáticos, as paredes celulares originam-se das células que se encontram ainda em crescimento e, conseqüentemente, as paredes recém-formadas devem crescer em superfície na medida em que a célula aumenta. Esta expansão não resulta em adelgaçamento das novas paredes, pois novo material parietal lhes vai sendo acrescentado. O cres-

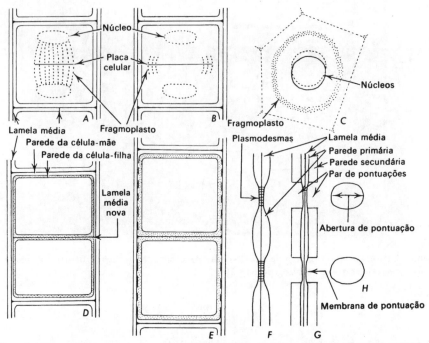

Figura 4.4 Formação de parede durante a divisão celular (A-E) e estrutura das paredes (F-H). *A*, formação da placa celular no plano equatorial do fragmoplasto durante a telófase, e que, agora, aparece ao longo da margem da placa celular (vista lateral, em *B*; vista frontal em *C*). *D*, a divisão celular se completou e cada célula irmã formou sua própria parede primária (pontilhado). *E*, células irmãs cresceram, as paredes primárias sofreram espessamento e a parede da célula-mãe sofreu rupturas ao longo das faces verticais das células irmãs. *F*, parede constituída de lamela média e duas camadas de paredes primárias pertencentes a duas células adjacentes. Na parede, as áreas delgadas são pontuações (primórdios de pontuações) atravessadas por plasmodesmas. *G*, parede compreendendo lamela média, duas camadas de paredes primárias e duas de paredes secundárias. A parede secundária é interrompida ao nível das pontuações. *H*, representação esquemática de pontuações em vista frontal

cimento das paredes jovens é um fenômeno complexo e se completa mediante associação íntima entre o citoplasma e a parede (Scott e outros, 1956; Waldrop, 1956).

Embora a parede seja relativamente delgada nos estágios iniciais de crescimento da célula, nos mais tardios ela cresce em espessura, às vezes de modo considerável. A célula pode não ter outra parede além da que foi depositada durante o seu crescimento, a qual é denominada, pelos anatomistas em madeira, *parede primária*. As células meristemáticas do córtex, medula e mesófilo foliar possuem geralmente estas paredes primárias, que, às vezes, são muito espessas como, por exemplo, no endosperma de algumas sementes (Fig. 4.5B) e no colênquima (Cap. 5). Depois de completar o seu crescimento, a célula pode depositar um espessamento adicional, que constitui a *parede secundária* (Committee on Nomenclature, 1933)*. As fibras e os esclereídeos (Cap. 6) são bons exemplos de células com paredes secundárias. Mas, às vezes, células parenquimáticas como as do xilema e da medula (Fig. 4.1B) também podem possuí-las. Além disso, as paredes de células parenquimáticas portadoras de espessamento secundário são geralmente impregnadas de lignina, ou seja, são lignificadas.

*A classificação das paredes em primárias e secundárias dada acima não é geralmente utilizada pelos estudiosos de estruturas finas que empregam o microscópio eletrônico. Eles tendem a restringir o termo "parede primária" a sua porção inicial, conforme definição acima. (Ver Cap. 6)

Parênquima

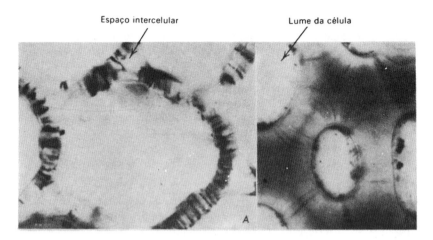

Figura 4.5 Paredes com plasmodesmas, que não se localizam apenas nas pontuações, como na Fig. 4.4F. *A*, célula parenquimática da folha de *Primula puberulenta*. Plasmodesmas estão presentes em todas as paredes, incluindo alguns junto a espaços intercelulares. *B*, célula do endosperma de caqui (*Diospyrus*) com paredes espessas, atravessadas por plasmodesmas. (A, ×600; B, ×1 200. A, de Lambertz, Planta, 1954)

As paredes das células parenquimáticas têm áreas mais adelgaçadas, que constituem as pontuações (Fig. 4.1A, B). As pontuações das paredes primárias são denominadas "campos primários de pontuação" ou pontuações primordiais, pelos anatomistas da madeira (cf. Committee on Nomenclature, 1957). Nas paredes primárias, as pontuações aparecem como depressões de várias profundidades, dependendo da espessura da parede (Fig. 4.1A e 4.4F). Quando se formam paredes secundárias ocorrem nelas interrupções pronunciadas ao nível das pontuações das paredes primárias, de tal modo que, na secundária, a pontuação se transforma geralmente em canal ou cavidade, muito claramente circunscritos (Fig. 4.1B e 4.4G, H). Em geral, a pontuação da parede de uma célula tem estrutura correspondente na parede adjacente. A lamela média e as duas finas camadas da parede primária do fundo da pontuação constituem a membrana desta, que separa as pontuações, das células adjacentes. As duas pontuações opostas, com a sua respectiva membrana, constituem um par de pontuações (Fig. 4.1B).

De acordo com o conceito predominante, os protoplastos das células parenquimáticas comunicam-se uns com os outros por intermédio de delgados filamentos citoplasmáticos denominados *plasmodesmas*, que atravessam as paredes (cf. Meeuse, 1957). Os plasmodesmas podem agrupar-se nas pontuações (Fig. 4.4F) ou distribuir-se por determinada parede (Fig. 4.5). Em micrografias eletrônicas foram reconhecidos como filamentos contínuos, de protoplasto a protoplasto (por exemplo Strugger, 1957).

Os espaços intercelulares esquizógenos mencionados anteriormente são ocorrências comuns no parênquima. O mesófilo da folha, o córtex do caule ou a raiz ilustram a condição lacunar típica do parênquima. Em algumas plantas, como, por exemplo, as de hábito aquático ou palustres, os espaços intercelulares podem ser notavelmente amplos, ocasionando, até, rompimento das paredes celulares durante a sua formação. O parênquima com espaços intercelulares muito amplos é denominado aerênquima (Fig. 4.1C).

CONTEÚDO

O conteúdo das células parenquimáticas varia acentuadamente em relação as atividades metabólicas de cada uma. Por serem diversas as suas funções no corpo da planta, grande variedade de materiais é encontrada nelas, nas diferentes partes do corpo vegetal. A enumeração do conteúdo das células parenquimáticas se tornaria numa relação dos componentes dos protoplastos das células vivas.

Para uma descrição pormenorizada dos característicos dos componentes do protoplasto vivo, especialmente os do núcleo, do citoplasma e suas membranas, dos vacúolos, plastídios, mitocôndrios e de outras partículas pequenas, o leitor deve consultar livros e revistas de citologia (por exemplo Sharp, 1943; Steffen, 1955b). Neste capítulo, descreveremos apenas alguns componentes comuns dos protoplastos, tendo em vista ilustrar as variações que ocorrem entre as células de parênquima.

Plastídios

Grande número de tecidos de parênquima contém cloroplastos, mas, na qualidade de tecido fotossintetizante especializado, o mesófilo (da folha) os contém em quantidade maior (Fig. 4.3). Os cloroplastos estão geralmente ausentes dos órgãos subterrâneos, mas nas partes aéreas não estão necessariamente limitados às camadas próximas à superfície ou seja, camadas próximas da luz, pois podem ser encontrados nas células parenquimáticas dos tecidos vasculares e até na medula (Zavalishina, 1951). O parênquima contendo cloroplastos é também denominado *clorênquima* (Fig. 4.1C).

Os cloroplastos estão sendo objeto de muita atenção da parte dos pesquisadores que utilizam microscópio eletrônico e já existem numerosos trabalhos publicados sobre a estrutura fina desses corpúsculos (cf. Granick, 1955). A interpretação mais aceitável é a de que os cloroplastos das plantas superiores contêm unidades portadoras de clorofila, os *grana* que se encontram mergulhados ordenadamente numa matriz protéica incolor — ou estroma — o todo envolvido por uma membrana. Cada *granum* consiste de vários discos empilhados uns sobre os outros, de modo a adquirir o formato de um cilindro curto (Fig. 4.6). Membranas

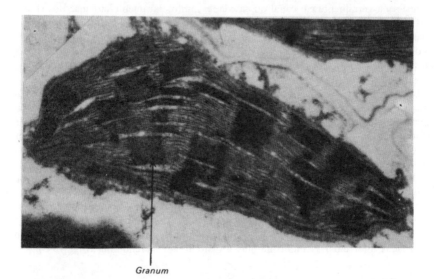

Granum

Figura 4.6 Micrografia de um cloroplastídio do milho (*Zea mays*) visto através de microscópio eletrônico. Os grana lamelares (região mais densa) são interligados por membranas (regiões menos densas). (× 28 000, de Hodge, MacLean, e Mercer, *Jour. Biophys.* e *Biochem. Cytol.*, (1955)

delgadas unem um *granum* ao outro. Durante a fotossíntese os cloroplastos podem acumular amido. Este carboidrato origina-se no interior do estroma e, na medida em que seus grãos aumentam de volume, parece que separam os *grana* (Mühlethaler, 1955).

Os cloroplastos desenvolvem-se a partir de proplastídios relativamente simples presentes nas células meristemáticas. Segundo alguns pesquisadores (por exemplo Strugger, 1954) cada proplastídio contém um *granum* (o primário) que dá origem a outros *grana* e as membranas que interconectam os *grana*; outros (por exemplo Heitz e Maly, 1953) não reconhecem a existência de qualquer *granum* primário e sugerem que os *grana* se diferenciam a partir do estroma.

Os plastídios incolores são chamados de leucoplastos. Sob exposição à luz, os leucoplastos podem transformar-se em cloroplastos. Uma relação estreita entre leucoplastos e cloroplastos é sugerida pela constatação de que os *grana* ocorrem nos leucoplastos das partes subterrâneas de certas plantas (Bartels, 1955). De modo geral, os leucoplastos contêm amido. Nos órgãos que reservam amido, os leucoplastos formadores desse carboidrato são conhecidos como *amiloplastos*.

Os plastídios contendo substâncias coloridas que não sejam clorofila são chamados cromoplastos (às vezes os cloroplastos são classificados como cromoplastos verdes). Dentre estes, os mais conhecidos são os que contêm pigmentos carotenóides, de cor amarela, alaranjada ou vermelha. São encontrados nas pétalas de numerosas flores (Fig. 4.7A) e em vários frutos (Fig. 4.7B). Também foram encontrados *grana* nos cromoplastos de algumas plantas (Bartels, 1955). Os corpos pigmentados da raiz da cenoura (Fig. 4.7D) e do fruto do tomate (Fig. 4.7C) tão comumente usados para ilustrar os cromoplastos, são de considerável interesse porque no estado de completo desenvolvimento apresentam formas de filamentos, discos, fitas, espirais ou placas poligonais; muitos se assemelham a cristais. E por sinal, numerosos estudiosos interpretam estes corpos pigmentados como pigmentos cristalizados; outros, porém, consideram-nos como formas especiais de plastídios (Straus, 1953). Nas cenouras jovens e nas células de tomate, os cromoplastos têm formato de plastídios comuns.

Mitocôndrios

Os mitocôndrios (ou condriossomos) são corpúsculos citoplasmáticos situados entre os que se encontram próximo do limite de resolução do microscópio ótico e os que medem vários micra de comprimento. É difícil separá-los dos proplastídios e outros corpúsculos tais como, por exemplo, os grânulos lipóides. Podem ter formato esférico ou de bastão e compõem-se principalmente de proteínas e lípides. As micrografias eletrônicas revelam dupla membrana ao redor do mitocôndrio e dobras em seu interior (Steffen, 1955b). Os mitocôndrios são tidos como muito significativos do ponto de vista fisiológico, estando, ao que parece, associados a mecanismos respiratórios e de acumulação (Robertson, 1957).

Substâncias ergásticas

O citoplasma, o núcleo, os plastídios e os mitocôndrios são componentes citoplasmáticos do protoplasto. Os componentes não protoplasmáticos são classificados como substâncias ergásticas. Há relação e intercâmbio muito estreitos entre componentes protoplásmaticos e não protoplasmáticos, mas apesar de tudo, a divisão é conveniente para fins descritivos. As substâncias ergásticas são produtos de reserva ou são metabolitos resultantes das atividades celulares. Embora ocorram no suco vacuolar, são tratadas separadamente devido à importância fisiológica do vacúolo.

Uma das substâncias ergásticas mais comuns é o amido, que se desenvolve em forma de grãos nos plastídios (Fig. 4.7F). Depois da celulose, o amido é o mais abundante dos

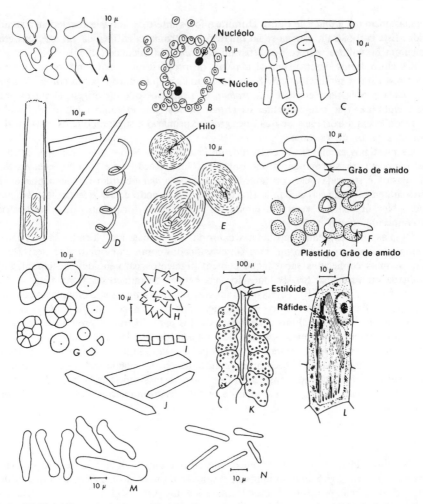

Figura 4.7 Plastídios e inclusões ergásticas do protoplasto. *A*, cromoplastídios da inflorescência em capítulo de *Gaillardia*. *B*, núcleo (com dois nucléolos) e cromoplastídios do pericarpo de pimentão vermelho (*Capsicum*). Os corpúsculos nos plastídios são de cor laranja-avermelhada em material fresco. *C*, corpúsculos portadores de pigmento, do pericarpo de tomate (*Lycopersicon*). *D*, corpúsculos portadores de pigmentos da raiz da cenoura (*Daucus*). *E*, grãos de amido da semente do feijão (*Phaseolus*). *F*, grãos de amido e plastídios do rizoma de *Iris*. Os plastídios são leucoplastídios (ou elaioplastídios) formadores de amido e óleo. *G*, *H*, grãos de amido simples e múltiplos (G) e uma drusa (H) da raiz de batata doce (*Ipomoea*). *I*, *J*, do floema secundário de *Juglans* (I) e *Pinus* (J). *K*, cristal estilóide localizado numa célula alongada entre as células do mesófilo de *Iris*. *L*, célula portadora de ráfides, da raiz de *Vitis*. *M*, *N*, grãos de amido de laticíferos pertencentes a duas espécies de *Euphorbia*

carboidratos no mundo vegetal (Radley, 1954). Como foi mencionado anteriormente, o amido de reserva é formado em leucoplastos denominados amiloplastos. Um amiloplasto pode conter um ou mais grãos de amido. Os numerosos grãos de amido que se originam simultaneamente podem formar um grão composto (Fig. 4.7G). Já foi lembrado, também, que o amido pode ser formado diretamente no citoplasma do endosperma dos cereais (Cap. 22).

Os grãos de amido têm formatos variados (Figs. 4.7E, G, M, N) e freqüentemente apresentam lamelação (Fig. 4.7E) centralizada ao redor de um ponto, o *hilo*, que tanto pode localizar-se no centro como num dos lados do grão. As fissuras, que freqüentemente se irradiam do hilo, parecem constituir o resultado da desidratação do grão. Alguns autores atribuem a lamelação a uma alternância das camadas ricas em amido ou água (por exemplo Hess, 1955), outros, a uma alternância de dois carboidratos, a amilose e a amilopectina (por exemplo Mühlethaler, 1955). A amilose é mais solúvel em água que a amilopectina e quando o grão é colocado nela, o entumescimento diferencial origina a lamelação.

O amido de reserva ocorre no parênquima do córtex e da medula, nas células parenquimáticas dos tecidos vasculares, no parênquima das folhas crassas (escamas de bulbos), nos rizomas, tubérculos, frutos, cotilédones e no endosperma das sementes.

Outro grupo comum de substâncias ergásticas é o dos taninos. Estes representam um grupo heterogêneo de substâncias amplamente distribuídas no corpo vegetal. Em algumas de suas formas são muito fáceis de serem vistos em material cortado. Aparecem como massas granulares grosseiras ou finas ou como corpúsculos de várias dimensões, de coloração amarela, vermelha ou castanha.

Nenhum tecido está inteiramente isento de tanino: ocorre até nas células meristemáticas. Os taninos são abundantes nas folhas de várias plantas, nos tecidos vasculares, na periderme, nos frutos verdes, nas cascas das sementes e em casos de crescimento patológico. Ocorrem no citoplasma e no vacúolo e podem impregnar as paredes celulares. Podem estar presentes em muitas células de determinado tecido ou em células isoladas espalhadas no seu corpo (idioblastos tânicos) ou ainda localizar-se em células ampliadas, chamadas sacos tânicos.

Outras substâncias ergásticas devem ser mencionadas pelo menos de passagem. Entre elas estão os vários cristais (Fig. 4.7H-L) que ocorrem como tipos simples ou agregados em sua maioria, compostos de oxalato de cálcio. Proteínas sólidas podem estar presentes como substâncias ergásticas (Steffen, 1955a). Podem ocorrer na qualidade de grãos amorfos de aleurona, encontrados no endosperma e no embrião de muitas sementes e na de cristalóides protéinicos, assim chamados porque, diferentemente dos cristais minerais, absorvem água e entumecem. Os cristalóides ocorrem no interior de alguns grãos de aleurona e nos núcleos.

Gorduras e substâncias relacionadas são também ergásticas. Provavelmente, ocorrem em todas as células vivas, pelo menos em pequenas quantidades e podem ser encontradas em plastídios ou no citoplasma (Scott, 1955). As gorduras são materiais de reserva freqüentes nas sementes, esporos, embriões e células meristemáticas. Podem ocorrer como corpos sólidos ou como gotículas. Várias partes das plantas podem servir de fonte econômica de gorduras. As plantas superiores, particularmente as dicotiledôneas, são as maiores produtoras das gorduras vegetais usadas no comércio, ao passo que as gimnospermas e as plantas vasculares inferiores têm pouca importância como fontes úteis (Eckey, 1954).

REFERÊNCIAS BIBLIOGRÁFICAS

Bartels, F. Cytologische Studien an Leukoplasten unterirdischer Pflanzenorgane. *Planta* 45:426-454. 1955.
Bishop, C. T., S. T. Bayley, e G. Setterfield. Chemical constitution of the primary cell walls of *Avena coleoptiles. Plant Physiol.* 33:283-289. 1958.
Committee on Nomenclature. International Association of Wood Anatomists. *Glossary of terms used in describing woods. Trop. Woods* 1933(36):1-12. 1933. 1957(107):1-36. 1957.
Eckey, E. W. *Vegetable fats and oils.* ACS Monograph Series. New York, Reinhold. 1954.

Granick, S. Plastid structure, development and inheritance. In: *Handbuch der Pflanzenphysiologie* 1:507-564. 1955.

Heitz, E., e R. Maly. Zur Frage der Herkunft der Grana. *Ztschr. für Naturforsch.* 8b:243-249. 1953.

Hess, C. Über die Rhytmik der Schichtenbildung beim Stärkekorn. *Ztschr. für Bot.* 43:181--204. 1955.

Matzke, E. B., e R. M. Duffy. Progressive three-dimensional shape changes of dividing cells within the apical meristem of *Anacharis densa. Amer. Jour. Bot.* 43:205-225. 1956.

Meeuse, A. D. J. Plasmodesmata (vegetable kingdom). In: *Protoplasmatologia.* Vol. II A lc, pp. 1-43 Wien, Springer. 1957.

Mühlethaler, K. Untersuchungen über den Bau der Stärkekörner. *Ztschr. für Wiss. Mikros. und Mikros. Technik* 62: 394-400. 1955.

Radley, J. A. *Starch and its derivatives.* Vol. 1. 3.ª ed. New York, John Wiley and Sons. 1954.

Robertson, R. N. Electrolytes in plant tissue. *Endeavour* 16:193-198. 1957.

Scott, F. M. The distribution and physical appearance of fats in living cells — introductory survey. *Amer. Jour. Bot.* 42:475-480. 1955.

Scott, F. M., K. C. Hamner, E. Baker, e E. Bowler. Electron microscope studies of cell wall growth in the onion root. *Amer. Jour. Bot.* 43:313-324. 1956.

Sharp, L. W. *Fundamentals of cytology.* New York, McGraw-Hill Book Company. 1943.

Steffen, K. Einschlüsse. In: *Handbuch der Pflanzenphysiologie* 1:401-412. 1955a.

Steffen, K. Chondriosomen und Mikrosomen (Sphärosomen). In: *Handbuch der Pflanzenphysiologie* 1:574-613. 1955b.

Straus, W. Chromoplasts—development of crystalline forms, structure, state of the pigments. *Bot. Rev.* 19:147-186. 1953.

Strugger, S. Die Proplastiden in den jungen Blättern von *Agapanthus umbellatus* L'Hérit. *Protoplasma* 43-120-173. 1954.

Strugger, S. Der elektronenmikroskopische Nachweis von Plasmodesmen mit Hilfe der Uranylimprägnierung von Wurzelmeristemen. *Protoplasma* 48:231-236. 1957.

Wardrop, A. B. The nature of surface growth in plant cells. *Austral. Jour. Bot.* 4:193-199. 1956.

Zavalishina, S. F. Khloroplasty v tkaníākh steli u pokrytosemíānykh rasteniĭ. [Chloroplasts in stele tissues in angiosperms.] *Akad. Nauk SSSR Dok.* 78:137-139. 1951.

5

Colênquima

O colênquima e o esclerênquima são tecidos de paredes espessas, considerados especializados com referência a sustentação, o que equivale a dizer que são tecidos mecânicos. Diferem entre si, principalmente, pela estrutura da parede celular e as condições do protoplasto. O colênquima possui paredes primárias relativamente flexíveis; o esclerênquima, paredes secundárias rígidas. As células de colênquima conservam protoplastos ativos até a maturidade e são capazes de crescimento e divisão ulteriores (Fig. 5.1C). Os protoplastos das células de esclerênquima, quando realmente persistem, parecem inativos ou, pelo menos, não se sabe que sejam suscetíveis de reassumir atividades meristemáticas.

O colênquima e o parênquima assemelham-se no fato de possuírem protoplastos ativos e de ambos conterem, geralmente, cloroplastos. As diferenças entre os dois tecidos residem principalmente na variação de espessura das paredes e maior comprimento das células do colênquima. No ponto de contato dos dois tecidos, contudo, eles se nivelam tanto no comprimento quanto na espessura das paredes celulares.

PAREDE CELULAR

A estrutura das paredes celulares do colênquima é a característica mais distintiva desse tecido. Elas são espessas e brilhantes nos cortes frescos e o espessamento é desigualmente distribuído. Contêm, em adição à celulose, pectina e outras substâncias parietais (Preston e Duckworth, 1946; Roelofsen e Kreger, 1951) mas não lignina. Dado que as substâncias pécticas são hidrófilas, as paredes de colênquima contêm muita água. Esta característica pode ser demonstrada tratando-se cortes frescos de colênquima com álcool. A ação desidratante do álcool causa forte contração das suas paredes. Devido a intensa desidratação que acompanha o método de inclusão em parafina empregado na preparação de lâminas permanentes, as paredes colenquimáticas apresentam-se consideravelmente mais delgadas do que nos cortes frescos ou processados sem acentuada desidratação.

A distribuição do espessamento das paredes do colênquima apresenta diversos padrões. Quando as paredes celulares são desigualmente espessadas elas atingem a maior espessura nos ângulos das células ou em duas paredes opostas tangenciais internas ou externas. O colênquima com paredes mais espessas nos ângulos é chamado habitualmente de colênquima angular e com espessamentos nas paredes tangenciais, de colênquima lamelar ou laminar. Na medida em que as paredes envelhecem, seu padrão pode alterar-se por deposição de camadas adicionais nas paredes celulares. Assim, o padrão angular inicial, por exemplo, pode ser camuflado (Fig. 5.1A) pois o contorno do lume da célula torna-se circular no corte transversal (Duchaigne, 1955).

O colênquima pode ou não conter espaços intercelulares. Se houver espaços no tipo angular, as paredes espessas ocorrem próximo aos espaços intercelulares. O colênquima com essa característica de distribuição do espessamento parietal é, às vezes, classificado como sendo um tipo especial, o colênquima lacunar (Fig. 5.1B).

As substâncias pécticas desempenham papel importante na formação dos espaços intercelulares — os esquizógenos mencionados no Cap. 4. O enfraquecimento da lamela

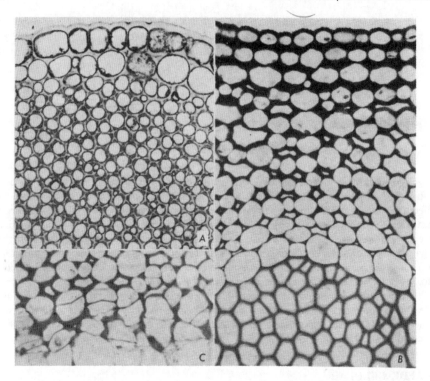

Figura 5.1 Colênquima em corte transversal. *A*, pecíolo de aipo (*Apium graveolens*). O colênquima é do tipo angular. *B*, caule de *Ambrosia*. Colênquima de tipo lacunar, isto é, apresentando espaços intercelulares e espessamentos da parede junto a eles. As paredes desigualmente espessadas do colênquima, contrastam nitidamente com as paredes homogeneamente espessadas do esclerênquima (abaixo, em B). *C*, colênquima de *Ambrosia*, com células que sofreram divisões nas proximidades de uma superfície ferida. (Todas, × 320). *B, C,* cortesia de N. H. Boke)

média (provavelmente devido a alguma ação enzimática) permite às paredes primárias adjacentes separarem-se uma da outra. Quando o tecido colenquimático não desenvolve espaços intercelulares, os ângulos onde várias células se tocam apresentam acúmulo particularmente volumoso de substâncias pécticas. Esta figura parece resultar da acumulação de material intercelular no espaço intercelular em potencial. A velocidade do fenômeno parece variar, pois os espaços intercelulares podem formar-se nos estágios de desenvolvimento para serem mais tarde preenchidos com substâncias pécticas. No caso dos espaços intercelulares serem grandes, o material péctico pode não preenchê-los. Nessas condições, acumulações de material péctico, em forma de cristais ou papilas, projetam-se nos espaços intercelulares (Carlquist, 1956; Duchaigne, 1955).

A lamela média pode apresentar-se colorida de maneira diferente do resto da parede. Nesse caso, tornam-se discerníveis as grandes acumulações típicas de substâncias intercelulares nos ângulos onde várias células se unem. Contudo, a lamela média está, amiúde, fortemente unida às primeiras camadas das paredes primárias; assim, a lamela média, como tal, pode tornar-se indistinguível. Em conseqüência a camada diferentemente colorida que pode ser vista na posição média da parede do colênquima (Fig. 5.1A) não é necessariamente só lamela média, pois, em relação ao colênquima, bem como para outros tecidos, o termo *lamela média composta* é empregado para designar as estruturas de três camadas (tríplice estrutura) composta pela lamela média (substância intercelular) e as duas paredes celulares primárias iniciais de duas células adjacentes.

As paredes de colênquima constituem exemplos de paredes primárias espessas. Estas foram definidas no Cap. 4 como sendo formadas enquanto a célula está ainda crescendo em volume. O espessamento das paredes de colênquima é depositado durante o crescimento da célula. Em outras palavras, a parede celular aumenta simultaneamente em superfície e espessura. Por ser tão pronunciado o espessamento, o crescimento parietal do colênquima é um fenômeno impressionante e complicado, que ainda não está completamente esclarecido (Magin, 1956; Majumdar e Preston, 1941; Wardrop, 1955).

O espessamento parietal do colênquima deposita-se em camadas fibrilares sucessivas, de dimensões submicroscópicas (Beer e Setterfield, 1958). Como se pode ver com um microscópio ótico, as paredes colenquimáticas também podem apresentar estratificação, provavelmente relacionada com a agregação de camadas submicroscópicas formando outras mais espessas. A estratificação também pode verificar-se por uma alternação de camadas de estrutura física e química diferentes. Por exemplo, camadas ricas em substâncias pécticas podem alternar-se com outras que possuem proporcionalmente menor quantidade de material péctico. Pontuações são freqüentes nas paredes colenquimáticas, de modo especial naquelas que apresentam espessura uniforme (Duchaigne, 1955).

DISTRIBUIÇÃO NA PLANTA

Ao tratar da distribuição do colênquima, deve se fazer distinção entre os tecidos de paredes espessas e os que se originam independentemente dos tecidos vasculares e ocorrem na região periférica do caule e da folha (ou seja, do colênquima propriamente dito) e as paredes espessas de parênquima associadas aos tecidos vasculares (Duchaigne, 1955). Este parênquima, que ocorre na zona periférica do floema (parte externa do feixe vascular) ou na parte periférica do xilema (porção interna do feixe vascular) ou envolvendo completamente o feixe vascular, consiste de células alongadas com paredes primárias espessas. Amiúde é denominado colênquima mas, devido à sua associação com o tecido vascular, tem uma história de desenvolvimento algo diferente da do colênquima independente. A ultra-estrutura das paredes nos dois tipos de tecidos pode também ser diferente. As células alongadas com paredes primárias espessas associadas aos feixes vasculares podem ser chamadas de células de parênquima colenquimatoso, se tivermos de acentuar sua semelhança com o colênquima. Esta qualificação pode ser aplicada ao parênquima de qualquer parte da planta, que se pareça com o colênquima. Aqui, trataremos apenas do colênquima periférico independente.

A posição periférica do colênquima é muito característica. O tecido localiza-se diretamente abaixo da epiderme (Fig. 5.1B) ou distanciado desta uma ou algumas camadas (Fig. 5.1A). Nos caules, o colênquima forma com muita freqüência uma camada contínua ao redor da circunferência do eixo (Fig. 5.2A). Às vezes ocorrem feixes bem visíveis ao longo das arestas ("costelas", Fig. 5.2B) que se encontram em numerosos caules herbáceos e nos caules lenhosos ainda não chegados ao crescimento secundário. Nos pecíolos, a distribuição do colênquima mostra padrões semelhantes aos encontrados nos caules. Na lâmina da folha, ocorre nas nervuras acompanhando feixes vasculares maiores (veias), às vezes em ambos os lados (Fig. 5.2C), outras num só, quase sempre o inferior. As raízes só raramente possuem colênquima.

ESTRUTURA EM RELAÇÃO À FUNÇÃO

O colênquima parece estar adaptado especificamente à sustentação das folhas e caules em crescimento. Suas paredes, começam a espessar-se bem cedo, durante o desenvolvi-

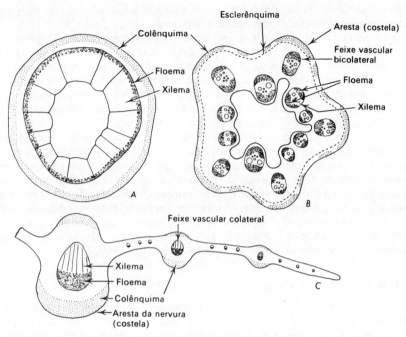

Figura 5.2 Diagramas ilustrando a distribuição do colênquima (pontilhado) em caules de espécies lenhosas (A, *Tilia*), uma trepadeira herbácea (B, *Cucurbita*) e uma folha (C). Todos em corte transversal

mento da gema apical, mas tal espessamento é plástico e apto a distender-se. Portanto, ele não impede o alongamento do caule e da folha. Num estágio de desenvolvimento mais avançado, o colênquima continua a ser um tecido de sustentação de partes da planta (muitas folhas, alguns caules herbáceos) que formam esclerênquima em quantidade suficiente. Quanto à opinião sobre a função de sustentação desempenhada pelo colênquima, é interessante observar que no desenvolvimento das partes das plantas sujeitas a traumas mecânicos (exposição ao vento, colocação de pesos para inclinar os ramos), o engrossamento das paredes de colênquima começa antes e se torna mais maciço que nas plantas não sujeitas a tais condições (Razdorskii, 1955; Venning, 1949).

O colênquima maduro é um tecido forte e flexível constituído de células longas justapostas (podem alcançar até 2 mm de comprimento, segundo Duchaigne, 1955), com paredes grossas, não-lignificadas. Por sua força de tensão, as células de colênquima comparam-se favoravelmente às fibras. Em partes velhas da planta o colênquima pode endurecer e transformar-se em esclerênquima pela deposição de paredes secundárias lignificadas. Se não forem submetidas a essa transformação, seu papel como tecido de sustentação pode tornar-se menos importante devido ao desenvolvimento do esclerênquima nas partes mais profundas do caule e do pecíolo. Além disso, nos caules com crescimento secundário, o xilema se torna o principal tecido de sustentação, em virtude da predominância de células com paredes secundárias lignificadas e da abundância de células longas justapostas nesses tecidos.

REFERÊNCIAS BIBLIOGRÁFICAS

Beer, M., e G. Setterfield. Fine structure in thickened primary walls of collenchyma cells of celery petioles. *Amer. Jour. Bot.* 45:571-580. 1958.

Carlquist, S. On the occurrence of intercellular pectic warts in Compositae. *Amer. Jour. Bot.* 43:425-429. 1956.

Duchaigne, A. Les divers types de collenchymes chez les Dicotylédones: leur ontogénie et leur lignification. *Ann. des Sci. Nat., Bot. Ser.* 11. 16:455-479. 1955.

Magin, T. L'ontogénie du collenchyme chez *Lamium album* L. *Rev. de Cytol. et de Biol. Vég.* 17:219-258. 1956.

Majumdar, G. P., e R. D. Preston. The fine structure of collenchyma cells in *Heracleum Sphondylium* L. *Roy. Soc. London, Proc. Ser. B.* 130:201-217. 1941.

Preston, R. D., e R. B. Duckworth. The fine structure of the walls of collenchyma in *Petasites vulgaris* L. *Leeds Phil. Lit. Soc., Proc.* 4:343-351. 1946.

Razdorskiĭ, V. F. *Arkhitektonika rasteniĭ.* [Architectonics of plants.] Moskva, Sovetskaĭa Nauka. 1955.

Roelofsen, P. A., e D. R. Kreger. The submicroscopic structure of pectin in collenchyma walls. *Jour. Exp. Bot.* 2:332-343. 1951.

Venning, F. D. Stimulation by wind motion of collenchyma formation in celery petioles. *Bot. Gaz.* 110:511-514. 1949.

Wardrop, A. B. The mechanism of surface growth in parenchyma of *Avena* coleoptiles. *Austral. Jour. Bot.* 3:137-148. 1955.

6

Esclerênquima

As características estruturais básicas do esclerênquima foram apresentadas no Cap. 5, ao compará-las com as do colênquima, sendo, ambos, os principais tecidos de sustentação. Como foi indicado ali as células de esclerênquima têm paredes secundárias que se depositam sobre as primárias depois destas completarem o seu crescimento em extensão. Paredes secundárias estão presentes também nas células condutoras de água do xilema e freqüentemente nas do parênquima desse tecido. Além disso, as células de parênquima de outras regiões do tecido podem tornar-se esclerificadas. Conseqüentemente, paredes secundárias não ocorrem apenas nas células de esclerênquima e, portanto, a delimitação entre as células típicas de esclerênquima e parênquima esclerificado, de um lado e células condutoras de água, do outro, não é nítida. A classificação das formas intermediárias destas várias células é um exemplo das freqüentes dificuldades para estabelecer categorias de materiais biológicos.

Neste capítulo, o esclerênquima é tratado com referência às células mecânicas ou de sustentação que conferem, principalmente, dureza ou rigidez aos tecidos. As células de esclerênquima são habitualmente divididas em duas categorias, os esclereídeos e as fibras. Também estes dois tipos de células não são claramente separáveis, mas, de modo geral, a fibra é uma célula longa e delgada, muitas vezes mais longa do que larga (Fig. 6.1 e Caps. 8 e 11), ao passo que os esclereídeos variam de uma forma aproximadamente isodiamétrica a outra consideravelmente alongada, e alguns deles são muito ramificados.

As células de esclerênquima podem ou não reter seus protoplastos até a maturidade. Essa variação aumenta a dificuldade de distinguir as células de esclerênquima das de parênquima esclerificado.

PAREDE CELULAR

Dado que as células de esclerênquima têm paredes secundárias espessas, elas se prestam para o estudo estrutural das paredes celulares. As primeiras informações pormenorizadas sobre as estruturas microscópica e submicroscópica das paredes das células vegetais foram obtidas a partir de investigações sobre paredes secundárias espessas de várias fibras e traqueídeos do xilema. O estudo das paredes primárias menos acessíveis foi efetuado depois que as técnicas se tornaram mais refinadas, devido ao trabalho feito em paredes secundárias.

Quando uma parede secundária está presente, reconhecem-se as seguintes camadas parietais (Fig. 6.1): (a) lamela média ou substância intercelular com os compostos pécticos constituindo os componentes básicos; (b) paredes primárias com celulose como principal componente acompanhada de outras substâncias não-celulósicas, tais como, as hemiceluloses e compostos pécticos; (c) paredes secundárias com celulose como componente essencial acompanhada por várias substâncias não-celulósicas faltando geralmente os componentes pécticos verdadeiros. A lignina pode ou não estar presente. Quando a lignificação ocorre, ela se inicia na lamela média, prosseguindo em direção à parede primária e atingindo finalmente a parede secundária.

Esclerênquima

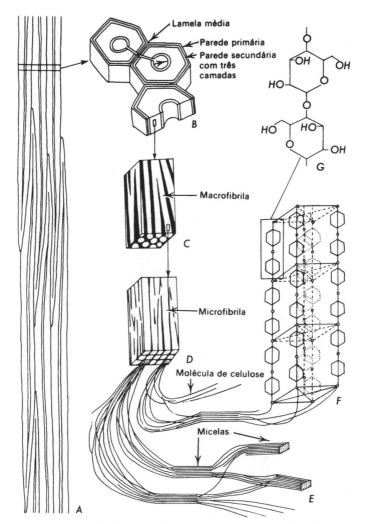

Figura 6.1 Estrutura pormenorizada das paredes celulares. *A*, feixe de células fibriformes. *B*, corte transversal das células fibriformes, mostrando lamelação; uma camada de parede primária e três camadas de paredes secundárias. *C*, fragmento da camada secundária média, mostrando macrofibrilas (branco) de celulose e espaços interfibrilares (negro), ocupados por material não-celulósico. *D*, fragmento de uma macrofibrila mostrando microfibrilas (branco), que podem ser vistas em micrografias obtidas ao microscópio eletrônico (Fig. 6.2). Os espaços entre as microfibrilas (negro) também são preenchidos por material não-celulósico. *E*, estrutura de microfibrilas: moléculas de celulose, semelhantes a cadeias, que em algumas partes das microfibrilas se dispõem ordenadamente. Estas partes são as micelas. *F*, fragmento de uma micela, mostrando partes de moléculas celulósicas em cadeia, dispostas em figura tridimensional. *G*, dois resíduos de glicose, ligados por um átomo de oxigênio — fragmento de uma molécula de celulose

Nas células com paredes secundárias, a parede primária costuma ser muito delgada. Além disso, as duas paredes primárias e a lamela média estão firmemente unidas em uma só estrutura, a lamela média composta (Cap. 5). Cortes de esclerênquima não preparados especialmente para revelar a lamela média, em geral não mostram distinção clara entre as paredes primárias e esta. Uma ulterior complicação surge quando as primeiras camadas

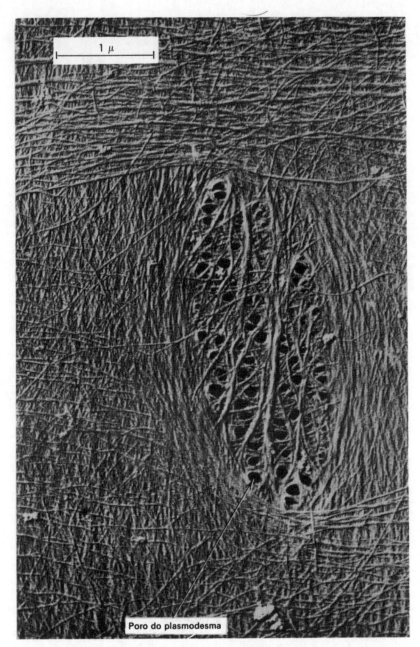

Figura 6.2 Micrografia eletrônica da parede primária de uma célula do parênquima do coleóptilo de *Avena*. O eixo longitudinal da célula encontrava-se orientado na direção da escala de 1 μ. As microfibrilas orientadas paralelamente, situavam-se em um dos ângulos da célula. Em outras regiões as microfibrilas orientam-se menos definitivamente. Os poros através dos quais passam plasmodesmas, agrupam-se numa área oval — uma pontuação primária. (×26 000 de Böhmer, *Planta*, 1958)

Esclerênquima

da parede secundária passam a unir-se firmemente a parede primária. Então a primeira parte da parede secundária passa a integrar a lamela média composta.

Como maior componente da parede celular, a celulose forma o seu arcabouço, ao passo que as outras substâncias se encrustam ou ficam embutidas nesse arcabouço (Preston, 1952). As substâncias incrustantes podem ser removidas sem perda do formato da parede celular, deixando intacto o arcabouço de celulose. As micrografias eletrônicas mostram que este arcabouço está composto de um sistema de fibrilas delgadas ou microfibrilas (Fig. 6.2). Os espaços entre as microfibrilas são ocupados pelas substâncias incrustantes na parede celular intacta.

Pelos métodos da cristalografia pelo raio X e ótica de polarização foi demonstrado que a celulose é uma substância cristalina, significando que suas moléculas estão dispostas de modo regular. Uma demonstração simples do estado cristalino da celulose pode ser feita usando-se folhas de polaróide, uma colocada entre a fonte de luz e o microscópio e a outra entre a ocular e o olho. A luz que passa através de um polaróide vibra num único plano; é um plano polarizado. Se os dois polaróides estão colocados em ângulo reto um em relação ao outro (ou seja, se eles estiverem "cruzados") com relação aos seus respectivos planos de polarização da luz, o campo do microscópio de polarização permanece escuro. Se uma substância cristalina, como a celulose, se interpõe entre os dois polaróides cruzados, um pouco de luz alcança os olhos. Devido à sua natureza cristalina e a propriedade associada de dupla refração, a celulose muda o plano de polarização da luz que alcança o polaróide acima da ocular e assim permite que um pouco de luz penetre no olho. Em certas posições — posições de extinção — a birrefringência (dupla refração) não é perceptível.

As substâncias que modificam a luz, do modo como o faz a celulose são classificadas como oticamente anisótropas. As substâncias que não modificam a luz são oticamente isótropas. As substâncias pécticas são geralmente consideradas isótropas e de conformidade com esta opinião, a lamela média aparece geralmente escura, quando vista através de um microscópio de polarização com polaróides cruzados. As paredes primárias e secundárias, ao contrário, são anisótropas apresentando dupla refração devido ao alto conteúdo de celulose que possuem (Fig. 6.3).

Para explicar a natureza cristalina da celulose é necessário considerar a estrutura celular desse carboidrato (Fig. 6.1). A molécula de celulose é uma série em cadeia de resíduos

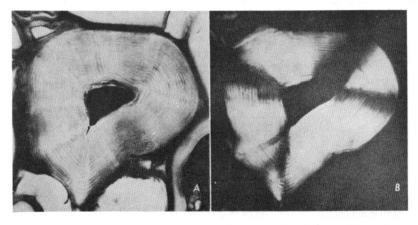

Figura 6.3 Esclereídeo do córtex da raiz de *Abies*, visto à luz não-polarizada (A) e polarizada (B). Devido a sua natureza cristalina, a parede celulósica mostra dupla refração e se apresenta brilhante à luz polarizada (B). A parede mostra lamelação concêntrica. (Ambas ×890)

de glicose $C_6H_{10}O_5$ unidos entre si por átomos de oxigênio. As moléculas em cadeia, que variam em comprimento, estão dispostas em feixes. Em algumas partes destes feixes — nas micelas — as cadeias estão dispostas de maneira muito regular em prismas tridimensionais com distâncias regulares entre as cadeias e, também, naturalmente, entre pares de resíduos de glicose. Esta distribuição tridimensional regular dos resíduos de glicose e dos átomos componentes é a base das propriedades cristalinas da celulose.

Os feixes de moléculas de celulose descritos acima encontram-se agregados em unidades maiores, as microfibrilas, reveladas pelo microscópio eletrônico (Fig. 6.2). Na parede primária, as microfibrilas estão muito entrelaçadas e, nas camadas iniciais, estão orientadas transversalmente ao eixo longitudinal da célula. Em contraste, a parede secundária mostra orientação aproximadamente paralela das microfibrilas e estas encontram-se inclinadas em relação ao eixo longitudinal da célula. A diferença entre as paredes primárias e secundárias, como são vistas pelo microscópio eletrônico, não é tão acentuada como pode sugerir a descrição que fizemos. Como foi antes mencionado a parede primária é formada principalmente durante o crescimento da célula. Em conseqüência, a própria parede sofre aumento em superfície. Este crescimento atua sobre a orientação inicial das microfibrilas, que se tornam cada vez mais desorientadas. As camadas subseqüentes da parede primária mostram uma crescente e maior regularidade de orientação das microfibrilas e, finalmente, a parede secundária tem o alinhamento mais regular dessas unidades (cf. Böhmer, 1958; Bosshard, 1952; Waldrop e Cronshaw, 1958). O reconhecimento da mudança de orientação das microfibrilas nos sucessivos estratos da parede primária deveria levar, finalmente, a um acordo entre os anatomistas da madeira e os microscopistas eletrônicos (cf. nota do Cap. 4) com relação ao emprego dos termos: parede primária e parede secundária (ver por exemplo, Belford e outros, 1958).

As microfibrilas agregam-se, geralmente, em fibrilas mais grossas, as macrofibrilas (Bailey, 1958), que são muitas vezes visíveis ao microscópio ótico. Outros padrões também podem ser visíveis nas paredes secundárias espessas através de um microscópio ótico. Estratificações concêntricas, por exemplo, são muito comuns (Fig. 6.3). Elas estão relacionadas com a deposição concêntrica das sucessivas camadas de material parietal e com as variações químicas e físicas entre as camadas. Muitas fibras e traqueídeos, contudo, mostram divisão da parede em três zonas (Fig. 6.1) diferenciadas umas das outras pelo ângulo de inclinação das microfibrilas.

Os sinais mais evidentes das paredes secundárias são as pontuações. Como foi assinalado no Cap. 4, as pontuações da parede secundária são interrupções de continuidade das paredes e geralmente ocorrem sobre as pontuações primordiais das paredes primárias. Quando a cavidade da pontuação formada pela interrupção da parede secundária tem o mesmo diâmetro em toda a profundidade da parede ou se alarga ou estreita gradualmente em direção ao interior da célula, a pontuação é chamada *simples* (Fig. 4.4G). Quando, porém, a parede secundária se arqueia sobre a cavidade da pontuação de maneira a que esta tem subitamente seu diâmetro diminuído na direção do interior da célula, a pontuação é chamada areolada. Pontuações areoladas são mais comuns nos elementos do xilema e são consideradas em detalhe no Cap. 8.

ESCLEREÍDEOS

Os esclereídeos são abundantes no corpo da planta e variam muito de formato. Estas células têm geralmente paredes secundárias espessas, muito lignificadas, e são portadoras de numerosas pontuações, geralmente simples. Os esclereídeos foram classificados na base de seu formato, mas devido à variabilidade, às vezes, é difícil incluí-los em uma categoria específica (cf. Arzee, 1953a; Rao, 1951).

Esclerênquima

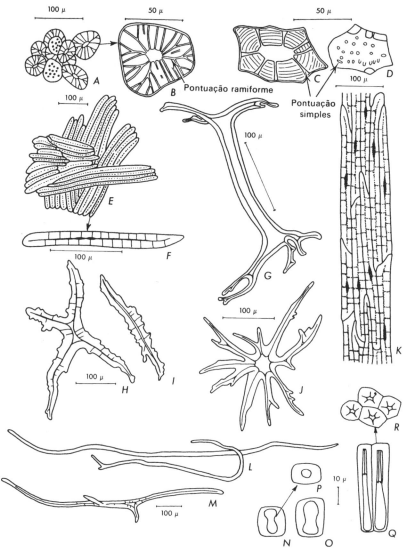

Figura 6.4 Esclereídeos. *A*, *B*, células pétreas da parte carnosa da pera (*Pyrus*). *C*, *D*, esclereídeos do córtex do caule de flor-de-cera (Hoya), em corte (C) e em vista frontal (D). *E*, *F*, esclereídeos do endocarpo da maçã (*Malus*). *G*, esclereídeo colunar, com extremidades ramificadas no mesófilo em paliçada de *Hakea*. *H*, *I*, esclereídeos do pecíolo de *Camellia*. *J*, astroesclereídeos do córtex do caule de *Trochodendron*. *K*, camada de esclereídeos da epiderme da escama do bulbilho do alho (*Allium sativum*). *L*, *M*, esclereídeo filiforme do mesófilo foliar da oliveira (*Olea*). *N-P*, esclereídeos da camada subepidérmica do tegumento do feijão (*Phaseolus*), "células em ampulheta"; em vista lateral (N, O) e de cima (P). *Q* e *R*, esclereídeos epidérmicos, macroesclereídeos com espessamentos parietais estriados; vista lateral (Q) de cima (R).

A distribuição dos esclereídeos entre outras células é de interesse especial quanto ao problema da diferenciação nas plantas. Podem ocorrer em camadas mais ou menos extensas, ou em aglomerados, mas freqüentemente estão isolados entre outros tipos de células das quais podem diferenciar-se nitidamente devido às suas paredes espessas e formatos com freqüência bizarros; por serem as células isoladas, são classificados como idioblastos. A sua diferenciação como idioblastos coloca muitas questões ainda não resolvidas, referentes às relações causais do desenvolvimento dos padrões de tecido nas plantas (cf. Foster, 1956). Esclereídeos ocorrem na epiderme, no tecido fundamental e no vascular. Nos parágrafos seguintes, os esclereídeos são descritos através de exemplos nas diferentes partes do corpo vegetal, excluindo aqueles que ocorrem nos tecidos vasculares.

Esclereídeos nos caules. Um cilindro contínuo de esclereídeos ocorre na periferia da região vascular do caule de *Hoya carnosa* e grupos deles na medula da mesma planta e na do *Podocarpus*. Esses esclereídeos têm paredes celulares moderadamente espessas e numerosas pontuações (Fig. 6.4C, D); no formato e tamanho, parecem-se com as células adjacentes de parênquima. Esta semelhança é geralmente tomada como indicação de que tais esclereídeos se desenvolvem a partir das células parenquimáticas, em outras palavras, que eles são originariamente células parenquimáticas que se esclerificaram. A esclerificação, nesse caso, porém, avançou tão longe que eles podem ser incluídos entre os esclereídeos e não entre as células do parênquima. Esse tipo simples de esclereídeo semelhante na forma a célula de parênquima, é denominado célula pétrea ou braquiesclereídeo.

Um tipo contrastante em relação aos primeiros, um astroesclereídeo muito ramificado é encontrado no córtex do caule de *Trochodendron* (Fig. 6.4J). Alguns algo menos ramificados ocorrem no córtex do abeto "douglas" (*Pseudotsuga taxifolia*).

Esclereídeos nas folhas. As folhas são fontes especialmente ricas em esclereídeos no que diz respeito a variação de formatos. No mesófilo reconhecem-se dois padrões principais de distribuição: o difuso, com esclereídeos dispersos nos tecidos da folha (por exemplo, *Trochodendron, Osmanthus, Olea, Pseudotsuga*) e o terminal, com esclereídeos limitados aos extremos das terminações vasculares menores (por exemplo, certas Polygalaceae, Capparidaceae, Rutaceae e outras; cf. Foster, 1955 e 1956). Em algumas estruturas protetoras de folhas como as escamas bulbosas de alho (*Allium sativum*) eles formam parte ou toda a epiderme (Fig. 6.4K).

Esclereídeos com ramificações definidas ou somente com espículas, ocorrem no tecido fundamental de pecíolo da *Camellia* (Fig. 6.4H, I) e no mesófilo da folha de *Trochodendron*. O mesófilo de *Osmanthus* e *Hakea* contém esclereídeos colunares, ramificados nas extremidades (Fig. 6.4G). *Monstera deliciosa, Nymphaea* e *Nuphar* possuem esclereídeos semelhantes a pêlos ramificados de plantas e são denominados tricoesclereídeos (Cap. 19). As ramificações destes penetram nos espaços intercelulares amplos ou em câmaras de ar, características das folhas dessas espécies. Esclereídeos ramificados podem ser encontrados nas folhas de coníferas, como em *Pseudotsuga taxifolia*.

Os esclereídeos das folhas da oliveira (*Olea europaea*) apresentam considerável interesse devido a seu grande comprimento (Fig. 6.4L, M). Têm média de 1 mm de comprimento (Arzee, 1953a) e podem ser denominados, muito apropriadamente, esclereídeos fibróides ou filiformes. Eles têm origem no parênquima em paliçada e no esponjoso e permeiam o mesófilo em forma de uma esteira densa (Arzee, 1953b).

Esclereídeos em frutos. Os esclereídeos ocupam várias posições nos frutos. *Pyrus* (pera) e *Cydonia* (marmelo) possuem células pétreas simples ou em aglomerados (braquiesclereídeos) espalhados na polpa do fruto (Fig. 6.4A, B). Na formação de aglomerados, divisões celulares ocorrem concentricamente ao redor de um esclereídeo formado anteriormente e as novas células também se tornam esclereídeos (Sterling, 1954). O padrão radial das células do parênquima ao redor dos aglomerados de esclereídeos maduros está relacionado com esse modo de desenvolvimento. Os esclereídeos da pera e do marmelo mostram amiúde a chamada pontuação ramificada ou ramiforme, resultante da fusão de uma ou mais cavidades durante o crescimento em espessura da parede.

A maçã (*Malus*) fornece outro exemplo de esclereídeos em fruto. O endocarpo cartilaginoso que envolve a semente consiste de camadas de esclereídeos alongados orientados

Esclerênquima

obliquamente (Fig. 6.4E,F). Esclereídeos também compõem a casca dura de frutas semelhantes a noz, e o endocarpo pétreo das drupas.

Esclereídeos em sementes. O endurecimento do tegumento das sementes durante a maturação destas resulta do desenvolvimento de paredes secundárias na epiderme e na camada ou camadas abaixo desta. As sementes das leguminosas são um bom exemplo desse tipo de esclerificação. Nas sementes de feijão (*Phaseolus*), ervilha (*Pisum*) e soja (*Glycine*) esclereídeos colunares ou macroesclereídeos (Fig. 6.4R, Q) formam a epiderme e esclereídeos prismáticos (Fig. 6.4N-P) ou esclereídeos em forma de ossos ou seja osteoesclereídeos (Cap. 22) ocorrem debaixo da epiderme. O tegumento do coco (*Cocos nucifera*) contém esclereídeos com numerosas pontuações ramiformes.

FIBRAS

Tal como os esclereídeos, as fibras podem distribuir-se em diversas partes das plantas. Nas dicotiledôneas, as fibras são muito comuns nos tecidos vasculares. Elas constituem as fibras do floema e do xilema ou lenho. Nas monocotiledôneas as fibras podem envolver completamente cada um dos feixes vasculares formando uma bainha de feixe completa ou meia-bainha (em forma de meia-lua) de um ou de ambos os lados ou formar cordões ou camadas que parecem ser independentes dos tecidos vasculares. As fibras do xilema são tratadas no Cap. 8. O capítulo atual trata somente das fibras localizadas fora do xilema, as extraxilemáticas, que incluem as de floema das dicotiledôneas e das monocotiledôneas, sejam elas associadas aos feixes vasculares ou não.

As fibras são células longas, com paredes secundárias mais ou menos espessas e geralmente ocorrem em feixes (Fig. 6.5). Estes constituem as "fibras" do comércio. O processo de maceração usado na extração das fibras das plantas consiste em separar os feixes de fibras das células não fibrosas associadas. Num feixe, as fibras se encaixam (Fig. 6.1), uma característica que confere resistência ao feixe de fibras. Ao contrário das paredes do colênquima, as das fibras não são muito hidratadas. Elas são, portanto, mais duras e mais elásticas do que plásticas. As fibras funcionam como elementos de sustentação nas partes da planta que não mais se alongam. O grau de lignificação varia e as pontuações são relativamente raras.

As fibras de floema ocorrem em numerosos caules. O caule do linho (*Linum usitatissimum*) tem uma única faixa de fibras, com várias camadas de espessura, localizadas na região periférica externa do cilindro vascular (Fig. 6.5). Estas fibras se originam na porção inicial do floema primário, mas amadurecem como fibras quando este floema deixa de ser elemento condutor. Por este motivo, tais fibras são de floema primário. Nos caules de *Sambucus* (sabugueiro), *Tilia* (tília), *Liriodendron* (liriodendro), *Vitis* (videira), *Robinia pseudoacacia* (acácia negra) e muitos outros ocorrem fibras de floema na periferia (que são de floema primário) bem como no floema secundário (que são de floema secundário). As coníferas podem ter fibras de floema secundário (por exemplo, *Sequoia, Thuja*).

Caules de algumas dicotiledôneas possuem fibras primárias na periferia do cilindro vascular, as quais não se originam como parte do floema, mas fora dele. Elas são chamadas, neste livro, fibras perivasculares. O termo periciclo é usualmente empregado para designar estas fibras bem como as do floema primário (ver Cap. 16 para avaliação do termo periciclo).

Fibras econômicas

As fibras do floema das dicotiledôneas são as fibras liberianas utilizadas no comércio (Harris, 1954). Eis algumas das origens mais conhecidas dessas fibras e seu uso principal: cânhamo (*Cannabis sativa*), cordoalhas; juta (*Corchorus capsularis*), cordoalhas, aniagens; papoula de São Francisco (*Hibiscus cannabinus*), tecidos grosseiros; linho (*Linum usitatis-*

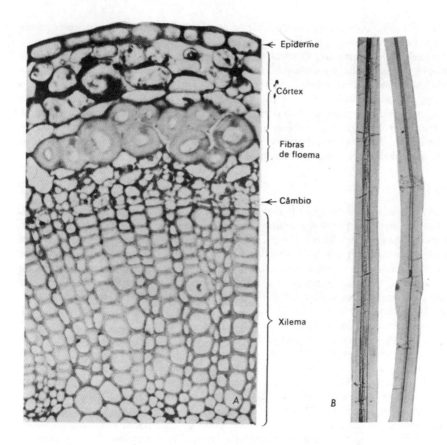

Figura 6.5 Fibras de linho. A, fibras vistas em corte transversal do caule de *Linum usitatissimum*. B, fragmentos de fibras isoladas. (A, ×280; B ×236; B, de C. H. Carpenter e L. Leney, 91 *Papermaking fibers*, Tech. Publ. 74, College of Forestry at Syracuse, 1952)

simum), tecidos (por exemplo o "linho"), fios de linha e rami (*Bohemeria nivea*), tecidos. As fibras de floema são classificadas como "fibras macias" porque, sejam ou não-lignificadas, são relativamente moles e flexíveis.

As fibras das monocotiledôneas, geralmente chamada "fibras de folhas" (Harris, 1954) porque são obtidas das folhas, são classificadas como "fibras duras"; têm paredes fortemente lignificadas e são rígidas e firmes. Exemplos de fontes e usos de fibras de folhas são o abacá ou bananeira-das-filipinas, ou ainda, "manila" (*Musa textilis*), cordoalhas; espada-de-são-jorge ou cânhamo-da-áfrica (*Sansevieria*, todo o gênero), cordoalhas; henequén ou falso-sisal (*Agave*, várias espécies), cordoalhas, tecidos grosseiros: fórmio ou cânhamo-da-nova-zelândia (*Phormium tenax*), cordoalhas; fibras de *Ananas comosus*, tecidos e sisal (*Agave sisalana*), cordoalhas.

O comprimento de cada fibra varia consideravelmente nas diferentes espécies. Exemplo das medidas em milímetros podem ser extraídos do manual de Harris (1954): Fibras de floema: juta, 0,8 a 6,0; cânhamo, 5 a 55; linho, 9 a 70; rami, 50 a 250. Fibras de folhas: sisal, 0,8 a 8,0; espada-de-são-jorge, 1 a 7; abacá, 2 a 12; fórmio, 2 a 15.

Na linguagem comercial o termo fibra é freqüentemente aplicado a materiais que incluem, no sentido botânico, outros tipos de células além das fibras e também a estruturas que não são fibras. Com efeito, as "fibras" das folhas de monocotiledôneas incluem comumente elementos vasculares. As de algodão são pêlos epidérmicos de sementes de *Gossypium* (Cap. 7); a ráfia se constitui de segmentos foliares da palmeira *Raphia* e a rota (junco), de caule da palmeira *Calamus*.

DESENVOLVIMENTO DOS ESCLEREÍDEOS E DAS FIBRAS

O desenvolvimento dos esclereídeos longos e ramificados e das fibras longas envolve notáveis acomodações intercelulares que sugerem existir determinado grau de independência das influências posicionais esboçadas no Cap. 3. O primórdio de um esclereídeo ramificado pode não diferir, aparentemente, das células paranquimáticas vizinhas. Mais tarde, porém, em vez de aumentar de modo uniforme ele se ramifica. Durante este alongamento, as ramificações não invadem apenas os espaços intercelulares, como ainda forçam caminho entre as paredes das outras células. É de se presumir que ocorre um debilitamento da lamela média entre estas células por um processo ainda desconhecido. (Lembre-se que se supõe que um processo semelhante envolve a formação dos espaços intercelulares esquizógenos). Em conseqüência, o esclereídeo estabelece novos contatos durante o crescimento e torna-se apto a atingir dimensão muito maior que a de seus vizinhos, a despeito de crescer num tecido contínuo de células as quais também estão em crescimento.

O crescimento de células pela intrusão entre as paredes de outras, é chamado crescimento intrusivo e é contrastado pelo crescimento coordenado que não envolve separação das paredes. Em conseqüência, um grupo de células semelhantes num tecido parenquimático homogêneo desenvolve-se por crescimento coordenado, com os pares de paredes primárias conjuntas e expandindo-se, presumivelmente, ao mesmo ritmo, sem rompimento de conexão ao nível da lamela média. O crescimento coordenado não impede algumas células de se tornarem mais longas que outras. Se uma cessa de dividir-se enquanto as suas vizinhas continuam a fazê-lo, a célula que não se divide se torna mais alongada que suas vizinhas, sem alterar a relação intercelular das paredes. No desenvolvimento de um esclereídeo, o crescimento coordenado do corpo maior das células combina-se com o intrusivo nas partes de seus ramos que se alongam.

A fibra também apresenta combinação de crescimento coordenado e intrusivo. O primórdio de uma fibra jovem aumenta em comprimento sem mudança de contatos celulares enquanto as células parenquimáticas adjacentes estão em processo ativo de divisão. Algum tempo depois, o primórdio alcança desenvolvimento adicional pelo crescimento intrusivo de suas duas pontas. Durante o seu alongamento, pode apresentar repetidas divisões nucleares sem a formação de novas paredes. Conseqüentemente, o protoplasto pode tornar-se multinucleado.

O interessante fenômeno do crescimento intrusivo apical foi estudado pormenorizadamente em relação às fibras do linho (Schoch-Bodmer e Huber, 1951). Medindo entrenós jovens e adultos e as fibras contidas neles, os autores calcularam que, somente por crescimento coordenado, as fibras poderiam alcançar o comprimento de 1 a 1,8 cm. Na realidade, eles encontraram fibras variando em comprimento entre 0,8 e 7,5 cm. Então, comprimentos acima de 1,8 cm devem ter sido atingidos mediante crescimento apical intrusivo. Os autores encontraram evidências microscópicas de tal fenômeno. Em cortes transversais feitos 2 mm abaixo do ápice do caule, o aparecimento de pequenas células entre primórdios de fibras bastante largas, indicava a intrusão de várias pontas de fibras em crescimento. Cortes longitudinais feitos no mesmo nível mostraram que, em contraste com o corpo maior das células jovens, as pontas tinham paredes muito delgadas, continham citoplasma denso com cloroplastos e não eram plasmolisáveis.

Quando, durante o crescimento intrusivo o ápice é impedido em sua progressão por alguma combinação de células, curva-se ou bifurca-se. Assim, a ocorrência de pontas dobradas ou bifurcadas em fibras e esclereídeos é mais uma evidência do crescimento intrusivo.

Os grandes comprimentos alcançados pelas fibras e por alguns esclereídeos introduzem certa complexidade no fenômeno do espessamento secundário das paredes dessas células. Como foi previamente mencionado, a parede secundária desenvolve-se sobre a primária depois que esta cessa de expandir-se. Nos esclereídeos e fibras que apresentam crescimento protraído, a parte mais velha da célula cessa de crescer enquanto os ápices continuam a alongar-se. A parte mais velha (ou seja, a mediana) da célula começa então a formar as camadas de paredes secundárias antes que o crescimento das pontas se complete. Da parte mediana da célula o espessamento secundário progressa em direção as pontas e completa-se depois destas cessarem o seu próprio crescimento.

REFERÊNCIAS BIBLIOGRÁFICAS

Arzee, T. Morphology and ontogeny of foliar sclereids in *Olea europea*. I. Distribution and structure. *Amer. Jour. Bot.* 40:680-687. 1953a. II. Ontogeny. *Amer. Jour. Bot.* 40:745-752. 1953b.

Bailey, I. W. The structure of tracheids in relation to the movement of liquids, suspensions, and undissolved gases. In: *The Physiology of Forest Trees.* pp. 71-82. K. V. Thimann, ed. New York, Ronald Press Company. 1958.

Belford, D. S., A. Myers, e R. D. Preston. Spatial and temporal variation of microfibrillar organization in plant cell walls. *Nature* 181:1251-1253. 1958.

Böhmer, H. Untersuchungen über das Wachstum und den Feinbau der Zellwände in der *Avena*-Koleoptile. *Planta* 50:461-497. 1958.

Bosshard, H. H. Elektronenmikroskopische Untersuchungen im Holz von *Fraxinus excelsior* L. *Schweiz. Bot. Gesell. Ber.* 62:482-508. 1952.

Foster, A. S. Structure and ontogeny of terminal sclereids in *Boronia serrulata*. *Amer. Jour. Bot.* 42:551-560. 1955.

Foster, A. S. Plant idioblasts: remarkable examples of cell specialization. *Protoplasma* 46:184-193. 1956.

Harris, M., ed. *Handbook of textile fibers.* Washington, Harris Research Laboratories. 1954.

Preston, R. D. *The molecular architecture of plant cell walls.* New York, John Wiley and Sons. 1952.

Rao, T. A. Studies on foliar sclereids. A preliminary survey. *Indian Bot. Soc. Jour.* 30:28-39. 1951.

Schoch-Bodmer, H., e P. Huber. Das Spitzenwachstum der Bastfasern bei *Linum usitatissimum* and *Linum perenne. Schweiz. Bot. Gesell. Ber.* 61:377-404. 1951

Sterling, C. Sclereid development and the texture of Bartlett pears. *Food Research* 19:433-443. 1954.

Wardrop, A. B., e J. Cronshaw. Changes in cell wall organization resulting from surface growth in parenchyma of oat coleoptiles. *Austral. Jour. Bot.* 6:89-95. 1958.

7

Epiderme

A epiderme é um sistema de células variáveis em estrutura e funções e que constituem a cobertura do corpo da planta em seu estado primário. Muitas das suas características estruturais podem relacionar-se com as funções que esse tecido desempenha na qualidade de camada de células em contato com o ambiente externo à planta. A presença de material ceroso, a cutina, na parede externa e na superfície desta (a cutícula) restringe a respiração. Os estômatos estão relacionados com as trocas gasosas. Devido à disposição compacta das células e a presença de uma cutícula relativamente rija, a epiderme proporciona sustentação mecânica; a das raízes mais jovens é especializada no que tange à absorção, por possuir paredes e cutícula delgadas (Scott e outros, 1958) e portar pêlos radiculares. Pode ter ainda outras funções acessórias associadas a várias características estruturais especiais.

A epiderme tem geralmente a espessura de uma camada de células. Em algumas plantas, porém, a protoderme das folhas divide-se paralelamente à superfície (periclinalmente) e as derivadas dessas divisões dividem-se, por sua vez, de modo a produzir um tecido de várias camadas ontogeneticamente relacionadas. Tal tecido é identificado como epiderme múltipla (Fig. 7.1). (O velame das raízes — veja Cap. 14 — é também uma epiderme múltipla). A camada mais externa desta assume, na folha, características epidérmicas, ao passo que as inferiores se desenvolvem, geralmente em tecido provido de poucos ou nenhum cloroplastos, tornando-se, por esse motivo, diferente do mesófilo subjacente. Uma das funções atribuídas a esse tecido é o de reserva de água. Em algumas plantas, as camadas subepidérmicas assemelham-se a epiderme múltipla, mas são derivadas do tecido fundamental. A epiderme múltipla, pois, pode ser identificada, como tal, somente através de estudos de desenvolvimento.

A epiderme pode permanecer durante a vida toda de uma determinada parte da planta ou pode ser substituída, mais tarde, por outro tecido de proteção, a periderme (Cap. 12).

COMPOSIÇÃO DA EPIDERME

A epiderme consiste de células relativamente não especializadas, constituindo a maior parte do tecido e de células mais especializadas dispersas na sua massa (Fig. 7.2). As células fundamentais da epiderme variam em altura, mas têm quase sempre formato tabular. Nas partes alongadas das plantas, tais como os caules, pecíolos, nervuras do esqueleto das folhas e nas folhas da maioria das monocotiledôneas, as células epidérmicas alongam-se paralelamente ao eixo longitudinal do órgão (Fig. 7.3). Em folhas, pétalas, ovários e óvulos, as células epidérmicas podem possuir paredes verticais (anticlinais) onduladas.

As células epidérmicas têm protoplastos vivos e podem armazenar vários produtos do metabolismo. Elas contêm plastos (ou plastídios), mas estes, de modo geral, desenvolvem pouca ou nenhuma clorofila. Entretanto, cloroplastos diminutos e tipicamente granulados podem estar presentes (por exemplo, no espinafre; Kaja, 1954). O amido ocorre nos plastídios da epiderme (Weber e outros, 1955).

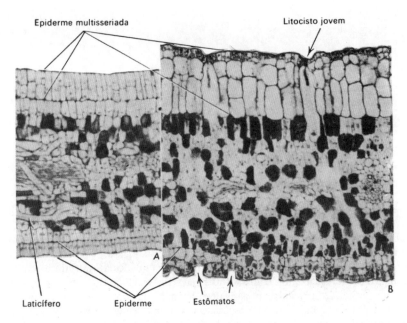

Figura 7.1 Corte transversal de uma folha de *Ficus elastica*, mostrando o desenvolvimento de epiderme múltipla. Em *A*, muitas células da epiderme superior dividiram-se periclinalmente; em *B*, esta epiderme apresenta de três a quatro camadas de profundidade. Os litocistos não sofrem divisão. A epiderme inferior também é múltipla. (*A*, ×190; *B* ×180)

Dentre as células epidérmicas mais especializadas, situam-se as células-guarda dos estômatos, que são tratadas em pormenor mais adiante. As células da epiderme com características estruturais ou conteúdos celulares especiais, ocorrem em numerosas plantas. Nas gramíneas, por exemplo, pequenas células espessadas com sílica (células silicosas) e células com paredes suberizadas (células de cortiça) ocorrem entre as células epidérmicas comuns (Fig. 7.3B). Gramíneas e outras monocotiledôneas produzem, freqüentemente, fileiras de células epidérmicas grandes, chamadas buliformes (Cap. 19).

Plantas de vários grupos podem conter células fibriformes na epiderme. Nas gramíneas, as fibras epidérmicas podem crescer até mais de 300 micra de comprimento. Células contendo taninos, óleos, cristais e outros materiais apresentam-se geralmente dispersas na epiderme na forma de idioblastos. Às vezes, grandes áreas da epiderme consistem de células especializadas tais como os esclereídeos (Cap. 6) ou as células secretoras (Cap. 13). Apêndices epidérmicos ou tricomas, como os pêlos de várias plantas, ocorrem em muitos formatos e dimensões.

PAREDE CELULAR

As paredes epidérmicas variam de espessura nas diversas plantas e nas diversas partes da mesma planta. Nas epidermes de paredes delgadas a externa é freqüentemente a mais espessa. Epiderme com paredes excessivamente espessas é encontrada nas folhas das coníferas (Cap. 19). Nestas, o espessamento parietal, que é provavelmente de natureza secundária, chega a obliterar o lume da célula e se lignifica. Pontuações ocorrem geralmente nas paredes anticlinais e periclinais internas da epiderme (próximas ao mesófilo). Plasmodesmas foram descritos não somente nas paredes anticlinais e periclinais internas como também na parede externa (Lambertz, 1954; Scott e outros, 1958).

Epiderme

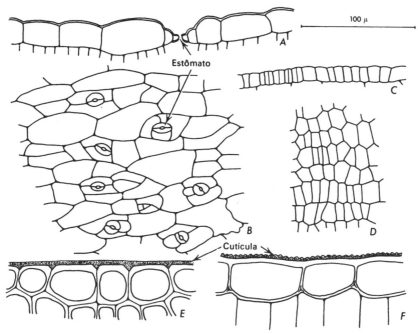

Figura 7.2 Estrutura da epiderme. A–D, epiderme do pericarpo de *Capsella*; (A, B) externa (C, D) interna; (A, C) em corte e (B, D) em vista frontal. *E*, epiderme do caule de *Sambucus*. A cutícula forma projeções que se inserem entre as células. *F*, epiderme da folha de *Helleborus*, apresentando uma cutícula de superfície ondulada

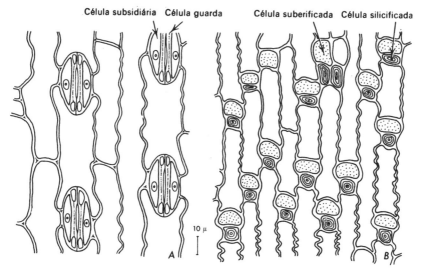

Figura 7.3 Epiderme de uma gramínea — cana de açúcar (*Saccharum*) — em vista frontal. *A*, epiderme inferior da folha, com estômatos. *B*, epiderme do caule com células suberosas e silicificadas.

A característica mais típica das células epidérmicas das partes aéreas das plantas é a presença da cutina, uma substância graxa, como incrustação da parede externa e como camada separada, a cutícula, na parede externa da célula (Fig. 7.2E, F). (O processo de impregnação pela cutina é denominado cutinização e a formação da cutícula, cuticularização). A estrutura da cutícula apresenta interesse especial para os pesquisadores em relação ao problema da permeabilidade da superfície foliar por substâncias químicas aplicadas como nutrientes minerais, fungicidas ou herbicidas. Embora a cutícula pareça altamente impenetrável, pode ter áreas de permeabilidade durante a expansão da célula epidérmica, que permitem a entrada daquelas substâncias (Schiefferstein e Loomis, 1956). Em numerosas plantas, a cutícula acha-se coberta por um depósito de cera (cera-flor) de vários padrões (Mueller e outros, 1954). Tais depósitos não parecem desempenhar papel importante na redução da transpiração, mas reduzem a umectação da superfície. A espessura da cutícula é variável e é influenciada pelas condições ambientais. Ela não ocorre apenas na superfície das células epidérmicas, mas às vezes se projeta à maneira de costela para dentro das paredes anticlinais (Fig. 7.2E).

A parte cutinizada da parede epidérmica sob a cutícula tem estrutura complicada. Ela contém um arcabouço de celulose e substâncias pécticas, cutina, ceras e outros componentes, como substâncias incrustantes. A origem e o tipo da migração da cutina e das ceras nas células epidérmicas são ainda problemas sem solução, embora a presença de plasmodesmas nas paredes externas seja possivelmente fato significativo a esse respeito. Alguns pesquisadores (Schiefferstein e Loomis, 1956) pretendem ver uma invasão da superfície externa da epiderme por uma substância que lembra um óleo secante e enrijecedor. Sob esta cutícula primária podem depositar-se sucessivas camadas cuticulares contendo uma mistura de cutina, ceras e outros materiais, produzindo cutículas espessas, às vezes laminadas. Na medida em que a cutina e as ceras emigram através da parede externa em direção à superfície, elas também impregnam esta parede. A presença da camada péctica sob a cutícula foi demonstrada em algumas plantas (Roelofsen, 1952; Scott e outros, 1958) e provavelmente explica por que os fungos crescem com freqüência entre a cutícula e a parede epidérmica (Wood e outros, 1952).

ESTÔMATOS

Os estômatos são aberturas (poros estomáticos ou, simplesmente, aberturas) na epiderme, limitados por duas células epidérmicas especializadas, as células-guarda, as quais, mediante mudança de formato, ocasionam a abertura e o fechamento da fenda (Fig. 7.4). Convém aplicar o termo estômato à unidade inteira, o poro e as duas células-guarda. O estômato pode ser circundado por células que não diferem das demais. Por outra parte, em numerosas plantas, os estômatos são flanqueados por células que diferem em formato, e às vezes também em conteúdo, das células epidérmicas comuns. Estas células diferentes são denominadas subsidiárias do estômato (Fig. 7.5B, C) e podem ou não estar relacionadas ontogeneticamente as células-guarda.

Os estômatos ocorrem em todas as partes aéreas das plantas, mas são mais abundantes nas folhas. As raízes geralmente não as têm. A sua freqüência varia amplamente. Varia em diferentes partes da mesma folha e em diferentes folhas da mesma planta, e é influenciada pelas condições ambientais. Nas folhas, os estômatos podem ocorrer em ambas as faces ou em uma só, neste caso geralmente a inferior. Os estômatos também variam quanto ao nível de sua posição na epiderme. Alguns estão nivelados com as outras células epidérmicas; outros estão dispostos acima ou abaixo da superfície.

As duas características agora relatadas, a saber, o número dos estômatos por unidade de superfície e o nível posicional das células-guarda com respeito às outras, são tão variáveis que possuem pouco valor taxonômico. A característica taxonômica mais freqüentemente

Epiderme

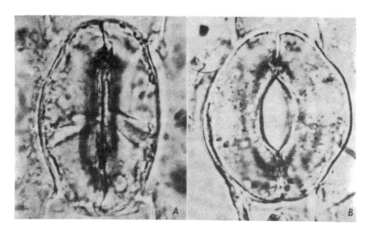

Figura 7.4 Estômato da cebola (*Allium Cepa*) em estágio fechado (A) e aberto (B). (De Shaw, New Phytol., 1954)

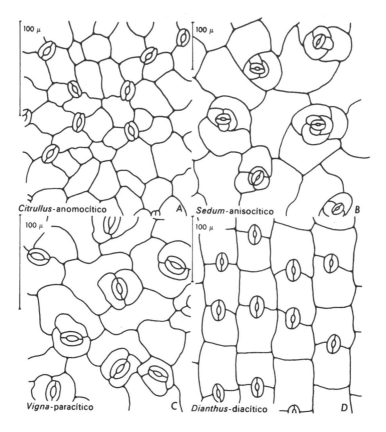

Figura 7.5 Epiderme em vista frontal, ilustrando os padrões formados pelas células-guarda e células circundantes

usada é o aspecto dos estômatos em vista frontal, especialmente com referência a natureza e orientação das células anexas (Bondeson, 1952; Metcalfe e Chalk, 1950).

Com relação às células anexas, as dicotiledôneas mostram quatro principais tipos de estômatos (conforme revisão de Metcalfe e Chalk, 1950, p. XV): tipo A (Fig. 7.5A), não apresentando células subsidiárias e com algumas células epidérmicas cercando irregularmente o estômato (anomocítico) ou "tipo de células irregulares"; tipo B (Fig. 7.5B) com três células subsidiárias, uma muito menor que as outras envolvendo o estômato (*anisocítico* ou "tipo de células desiguais"); tipo C (Fig. 7.5C) com uma ou mais células subsidiárias flanqueando o estômato paralelamente ao eixo longitudinal das células-guarda (*paracítico* ou "tipo de células paralelas"); tipo D (Fig. 7.5D) com um par de células subsidiárias, com as paredes comuns em ângulos retos com os eixos longitudinais das células--guarda envolvendo o estômato (*diacítico* ou "tipo de células cruzadas").

As células-guarda das dicotiledôneas (Fig. 7.6A,D) têm geralmente formato de crescente, com extremidades arredondadas (reniformes) e têm saliências de material parietal no lado superior ou em ambos os lados. Acham-se cobertas pela cutícula que se estende sobre a superfície em frente ao poro estomático e a câmara subestomática. As células-guarda têm paredes típica e desigualmente espessadas. Esta característica parece desempenhar função determinada na abertura e fechamento do poro estomático (cf. Stalfelt, 1956). As partes mais delgadas da parede são mais elásticas e são influenciadas mais fortemente pelas mudanças na turgescência da célula do que as partes mais grossas. Como resultado desta

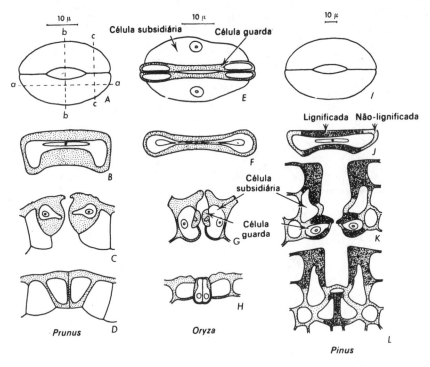

Figura 7.6 Estômatos de representantes dos diferentes grupos vegetais. Os estômatos são mostrados em vista frontal em *A*, *E*, e *I*. Os desenhos restantes apresentam cortes feitos segundo planos indicados em *A*: *B*, *F*, *J*, plano *aa*; *C*, *G*, *K*, plano *bb*; *D*, *H*, *L*, plano *cc*. *E*, focalizada a superfície das células-guarda, de tal modo que o lume celular na região delgada da célula deixa de ser visível. (*Prunus* e *Pinus* segundo Esau, *Plant Anatomy*, John Wiley and Sons, 1953)

resposta diferencial, o formato e o volume das células-guarda — e concomitantemente, o tamanho da abertura do estômato — variam quando a turgescência é alterada. Os estômatos abrem-se quando a turgescência é elevada e fecham-se quando é mais baixa.

As mudanças na turgescência das células-guarda estão associadas freqüentemente com as mudanças no estado dos carboidratos desta célula (por exemplo, Yemm e Willis, 1954). As células-guarda de muitas plantas têm cloroplastos mostrando quantidades flutuantes de amido. Alguns pesquisadores, porém, duvidam que as mudanças são as causas primárias dos movimentos das células-guarda (por exemplo, Heath, 1952; Williams, 1954). No mínimo, estas mudanças não envolvem trocas amido-açúcar porque o amido pode não estar presente nas células-guarda. Na cebola, por exemplo, estas células contêm somente pequenos e pálidos cloroplastos e não formam amido (Shaw, 1954).

Entre as células-guarda das monocotiledôneas, as das gramíneas e ciperáceas constituem tipo muito especial (Fig. 7.6E, H). Em vista frontal, são estreitas na região mediana e alargadas em ambas as extremidades. A parte central estreita tem parede muito espessa, enquanto as extremidades bulbosas as têm mais delgadas. A abertura e o fechamento dos estômatos resultam de mudanças do tamanho das extremidades bulbosas. Quando elas intumescem, o estômato se abre. As células-guarda das gramíneas estão associadas com as células subsidiárias uma de cada lado do estômato. As células subsidiárias derivam de células epidérmicas que flanqueiam as células-guarda, embora mais tarde elas pareçam completamente independentes do estômato.

Os estômatos das gimnospermas (Fig. 7.6I, L) estão localizados de modo geral, em depressões e às vezes parecem suspensos pelas células subsidiárias que se arqueiam sobre eles. A característica típica destes estômatos é a de que as paredes das células-guarda e das subsidiárias estão parcialmente livres de lignina. Esta combinação de partes de paredes mais ou menos rígidas, a maneira de conexão entre as células-guarda e as subsidiárias e a presença de partes delgadas nas paredes das células subsidiárias parece estarem envolvidas no mecanismo de abertura e fechamento dos estômatos. As células subsidiárias podem ou não relacionar-se ontogeneticamente com as células-guarda. No tipo *haploqueílico* (exemplo, Cicadáceas, Coníferas, *Gingko*) as células subsidiárias não estão relacionadas com as células-guarda; no tipo *sindetoqueílico* (por exemplo, *Gnetum*, *Welwitschia*) uma célula protodérmica divide-se em uma célula mãe de células-guarda e duas células laterais, cada uma das quais se torna uma célula subsidiária ou dá nascimento a subsidiárias por divisão

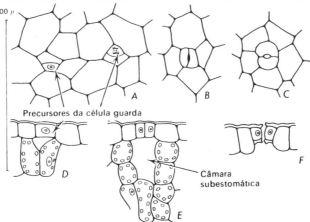

Figura 7.7 Desenvolvimento do estômato. Formaram-se precursores de células-guarda (células-mãe) por divisões de uma célula da protoderme (A, D). A precursora dividiu-se em duas células-guarda (B, E). Formou-se a abertura do estômato (C, F)

(Florin, 1951). No estabelecimento da tipologia dos estômatos das gimnospermas a origem e a disposição das células subsidiárias são tomadas em consideração.

No desenvolvimento dos estômatos das angiospermas, a célula-mãe ou precursora das células-guarda (Fig. 7.7A, D) origina-se geralmente por divisão desigual de uma das

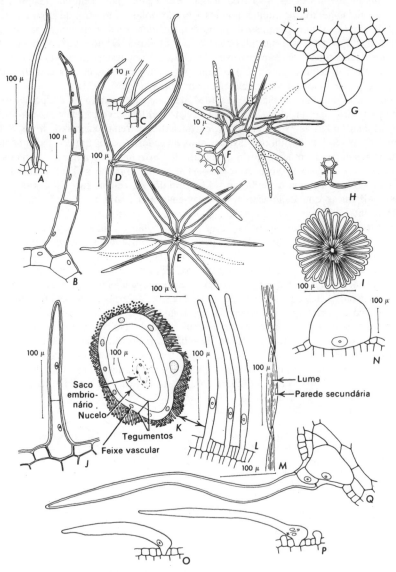

Figura 7.8 Tricomas. *A*, pêlo simples da folha de *Cistus*. Estrutura lembrando um pêlo curto, está incluída na base; *B*, pêlo unisseriado da folha de *Saintpaulia*; *C, D*, pêlo em tufo, da folha do algodoeiro (*Gossypium*); *E*, pêlo estrelado de malva (*Sida*); *F*, pêlo multicelular curto, de folha de batata (*Solanum*); *H, I*, escama peltada da folha da oliveira (*Olea*); *J*, pêlo bicelular do caule de *Pelargonium*; *K-M*, algodoeiro (*Gossypium*); pêlos da epiderme da semente (K), em estágio jovem, (L) e estágio maduro com paredes secundárias (M); *N*, vesícula aqüífera de *Mesembryanthemum*; *O-Q*, pêlos da folha de soja (*Glycine*) em três estágios de desenvolvimento)

células protodérmicas, e é a menor das duas resultantes de tal divisão (Bondeso, 1952; Bünning e Biegert, 1953). Ela se divide em duas células-guarda (Fig. 7.7A, B e E) as quais, através de expansão diferencial, adquirem seu formato característico. A substância intercelular entre as células-guarda, intumesce (Fig. 7.7B) e a conexão entre as células é enfraquecida. Elas se separam em suas regiões médias e a abertura estomática é, assim, formada (Fig. 7.7C, F). Vários reajustamentos espaciais ocorrem entre as células-guarda e outras subsidiárias adjacentes ou outras epidérmicas de modo que as guarda podem ser dispostas acima ou abaixo da superfície da epiderme. Finalmente, as células contíguas podem sobrepor-se ou crescer por baixo das células-guarda, na câmara subestomática.

Os estômatos começam a desenvolver-se na folha pouco antes de ser atingido o período de máxima atividade meristemática na epiderme e continuam a desenvolver-se durante considerável parte da expansão ulterior da folha devido ao crescimento em volume das células. Nas folhas com nervuras paralelas, como na maioria das monocotiledôneas e com os estômatos dispostos em fileiras longitudinais, a formação dos estômatos começa nos ápices das folhas e progride em direção à base. Nas folhas de nervuras reticuladas, como na maioria das dicotiledôneas, os diferentes estágios de desenvolvimento mesclam-se à moda de mosáico.

TRICOMAS

Os tricomas (Fig. 7.8 e Cap. 13) são apêndices muito variáveis da epiderme, incluindo pêlos glandulares (ou secretores) e não glandulares, escamas, papilas e pêlos absorventes das raízes. Eles ocorrem em todas as partes da planta podendo persistir durante toda a vida da planta de uma de suas partes ou cair precocemente. Alguns dos pêlos persistentes mantêm-se vivos; outros morrem e secam. Embora os tricomas variem amplamente de estrutura em grupos maiores ou menores de plantas, eles são às vezes notavelmente uniformes e podem ser utilizados com finalidades taxonômicas (Cowan, 1950; Metcalfe e Chalk, 1950, pp. 1 326-1 329).

Os tricomas são classificados em categorias morfológicas. Algumas destas são: (1) pêlos, que podem ser unicelulares ou pluricelulares, glandulares (Cap. 13) ou não glandulares (Fig. 7.8A, B, J, Q); (2) escamas ou pêlos peltados (Fig. 7.8H, I); (3) vesículas aqüíferas, que são células epidérmicas de grande tamanho (Fig. 7.8N); (4) pêlos radiculares (Cap. 14). Os pêlos podem ser em tufos (Fig. 7.8C, D), estrelados (Fig. 7.8E) ou ramificados (dendróides, Fig. 7.8F). Nas sementes de algodão são unicelulares e desenvolvem paredes secundárias na maturidade (Fig. 7.8K-M).

REFERÊNCIAS BIBLIOGRÁFICAS

Bondeson, W. Entwicklungsgeschichte und Bau der Spaltöffnungen bei den Gattungen *Trochodendron* Sieb. et Zucc., *Tetracentron* Oliv. und *Drimys* J. R. et G. Forst. *Acta Horti Bergiani* 16:169-218. 1952.

Bünning, E., e F. Biegert. Die Bildung der Spaltöffnungsinitialen bei *Allium Cepa*. *Ztschr. für Bot.* 41:17-39. 1953.

Cowan, J. M. *The Rhododendron leaf; a study of the epidermal appendages*. Edinburgh, Oliver and Boyd. 1950.

Florin, R. Evolution in cordaites and conifers. *Acta Horti Bergiani* 15:285-388. 1951.

Heath, O. V. S. Studies in stomatal behaviour. II: The role of starch in the light response of stomata. Parte 2: The light response of stomata of *Allium cepa* L., together with some preliminary observations on the temperature response. *New Phytol.* 51:30-47. 1952.

Kaja, H. Untersuchungen über die Plastiden in den Epidermiszellen von *Spinacia oleracea* L. *Planta* 44:503-508. 1954.

Lambertz, P. Untersuchungen über das Vorkommen von Plasmodesmen in den Epidermisaussenwänden. *Planta* 44:147-190. 1954.

Metcalfe, C. R., e L. Chalk. *Anatomy of the dicotyledons.* 2 Vols. Oxford, Clarendon Press. 1950.

Mueller, L. E., P. H. Carr, e W. E. Loomis. The submicroscopic structure of plant surfaces. *Amer. Jour. Bot.* 41:593-600. 1954.

Roelofsen, P. A. On the submicroscopic structure of cuticular cell walls. *Acta Bot. Neerland.* 1:99-114. 1952.

Schiefferstein, R. H., e W. E. Loomis. Wax deposits on leaf surfaces. *Plant Physiol.* 31:240--247. 1956.

Scott, F. M., K. C. Hamner, E. Baker, e E. Bowler. Electron microscope studies of the epidermis of *Allium cepa*. *Amer. Jour. Bot.* 45:449-461. 1958.

Shaw, M. Chloroplasts in the stomata of *Allium cepa* L. *New Phytol.* 53:344-348. 1954.

Stålfelt, M. G. Die stomatare Transpiration und die Physiologie der Spaltöffnungen. In: *Handbuch der Pflanzenphysiologie.* 3:350-426. 1956.

Weber, F., I. Thaler, e G. Kenda. Die Plastiden der *Cleome*-Epidermis. *Österr. Bot. Ztschr.* 102:84-88. 1955.

Williams, W. T. A new theory of the mechanism of stomatal movement. *Jour. Exp. Bot.* 5:343-352. 1954.

Wood, R. K. S., A. H. Gold, e T. E. Rawlins. Electron microscopy of primary cell walls treated with pectic enzymes. *Amer. Jour. Bot.* 39:132-133. 1952.

Yemm, E. W., e A. J. Willis. Stomatal movements and changes of carbohydrate in leaves of *Chrysanthemum maximum*. *New Phytol.* 53:373-396. 1954.

8

Xilema: estrutura geral e tipos de células

O xilema é o principal tecido condutor de água das plantas vasculares. Está geralmente associado ao floema (Fig. 8.1), o principal tecido condutor dos alimentos. Em conjunto é chamado, simplesmente, tecido ou tecidos vasculares. O conjunto xilema-floema forma um sistema vascular contínuo que percorre a planta inteira, incluindo todas as ramificações do caule e da raiz.

Sob o aspecto do desenvolvimento, convém distinguir entre tecido vascular primário e secundário. Os tecidos primários diferenciam-se durante a formação do corpo primário da planta, isto é, o corpo que se origina do embrião, e é elaborado pela atividade do meristema apical e de seus tecidos meristemáticos derivados (Cap. 3). O meristema diretamente relacionado com a formação dos tecidos vasculares primários é o procâmbio, também chamado tecido provascular.

Os tecidos vasculares secundários são produzidos durante o segundo maior estágio de desenvolvimento da planta, durante o qual resulta um aumento de espessura pela adição lateral de tecidos novos ao corpo primário. Este espessamento é mais pronunciado nas partes axiais da planta (caule e raiz) e suas ramificações maiores, e resulta da atividade de um meristema especial, o câmbio vascular (Fig. 8.1). Como foi mencionado no Cap. 3, o crescimento secundário está ausente nas plantas dicotiledôneas anuais de pequeno porte e na maioria das monocotiledôneas.

Os xilemas primário e secundário apresentam diferenças histológicas, mas ambos são tecidos complexos contendo, pelo menos, elementos condutores de água, células de parênquima e, com freqüência, outros tipos de células, especialmente de sustentação. As características destes vários tipos de células e sua inter-relação no tecido podem ser melhor explicadas mediante o estudo do xilema secundário ou seja, do lenho.

ESTRUTURA GERAL DO XILEMA SECUNDÁRIO

Sistemas axial e radial

Com o auxílio de pequena ampliação o estudo de um bloco de madeira revela a presença de dois diferentes sistemas de células (Fig. 8.1): o *axial* (longitudinal ou vertical) e o *radial* (transversal ou horizontal) ou sistema de *raios*. O sistema axial contém células ou fileiras de células com eixos longitudinais orientados verticalmente no caule ou raiz, isto é, paralelamente ao eixo desses órgãos (ou de suas ramificações), e o radial compõe-se de fileiras de células orientadas horizontalmente em relação ao eixo do caule ou raiz.

Os dois sistemas têm aspecto característico nos três tipos de corte utilizados no estudo do lenho (Fig. 9.1 e 9.4). Em corte transversal, isto é, em ângulo reto com relação ao eixo do caule ou raiz, as células do sistema axial são cortadas transversalmente e revelam suas menores dimensões. Os raios, por sua vez, são expostos em sua extensão longitudinal no

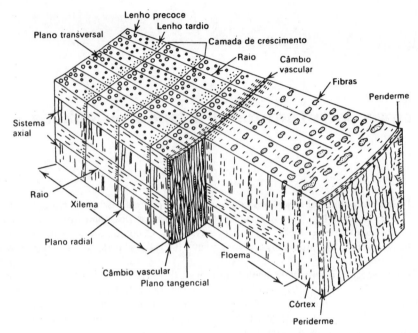

Figura 8.1 Diagrama de bloco ilustrando as características básicas dos tecidos vasculares secundários, e a relação dos tecidos entre si, com o câmbio e com a periderme

corte transversal. Quando caules e raízes são cortados longitudinalmente podem obter-se dois tipos de corte: o radial (paralelo ao raio) e o tangencial (perpendicular ao raio). Ambos mostram a face longitudinal das células do sistema axial, mas proporcionam duas imagens nitidamente diferentes dos raios. Os cortes radiais expõem os raios como faixas horizontais deitadas sobre o sistema axial. Quando um corte radial secciona um raio pelo seu plano médio, revela a altura do raio. Cortes tangenciais seccionam o raio quase perpendicularmente à sua extensão horizontal e mostram sua altura e largura. Em cortes tangenciais, portanto, é fácil medir a altura do raio — isto se faz habitualmente em termos de números de células — e determinar se o raio é unisseriado (da largura de uma célula, Fig. 9.1) ou multisseriado (de duas ou mais células de largura, Fig. 9.4).

Camadas de crescimento

Com pequena ampliação, ou mesmo sem nenhuma, o lenho revela a formação em camadas resultante da presença de limites mais ou menos nítidos entre as sucessivas camadas de crescimento — anéis de crescimento em cortes transversais (Figs. 8.1 e 9.8, B). Cada camada de crescimento pode ser o produto de um período estacional de crescimento, mas convém lembrar que várias condições ambientais podem induzir a formação de mais de uma camada durante uma estação. Quando aparecem camadas conspícuas — geralmente nas madeiras provenientes de zonas temperadas — cada uma delas é divisível em lenho primaveril (precoce) e lenho estival (tardio). O lenho precoce é menos denso que o tardio porque predominam nele células maiores com paredes mais delgadas; no tardio as células são mais estreitas e têm paredes mais espessas. O lenho estival forma um anel de crescimento de limites diferentes, devido ao seu nítido contraste com o lenho primaveril da estação seguinte, mas a passagem deste para aquele do mesmo anel de crescimento é mais ou menos gradual. As quantidades relativas de lenho primaveril e estival são influenciadas pelas condições ambientais e por diferenças específicas. Por exemplo, condições adversas de crescimento podem aumentar a proporção relativa de lenho estival num pinheiro, ao passo que podem diminuí-la num carvalho.

Alburno e cerne

Os primeiros acréscimos de xilema secundário tornam-se não-funcionais para a condução e reserva. As proporções relativas de lenho não-funcional (cerne), variam nas diferentes espécies e são também influenciadas pelas condições do meio ambiente (Harris, 1954; Trendelenburg, 1955). A cor do cerne é geralmente mais escura que a do lenho ativo ou alburno. A formação do cerne envolve a remoção de material de reserva ou sua conversão em substâncias de cerne e a morte eventual dos protoplastos dos elementos parenquimáticos do lenho.

TIPOS DE CÉLULAS DO XILEMA SECUNDÁRIO

Estuda-se a estrutura fina do xilema em preparações dos três tipos de corte antes mencionados e em lenho macerado, isto é, lenho dissociado em grupos de células ou em células individuais, por tratamentos que dissolvem a lamela média.

Os tipos principais das células do xilema secundário (Figs. 8.2 e 8.3) podem ser assim tabulados:

Tipos de células	*Principais funções*
Sistema axial	
Elementos traqueais	
Traqueídeos	
Elementos de vaso	Condução de água
Fibras	
Fibrotraqueídeos	
Fibras libriformes	Sustentação e, eventualmente, armazenamento
Células de parênquima	
Sistema radial	Armazenamento e translocação de substâncias ergásticas
Células de parênquima	
(Traqueídeos em algumas coníferas)	

Elementos traqueais

São as células mais especializadas do xilema e se relacionam com a condução da água e das substâncias nela dissolvidas. São mais ou menos alongadas e morrem na maturidade. Têm paredes lignificadas com espessamento secundário e variedade de pontuações.

Os dois tipos de células traqueais, os traqueídeos e os elementos de vasos, diferem entre si pelo fato do traqueídeo ser uma célula não perfurada, ao passo que os elementos de vaso apresentam uma ou mais perfurações em cada extremidade (Fig. 8.2) e às vezes também na parede lateral (Fig. 8.2F). Nos traqueídeos a passagem de água de célula para célula é facilitada pela presença de pares de pontuações, com delgadas paredes primárias no interior da pontuação ou em paredes situadas entre traqueídeos sobrepostos ou contíguos. Nos elementos de vaso, ao contrário, a água movimenta-se livremente de célula para célula, através de perfurações (aberturas) existentes na parede.

Os elementos de vaso ocorrem em séries longitudinais, formando um vaso. Os vasos não são de comprimento indefinido, embora em algumas espécies com vasos particularmente largos no lenho precoce (anel poroso) fossem descritos como percorrendo quase toda a altura de uma árvore (Greenidge, 1952). Onde termina um vaso, há provavelmente conexão com outro através de pontuações areoladas. A questão do comprimento dos vasos está a exigir estudos ulteriores.

A parte perfurada da parede de um elemento de vaso é chamada *placa de perfuração*, que pode ser simples, com apenas uma perfuração ou multiperfurada (Fig. 8.3); esta é

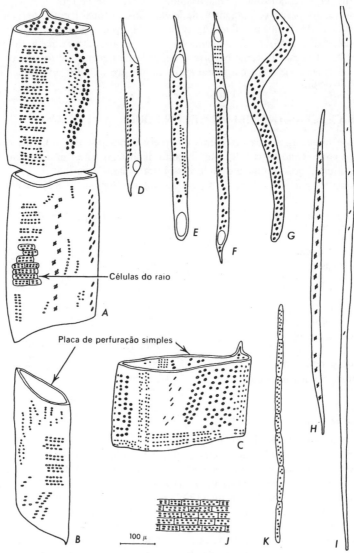

Figura 8.2 Tipos de células componentes do xilema secundário, obtidas de elementos do lenho dissociado de *Quercus*, carvalho. Diversos tipos de pontuações ocorrem nas paredes celulares. *A–C*, elementos de vaso, de lume amplo. *D–F*, elementos de vaso estreitos. *G*, traqueídeo. *H*, fibrotraqueídeo. *I*, fibra libriforme. *J*, célula parênquimática do raio. *K*, feixe parênquimático axial. (*A–I*, desenhadas a partir de fotografias existentes em: C. H. Carpenter e L. Leney, 91 *Papermaking fibers*, Tech. Publ. 74, College of Forestry at Syracuse, 1952)

Xilema: estrutura geral e tipos de células 63

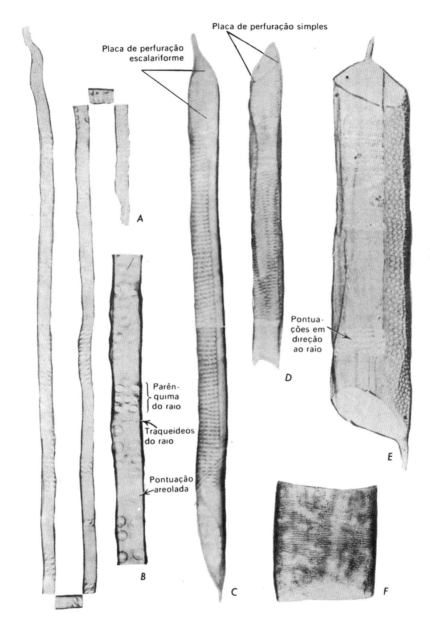

Figura 8.3 Elementos traqueais. *A*, traqueídeo de lenho precoce de *Pinus lambertiana*. *B*, segmento ampliado de *A*. *C–F*, elementos de vaso de *Liriodendron tulipifera* (C), *Fagus grandifolia* (D), *Populus trichocarpa* (E), *Ailanthus altissima* (F). (A, ×60; B, ×125; C, ×111; D, ×120; E, ×130; F, ×144. De: C. H. Carpenter e L. Leney, 91 *Papermaking fibers*, Tech. Publ. 74, College of Forestry at Syracuse, 1952)

escalariforme se as perfurações forem alongadas e paralelas entre si (Fig. 8.3C) ou reticulada se as perfurações formam um padrão semelhante a uma rede.

As perfurações das paredes dos elementos de vasos desenvolvem-se durante a ontogênese. Um elemento de vaso jovem tem parede primária contínua (Fig. 8.4A). A lamela média intumesce nas áreas das futuras perfurações (Fig. 8.4B). A seguir desenvolve-se a parede secundária, exceto sobre a membrana de pontuação e nas áreas das futuras perfurações (Fig. 8.4C). As paredes primárias e a lamela média de dois elementos de vasos contíguos dissolvem-se nas áreas de perfuração (Fig. 8.4D) provavelmente pela ação dos protoplastos ainda vivos. A parede secundária pode formar uma saliência ao redor da perfuração.

Pontuações simples ou areoladas encontram-se nas paredes secundárias dos traqueídeos e dos elementos de vaso (Figs. 8.2 e 8.3). O número e a disposição destas pontuações são altamente variáveis, até nas diferentes faces da mesma célula, porque dependem do tipo da célula contígua a cada uma delas. Geralmente, numerosos pares de pontuações areoladas ocorrem entre elementos traqueais (Fig. 8.5A-G,P,Q); poucos, ou nenhum par de pontuação, ocorrem entre elementos traqueais e fibras; pares de pontuações semi-areoladas ou simples ocorrem entre elementos traqueais e células parenquimáticas. Em pares de pontuações semi-areoladas a aréola situa-se do lado da célula traqueal (Fig. 8.5K).

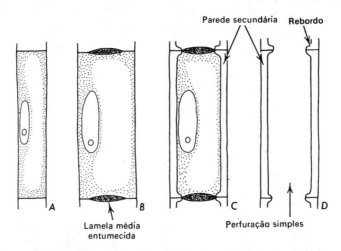

Figura 8.4 Diagramas ilustrando o desenvolvimento dos elementos de vaso. *A*, célula meristemática, *B*, futura área de perfuração espessada devido ao entumescimento da lamela média. *C*, o espessamento secundário foi depositado, com exeção ao nível da futura área de perfuração. *D*, já ocorreu a perfuração e a desintegração do protoplasto

Os pares de pontuações areoladas das coníferas são grandes, especialmente no lenho primaveril. Em vista frontal, uma de suas formas mais comuns apresenta uma *saliência* de contorno circular e uma *abertura* circular na saliência (Figs. 8.3A,B e 8.6B). A aréola, que é formada pela parede secundária, sobrepõe-se à *cavidade de pontuação* (Fig. 8.6A). No fundo desta encontra-se a *membrana de pontuação*, composta pela lamela média e duas camadas de parede primária. A parte central espessada da membrana de pontuação é o torus (Fig. 8.6A). A margem do torus aparece em vista frontal de uma pontuação como um círculo algo maior do que a abertura (Fig. 8.6B). Acima e abaixo, o espessamento da pontuação da lamela média e da parede primária pode formar as crássulas (Cap. 9).

A membrana de pontuação possui aberturas maiores que as dos poros de plasmodesmas (por exemplo, Eicke, 1954; Liese e Johann, 1954). De acordo com estudos feitos com

Xilema: estrutura geral e tipos de células

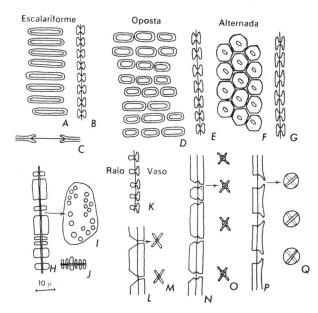

Figura 8.5 Pontuações e padrões de pontuação. *A-C*, pontuações escalariformes em vista frontal (A) e em vista lateral (B, C) (*Magnolia*). *D-E*, pontuações opostas em vista frontal (F) e vista lateral (E) (*Liriodendron*). *F-G*, pontuações alternadas em vista frontal (F) e vista lateral (G) (*Acer*). *A-G* pares de pontuações simples em células parênquimáticas, em vistas frontal (I) e lateral (H-J); *H*, numa parede lateral; , numa parede terminal (*Fraxinus*). *K*, pares de pontuações semi-areoladas, entre um vaso e uma célula do raio, em vista lateral (*Liriodendron*). *L-M*, pares de pontuações simples, com aberturas internas em fenda, em vista lateral em (L) e vista frontal, em (M), pertencentes a fibras libriformes. *N, O*, pares de pontuações, areoladas, com aberturas internas em fenda, que se estendem além do limite da aréola da pontuação; *N*, vista lateral; *O*, vista frontal (fibrotraqueídeos). *P, Q*, pares de pontuações areoladas, com aberturas internas em fenda, incluídas no limite da aréola da pontuação; *P*, vista lateral; *Q*, vista frontal (traqueídeo)

microscópio eletrônico em *Pinus sylvestris* (Frey-Wyssling e outros, 1956), a membrana tem originariamente, uma disposição dispersa de microfibrilas, as quais, mais tarde, se juntam em feixes radiais razoavelmente espessos. Algumas microfibrilas com orientação tangencial unem os feixes radiais. A malha ou rede resultante, de cerca de 0,3 mícron de diâmetro, tem abertura suficientemente grande para permitir a passagem de partículas de ouro e carbono, que medem 0,15 mícron em diâmetro. As perfurações dos elementos de vaso são, naturalmente, mais penetráveis.

No lenho ativo das coníferas a membrana de pontuação e o respectivo torus ocupam a posição média do par de pontuações (Fig. 8.6A). No cerne, contudo, a membrana de pontuação da maioria dos pares de pontuações está deslocada lateralmente e os torus bloqueiam as aberturas (Fig. 8.6C); nessas condições, diz-se que as pontuações são *aspiradas* (Committee on Nomenclature, 1957). A aspiração das pontuações começa gradativamente no alburno e se julga estar relacionada com o dessecamento da região central do lenho; parece que a deslocação das membranas de pontuação ocorre no lugar onde a parede de um traqueídeo se encontra situada entre um traqueídeo contendo gases e outro contendo água (Harris, 1954).

Em paredes entre traqueídeos de coníferas e células de parênquima os pares de pontuações são *semi-areolados*, com as aréolas presentes no lado do traqueídeo (Fig. 8.6D, E). Nesses pares de pontuações não existe torus.

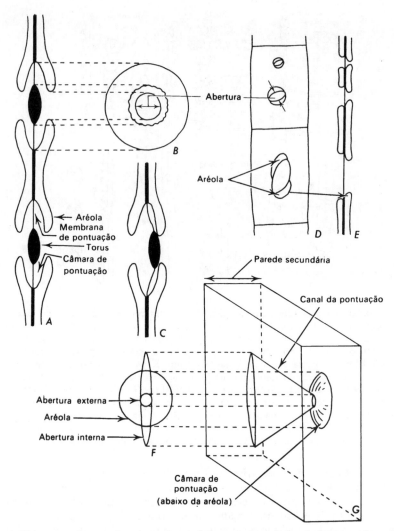

Figura 8.6 Diagramas de pares de pontuações areoladas e semi-areoladas. *A*, dois pares de pontuações areoladas, cada qual com um torus, em vista lateral. *B*, pontuação areolada em vista frontal. *C*, pares de pontuações areoladas, aspirados. *D*, *E*, pares de pontuações semi-areoladas em vista frontal (D) e lateral (E); *F*, *G*, pontuação areolada, com abertura interna ampliada e aréola reduzida. (F, G, segundo Record, *Timbers of North America*, John Wiley and Sons, 1934)

Fibras

As fibras são células alongadas com paredes secundárias geralmente lignificadas. As paredes variam em espessura, mas são comumente mais espessas que as dos traqueídeos do mesmo lenho. Reconhecem-se dois principais tipos de fibras de xilema: os fibrotraqueídeos (Fig. 8.2H) e as fibras libriformes (Fig. 8.2I). Se ambos os tipos ocorrerem no mesmo lenho as fibras libriformes são mais alongadas e têm paredes mais espessas que os fibrotraqueídeos. Estes têm pontuações areoladas com cavidades menores do que as cavidades das pontuações dos traqueídeos ou elementos de vaso do mesmo lenho (Figs. 8.5N, O e 8.6F, G). Estas pontuações têm também um *canal de pontuação* comunicando a sua cavidade com o lume da célula através da parede espessada. A abertura do lume para o canal (*abertura interna*, Fig. 8.6F) é alongada e pode parecer uma fenda. Varia em comprimento e geralmente se estende além dos limites da cavidade da pontuação (Figs. 8.5N, O e 8.6F, G). A abertura do canal de pontuação para a cavidade desta (*abertura externa*) é circular (Figs. 8.5N e 8.6F). Em vista tridimensional o canal aparece como um funil achatado (Fig. 8.6G).

A pontuação de uma fibra libriforme tem uma abertura em fenda em direção ao lume da célula, um canal parecendo um funil muito achatado, mas não tem cavidade de pontuação (Fig. 8.5L, M). Em outras palavras, a pontuação não tem aréola, é simples. A referência às pontuações das fibras libriformes, como sendo simples, implica numa diferenciação mais nítida entre as fibras e fibrotraqueídeos da que existe na realidade. As células fibrosas de xilema mostram uma série gradual de pontuações desde as que apresentam aréolas pronunciadas até as que têm só vestígios delas ou nenhuma. As formas intermediárias com pontuações areoladas reconhecíveis são situadas, para maior conveniência, na categoria dos fibrotraqueídeos (Committee on Nomenclature, 1957).

Fibras de ambas as categorias podem desenvolver delgadas paredes transversais através do lume da célula depois da formação das paredes secundárias. As paredes transversais deste tipo são denominadas *septos* e as fibras são *septadas*. Estas encontram-se amplamente distribuídas entre as dicotiledôneas e geralmente mantêm seus protoplastos no alburno adulto. Fibras septadas bem como as não septadas relacionam-se com o armazenamento de materiais de reserva. Assim, as fibras vivas assemelham-se às células do parênquima xilemático em estrutura e função. A distinção entre as duas é realmente tênue, quando as células parenquimáticas desenvolvem paredes secundárias e septos. A retenção de protoplastos nas fibras é uma indicação de avanço evolutivo (Bailey, 1953), e onde fibras vivas estão presentes, o parênquima axial é pequeno em proporção ou ausente (Money e outros, 1950).

Outra modificação dos fibrotraqueídeos e das fibras libriformes são as chamadas fibras gelatinosas. Estas têm uma parede interna mais ou menos não-lignificada com aparência gelatinosa. Elas são componentes comuns do lenho de reação (Cap. 9) nas dicotiledôneas.

Especialização filogenética dos elementos traqueais e fibras

As tendências para especialização das células e tecidos são melhor compreendidas no xilema do que em qualquer outro tecido das plantas vasculares. Entre as linhas individuais, as que pertencem à evolução dos elementos traqueais foram estudadas com cuidado especial.

A especialização dos elementos traqueais foi concomitante com a separação das funções de condução e fortalecimento das plantas vasculares que ocorreram durante a evolução das plantas terrestres (Bailey, 1953). Num estágio menos especializado, a sustentação e a condução estão combinadas nos traqueídeos. Através de especialização crescente o lenho evoluiu com elementos de condução — os elementos de vaso — mais eficientes para o transporte do que para a sustentação. Por outra parte, as fibras evoluíram como elementos principais de sustentação. Assim, dos primitivos traqueídeos, duas linhas de especialização divergiram, uma em direção aos elementos de vasos, outra em direção às fibras.

Os elementos de vaso evoluíram separadamente em diversos grupos de plantas vasculares. É conceito amplamente admitido, que os elementos de vaso evoluíram independentemente nos licopódios, fetos, gimnospermas, monocotiledôneas, dicotiledôneas e que devem ter aparecido independentemente várias vezes em alguns desses grupos, como, por exemplo, nas dicotiledôneas (Cheadle, 1953). Numerosas evidências sugerem que nas dicotiledôneas os elementos de vaso originaram-se e especializaram-se, primeiro, no xilema secundário, logo, no xilema primário tardio (metaxilema) e, finalmente, no xilema primário precoce (protoxilema). No xilema primário das monocotiledôneas, a origem e a especialização dos elementos de vaso também ocorreram primeiro no metaxilema e a seguir no protoxilema; além disso, vasos apareceram primeiro nas raízes e depois, progressivamente, em níveis mais altos, no caule (Cheadle, 1953; Fahn, 1954).

Os elementos de vaso podem sofrer uma perda evolucionária (Bailey, 1953; Cheadle, 1953). A sua ausência em algumas plantas aquáticas, saprófitas, parasitas e suculentas, por exemplo, é interpretada como uma redução de tecidos do xilema. Redução, nesse sentido, implica em incapacidade dos elementos potenciais de xilema, incluindo os elementos de vaso, de experimentar diferenciação e maturação ontogenética típica. Estas plantas desprovidas de vasos são altamente especializadas, em contraste com alguns (cerca de dez) conhecidos gêneros de dicotiledôneas primitivas sem vasos (*Trochodendron, Tetracentron, Drimys, Pseudowintera* e outras) pertencentes aos seus grupos taxonômicos inferiores (Bailey, 1953; Cheadle, 1953; Lemesle, 1956).

A seqüência evolutiva dos elementos de vaso do xilema secundário das dicotiledôneas começou com os longos traqueídeos de pontuações escalariformes semelhantes aos que se encontram em algumas dicotiledôneas inferiores. Estes traqueídeos foram substituídos por elementos de vaso de forma longa e estreita com extremidades afiladas (Fig. 8.3C). As células encurtaram-se progressivamente, alargaram-se mais, suas paredes terminais tornaram-se menos inclinadas e, finalmente, transversais (Fig. 8.3D,F). No estágio mais primitivo a placa de perfuração era escalariforme, com numerosas barras assemelhando-se a uma parede com pontuações dispostas de modo escalariforme, destituída de membranas de pontuação. O aumento da especialização resultou num decréscimo do número de barras (Fig. 8.3C) e finalmente, em sua eliminação total e aparecimento de uma perfuração simples (Fig. 8.3D-F).

As pontuações das paredes dos elementos de vaso também se modificaram durante a evolução. Nas pontuações intervasculares, pares de pontuações areoladas em disposição escalariforme (Fig. 8.5A) foram substituídos por outros menores, primeiro em disposição oposta (Fig. 8.5D), mais tarde em arranjo alternado (Fig. 8.5F). Os pares de pontuações entre os elementos de vaso e as células de parênquima mudaram de areolados para semi-areoladas e, finalmente, para simples.

Os traqueídeos não foram eliminados quando os elementos de vasos evoluíram e eles também experimentaram mudanças filogenéticas. Tornaram-se mais curtos — contudo não tão curtos quanto os elementos de vaso — e as pontuações de suas paredes evoluíram paralelamente a dos elementos de vaso associados. De modo geral, não aumentaram em largura.

Na especialização das fibras de xilema a ênfase na função mecânica tornou-se aparente pelo aumento da espessura das paredes e diminuição da largura da célula. Concomitantemente, as pontuações mudaram-se da forma alongada para a circular, as aréolas reduziram-se (Fig. 8.5N,O) e, eventualmente, desapareceram (Fig. 8.5L,M). As aberturas internas da pontuação alongaram-se e depois tomaram a forma de fendas. Assim, a seqüência evolutiva começou com traqueídeos e, através dos fibrotraqueídeos, chegou às fibras libriformes.

O problema da mudança evolucionária do comprimento das fibras é bastante complexo. O encurtamento dos elementos de vaso está relacionado com o das iniciais fusiformes do câmbio (Cap. 10) das quais derivam as células axiais do xilema. Conseqüentemente, em plantas com elementos de vaso mais curtos, as fibras derivam, ontogeneticamente, de iniciais mais curtas do que as dos lenhos mais primitivos que apresentam elementos de vaso mais alongados. Por outras palavras, com o progresso da especialização do xilema, as fibras tornaram-se mais curtas. Pois, contudo, durante a ontogênese, as fibras experimentaram crescimento intrusivo, enquanto os elementos de vasos só o fizeram ligeiramente

Xilema: estrutura geral e tipos de células

ou não o fizeram. As fibras são mais longas do que os elementos do vaso no lenho adulto e, das duas categorias de fibras, as libriformes são as mais longas. Entretanto, as fibras dos lenhos especializados são mais curtas que seus últimos precursores, os traqueídeos primitivos.

A linhas evolutivas do xilema foram reconstruídas através do estudo comparado das plantas existentes. As plantas vasculares contemporâneas mostram alto grau de especialização de suas células, tecidos e órgãos. Estas variações, incidentalmente, são úteis para a identificação das madeiras (Cap. 9).

Células de parênquima

O parênquima do xilema secundário está representado pelos parênquimas axial e radial. Ambos os tecidos são fundamentalmente semelhantes em relação a estrutura parietal e ao conteúdo; e, em ambos, as células podem variar consideravelmente em estrutura e conteúdo (Chattaway, 1951; Wardrop e Dadswell, 1952). As células de parênquima armazenam amido, óleos e muitas outras substâncias ergásticas de funções desconhecidas. Compostos tânicos e cristais são inclusões comuns. Os tipos dos cristais e sua disposição podem ser bastante característicos e servem para identificação das madeiras (Chattaway, 1955).

As paredes das células parenquimáticas axiais ou radiais podem possuir espessamento secundário e ser lignificadas (Wardrop e Dadswell, 1952). Se existirem paredes secundárias, os pares de pontuações entre as células parenquimáticas podem ser areolados, semi-areolados ou simples. Algumas células de parênquima se tornaram esclerificadas pela aposição de espessamento em suas paredes; essas são as células esclerificadas ou esclereídeos. As células parenquimáticas cristalíferas têm, freqüentemente, paredes lignificadas com espessamento secundário e podem ser divididas por septos em câmaras, cada uma das quais contendo um cristal.

As células do parênquima axial são derivadas de células cambiais fusiformes alongadas. Se a derivada de tal célula cambial se diferencia em uma célula parenquimática sem divisões transversais (ou oblíquas) resulta disso uma *célula parenquimática fusiforme*. Se tal divisão ocorre, forma-se um *feixe parenquimático* (Fig. 8.2K). Nenhum dos dois tipos experimenta crescimento intrusivo. As células parenquimáticas radiais são divididas em categorias de acordo com o seu formato. Os dois tipos mais comuns são os de células radiais *prostradas* (ou procumbentes) e eretas ou verticais (Fig. 8.7). Uma célula radial cujo diâmetro mais longo é orientado radialmente, é procumbente; a célula alongada axialmente, é vertical. Os dois tipos de células radiais estão freqüentemente presentes no mesmo raio, aparecendo

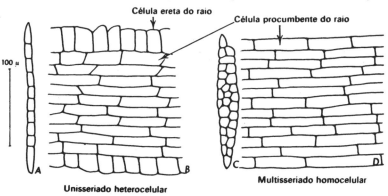

Figura 8.7 Dois tipos de raios, vistos em cortes tangencial (A, C) e radial (B, D). *A, B, Fagus grandifolia. C, D, Acer saccharum*

então as células eretas nas margens superior e inferior do raio (Fig. 8.7A). Os raios formados por um só tipo de células são chamados *homocelulares* (Fig. 8.7C, D) e os que contêm células procumbentes e eretas, *heterocelulares* (Fig. 8.7A, B).

XILEMA PRIMÁRIO

O xilema primário contém o mesmo tipo básico de células do secundário: elementos traqueais — traqueídeos e elementos de vaso — fibras e células parenquimáticas. Contudo, não está organizado com a combinação de sistemas axial e radial, por não conter raios. No caule, folhas e partes florais, o xilema e o floema primários associados ocorrem comumente em cordões, os feixes vasculares (Fig. 8.8). Faixas de parênquima nas regiões interfasciculares, ocorrem entre os feixes vasculares dos caules (Cap. 16). Essas faixas são geralmente chamadas raios medulares e consideradas como parte do tecido fundamental. Na raiz o xilema primário forma uma região central com ou sem parênquima (Cap. 14).

Protoxilema e metaxilema

Em termos de desenvolvimento, o xilema primário consiste de uma parte precoce, o protoxilema e uma tardia, o metaxilema (Fig. 8.8 e 8.9B). Embora as duas partes possuam algumas características diferenciais, elas se inter-relacionam de tal maneira que a delimitação de cada uma pode ser feita somente por aproximação.

O protoxilema se diferencia nas partes primárias do corpo da planta que não completaram seu crescimento e diferenciação. Com efeito, na gema apical, o protoxilema amadurece entre tecidos em fase de alongamento ativo, e está, por conseguinte, sujeito a tensões.

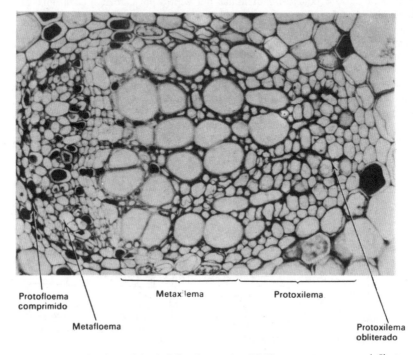

Figura 8.8 Feixe vascular do pecíolo de folha da parreira (*Vitis*), em corte transversal. Ilustra parte do xilema e floema primários. (×290 de Esau, *Hilgardia*, 1948)

Xilema: estrutura geral e tipos de células

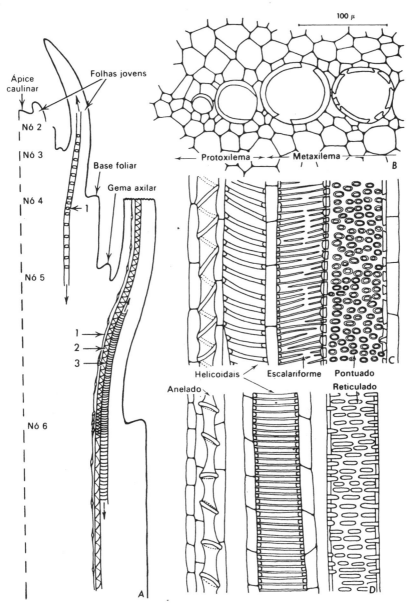

Figura 8.9 Pormenores da estrutura e do desenvolvimento do xilema primário. *A*, diagrama de um ápice caulinar, mostrando estágios do desenvolvimento do xilema em diferentes níveis. *B–D*, xilema primário da mamona, *Ricinus*, em cortes transversal (B) e longitudinal (C, D)

Seus elementos traqueais maduros, não-vivos, são distendidos e, eventualmente, destruídos. Na raiz eles perduram períodos mais longos pois amadurecem acima da região de crescimento máximo.

O metaxilema inicia-se geralmente no corpo primário da planta ainda em crescimento, mas amadurece só muito depois do alongamento haver concluído. É, pois, menos atingido pela extensão primária dos tecidos circundantes do que o protoxilema.

Este contém normalmente só elementos traqueais incluídos no parênquima que é considerado como parte do protoxilema. Quando os elementos traqueais são destruídos, podem ser completamente obliterados pelas células parenquimáticas circundantes. No xilema apical de muitas monocotiledôneas os elementos distendidos não-funcionantes estão parcialmente em colapso mas não são obliterados; ao contrário, em seu lugar aparecem canais abertos, as chamadas lacunas de protoxilema, cercadas por células parenquimáticas (Fig. 11.7). Se forem preservadas por ocasião de cortes, as paredes secundárias das células traqueais não-funcionais podem ser vistas ao longo da margem da lacuna.

O metaxilema é algo mais complexo que o protoxilema e pode conter fibras em adição aos elementos traqueais e as células parenquimáticas. Estas podem estar dispersas entre os elementos traqueais ou ocorrer em séries radiais simulando raios. Cortes longitudinais mostram-nas como células de parênquima axial. A seriação radial freqüentemente encontrada no metaxilema e também no protoxilema, deu origem na literatura à tendência a interpretar-se o xilema primário de muitas plantas como sendo secundário, por ser a seriação radial tão característica dos tecidos vasculares secundários.

Os elementos traqueais do metaxilema conservam-se depois de completar-se o crescimento primário mas tornam-se não-funcionais após a formação do xilema secundário. Nas plantas carentes de crescimento secundário, o metaxilema mantém-se funcional até a idade adulta dos órgãos.

Paredes secundárias nos elementos traqueais primários

Os espessamentos secundários das paredes das células traqueais primárias são muito característicos; além disso, eles aparecem em séries ontogenéticas de formas bem ordenadas que indicam com clareza um aumento progressivo no alongamento da área de parede primária coberta por material parietal secundário (Fig. 8.9). Nos mais primitivos elementos traqueais as paredes secundárias podem aparecer como *anéis* (espessamentos anelares) não relacionados uns com os outros. Os elementos que se diferenciam em continuação, experimentam espessamentos helicoidais (espiralados). Logo, surgem células com espessamentos que podem ser caracterizados como hélices com molas interligadas (espessamento *escalariforme*). Estes são seguidos por células com espessamentos em forma de rede ou reticulados, e, finalmente por elementos pontuados.

Nem todos os tipos de espessamento secundário estão necessariamente presentes no xilema primário de uma determinada planta ou de partes dela; e os diferentes tipos de estruturas parietais passam gradativamente de uma para outra forma. Os espessamentos anelares podem interligar-se aqui e ali; espessamentos anelares e helicoidais ou helicoidais e escalariformes podem estar combinados na mesma célula; e a diferença entre escalariforme e reticulado é às vezes tão tênue que merece ser chamado de escalariforme reticulado. Os elementos de pontuação também se inter-relacionam com o tipo ontogenético mais primitivo. As aberturas de um retículo escalariforme da parede secundária podem ser comparadas às pontuações, especialmente se estiver presente uma incipiente aréola. Uma cobertura em forma de aréola da parede secundária é comum nos vários tipos de paredes secundárias do xilema primário. Anéis, hélices e faixas de espessamento retículo-escalariformes podem estar combinados com a parede primária por bases estreitas, de modo a que as camadas de paredes secundárias se ampliem em direção ao lume da célula e se arqueiem sobre as partes expostas da parede primária.

A natureza transformável do espessamento da parede secundária do xilema primário torna impossível atribuir tipos diferentes de espessamentos parietais ao protoxilema ou ao metaxilema com qualquer grau de consistência. Mais comumente, os primeiros elementos traqueais a amadurecer, isto é, os elementos de protoxilema, produzem quantidade mínima de material parietal secundário. Predominam os espessamentos anelares e helicoidais. Estes tipos não impedem, materialmente, a distensão dos elementos maduros de protoxilema durante o crescimento em extensão do corpo primário da planta. A evidência de que essa distensão ocorre é facilmente verificável pelo aumento da distância entre os anéis dos elementos mais velhos do xilema pela inclinação dos anéis e pelo desenrolar das hélices (Fig. 8.9A).

O metaxilema, no sentido de xilema em maturação, depois do crescimento em extensão, pode ter elementos helicoidais, escalariformes, reticulados e pontuados; um ou mais tipos de espessamento podem faltar. Se muitos elementos de espessamento helicoidal estiverem presentes, as hélices dos elementos sucessivos são gradualmente menos salientes, uma condição que sugere a ocorrência de distensão durante o desenvolvimento dos elementos precoces do metaxilema.

Existem evidências convincentes de que o tipo de espessamento parietal do xilema primário é fortemente influenciado pelo meio interno em que estas células se diferenciam. Espessamentos anelares se desenvolvem quando o xilema começa a amadurecer antes da ocorrência do alongamento máximo de partes da planta, como, por exemplo, no ápice das plantas que crescem normalmente (Fig. 8.9A, nós 3-5); eles podem ser omitidos se os primeiros elementos amadurecerem depois deste crescimento haver-se completado, como é normal nas raízes. Se o alongamento de uma parte da planta for suprimido antes do amadurecimento dos primeiros elementos do xilema, um ou mais dos tipos ontogenéticos de espessamento serão omitidos. Ao contrário, se o alongamento for estimulado por exemplo, por estiolamento estará presente maior número de elementos com espessamentos anelares e helicoidais do que é normal.

A transformação dos diferentes tipos de espessamentos dos elementos traqueais não está limitada ao xilema primário. A delimitação entre os xilemas primário e secundário pode ser também vaga. Para reconhecer os limites dos dois tecidos é necessário considerar muitos padrões, dentre os quais o comprimento das células traqueais — os últimos elementos primários são tipicamente mais longos que os primeiros secundários — e a organização do tecido, particularmente o aspecto da combinação dos sistemas radial e axial, característicos do xilema secundário.

No xilema primário os elementos do protoxilema podem ser os mais estreitos, mas não necessariamente. Os elementos de metaxilema às vezes aumentam em largura em camadas de tecidos que se desenvolvem sucessivamente. O xilema secundário pode também ter células estreitas no começo e, assim, distinguir-se do metaxilema de células largas. No geral, contudo, não há método simples para distinguir as categorias de desenvolvimento dos tecidos e seus respectivos meristemas.

REFERÊNCIAS BIBLIOGRÁFICAS

Bailey, I. W. Evolution of the tracheary tissue of land plants. *Amer. Jour. Bot.* 40:4-8. 1953.
Chattaway, M. M. Morphological and functional variations in the rays of pored timbers. *Austral. Jour. Sci. Res. Ser. B, Biol. Sci.* 4:12-29. 1951.
Chattaway, M. M. Crystals in woody tissues. Parte I. *Trop. Woods* 1955 (102):55-74. 1955.
Cheadle, V. I. Independent origin of vessels in the monocotyledons and dicotyledons. *Phytomorphology* 3:23-44. 1953.
Committee on Nomenclature, International Association of Wood Anatomists. *International glossary of terms used in wood anatomy. Trop. Woods* 1957 (107):1-36. 1957.
Eicke, R. Beitrag zur Frage des Hoftüpfelbaues der Koniferen. *Deut. Bot. Gesell. Ber.* 67:213-217. 1954.
Fahn, A. Metaxylem elements in some families of the Monocotyledoneae. *New Phytol.* 53:530-540. 1954.

Frey-Wyssling, A., H. H. Bosshard, e K. Mühlethaler. Die submikroskopische Entwicklung der Hoftüpfel. *Planta* 47:115-126. 1956.

Greenidge, K. N. H. An approach to the study of vessel length in hardwood species. *Amer. Jour. Bot.* 39:570-574. 1952.

Harris, J. M. Heartwood formation in *Pinus radiata* (D. Don). *New Phytol.* 53:517-524. 1954.

Lemesle, R. Les éléments du xyléme dans les Angiospermes à caractères primitifs. *Soc. Bot. de France Bul.* 103:629-677. 1956.

Liese, W., e I. Johann. Experimentelle Untersuchugen über die Feinstruktur der Hoftüpfel bei den Koniferen. *Naturwiss.* 41:579. 1954.

Money, L. L., I. W. Bailey, e B. G. L. Swamy. The morphology and relationships of the Monimiaceae. *Arnold Arboretum Jour.* 31:372-404. 1950.

Trendelenburg, R. *Das Holz als Rohstoff.* 2.ª ed. Revised by H. Mayer-Wegelin. München, Carl Hauser. 1955.

Wardrop, A. B., e H. E. Dadswell. The cell wall structure of xylem parenchyma. *Austral. Jour. Sci. Res. Ser. B, Biol. Sci.* 5:223-236. 1952.

9

Xilema: variações na estrutura do lenho

As madeiras são classificadas, usualmente, em dois grupos principais, a saber, moles e duras. Aplica-se a qualificação de "madeira mole" ao lenho das gimnospermas e "dura", ao das dicotiledôneas. Os dois tipos apresentam diferenças básicas de estrutura, mas não são necessariamente diferentes em graus de densidade e dureza. A madeira das gimnospermas tem estrutura homogênea com predominância de elementos longos e retos e é, conseqüentemente, fácil de ser trabalhada. É muito apropriada para a fabricação de papel. Numerosas madeiras de dicotiledôneas importantes sob o aspecto comercial são extremamente fortes, densas e pesadas, devido a elevada proporção de fibrotraqueídeos e de fibras libriformes (por exemplo *Quercus, Carya, Eucalyptus, Acacia*) mas algumas são leves e macias (acima de todas a balsa, do gênero *Ochroma*). Entre as gimnospermas, somente as coníferas constituem fontes importantes de madeira comercial, e entre as angiospermas, somente as dicotiledôneas. As monocotiledôneas com crescimento secundário não produzem corpo homogêneo de xilema secundário que tenha valor comercial.

Lenho das coníferas

O xilema secundário das coníferas tem estrutura relativamente simples (Figs. 9.1 e 9.2; Greguss, 1955) mais simples do que a maioria das dicotiledôneas. Um dos caracteres mais importantes é a ausência de vasos. Os elementos traqueidais são imperfurados e se constituem, na maioria, de traqueídeos. Fibro traqueídeos podem ocorrer no lenho tardio ou estival, mas fibras libriformes estão ausentes. Os traqueídeos são células estreitas e alongadas, com uma média de 2 a 5 mm de comprimento (Fig. 8.3A; Trendelenburg, 1955). Suas terminações se intrometem umas entre as outras e podem encurvar-se e ramificar-se devido ao crescimento intrusivo. Basicamente, as terminações são cuneiformes, com a ponta truncada da cunha exposta em corte radial (Fig. 9.1).

Os traqueídeos do lenho primaveril (ou precoce) têm pontuações areoladas circulares com aberturas internas também circulares (Fig. 9.3D). Os do lenho estival (ou tardio), que são fibrotraqueídeos, têm aréolas algo reduzidas, com aberturas internas ovais. A diferença de estrutura das pontuações está em relação com o aumento da espessura da parede celular do lenho estival. Os pares de pontuações entre traqueídeos são geralmente providos de *torus* (Fig. 9.3D, F). Durante o crescimento das camadas, na grande maioria das vezes, as pontuações limitam-se às paredes radiais (Fig. 9.1); só no lenho estival podem as paredes tangenciais conter pontuações. Os pares de pontuações são abundantes nas extremidades encaixadas, incluindo as partes adicionadas pelo crescimento intrusivo. As pontuações dispõem-se de modo típico, em fileira. Nas Taxodiaceae e Pinaceae alguns traqueídeos de lenho primaveril podem apresentar uma ou mais fileiras em disposição oposta e nas Araucariaceae as pontuações ocorrem em disposição alternada (Phillips, 1948). Em adição às camadas das paredes secundárias pontuadas, os traqueídeos das coníferas possuem espessamento helicoidal (Fig. 9.3B).

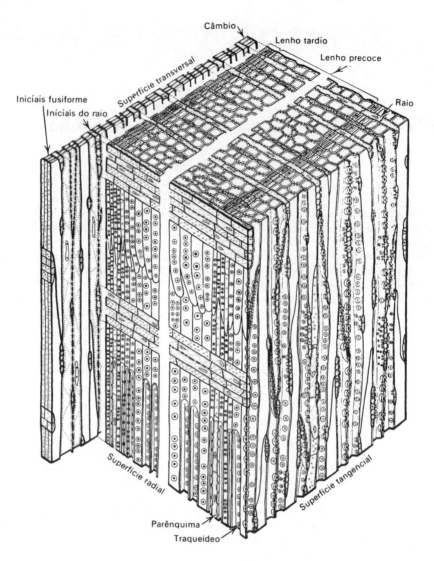

Figura 9.1 Diagrama de bloco do lenho e câmbio vascular de *Thuya occidentalis*, uma conífera. O sistema axial é constituído de traqueídeos e algumas células parênquimáticas. Os raios contêm apenas células do parênquima (De Esau, *Plant Anatomy*, John Wiley and Sons, 1953. Cortesia de I. W. Bailey. Desenhado por Mrs. J. P. Rogerson, sob a supervisão de L. G. Livingston. Redesenhado)

O parênquima axial pode ou não estar presente no lenho das coníferas (Ĩatsenko--Khmelevskiĭ, 1954; Phillips, 1948). Entre as Podocarpaceae, Taxodiaceae e Cupressaceae, o parênquima é predominante no lenho (Figs. 9.1 e 9.3C). É escassamente desenvolvido ou está ausente nas Araucariaceae, Pinaceae e Taxaceae. Em alguns gêneros o parênquima axial está restrito àquele associado aos ductos resiníferos (*Pinus, Picea, Larix, Pseudotsuga*). Ductos resiníferos (Figs. 9.2 e 9.3A) aparecem como padrão constante de alguns lenhos (Pinaceae) mas podem desenvolver-se também como resultado de lesões (ductos resiníferos traumáticos). Ocorrem nos sistemas axial e radial.

Xilema: variações na estrutura do lenho

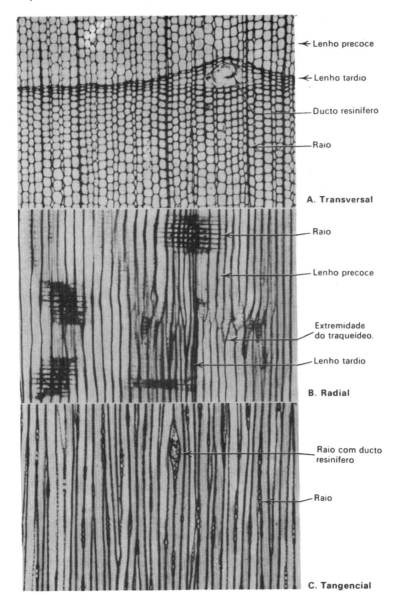

Figura 9.2 Três cortes do lenho de *Pinus strobus*. (todos ×53)

Os raios das coníferas são em sua maioria, da largura de uma célula (Figs. 9.1 e 9.2) podendo ser, ocasionalmente, bisseriados (Fig. 9.3C) e de uma a vinte e até cinquenta células de altura. A presença desses ductos faz com que os raios normalmente unisseriados apareçam multisseriados (Fig. 9.2C). Os raios consistem em células de parênquima ou podem também conter traqueídeos. Estes se assemelham, em formato, às células de parênquima, mas são privados de protoplastos na maturidade e têm paredes secundárias com pontuações areoladas (Fig. 9.3E). Traqueídeos de raios estão normalmente presentes na

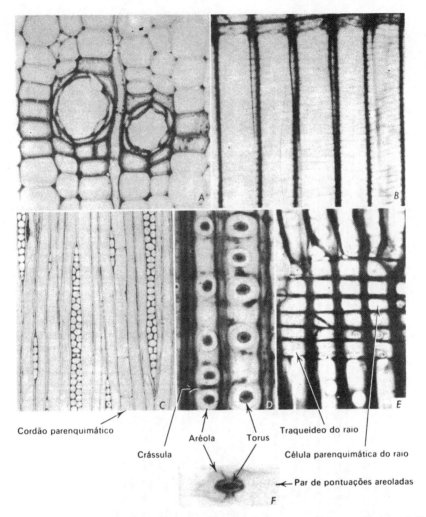

Figura 9.3 Pormenores do lenho de coníferas. *A, B, Pseudotsuga taxifolia. A*, ductos resiníferos em corte transversal com células epiteliais de paredes espessas. *B*, corte radial mostrando traqueídeos com parede interna espiral. *C*, corte tangencial do lenho de *Sequoia sempervirens*: traqueídeos, parênquima axial, raios unisseriados e bisseriados. *D, E, F*, lenho de pinho em cortes radial (*D, E*) e tangencial (*F*). Apenas traqueídeos axiais em D, F; em *E*, raio com traqueídeos radiais e células do parênquima (*A, B, E*, ×200; *C*, ×70; *D*, ×280; *F*, ×850)

maioria das Pináceas, ocasionalmente em *Sequoia* e nas Cupressaceas (Phillips, 1948). Eles ocorrem comumente ao longo dos bordos dos raios, com uma ou mais células de profundidade.

Cada traqueídeo axial está em contato com um ou mais raios (Fig. 9.1). Os pares de pontuações entre os traqueídeos axiais e as células de parênquima radial são semi-areolados, com a aréola do lado dos traqueídeos (Cap. 8); os que se situam entre os traqueídeos axial e radial são completamente areolados. As pontuações entre as células de parênquima radial e os traqueídeos axiais formam padrões tão típicos quando em corte radial, que a face transversal, ou retângulo formado pela parede radial de uma célula de raio contra um traqueídeo axial (Fig. 9.2B), chega a ser utilizado para fins de classificação e de estudos filogenéticos dos lenhos de coníferas.

LENHO DAS DICOTILEDÔNEAS

O lenho das dicotiledôneas é mais variado que o das gimnospermas; nas dicotiledôneas primitivas sem vasos, é relativamente simples, mas o das espécies que os contêm, é geralmente complexo. O lenho destas últimas espécies pode ter vasos e traqueídeos, uma ou mais categorias de fibras (Cap. 8), parênquima axial e raios de um ou mais tipos (Figs. 9.4, 9.5 e 9.6).

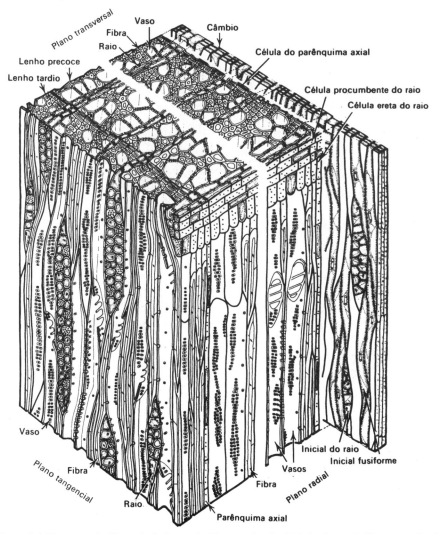

Figura 9.4 Diagrama de bloco do lenho e câmbio vascular de *Liriodendron tulipifera*, uma dicotiledônea. O sistema axial é constituído de elementos de vaso com placas de perfuração escalariformes, fibrotraqueídeos e feixes de parênquima xilemático axial, num arranjo terminal. (Cortesia de I. W. Bailey. Desenhado por Mrs. J. P. Rogerson, sob supervisão de L. G. Livingston. Redesenhado).

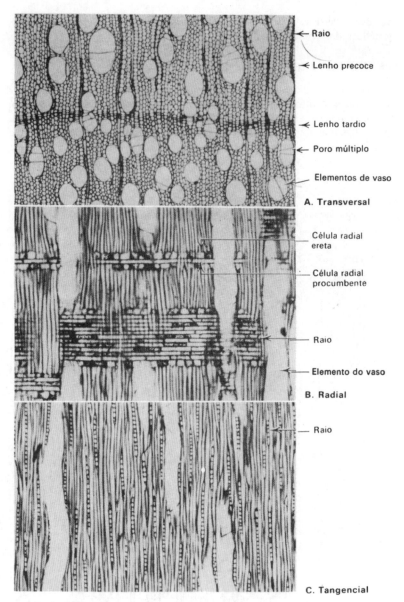

Figura 9.5 Três cortes do lenho de *Salix nigra*, uma dicotiledônea. Lenho não-estratificado, com poros difusos e raios unisseriados heterocelulares (todos × 53)

Lenho estratificado e não-estratificado

Em corte transversal, o xilema secundário mostra uma seriação radial mais ou menos ordenada de células — resultante da origem das células a partir de cambiais que se dividem tangencialmente. No lenho homogêneo das coníferas a seriação é bem pronunciada (Fig. 9.2); nas dicotiledôneas portadoras de vasos, ela pode estar um pouco obscurecida pelo aumento ontogenético dos elementos de vasos e conseqüente deslocação das células adja-

Xilema: variações na estrutura do lenho

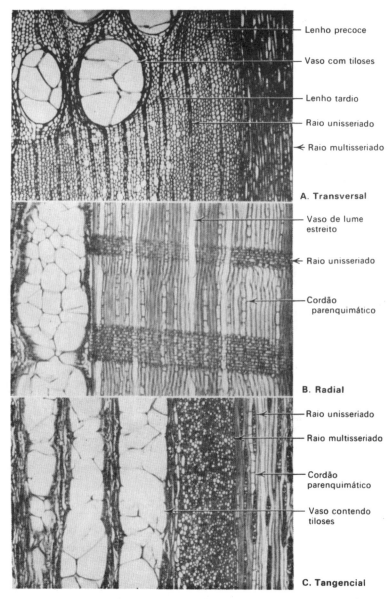

Figura 9.6 Três cortes do lenho de carvalho (*Quercus alba*), uma dicotiledônea. Lenho não-estratificado, com poros em anel, raios multisseriados altos e unisseriados baixos. Os vasos grandes são obstruídos por tiloses (todos ×53)

centes (Figs. 9.5 e 9.6). Os cortes radiais também revelam esta seriação radial; além disso, mostram que as séries radiais do sistema axial estão sobrepostas (acamadas) em estratos horizontais (Figs. 9.4 e 9.6). Os cortes tangenciais, porém, são mais variados no aspecto, nos diferentes lenhos. Em alguns, as células de um estrato sobrepõem-se desigualmente às de outro; em outros, ainda, os estratos horizontais são tão regulares nos cortes tangenciais quanto nos radiais. Assim, alguns lenhos não são estratificados em cortes tangenciais (por exemplo Fig. 9.7A; *Castanea*; *Fraxinus*, *Juglans*, *Quercus*), outros são estratificados (por exemplo Fig. 9.7B; *Aesculus*, *Cryptocaria*, *Ficus*, *Tilia* e numerosas leguminosas). A condição de estratificada é particularmente marcante quando a altura do raio se iguala a do estrato horizontal do sistema axial. Sob o aspecto evolutivo, os lenhos estratificados são mais especializados que os não-estratificados. Eles derivam do câmbio vascular com iniciais fusiformes curtas. Muitos padrões intermediários encontram-se entre os lenhos rigorosamente estratificados e os dos lenhos rigorosamente não-estratificados derivados dos câmbios com iniciais fusiformes longas.

Distribuição dos vasos

Os anatomistas da madeira referem-se aos vasos em corte transversal como poros. Dois tipos principais de lenho são reconhecidos na base da distribuição dos poros em camadas de crescimento; lenho com poros difusos e aproximadamente uniformes em tamanho e distribuição no anel de crescimento (por exemplo Fig. 9.5, e espécies dos seguintes gêneros, *Acer*, *Betula*, *Carpinus*, *Fagus*, *Juglans*, *Liriodendron*, *Platanus*, *Populus*, *Pyrus*); lenho

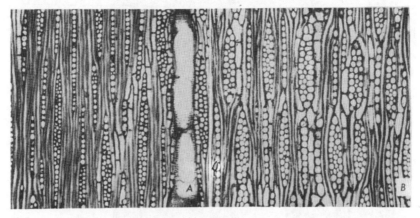

Figura 9.7 *A*, lenho não-estratificado de pecan (*Hicoria pecan*). *B*, lenho estratificado do caquizeiro (*Diospyrus virginiana*). (Ambos em cortes tangenciais, × 70)

com poros em anel nitidamente maiores no lenho primaveril (por exemplo Figs. 8.1 e 9.6 e espécies dos seguintes gêneros: *Castanea*, *Catalpa*, *Celtis*, *Fraxinus*, *Gleditsia*, *Morus*, *Quercus*, *Robinia* e *Ulmus*). Formas intermediárias ocorrem entre os dois tipos de padrão. A disposição dos poros em anel parece ser uma indicação da especialização evolutiva e ocorre em poucas espécies, quase todas características das zonas temperadas setentrionais.

Dentre os principais padrões de distribuição dos vasos, ocorrem variações menores nas relações espaciais de um poro para outro. Um poro é chamado *solitário* quando o vaso está envolvido completamente por outros tipos de células (Fig. 9.6). Um grupo de dois ou mais poros juntos constitui um poro múltiplo (Fig. 9.5A). Este pode ser radial múltiplo com os poros em filas radiais ou um cacho de poros, em agrupamento irregular.

Distribuição do parênquima axial

A distribuição do parênquima axial xilemático mostra vários padrões de graduação. Não se chegou ainda a um acordo acerca de melhor critério de classificação. A relação espacial entre os vasos como são vistos em corte transversal, serve para a divisão em dois padrões principais: *apotraqueal*, ou seja, parênquima não definitivamente associado a estes, e *paratraqueal*, parênquima associado consistentemente aos vasos (Fig. 9.8D). O

Xilema: variações na estrutura do lenho

parênquima apotraqueal é por sua vez dividido em: *difuso*, células isoladas ou feixes de parênquima espalhados entre as fibras (Fig. 9.6); *apotraqueal em faixas* (Figs. 9.8C e 9.9B); parênquima *limitante* (Jane, 1956), isolado ou numa faixa situada no fim (terminal) ou ainda no início de uma camada de crescimento (Figs. 9.8B, D e 9.9A). O parênquima apotraqueal difuso pode ser escasso (Fig. 9.8A). O paratraqueal aparece nos seguintes padrões: *vasicêntrico*, formando uma bainha completa ao redor dos vasos; *aliforme*, vasicêntrico com expansões tangenciais aladas (Fig. 9.9C); e *confluente*, aliforme coalescente formando faixas irregulares tangenciais ou diagonais (Fig. 9.9D). O parênquima paratraqueal pode também ser escasso. Se, em lugar de parênquima axial, ocorrem fibras septadas no xilema, aparecem padrões de distribuição semelhantes aos do parênquima axial xilemático. Sob o aspecto evolutivo, os padrões apotraqueal e difuso são primitivos (Money e outros, 1950).

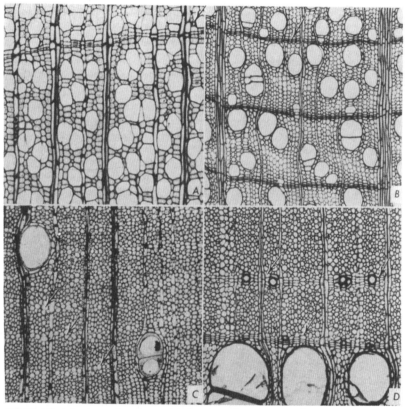

Figura 9.8 Distribuição do parênquima axial (setas) no lenho. *A, Liquidambar styraciflua*, parênquima escasso. *B, Acer saccharum*, parênquima limitante. *C, Hicoria pecan*, parênquima apotraqueal em faixas. *D, Fraxinus* sp, parênquima paratraqueal e limitante. (Cortes transversais × 70)

Estrutura dos raios

Em contraste com os raios predominantemente unisseriados das coníferas, os das dicotiledôneas podem ter a largura de uma a várias células, isto é, eles podem ser unisseriados (Fig. 9.5) ou multisseriados (Figs. 9.4 e 9.7) e medir, em altura, de uma a várias células (fração de polegada a uma ou mais). Os raios multisseriados freqüentemente têm margens unisseriadas (Fig. 9.7A). Pequenos raios podem ser agrupados de forma a parecer um só grande raio. Tais grupos são denominados raios agregados (*Carpinus*).

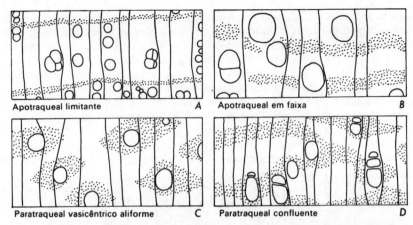

Figura 9.9 Distribuição do parênquima axial (pontilhado) no lenho de *A*, *Michelia*; *B*, *Saccopetalum*; *C*, de uma espécie de leguminosa; *D*, *Terminalia*. (Desenhados a partir de fotografias em Record, *Timbers of North America*, John Wiley and Sons, 1934)

A distribuição dos raios nos cortes radiais e tangenciais pode ser utilizada como base de sua classificação. Raios individuais podem ser homocelulares, isto é, compostos de células de um único formato (Figs. 8.7C,D e 9.6) sejam procumbentes ou eretas; ou heterocelulares, isto é, compostos de dois tipos morfológicos, procumbente ou ereto (Figs. 8.7A,B, 9.4 e 9.5). O sistema radial completo de um lenho pode consistir de raios homocelulares ou heterocelulares, ou da combinação dos dois tipos. Nestas bases, o sistema de tecidos radiais é classificado como homogêneo, com todos os raios homocelulares (apenas células procumbentes), ou heterogêneo, com todos os raios heterocelulares ou combinação de ambos os tipos (Jane, 1956, p. 121). Outras variações entre tecidos de raios homogêneo e heterogêneo resultam da combinação de raios unisseriados e multisseriados ou ausência destes últimos.

As diferentes combinações radiais têm significação filogenética. O tecido radial primitivo pode ser exemplificado pelo das Winteraceae (por exemplo *Drimys*). Os raios são de dois tipos; um é homocelular unisseriado composto de células eretas; o outro, heterocelular e multisseriado, composto de células radialmente alongadas e quase isodiamétricas na parte multisseriada e de células eretas nas partes marginais unisseriadas. Ambos os tipos de raios medem várias células em altura. Dessa estrutura primitiva de raios derivaram outros sistemas radiais, mais especializados. Por exemplo, os raios multisseriados podem ser eliminados (*Aesculus hippocastanum*) ou experimentar aumento de tamanho (*Quercus*) ou, tanto os raios multisseriados quanto os unisseriados, podem diminuir de tamanho (*Fraxinus*).

A evolução dos raios ilustra claramente a máxima de que as modificações filogenéticas dependem de ontogenias sucessivamente modificadas. Até num mesmo lenho a estrutura radial especializada pode aparecer gradativamente. As camadas iniciais de crescimento podem ter estrutura radial mais primitiva do que as tardias, porque o câmbio vascular experimenta mudanças sucessivas antes de começar a produzir padrões de raios de um tipo mais especializado.

Tiloses

Em numerosas espécies, as células dos parênquimas axial e radial situadas próximas aos vasos expandem-se através das cavidades das pontuações para o interior do lume dos vasos, quando estes se tornam inativos (Fig. 9.6). Estas excrescências denominam-se **tiloses**. O crescimento de uma tilose parece envolver a superfície de crescimento **da membrana de** pontuação de um par de pontuações entre a célula parênquimática e o elemento de vaso. O núcleo e parte do citoplasma da célula parenquimática freqüentemente emigram para o interior da tilose. Estas armazenam substâncias ergásticas e podem desenvolver paredes secundárias ou até diferenciar-se em esclereídeos. Parece que o desenvolvimento das tiloses é possível somente no caso da abertura da pontuação do lado do elemento de vaso ter pelo menos 10 micra de largura (Chattaway, 1949). Exemplos de lenhos com abundante desenvolvimento de tiloses são os de *Quercus* (espécie *White Oak*), *Robinia*, *Vitis*, *Morus*, *Catalpa*, *Juglans nigra*, *Maclura*.

As tiloses bloqueiam os vasos e reduzem a permeabilidade da madeira. Tecnicamente, este elemento é importante no tratamento do lenho com preservadores e em sua escolha para obras de tanoaria. Em relação à condução no xilema, o significado das tiloses não é compreendido com clareza. Sabe-se que elas bloqueiam os vasos do cerne e do alburno abaixo das lesões e em conexão com algumas doenças.

Canais e cavidades intercelulares

Canais intercelulares semelhantes aos ductos resiníferos das gimnospermas ocorrem no lenho das dicotiledôneas. São freqüentemente chamados de ductos gomíferos embora possam conter resinas. Ocorrem nos sistemas radial e axial e podem ser normais ou de origem traumática. Os canais intercelulares variam em extensão e alguns podem ser qualificados mais propriamente como cavidades intercelulares. Canais e cavidades intercelulares podem ser esquizógenos, mas pode também ocorrer gomose nas células circundantes. Canais associados com gomoses são bem conhecidos nos gêneros *Amygdalus* e *Prunus*.

LENHO DE REAÇÃO

Lenho mais ou menos diferenciado forma-se nos lados inferiores dos ramos e nos troncos tortuosos inclinados das coníferas bem como nos lados superiores de estruturas semelhantes das dicotiledôneas. Este é chamado lenho de reação (lenho de compressão nas coníferas e lenho de tensão nas dicotiledôneas) pois o seu desenvolvimento é tido como resultante da tendência do ramo ou tronco a reagir contra a força que provoca a posição inclinada (Sinnott, 1952). O grau em que a gravidade toma parte na formação do lenho de reação é assunto ainda controvertido (Scott e Preston, 1955).

O lenho de reação difere do normal anatômica e quimicamente (Dadswell e outros, 1958). O lenho de compressão das coníferas é muito mais denso e escuro que os tecidos circundantes, os seus traqueídeos são mais curtos que os do lenho normal e as paredes celulares são fortemente lignificadas. Falta a camada mais interna da parede secundária de três camadas. No lenho de tensão das dicotiledôneas, os vasos são reduzidos em número e largura e as fibras têm uma camada interna espessa e altamente refrangente — chamada de "gelatinosa" — constituída na maior parte de celulose. As paredes destas fibras podem ter duas ou três camadas; a gelatinosa é sempre a mais interna.

CHAVE PARA IDENTIFICAÇÃO DE MADEIRAS

O exercício de identificação de madeiras tem duas finalidades úteis. Primeiro, a prática no emprego de uma chave dá motivação para se conhecer as variedades de lenhos e rever padrões estruturais e a terminologia; segundo, pode esclarecer importantes características da especialização evolutiva dos lenhos. Dado que, de modo geral, as várias estruturas do lenho tendem a especializar-se em conjunto, os graus de especialização da estrutura de uma dada espécie diferem e esta diferença torna possível a identificação.

A fim de estabelecer a presença ou ausência dos caracteres mencionados numa chave, é necessário observar os três tipos de corte do lenho. Quando se está em dúvida a respeito de como fazer a escolha deve-se adotar as duas alternativas antes de tomar a decisão final na identificação de um espécime.

Esta chave foi elaborada para uso das espécies abaixo relacionadas* de coníferas (madeiras moles) e dicotiledôneas (madeiras duras). Foram consultadas as chaves de Jane (1956), Stover (1951) e, especialmente, Record (1934).

Lenhos de Coníferas: *Abies balsamea* (balsam fir), *Larix occidentalis* (western larch), *Pinus strobus* (white pine), *Pseudotsuga taxifolia* (douglas fir), *Sequoia sempervirens* (redwood), *Thuja occidentalis* (american arbor-vitae).

Lenhos de Dicotiledôneas: *Acer saccharum* (sugar maple), *Alnus rubra* (red alder), *Betula papyrifera* (paper birch), *Carpinus caroliniana* (blue beech), *Castanea dentata* (chestnut), *Celtis occidentalis* (hackberry), *Diospyros virginiana* (persimmon), *Fagus grandifolia* (american beech), *Fraxinus americana* (white ash), *Hicoria pecan* (pecan), *Juglans nigra* (black walnut), *Liquidambar styraciflua* (sweet gum), *Liriodendron tulipifera* (tulip tree, yellow poplar), *Platanus occidentalis* (sycamore), *Populus deltoides* (cottonwood), *Prunus serotina* (wild black cherry), *Quercus alba* (white oak), *Quercus borealis* (red oak), *Robinia pseudoacacia* (black locust), *Salix nigra* (black willow), *Tilia americana* (american linden, basswood), *Ulmus americana* (american elm).

Lenho de Dicotiledônea desprovida de vasos: *Drimys winteri*.

I. LENHOS NÃO-POROSOS (vasos ausentes)

A1. Raios principalmente unisseriados, ocasionalmente bisseriados; mais largos quando ductos resiníferos estão presentes. (Coníferas.)
   B1. Ductos resiníferos axiais normalmente presentes.
      C1. Células epiteliais de ductos resiníferos na maioria com paredes delgadas. Traqueídeos radiais presentes.

PINUS
(Fig. 9.2)

      C2. Células epiteliais de ductos resiníferos na maioria com paredes espessas.
         D1. Traqueídeos com espessamentos helicoidais, pelo menos no lenho primaveril. Traqueídeos radiais ausentes.

PSEUDOTSUGA
(Fig. 9.3A, B)

         D2. Traqueídeos raramente com espessamento helicoidal. Traqueídeos radiais presentes.

LARIX

   B2. Ductos resiníferos axiais normalmente ausentes; podem ser traumáticos, estando então em filas tangenciais ou em grupos.
      C1. Parênquima do lenho axial presente e conspícuo. Extremidades das paredes das células radiais não muito pontuadas (madeiras sem aroma).

SEQUOIA
(Fig. 9.3C)

      C2. Parênquima de lenho axial ausente ou disperso.
         D1. Paredes terminais das células radiais conspicuamente pontuadas (nodular). (Madeiras com aroma).

THUJA

*Os nomes das espécies em sua forma vulgar não foram traduzidos por tratar-se de plantas típicas das zonas temperadas do hemisfério norte, a maioria das quais não têm correspondente exato em português. Mantendo-os no original, evitamos confusões (nota da Tradutora)

D2. Paredes terminais das células radiais não conspicuamente pontuadas (Madeiras sem aroma).
                                              ABIES
A2. Raios multisseriados e unisseriados com células altas no mesmo lenho. (Dicotiledôneas).
                                              DRIMYS

II. LENHOS POROSOS (vasos presentes)
Dicotiledôneas

1. Lenhos com poros em anel: poros do lenho primaveril marcadamente maiores que os do lenho estival.
   A1. Lenho estival com linhas radiais ou grupos de poros pequenos, traqueídeos e células parenquimáticas geralmente de cor clara. Faixas delgadas de parênquima metatraqueal.
      B1. Todos os raios unisseriados.
                                              CASTANEA
      B2. Raios de diferentes tamanhos, os maiores multisseriados e muito altos, os menores unisseriados e baixos.
         C1. Poros individualmente diferenciados no lenho estival, geralmente aglomerados no primaveril. Transição entre os lenhos primaveril e estival relativamente gradual. Vasos freqüentemente sem tiloses.
                                              QUERCUS (red oak)
         C2. Poros só raramente diferenciados no lenho estival, usualmente não aglomerados no primaveril. Transição entre os lenhos primaveril e estival abrupta. Vasos freqüentemente com tiloses no cerne.
                                              QUERCUS (white oak)
                                              (Fig. 9.6)
   A2. Lenho estival privado de linhas ou grupos radiais de poros e outras células.
      B1. Poros numerosos no lenho estival. Poros pequenos com paredes delgadas. Massa fundamental de fibras libriformes.
         C1. Poros pequenos e numerosos no lenho estival, em faixas tangenciais mais ou menos curvas. Parênquima axial paratraqueal e limitante.
            D1. Raios 1-6 seriados. Tecido radial homogêneo.
                                              ULMUS
            D2. Raios 1-13 seriados. Tecido radial heterogêneo.
                                              CELTIS
         C2. Poros no lenho estival de tamanho variável e ocorrendo em forma de cachos. Parênquima axial paratraqueal, freqüentemente confluente.
                                              ROBINIA
      B2. Poros em lenho tardio escassos, solitários ou raros múltiplos. Poros pequenos com paredes espessas. A massa fundamental geralmente de fibrotraqueídeos, mas fibras libriformes podem estar presentes.
         C1. Parênquima lenhoso do lenho estival paratraqueal amiúde aliforme e tornando-se confluente. Poros do lenho estival todos muito menores que os do primaveril.
                                              FRAXINUS
                                              (Fig. 9.8D)
         C2. Parênquima lenhoso do lenho estival em numerosas e delgadas faixas metatraqueais; também parênquima limitante. Poros do lenho estival às vezes tão grandes quanto os do primaveril. Poros comparativamente escassos dispostos irregularmente no lenho primaveril.

D1. Lenho estratificado. Faixas de parênquima axial pouco mais delgadas que as de raio. Tiloses ausentes.
DIOSPYROS
(Fig. 9.7B)
D2. Lenho não-estratificado. Faixas de parênquima axial tão distinguível quanto os raios. Tiloses freqüentemente presentes.
HICORIA
(Figs. 9.7A e 9.8C)
2. Lenho com poros difusos. Poros do anel de crescimento regularmente uniformes em tamanho ou mudando gradativamente de tamanho e distribuição quando da passagem do lenho primaveril para o estival.
A1. Poros variáveis em tamanho, os maiores facilmente visíveis sem auxílio de lentes. Poros não aglomerados.
JUGLANS
A2. Poros, de pequenos a diminutos, freqüentemente indistinguíveis sem o auxílio de lentes, às vezes poucos e dispersos, mas principalmente aglomerados, apesar de bem distribuídos através do anel de crescimento.
B1. Raios agregados largos presentes.
C1. Placas de perfuração nos vasos quase sempre simples.
CARPINUS
C2. Placas de perfuração exclusivamente escalariformes.
ALNUS
B2. Raios agregados inexistentes.
C1. Poros isolados ou em pequenos múltiplos, não aglomerados.
D1. Raios mais estreitos que os poros, inconspícuos. Perfurações escalariformes em vasos.
BETULA
D2. Raios grandes tão largos ou mais largos que os poros, conspícuos. Perfurações simples nos vasos.
ACER
(Fig. 9.8B)
C2. Poros muito numerosos, geralmente aglomerados.
D1. Os raios maiores tão largos ou mais que os poros. (Veja também em corte tangencial).
E1. Os poros maiores e os raios diferem pouco em largura. Vasos com tampões de goma mas sem tiloses. Ductos gomíferos (tipo gomoso) freqüentemente presentes.
PRUNUS
E2. Raios maiores muito mais largos que os poros. Vasos com tiloses mas sem tampões gomíferos. Ductos gomíferos ausentes.
F1. Raios quase sempre largos, numerosos e espaçados uniformemente.
PLATANUS
F2. Raios de diversas larguras; os mais largos não são numerosos e são irregularmente espaçados.
FAGUS
D2. Raios mais estreitos que os poros.
E1. Perfurações escalariformes nos vasos.
F1. Parênquima axial nos bordos.
LIRIODENDRON

F2. Parênquima axial paratraqueal ou apotraqueal difuso ou ambos; células espaçadas. Freqüentemente muito escassas.
                LIQUIDAMBAR
                (Fig. 9.8A)

E2. Perfurações simples nos vasos.

F1. Raios de dois tamanhos, unisseriados e multisseriados conspícuos.
                TILIA

F2. Raios todos unisseriados.

G1. Raios homocelulares.
                POPULUS

G2. Raios heterocelulares.
                SALIX
                (Fig. 9.5)

REFERÊNCIAS BIBLIOGRÁFICAS

Chattaway, M. M. The development of tyloses and secretion of gum in heartwood formation. *Austral. Jour. Sci. Res. B, Biol. Sci.* 2:227-240. 1949.

Dadswell, H. E., A. B. Wardrop, e A. J. Watson. The morphology, chemistry and pulp characteristics of reaction wood. In: *Fundamentals of Papermaking Fibers*, pp. 187-219. British Paper and Board Makers' Association. 1958.

Greguss, P. *Identification of living gymnosperms on the basis of xylotomy.* Budapest, Akademiai Kiado. 1955.

Iatsenko-Khmelevskiĭ, A. A. *Drevesiny Kavkaza.* [Woods of Caucasus.] Erevan, Akad. Nauk Armĩan. SSSR. 1954.

Jane, F. W. *The structure of wood.* New York, The Macmillan Company. 1956.

Money, L. L., I. W. Bailey, e B. G. L. Swamy. The morphology and relationships of the Monimiaceae. *Arnold Arboretum Jour.* 31:372-404. 1950.

Phillips, E. W. J. The identification of softwoods by their microscopic structure. *Dept. Sci. and Indust. Res. Forest Products Res. Bul.* 22. London. 1948.

Record, S. J. *Identification of the timbers of temperate North America.* New York, John Wiley and Sons. 1934.

Scott, D. R., e S. B. Preston. Development of compression wood in eastern white pine through the use of centrifugal force. *Forest Sci.* 1:178-182. 1955.

Sinnott, E. W. Reaction wood and the regulation of tree form. *Amer. Jour. Bot.* 39:69-78. 1952.

Stover, E. L. *An introduction to the anatomy of seed plants.* Boston, D. C. Heath and Company. 1951.

Trendelenburg, R. *Das Holz als Rohstoff.* 2.ª ed. Revised by H. Mayer-Wegelin. München, Carl Hauser. 1955.

10

Câmbio vascular

O câmbio vascular — meristema que produz xilema e floema secundários — é chamado comumente de meristema lateral, para diferenciá-lo do meristema apical, porque ocupa posição lateral no caule e na raiz. Sob o aspecto tridimensional, o câmbio é uma baínha contínua envolvendo o xilema do caule, da raiz e de suas ramificações, e se estende em forma de fita no interior das folhas, quando estas possuem crescimento secundário.

ORGANIZAÇÃO DO CÂMBIO

As células do câmbio vascular não se ajustam ao conceito usual de células meristemáticas, isto é, células com citoplasma denso, núcleos grandes e formato aproximadamente isodiamétrico. As células cambiais são amplamente vacuolizadas e ocorrem em dois formatos. Um tipo, a *inicial fusiforme* (Fig. 10.1A) é muitas vezes mais longa do que larga; o outro, a *inicial radial* (Fig. 10.1B) varia de ligeiramente alongada a aproximadamente isodiamétrica. O termo fusiforme implica em que a célula tem formato de fuso. A inicial fusiforme, porém, é aproximadamente prismática na parte central e em forma de cunha nas pontas. A extremidade afilada da cunha é constatada em cortes tangenciais, e a truncada, nos radiais. As faces tangenciais da célula são mais largas do que as radiais.

Em suas posições relativas, os dois tipos de iniciais repetem a disposição celular no xilema secundário. As iniciais fusiformes constituem o sistema axial da zona de iniciais cambiais; as iniciais radiais, o sistema radial (Fig. 10.1C-E e 10.2). O sistema axial do xilema secundário deriva das iniciais fusiformes; o sistema radial, das iniciais radiais. Tal como o xilema secundário, o câmbio vascular pode ser estratificado ou não-estratificado, dependendo de as células estarem ou não dispostas em estratos horizontais (Fig. 10.3) quando vistas em cortes tangenciais. Em um câmbio estratificado, as iniciais fusiformes são mais curtas e se sobrepõem menos extensamente do que no câmbio estratificado.

Quando as iniciais cambiais produzem células de xilema e floema secundários, elas se dividem periclinalmente (Fig. 10.1A, B). Em uma fase uma célula derivada é produzida em direção ao xilema, na outra, em direção ao floema, embora não necessariamente em período alternado. Em conseqüência, cada inicial cambial produz duas filas radiais de células, uma voltada para o exterior e outra para o interior e as duas se encontram na inicial cambial (Figs. 10.1C e 10.2A).

Durante o auge da atividade cambial a adição de novas células ocorre tão rapidamente que as mais velhas são ainda meristemáticas quando as novas lhes são adicionadas. Portanto, existe acumulação de uma larga zona de células mais ou menos indiferenciadas. Dentro desta zona, uma única célula, numa dada fila radial, é a inicial, no sentido de que ela continua a dividir-se periclinalmente e a produzir derivadas sem ela própria tornar-se diferenciada em células de floema ou xilema. As iniciais são difíceis de serem distinguidas de suas derivadas recentes especialmente porque estas se dividem periclinalmente também

Câmbio vascular

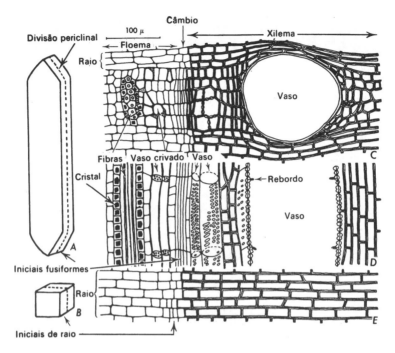

Figura 10.1 Câmbio vascular em relação aos tecidos dele derivados. *A*, diagrama da inicial fusiforme; *B*, inicial; do raio. Em ambas, a orientação da divisão relacionada com a formação das células de floema e xilema (divisão periclinal) é indicada por meio de linhas interrompidas. *C*, *D*, *E*, cortes do caule de *Robinia pseudoacacia*, incluindo floema, câmbio e xilema. *C*, corte transversal; *D*, radial (apenas o sistema axial); *E*, radial (apenas o raio).

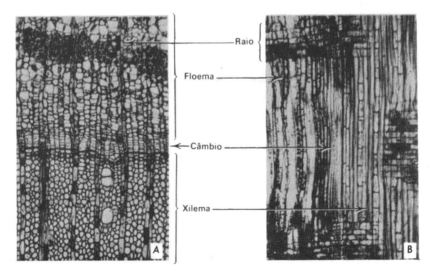

Figura 10.2 Tecidos vasculares e câmbio de nogueira (*Juglans hindsii*) em cortes transversal (A) e radial (B). (Ambos × 90)

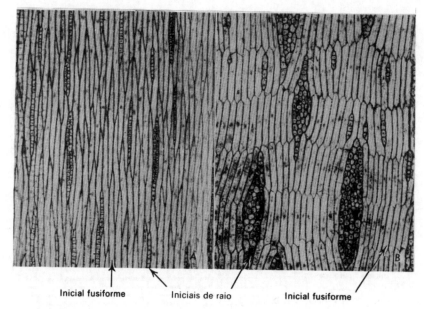

Inicial fusiforme   Iniciais de raio   Inicial fusiforme

Figura 10.3 Disposição de células no câmbio vascular, quando vistas em cortes tangenciais. *A*, câmbio não-estratificado de *Rhus typhina*. *B*, câmbio estratificado de *Wisteria* sp. (Ambas × 90)

uma ou mais vezes antes de começar a diferenciar-se em células de xilema ou de floema. É, pois, conveniente usar a palavra câmbio com sentido amplo a fim de incluir nela tanto as iniciais cambiais quanto as derivadas indiferenciadas que se dividem periclinalmente (Bannan, 1955, 1957) e referir-se a essas derivadas como iniciais de floema (ou células-mãe de floema) e iniciais xilemáticas (ou células-mãe de xilema).

O câmbio constitui-se, pois, de um estrato mais ou menos largo de células que se dividem periclinalmente organizadas em sistemas axial e radial. No plano aproximadamente médio (é mais freqüentemente um "mediano-externo") deste estrato, ocorre uma só camada de iniciais cambiais flanqueada em ambos os lados pelas iniciais de dois tecidos vasculares.

MUDANÇAS EVOLUTIVAS NA CAMADA INICIAL

Na medida em que o centro do xilema secundário aumenta em espessura, o câmbio é deslocado para fora e sua circunferência aumenta. Este aumento é realizado por divisões celulares, mas envolve também fenômenos complexos de crescimento intrusivo, eliminação de iniciais e formação de iniciais radiais a partir de iniciais fusiformes. Nos câmbios com iniciais fusiformes curtas, as divisões são anticlinais radiais (Fig. 10.4A). Assim, duas células aparecem lado a lado onde havia só uma anteriormente, e ambas aumentam em sentido tangencial. Iniciais fusiformes longas dividem-se por paredes anticlinais com vários graus de inclinação (Figs. 10.4B-D e 10.5A) e cada nova célula alonga-se por crescimento apical intrusivo (Fig. 10.4E,F). Como resultado desse crescimento as novas células irmãs dispõem-se lado a lado num plano tangencial (Fig. 10.4F), e assim aumentam a circunferência do câmbio. Durante o crescimento intrusivo as extremidades das células podem bifurcar-se (Fig. 10.4G,H). As iniciais radiais também dividem-se radialmente e anticlinalmente se o plano apresentar raios bisseriados ou multisseriados.

A formação das iniciais radicais a partir das iniciais fusiformes ou de seus segmentos é fenômeno comum. Comparando-se camadas de crescimento do xilema próximo a medula

Câmbio vascular

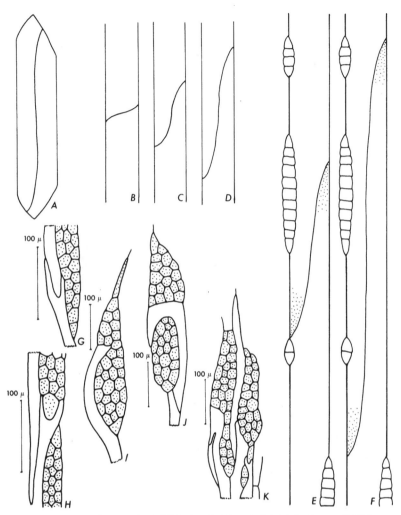

Figura 10.4 Divisão e crescimento das iniciais do câmbio: *A*, inicial fusiforme dividida por uma parede radial anticlinal; *B–D*, por diversas paredes anticlinais oblíquas. *E, F*, divisão anticlinal oblíqua seguida de crescimento intrusivo apical (ápices em crescimento são representados em pontilhado). *G–H*, bifurcação das iniciais fusiformes durante o crescimento intrusivo (*Juglans*). *I–K*, intrusão de iniciais fusiformes nos raios (*Liriodendron*). (Todos os cortes tangenciais)

com as mais distantes (externas) pode observar-se uma relativa constância na proporção entre os raios e os componentes axiais (Braun, 1955). A constância resulta da adição de novos raios na medida em que o xilema aumenta a sua circunferência; isto é, novas iniciais radiais aparecem no câmbio. Estas novas iniciais radiais são derivadas das iniciais fusiformes.

De acordo com alguns pesquisadores (Braun, 1955) as iniciais dos novos raios unisseriados das coníferas surgem como segmentos unicelulares separados das iniciais fusiformes em seus ápices ou na parte mediana. Estudos sobre *Thuja* (Bannan, 1953) demonstraram, porém, que a origem dos raios pode ser um processo altamente complicado envolvendo subdivisões transversais de iniciais fusiformes em várias células, perda de alguns dos produtos dessas divisões e da transformação de outras em iniciais radiais. A perda ou eliminação de iniciais é um deslocamento destas células em direção ao xilema ou ao floema, e eventual maturação em célula xilemática ou floemática.

Foi observado nas coníferas e dicotiledôneas que os novos raios unisseriados começam com a altura de uma ou duas células e só gradualmente atingem a altura típica da espécie (Braun, 1955). O aumento em altura ocorre por meio de divisões transversais das iniciais radiais completamente adultas e pela fusão de raios localizados um sobre o outro. Na formação de raios multisseriados ocorrem divisões anticlinais e fusões de raios lateralmente aproximados. Há indicações de que no processo de fusão algumas iniciais fusiformes interpostas entre os raios são convertidas em iniciais radiais por divisões transversais; outras são deslocadas para o xilema ou o floema, e assim, são perdidas para a zona inicial.

O processo contrário, cisão dos raios largos, também ocorre. Dois fenômenos são responsáveis por tal cisão. Algumas iniciais radiais de um raio multisseriado transformam-se em iniciais fusiformes por crescimento intrusivo e assim rompem a continuidade do estrato de iniciais radiais. O outro método é a separação de tal estrato por uma inicial fusiforme que se introduz entre as iniciais radiais (Figs. 10.4H-K e 10.5C).

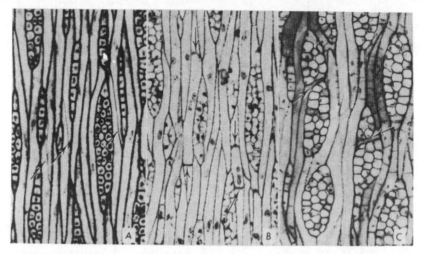

Figura 10.5 Divisão e crescimento das iniciais fusiformes. *A*, câmbio de *Juglans* com três iniciais fusiformes, recém-divididas por paredes anticlinais oblíquas (setas). *B*, câmbio de *Cryptocaria*; duas iniciais fusiformes dividindo-se periclinalmente, com fragmoplastos (setas), que indicam a extensão das placas celulares. *C*, floema de *Liriodendron* com dois raios sendo penetrados por células do sistema axial, em conseqüência de crescimento intrusivo, enquanto o tecido ainda se apresentava em estágio cambial. (Todos os cortes, tangenciais; *A*, *B*, ×140; *C* ×100)

A divisão que aumenta o número das iniciais cambiais fusiformes e aquelas que estão envolvidas na produção de novas iniciais radiais ocorre próximo ao fim do máximo crescimento, relacionado com a produção estacional de xilema e floema (Bannan, 1956; Braun, 1955). Nas plantas com câmbios não-estratificados esta regulação das divisões significa que o câmbio contém, em média, iniciais fusiformes mais curtas no fim da estação do que no princípio. Subseqüentemente, as novas células se alongam — desde que não sejam eliminadas pelo câmbio — de modo que o comprimento médio das iniciais aumenta até seguir-se novo período de divisões, no fim da estação de crescimento.

As mudanças periódicas de comprimento das iniciais fusiformes refletem-se na variação do comprimento das células xilemáticas resultantes. Em angiospermas e gimnospermas, o comprimento das células de tipo alongado (por exemplo, traqueídeos, fibras) origina-se do lenho primaveril formado em primeiro lugar e chega até o lenho estival formado em

Câmbio vascular

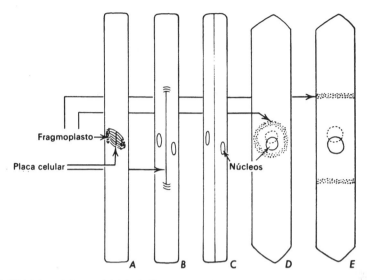

Figura 10.6 Divisão celular em iniciais fusiformes. *A−C*, três estágios de formação da placa celular, vistos em cortes radiais. *D, E*, dois estágios de formação da placa celular, vistos em cortes tangenciais. A placa celular, em *B* e *E*, atravessou aproximadamente um terço da célula. Todas as figuras ilustram divisões tangenciais

último lugar (Bisset e Dadswell, 1950; Bosshard, 1951). Há também um aumento generalizado no comprimento das iniciais fusiformes do começo do crescimento secundário e através de anos sucessivos, até o comprimento tornar-se mais ou menos estável ou possivelmente, reduzido (Bosshard, 1951).

A exposição anterior sobre as transformações evolutivas na região inicial do câmbio, indica claramente que este meristema está em constante estágio de mudanças. O conceito de iniciais cambiais deve tomar em consideração esta instabilidade. A eliminação das iniciais é um padrão particularmente significativo a este respeito. As iniciais não tem individualidade constante, mas a função de iniciação de novas células é constante e "herdada" por uma célula após outra (Newman, 1956).

A citoquinese ou formação de novas células no câmbio tem significação especial quando as células se dividem longitudinalmente e a nova parede é formada ao longo do maior diâmetro da célula. Em tal divisão, o diâmetro do fragmoplasto inicial que se origina durante a telófase (Fig. 10.6A) é muito mais curto do que o diâmetro longitudinal da célula. O fragmoplasto e a placa celular alcançam as paredes longitudinais da célula cambial logo após a divisão nuclear (Fig. 10.6E), mas a progressão da placa celular em direção à extremidade da célula é processo demorado (Fig. 10.6A-C). Antes das paredes laterais serem alcançadas, o fragmoplasto aparece como um halo circular, em vista frontal (Fig. 10.6D). Depois que estas paredes forem interceptadas pela placa celular — mas antes que as extremidades sejam alcançadas — o fragmoplasto, visto no mesmo corte, forma duas barras seccionando as paredes laterais (Figs. 10.5 e 10.6E).

REFERÊNCIAS BIBLIOGRÁFICAS

Bannan, M. W. Further observations on the reduction of fusiform cambial cells in *Thuja occidentalis* L. *Canad. Jour. Bot.* 31:63-74. 1953.

Bannan, M. W. The vascular cambium and radial growth in *Thuja occidentalis* L. *Canad. Jour. Bot.* 33:113-138. 1955.

Bannan, M. W. Some aspects of the elongation of fusiform cambial cells in *Thuja occidentalis* L. *Canad. Jour. Bot.* 34:175-196. 1956.

Bannan, M. W. The relative frequency of the different types of anticlinal divisions in conifer cambium. *Canad. Jour. Bot.* 35:875-884. 1957.

Bisset, I. J. W., e H. E. Dadswell. The variation in cell length within one growth ring of certain angiosperms and gymnosperms. *Austral. Forestry* 14:17-29. 1950.

Bosshard, H. H. Variabilität der Elemente des Eschenholzes in Funktion der Kambiumtätigkeit. *Schweiz. Ztschr. für Forstwesen.* 12:648-665. 1951.

Braun, H. J. Beiträge zur Entwicklungsgeschichte der Markstrahlen. *Botan. Studien* N.º 4:73-131. 1955.

Newman, I. V. Pattern in meristems of vascular plants. I. Cell partition in living apices and in the cambial zone in relation to the concept of initial cells and apical cells. *Phytomorphology* 6:1-19. 1956.

# 11

Floema

O floema, ou tecido condutor de alimentos das plantas vasculares está associado no sistema vascular ao xilema. Tal como este, o floema consiste de vários tipos de células e pode ser classificado, sob o ponto de vista do desenvolvimento, em tecido primário e secundário. O floema primário deriva do procâmbio; o secundário se origina no câmbio vascular e reflete a organização deste meristema no fato de possuir os dois sistemas, axial e radial. Os raios se continuam através do câmbio, com os do xilema.

Em conseqüência, o desenvolvimento e a estrutura gerais do floema igualam os do xilema, mas a sua função diferente está associada às suas características peculiares. É menos esclerificado e persistente que o xilema. Devido à sua posição próxima da periferia do caule e da raiz, o floema sofre maiores modificações quando ocorre aumento de circunferência do eixo e é, eventualmente, removido pela periderme. O xilema adulto, ao contrário, permanece relativamente imutável em sua estrutura básica.

TIPOS DE CÉLULAS

Os floemas primário e secundário contêm as mesmas categorias de células, mas, diferentemente do secundário, o primário não está organizado em dois sistemas, axial e radial; não tem raios. A ilustração sumária (Fig. 11.1) e a lista das células de floema, reproduzida mais adiante, são fundamentadas no floema secundário.

TIPOS DE CÉLULAS	FUNÇÕES PRINCIPAIS
Sistema axial	
Elementos crivados	Condução, especialmente longitudinal, de material alimentar
Células crivadas	
Elementos de tubos crivados	
(com células companheiras)	
Células de esclerênquima	Sustentação; às vezes reserva
Fibras	
Esclereídeos	
Células de parênquima	Reserva e translocação de substâncias alimentícias
Sistema radial	
Células de parênquima	

Elementos crivados

Os elementos crivados são as células mais especializadas do floema. As suas principais características morfológicas são as áreas crivadas (pontuações modificadas) em suas paredes e a ausência de núcleos nos protoplastos adultos.

Anatomia das plantas com sementes

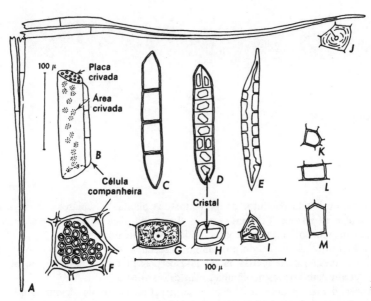

Figura 11.1 Tipos de células do floema secundário da dicotiledônea *Robinia pseudoacacia*. A-E, vistas longitudinalmente; F-J, cortes transversais. A, J, fibra. B, elemento de tubo crivado e F placa crivada. C, G, células do parênquima floemático (cordão parênquimático em C); D, H, células parênquimáticas contendo cristais. E, I, esclereídeo; K, L, M, células dos raios em cortes tangenciais. (K), radial (L), e (M), transversal, do floema

Paredes e áreas crivadas. Os elementos crivados são geralmente descritos como tendo paredes primárias, exceto em algumas coníferas. As paredes, contudo variam amplamente em espessura e em muitas famílias é marcadamente proeminente (Fig. 11.14D), chegando às vezes, a obstruir o lume da célula (Esau e Cheadle, 1958). O significado de paredes tão extremamente espessas em relação às funções da célula é ainda obscuro.

As áreas crivadas são paredes com poros atravessados por filamentos que ligam os protoplastos das células adjacentes (Figs. 11.2A, B, D, E e 11.3B, C). Entre as plantas vasculares os filamentos de ligação variam de espessura, desde os comparáveis a plasmodesmas até os de diâmetro de várias micra. Nas plantas vasculares inferiores e, para cima, incluindo as gimnospermas, os filamentos são geralmente delgados e quase sempre uniformes nas áreas crivadas de diferentes paredes da mesma célula. Nas angiospermas, o tamanho dos poros e a espessura dos filamentos variam consideravelmente, até mesmo nas diferentes paredes da mesma célula (Fig. 11.4A, B; Esau e Cheadle, 1959). Áreas crivadas com poros e filamentos maiores ocorrem geralmente nas paredes terminais (Fig. 11.2A, B) e ocasionalmente nas laterais. As partes que contêm áreas crivadas mais diferenciadas, isto é, áreas com poros comparativamente grandes e filamentos proeminentes, são denominadas *placas crivadas* (Figs. 11.2, 11.3B, C e 11.4A). Este termo é equivalente à designação de *placa de perfuração*, que se emprega ao descrever paredes de elementos de vasos perfurados.

Levantou-se, na literatura especializada, a questão de saber se os filamentos de conexão das áreas crivadas, especialmente os do tipo mais delgado, são contínuos de célula a célula. Os maiores são inquestionavelmente contínuos e as micrografias acessíveis mostram poros abertos nas placas crivadas (por exemplo, Frey-Wissling e Müller, 1957; Preston, 1958).

Cada filamento é circundado pela calose (Fig. 11.2D, E) um carboidrato que cora de azul com o azul-anilina e azul-de-resorcina e produz glicose por hidrólise (Eschrich, 1956; Kessler, 1958). A calose forma, de início, uma delgada camada ao redor do feixe (Fig. 11.2E) mas, à medida em que os elementos crivados envelhecem, mais calose se acumula. A camada

Floema

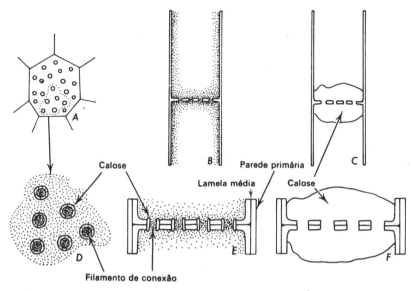

Figura 11.2 Pormenor de uma placa crivada. *A, D*, vistas frontais. *B, C, E, F*, vista lateral. *A, B, D, E*, placa crivada em estágio funcional; *C, F*, após término do funcionamento ou durante a dormência

ao redor do feixe se espessa e certa quantidade dela aparece também sobre a superfície da área crivada. O filamento de conexão vai sendo comprimido até ser completamente estrangulado pela obliteração do poro quando o elemento crivado se torna dormente ou morre. Neste estágio, a calose forma um calo (uma almofada) na área crivada (Figs. 11.2C,F e 11.3D). Nos elementos crivados velhos e completamente inativos, a calose está ausente e as perfurações abertas ficam expostas nas áreas crivadas. Se o floema está apenas em estado de dormência, os filamentos de conexão reaparecem na calose durante a reativação do tecido na primavera (Fig. 11.3E) e a quantidade da calose decresce.

As áreas crivadas ocorrem entre elementos crivados contíguos lateral (Fig. 11.4B,C) e verticalmente (Fig. 11.3A). Se um elemento crivado confina uma célula parenquimática, as áreas crivadas dos elementos crivados são complementadas por pontuações simples do lado do parênquima. Estruturas semelhantes ocorrem entre elementos crivados e células companheiras.

Células crivadas e elementos de tubos crivados. Os graus de especialização das áreas crivadas e as diferenças de sua distribuição nas paredes de uma determinada célula são aproveitados para a classificação dos elementos crivados em células crivadas e elementos de tubos crivados. Nas células crivadas, as áreas crivadas não são muito especializadas e não estão muito marcadamente aglomeradas em partes restritas da parede, em placas crivadas (Fig. 11.5A). Nos elementos de tubos crivados as áreas mais diferenciadas ocorrem em partes limitadas das paredes — as placas crivadas — quase sempre situadas na extremidade das células (Fig. 11.5B-H). Além disso, os elementos de tubos crivados formam séries verticais conspícuas — os tubos crivados (Fig. 11.3A) ligados entre si pelas placas crivadas. Estudos comparativos levados a efeito até o presente indicam que as gimnospermas e as plantas vasculares inferiores possuem células crivadas; nas angiospermas, compreendendo dicotiledôneas e monocotiledôneas, aparecem elementos de tubos crivados e tubos crivados.

As áreas e as placas crivadas das angiospermas variam consideravelmente no que tange à diferenciação e disposição. Até certo grau, estas diferenças estão relacionadas com

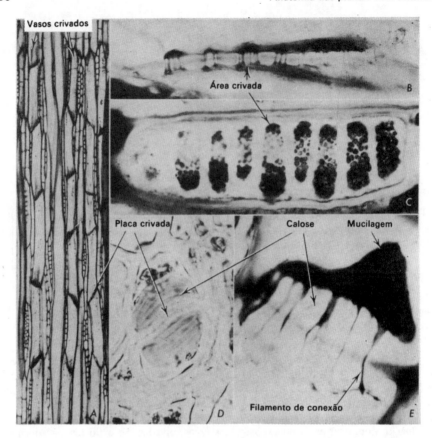

Figura 11.3 *A*, corte tangencial do floema de *Campsis radicans*, apresentando vasos crivados. *B-E*, placas crivadas da videira, *Vitis vinifera*. *B*, vista lateral (corte tangencial) e *C*, vista frontal (corte radial) de placas crivadas compostas, pertencentes a elementos crivados funcionais. Áreas crivadas mostram os feixes de conexão. *D*, placa crivada apresentando calose maciça durante a dormência. *E*, placa crivada durante a reativação; filamentos de conexão estão sendo regenerados na calose de dormência. *D*, *E*, cortes transversais do floema. (*A*, ×90; *B*, *C*, ×750; *D*, ×760; *E*, ×1 200; *D* e *E* reproduzido de Esau, *Hilgardia*, 1948)

o comprimento e o formato das células (Esau e Cheadle, 1959). Elementos de tubos crivados longos com extremidades das paredes muito inclinadas têm, geralmente, placas crivadas compostas (Fig. 11.5B-D), isto é, placas compostas de várias áreas crivadas em disposição escalariforme ou reticulada. As extremidades desses elementos são cuneiformes, e as áreas crivadas aparecem na face oblíqua da cunha que é parte do lado radial da célula (Fig. 11.3C).

As placas crivadas muito complexas — que acompanham as extremidades parietais muito inclinadas — têm, de modo geral, filamentos de conexão delgados (Fig. 11.4D) e nem sempre se diferenciam nitidamente das áreas crivadas das paredes laterais das mesmas células. Tais elementos de tubos crivados são tidos como muito primitivos nas angiospermas. A progressiva especialização é caracterizada por um decréscimo da inclinação das extremidades parietais, redução do número de áreas crivadas nas placas, acréscimo na espessura dos filamentos entre as placas crivadas e o aumento concomitante da diferença de especialização entre as áreas crivadas laterais e as das placas crivadas (Fig. 11.5B-H). Numerosas evidências sugerem que os elementos crivados mais especializados têm placas crivadas

Floema

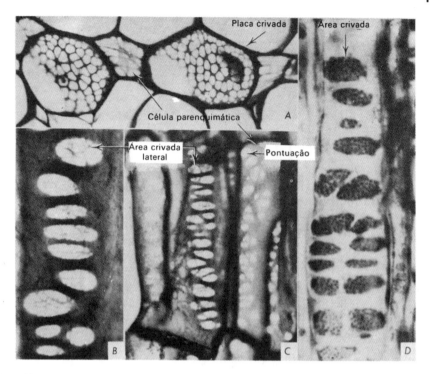

Figura 11.4 *A*, placas crivadas simples de *Cucurbita*, em vista frontal. *B, C*, áreas crivadas laterais em elementos crivados e pontuações em células do parênquima de *Cucurbita*, vistas frontalmente. *D*, placa crivada composta, de *Pyrus*, apresentando numerosas áreas crivadas. (*A, C*, ×320; *B*, ×820; *D*, ×840; de Esau, Cheadle e Gifford, *Amer. Jour. Bot.*, 1953)

simples, com grandes poros, nas paredes terminais transversais e áreas crivadas laterais de baixo grau de especialização (Fig. 11.5H).

A exposição anterior sugere uma seqüência evolutiva dos elementos crivados, semelhante, em muitos aspectos, à dos elementos de vasos do xilema. O comprimento das células, que é um critério muito útil para a avaliação do nível evolutivo dos elementos de vasos, não pode contudo ser usado com a mesma facilidade, nos estudos correspondentes dos elementos de tubos crivados. Embora as células cambiais fusiformes curtas produzam elementos curtos de tubos crivados, as derivadas das iniciais fusiformes longas do lado do floema podem dividir-se de forma a reduzir o comprimento em potencial dos elementos de tubos crivados (Esau e Cheadle, 1955).

Protoplasto. O protoplasto dos elementos crivados experimenta profunda modificação durante a ontogênese (Fig. 11.6). O núcleo se desintegra, a delimitação entre o vacúolo e o citoplasma parietal parece desaparecer e surgem indícios de diminuição do ritmo metabólico (Esau e outros, 1957). Entretanto, o protoplasto enucleado continua a ser plasmolisável (Currier e outros, 1955) e capaz de depositar calose e, depois, de removê-la, sob determinadas condições. Plastos que elaboram um carboidrato relacionado com o amido podem estar presentes. Os elementos crivados das dicotiledôneas e coníferas contêm um material proteínico denominado *mucilagem* que se origina, sob forma de pequenos corpúsculos, no citoplasma das células jovens (Fig. 11.6C), mas se difunde através do protoplasto nas células mais velhas, provavelmente em conexão com a decadência do tonoplasto. Em cortes, a mucilagem aparece geralmente próxima das áreas crivadas especialmente junto

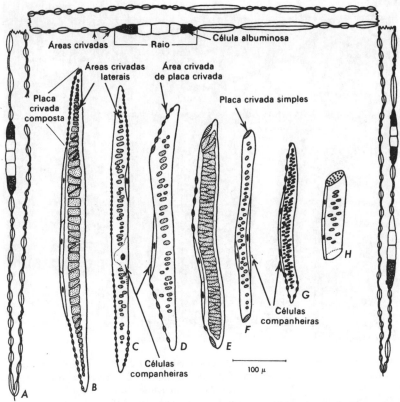

Figura 11.5 Variações da estrutura dos elementos crivados. *A*, célula crivada de *Pinus pinea*, com raios associados, vistos em corte tangencial. Os outros desenhos representam elementos de tubo crivado com células companheiras, vistos em cortes tangenciais do floema, das seguintes espécies: *B*, *Juglans hindsii*; *C*, *Pyrus malus*; *D*, *Liriodendron tulipifera*; *E*, *Acer pseudoplatanus*; *F*, *Cryptocarya rubra*; *G*, *Fraxinus americana*; *H*, *Wisteria* sp. Em *B-G*, as placas crivadas apresentam-se em vista lateral e suas áreas crivadas são mais espessas do que as paredes entre as áreas, devido à deposição de calose

às placas crivadas, constituindo os chamados *tampões de mucilagem* (Fig. 11.3A). Acumulações deste tipo não parecem estar presentes nas células inalteradas.

A natureza dos protoplastos dos elementos crivados reflete-se indubitavelmente na estrutura dos filamentos de conexão entre os elementos crivados. Se o protoplasto se desnatura a ponto de perder os limites entre o citoplasma e o vacúolo, os filamentos de conexão podem não ser de constituição puramente citoplasmática. Pelo menos a mucilagem, que é parte do material vacuolar dos elementos crivados maduros, foi encontrada em filamentos conectivos. É possível também que estes sejam muito permeáveis. O comportamento da calose sustenta esse ponto de vista. Quando a inativação de um elemento crivado se aproxima ou quando a célula é lesada, os filamentos de conexão sofrem constrição e são até estrangulados pela calose. Este tipo de reação sugere um fechamento protetor de áreas muito permeáveis (Currier, 1957).

A compreensão da natureza dos protoplastos dos elementos crivados e dos filamentos conectivos nas áreas crivadas é condição prévia para a explicação satisfatória do mecanismo de translocação dos materiais alimentares no floema. As conhecidas características do protoplasto não apoiam inteiramente qualquer das hipóteses formuladas até o momento

Floema

Figura 11.6 Diagramas ilustrando a diferenciação de elementos de vaso crivado. *A*, célula-mãe de elemento de vaso crivado, em divisão. *B*, após a divisão: elemento de vaso crivado e divisão da célula--mãe da célula companheira. *C*, corpúsculos de mucilagem no elemento de vaso crivado; duas células companheiras. *D*, corpúsculos de mucilagem em dispersão e núcleo em degeneração no elemento de vaso crivado. *E*, elemento de vaso crivado maduro, enucleado; calose envolvendo os filamentos de conexão. Os diagramas sugerem que cada filamento de conexão deriva de um grupo de plasmodesmas

em relação a esse mecanismo, e é de se crer além disso, que a formulação de uma teoria aceitável da translocação não poderá ser feita enquanto a relação existente entre os elementos crivados e as células nucleadas associadas não for compreendida.

Células companheiras

A relação entre os elementos crivados e as células companheiras sugerem existir interdependência entre células nucleadas e não-nucleadas do floema. Os elementos crivados e as células companheiras estão relacionados ontogeneticamente: uma ou mais células companheiras são separadas da célula que, posteriormente, se diferencia em elemento de tubo crivado (Fig. 11.6). Os dois tipos de célula também parecem manter uma estreita relação fisiológica, porque o término de função de um elemento crivado é acompanhado pela morte das células companheiras associadas e as paredes entre os dois tipos de células são muito delgadas ou muito densamente pontuadas.

A presença das células companheiras, juntamente com a de placas crivadas é citada como característica distintiva dos elementos de tubos crivados. Nas gimnospermas e nas plantas vasculares inferiores, não foram encontradas células estritamente comparáveis às companheiras. Contudo, nas coníferas, certas células dos raios e às vezes também do sistema axial, estão ligadas com células crivadas por áreas de pontuações crivadas, e morrem quando aquelas cessam de funcionar. Estas são chamadas de albuminosas (Fig. 11.5A), e são tidas como semelhantes às células companheiras em suas relações fisiológicas com os elementos crivados (Esau e outros, 1953).

Células esclerenquimáticas

As fibras (Fig. 11.1A) são componentes comuns dos floemas primário e secundário. No primário, elas ocorrem na parte mais externa do tecido; no secundário, em vários padrões de distribuição entre as outras células do floema do sistema axial. As fibras podem ser não-septadas ou septadas e podem ser vivas ou não-vivas na maturidade. Em muitas espécies as fibras primária e secundária são células longas com paredes espessas e são utilizadas como fontes de fibras comerciais (por exemplo, *Linum, Cannabis, Hibiscus*).

Esclereídeos (Fig. 11.1E) são encontrados freqüentemente no floema. Eles podem ocorrer em combinação com as fibras ou isolados e podem estar presentes nos sistemas axial e radial do floema secundário. Os esclereídeos diferenciam-se de modo típico nas partes mais velhas do floema, como resultado da esclerificação das células parenquimáticas. Esta esclerificação pode ou não ser precedida pelo crescimento intrusivo das células. Durante o crescimento, os esclereídeos podem tornar-se ramificados ou consideravelmente alongados. A distinção entre esclereídeos e fibras nem sempre é nítida, especialmente no caso destes serem longos e delgados. Às vezes é mais conveniente classificar os tipos de célula intermediária como fibroesclereídeos.

Células de parênquima

As células de parênquima contendo numerosas substâncias ergásticas tais como amido, taninos e cristais são componentes regulares do floema. No floema secundário elas são classificadas em células do parênquima axial (Fig. 11.1C, D) e células do parênquima radial (Fig. 11.1K, M). As axiais podem ocorrer em feixes de parênquima ou como células fusiformes parenquimáticas isoladas. Os feixes resultam da divisão da célula precursora em duas ou mais células. As células parenquimáticas formadoras de cristais podem subdividir-se em células pequenas, cada qual contendo um único cristal (Fig. 11.1D). São geralmente associadas a fibras ou esclereídeos e possuem paredes lignificadas com espessamento secundário.

As células companheiras devem ser consideradas como células especializadas de parênquima. Entretanto a diferença entre as células companheiras e as outras do parênquima do floema, não é necessariamente nítida. Em muitas famílias de dicotiledôneas os elementos de tubos crivados e algumas células parenquimáticas podem ser derivadas da mesma inicial do floema, e estas células parenquimáticas podem morrer no mesmo tempo que os elementos crivados associados (Esau e Cheadle, 1955; Cheadle e Esau, 1958). Assim, parece que as células parenquimáticas do floema das dicotiledôneas podem ser comparadas, em grau de relações ontogenéticas e filogenéticas, aos elementos crivados; as células companheiras são as mais evoluídas a esse respeito.

FLOEMA PRIMÁRIO

O floema primário é classificado em *protofloema* e *metafloema* na mesma base em que o xilema primário é classificado como protoxilema e metaxilema. O protofloema amadurece em partes da planta que ainda estão experimentando crescimento de extensão e seus elementos crivados estão comprimidos e se tornam não-funcionais. Podem mesmo ser completamente obliterados (Fig. 11.7). O metafloema se diferencia mais tarde e, em plantas sem crescimento secundário, constitui o único floema de condução nas partes adultas das plantas.

Os elementos crivados do protofloema das angiospermas são geralmente estreitos e inconspícuos, mas são enucleados e possuem áreas crivadas com calose. Podem, ou não, ter células companheiras. Podem aparecer isolados ou em grupos entre células parenquimáticas ou, em numerosas dicotiledôneas, entre células muito alongadas vivas. Em muitas espécies, estas células alongadas são primórdios de fibras. Elas experimentam considerável alongamento e, depois dos elementos crivados se tornarem obliterados, amadurecem como fibras. Tais fibras da periferia do floema de numerosos troncos de dicotiledôneas são chamadas de fibras pericíclicas (Caps. 6 e 16). Fibras de protofloema ocorrem também em raízes.

O metafloema possui elementos crivados mais numerosos e mais largos que o protofloema. Células companheiras estão regularmente presentes no metafloema das angiospermas (Fig. 11.8); fibras, porém, são usualmente ausentes. As células parenquimáticas podem esclerificar-se depois de o floema cessar a sua função de transporte.

Floema

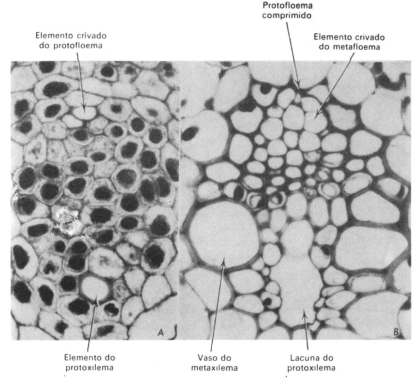

Figura 11.7 Cortes transversais de feixes vasculares de aveia (*Avena sativa*), em dois estágios de diferenciação: *A*, os primeiros elementos do protofloema e protoxilema sofreram maturação. *B* metafloema e metaxilema estão maduros; o protofloema apresenta-se comprimido; o protoxilema foi substituído por uma lacuna. (Ambos, ×850, de Esau, *A, Amer. Jour. Bot.*, 1957; *B, Hilgardia*, 1958)

FLOEMA SECUNDÁRIO

O floema secundário constitui parte muito menos importante dos ramos, caules ou raízes, que o xilema secundário. A quantidade de floema produzida pelo câmbio vascular é geralmente menor que a do xilema, o floema velho é cada vez mais comprimido e, eventualmente, o floema não-funcional separa-se do eixo pela periderme. Desse modo, enquanto sucessivos acréscimos de xilema se acumulam no ramo, tronco ou raiz, a quantidade de floema permanece reduzida.

Sob o nome de casca o floema é comumente incluído entre os tecidos localizados na parte externa do câmbio vascular (Cap. 12). O floema funcional constitui a parte mais interna do córtex dos caules e raízes lenhosos.

Floema das coníferas

O floema das coníferas é geralmente mais simples e menos variável nas diversas espécies do que o das dicotiledôneas. O sistema axial contém células crivadas, parenquimáticas e freqüentemente, fibras (Figs. 11.9 e 11.10). Esclereídeos também podem ocorrer. Os raios são unisseriados e contêm células parenquimáticas e células albuminosas, se estas estiverem presentes nas dadas espécies. Como regra, as células albuminosas estão localizadas nos bordos dos raios (Fig. 11.5A). Ductos resiníferos podem ocorrer nos dois sistemas.

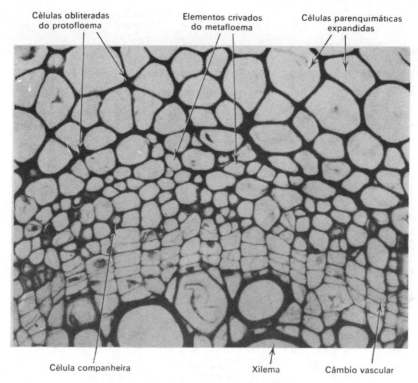

Figura 11.8 Floema primário da folha de *Beta vulgaris*. Metafloema em estágio maduro; elementos crivados e células companheiras do protofloema foram comprimidos. Já se formaram alguns elementos do floema e xilema secundários. (×470. De Esau, *Jour. Agr. Res.*, 1944)

Os elementos crivados são células alongadas com numerosas áreas crivadas, geralmente limitadas às faces radiais (Fig. 11.5A). As células parenquimáticas formam feixes (Fig. 11.1,B,C) ou são isoladas. As fibras estão regularmente ausentes em *Pinus* (Fig. 11.11) e presentes nas Taxaceae, Taxodiaceae e Cupressaceae. Quando presentes, as fibras ocorrem, de hábito, em faixas tangenciais unisseriadas (Fig. 11.10A) alternando com faixas semelhantes de células parenquimáticas e crivadas (Chang, 1954).

Num corte dado de floema de conífera, só uma estreita faixa, de aproximadamente uma camada de crescimento, pode encontrar-se em estado ativo; o resto não mais transporta. Se as fibras estiverem ausentes, o colapso das células crivadas dá ao tecido uma aparência distorcida, especialmente porque os raios adquirem um curso ondulado (Fig. 11.11). As células parenquimáticas são ampliadas no floema não-funcional e permanecem vivas até serem eliminadas pela periderme (Figs. 11.10 e 11.11). As células parenquimáticas radiais também permanecem ativas, mas as albuminosas não; estas se destroem no floema não-funcional (Fig. 11.11A).

Floema das Dicotiledôneas

O floema secundário das dicotiledôneas varia em relação à composição, disposição e tamanho das células e quanto às características do floema não-funcional nos sistemas radial e axial (Figs. 11.12 e 11.13). Tubos crivados, células companheiras e parenquimáticas são elementos constantes do sistema axial, mas pode haver ausência de fibras (*Aristolochia*). Quando presentes, as fibras podem estar dispersas (*Campsis*, Fig. 11.14C, *Cephalanthus*,

Floema

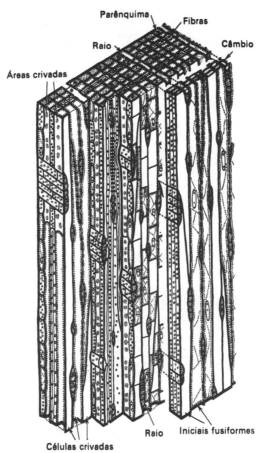

Figura 11.9 Diagrama de bloco do floema secundário e do câmbio vascular de *Thuja occidentalis,* uma conífera. (De Esau, *Palnt Anatomy,* John Wiley and Sons, 1953. Cortesia de I. W. Bailey. Desenhado por Mrs. J. P. Rogerson sob a supervisão de L. G. Livingston. Redesenhado)

Laurus) ou podem aparecer em faixas tangenciais em arranjo paralelo (*Fraxinus,* Fig. 11.13A, *Liriodendron, Magnolia, Robinia, Tilia,* Fig. 11.14A) ou algo dispersas (*Ostrya,* Fig. 11.14B). As fibras podem ser tão abundantes que os tubos crivados e as células parenquimáticas aparecem em pequenos grupos dispersos entre as fibras (*Carya*). Em algumas espécies, células esclerenquimáticas, usualmente esclereídeos ou fibroesclereídeos, diferenciam-se apenas na parte não-funcional do floema (*Prunus*). As fibras septadas de *Vitis* são células vivas relacionadas com a reserva de amido.

Dependendo das características do câmbio, o floema secundário pode ser estratificado (*Robinia*) ou não-estratificado (*Betula, Quercus, Populus, Tilia, Liriodendron, Juglans*). Os longos elementos de tubos crivados do floema não-estratificado possuem paredes terminais inclinadas de modo típico, com placas crivadas complexas. Nos floemas mais ou menos estratificados, os elementos crivados têm paredes terminais ligeiramente inclinadas ou quase transversais, e suas placas crivadas têm poucas áreas crivadas ou uma apenas.

Os raios assemelham-se aos do xilema da mesma planta e podem ser unisseriados ou multisseriados, altos ou baixos; também podem aparecer, no mesmo tecido diferentes tipos de raios. Os raios são compostos por células parenquimáticas (Fig. 11.13), mas podem

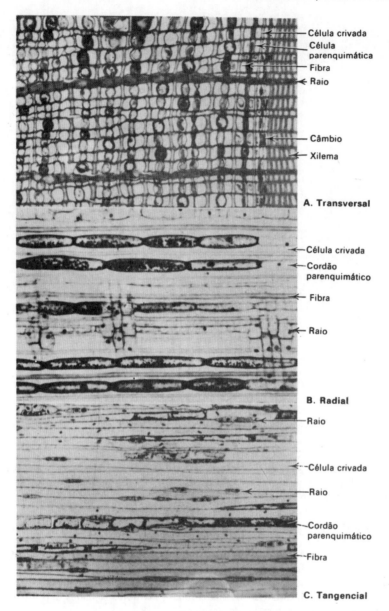

Figura 11.10 Floema secundário de *Thuja occidentalis* visto em três tipos de cortes. Floema de uma conífera, contendo fibras. (Todos ×150)

conter esclereídeos ou células parenquimáticas esclerificadas portadoras de cristais. Nas partes mais antigas do floema os raios dilatam-se em resposta ao acréscimo de circunferência do caule ou da raiz (Fig. 11.14A). A divisão celular radial e anticlinal e o aumento tangencial da célula produzem dilatação. Algumas divisões limitam-se à posição mediana do raio, e o tecido aparece como um meristema (Holdheide, 1951; Schneider, 1955). Geralmente só alguns raios dilatam-se, outros permanecem tão largos quanto eram na ocasião de sua origem no câmbio (Fig. 11.14A). Em algumas espécies de *Eucalyptus* desenvolvem-se

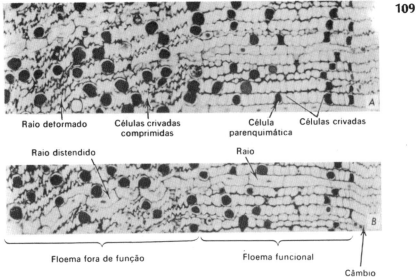

Figura 11.11 Floema de *Pinus pinea* visto em cortes transversais. Floema de conífera destituído de fibras. (Ambos, ×130)

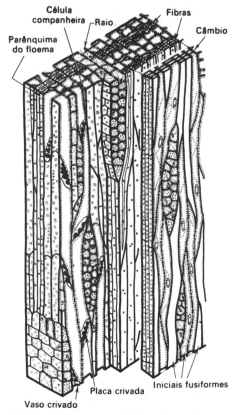

Figura 11.12 Diagrama de bloco do floema secundário e do câmbio vascular de *Liriodendron tulipifera*, uma dicotiledônea. (De Esau, *Plant Anatomy*, John Wiley and Sons, 1953. Cortesia de I. W. Bailey. Desenhado por Mrs. J. P. Rogerson sob a supervisão de L. G. Livingston. Redesenhado)

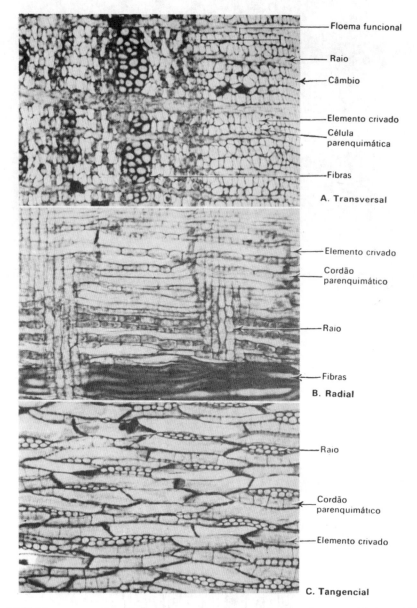

Figura 11.13 Floema secundário de *Fraxinus americanas*, em três tipos de cortes. (Todos ×130)

largas cunhas de tecidos no floema em dilatação, devido à divisão de células de parênquima floemático (Chattaway, 1955).

O floema não-funcional adquire aspectos diferentes, dependendo dos tipos de células presentes e de seu comportamento. A dilatação dos raios é uma das características do floema mais velho. Os elementos crivados podem ser completamente comprimidos, ou podem permanecer abertos e tornar-se cheios de gases. As células parenquimáticas podem aumentar de tamanho e comprimir os tubos crivados. Se o tecido se encolhe devido ao colapso das

Floema

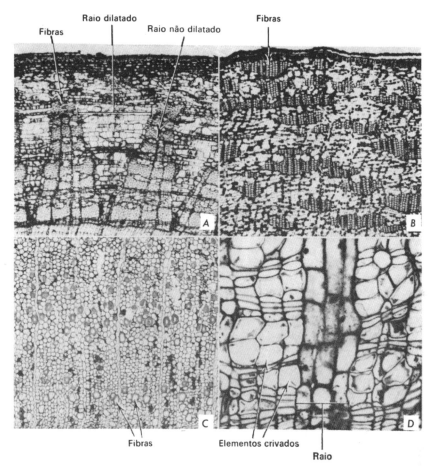

Figura 11.14 Floema secundário de dicotiledôneas visto em cortes transversais. A, *Tilia*, fibras em faixas tangenciais paralelas. B, *Ostrya*, fibras em grupos e faixas. C, *Campsis*, fibras em distribuição isolada. D, *Liriodendron*, elementos crivados apresentando paredes nacaradas. (A, C, ×54; D, ×45; E, ×200)

células, os raios podem dobrar-se. As células parenquimáticas do floema não-funcional continuam a armazenar amido até serem eliminadas pela periderme.

A quantidade de floema funcional está quase sempre limitada a uma aceleração de crescimento devido ao fato de que os elementos crivados originados no câmbio durante a primavera, geralmente cessam de transportar e morrem no outono. Contudo, há exceções nessa seqüência. Como foi mencionado anteriormente, em *Vitis* os elementos crivados de um ano tornam-se dormentes durante o inverno, mas reassumem a atividade na primavera seguinte. Resta para ser investigado, quantas espécies possuem tal capacidade de reativação. A quantidade de floema não-funcional é muito variável. Se a periderme se forma repetidamente a intervalos curtos, o floema velho não se acumula. Em algumas espécies, as camadas de crescimento podem ser encontradas no floema — os elementos crivados jovens podem ser mais largos que os que foram formados no floema antigo ou pode existir uma faixa de esclerênquima formado no floema antigo — mas geralmente a limitação das camadas é obscurecida pelas modificações do floema não-funcional.

REFERÊNCIAS BIBLIOGRÁFICAS

Chang, Y. P. Bark structure of North American conifers. *U. S. Dept. Agric. Tech. Bul.* 1095. 1954.

Chattaway, M. M. The anatomy of bark. VI. Peppermints, boxes, ironbarks and other eucalypts with cracked and furrowed barks. *Austral. Jour. Bot.* 3:170-176. 1955.

Cheadle, V. I., e K. Esau. Secondary phloem of Calycanthaceae. *Calif. Univ., Pubs., Bot.* 24:397-510. 1958.

Currier, H. B. Callose substance in plant cells. *Amer. Jour. Bot.* 44:478-488. 1957.

Currier, H. B., K. Esau, e V. I. Cheadle. Plasmolytic studies of phloem. *Amer. Jour. Bot.* 42:68-81. 1955.

Esau, K., e V. I. Cheadle. Significance of cell divisions in differentiating secondary phloem. *Acta Bot. Neerl.* 4:348-357. 1955.

Esau, K., e V. I. Cheadle. Wall thickening in sieve elements. *Natl. Acad. Sci. Proc.* 44:546-553. 1958.

Esau, K., e V. I. Cheadle. Size of pores and their contents in sieve elements of dicotyledons. *Natl. Acad. Sci. Proc.* 45:156-162. 1959.

Esau, K., V. I. Cheadle, e E. M. Gifford, Jr. Comparative structure and possible trends of specialization of the phloem. *Amer. Jour. Bot.* 40:9-19. 1953.

Esau, K., H. B. Currier, e V. I. Cheadle. Physiology of phloem. *Annu. Rev. Plant Physiol.* 8:349-374. 1957.

Eschrich, W. Kallose. *Protoplasma* 47:487-530. 1956.

Frey-Wyssling, A., e H. R. Müller. Submicroscopic differentiation of plasmodesmata and sieve plates in *Cucurbita. Jour. Ultrastr. Res.* 1:38-48. 1957.

Holdheide, W. Anatomie mitteleuropäischer Gehölzrinden. In: H. Freund. *Handbuch der Mikroskopie in der Technik.* Vol. 5, Parte 1: 195-367. 1951.

Kessler, G. Zur Charakterisierung der Siebröhrenkallose. *Schweiz. Bot. Gesell. Ber.* 68:5-43. 1958.

Preston, R. D. The physiological significance of electron microscopic investigations of plant cell walls. *Science Progress* 46:593-605. 1958.

Schneider, H. Ontogeny of lemon tree bark. *Amer. Jour. Bot.* 42:893-905. 1955.

12

Periderme

A periderme é um tecido protetor de origem secundária que substitui a epiderme nos caules e raízes com crescimento secundário contínuo. Dicotiledôneas lenhosas e gimnospermas fornecem os melhores exemplos de desenvolvimento da periderme. Normalmente, as folhas não a possuem, embora as escamas das gemas de inverno possam tê-la. Ocorre também em dicotiledôneas herbáceas, especialmente nas partes mais velhas do caule e das raízes. Algumas monocotiledôneas possuem periderme, outras um tipo diferente de tecido protetor secundário.

A periderme se desenvolve ao longo de superfícies que ficam expostas depois da abscisão de partes da planta, tais como folhas e ramos. A formação da periderme é também fase importante de desenvolvimento de camadas protetoras próximas de tecidos lesados ou mortos (necrosados) (periderme ou súber de cicatrização; Fig. 12.1), sejam resultantes de lesões mecânicas (Morris e Mann, 1955) ou de invasão de parasitas (Struckmayer e Riker, 1951). Em diversas famílias de dicotiledôneas, a periderme é formada no xilema — súber interxilemático — às vezes em relação à queda normal dos rebentos anuais ou do fendilhamento em feixes, de raízes e caules perenes (Moss e Gorham, 1953).

O termo não-técnico *casca* não deve ser confundido com periderme. Embora seja usado livremente e amiúde inconsistentemente, é muito útil quando empregado com propriedade ou seja, quando usado para designar todos os tecidos externos ao câmbio vascular. No estágio secundário, a casca inclui o floema secundário, os tecidos primários que podem estar ainda presentes para fora do floema secundário, a periderme e os tecidos mortos exteriores a esta. A morte das células isoladas no exterior da periderme produz uma diferença entre a casca externa não-viva e a interna viva. O floema funcional é a parte mais interna da casca viva. O termo casca é, às vezes, usado para caules em estágio primário de crescimento. Nesse caso, ele inclui o floema primário, o córtex e a epiderme. Devido a disposição radialmente alternada do xilema e do floema nas raízes em estado primário, nelas o floema não deve ser incluído com o córtex sob o termo casca.

ESTRUTURA DA PERIDERME E TECIDOS RELACIONADOS

A periderme consiste de *felogênio* (câmbio da casca), que é o meristema que a produz; *felema* (comumente chamado súber ou cortiça), tecido protetor formado pelo felogênio em direção à periferia, e de *feloderme*, tecido parenquimático vivo formado para dentro pelo meristema (Fig. 12.1). A morte dos tecidos situados fora da periderme resulta da inserção da cortiça não-viva entre esses tecidos e outros vivos, do interior da planta.

O felogênio tem estrutura relativamente simples. Em contraste com o câmbio vascular apresenta somente um tipo de células. Em corte transversal aparece como uma camada tangencial contínua (meristema lateral) de células retangulares e achatadas radialmente, cada qual com as derivadas em fila radial que se prolonga externamente através das células

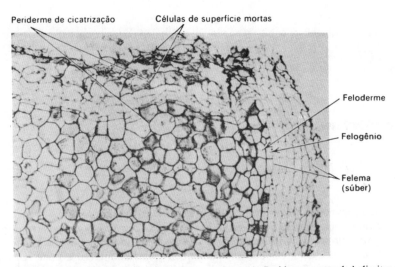

Figura 12.1 Periderme da raiz da batata doce (*Ipomoea batatas*). Periderme natural, à direita; periderme de cicatrização, em cima. O desenvolvimento da periderme de cicatrização constitui parte do processo de cicatrização das partes quebradas de batata doce, ao final do processo. (× 65. De Morris e Mann, *Hilgardia*, 1955)

da cortiça e, internamente, através das células de feloderme (Fig. 12.1). Em corte longitudinal, as células de felogênio são de aspecto retangular ou poligonal e às vezes um pouco irregulares.

As células do súber têm, freqüentemente, formato prismático (Fig. 12.2A,B) embora sejam irregulares no plano tangencial (Fig. 12.2F); elas podem ser alongadas no sentido vertical (Fig. 12.2E,F), no radial (Fig. 12.2B-E) ou no tangencial (Fig. 12.2A, células mais estreitas); quase sempre estão dispostas de modo compacto, isto é, o tecido não tem espaços intercelulares. As células morrem na maturidade.

As células de cortiça caracterizam-se pela suberização de suas paredes. A suberina, uma substância graxa, ocorre geralmente como uma lamela diferenciada que cobre a parede celulósica primária original, a qual pode lignificar-se. As paredes das células corticais variam em espessura. Nas células de paredes espessas, uma camada de celulose lignificada ocorre na parte interna da lamela de suberina que, desse modo, pode vir a ser incluída entre duas camadas celulósicas. As paredes das células corticais podem ser de cor marrom ou amarela, ou o lume pode conter resinas coloridas ou materiais tânicos. Com freqüência, porém, as células do súber carecem de conteúdo visível.

A cortiça usada no comércio como rolhas de garrafa tem paredes delgadas e lume cheio de ar; é notavelmente impenetrável à água (efeito da suberina) e resistente aos óleos. É de peso leve e possui qualidades termoisolantes. A cortiça madura deste tipo é também tecido comprimível e elástico. As propriedades valiosas para o comércio, impenetrabilidade pela água e qualidades isolantes, tornam a cortiça também eficiente como camada protetora da superfície da planta. Os tecidos mortos, que são isolados pela periderme, acrescentam qualidades isolantes à cortiça.

Em muitas espécies o felema compõem-se de células suberizadas e não-suberizadas, chamadas de *células felóides*. Tal como as células suberizadas, as não-suberizadas podem ter paredes delgadas ou espessas, estas últimas podendo diferenciar-se em esclereídeos (Fig. 12.2D).

As células de feloderme parecem-se com as do parênquima cortical e podem ser diferenciadas das últimas pela sua posição na mesma fila radial com as células de felema (Fig. 12.1).

Periderme

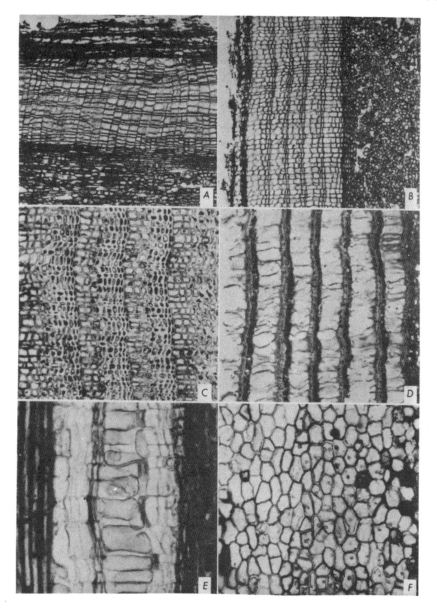

Figura 12.2 Variações da estrutura do felema (súber) do caule. *A, B, Rhus typhina.* Felema em cortes transversal (A) e radial (B) do caule mostrando camadas de crescimento em função de células de lumes estreito e amplo. *C, Betula populifolia.* Felema constituído por células de paredes espessas e camadas de crescimento conspícuas; visto em corte radial. *D, Rhododendron maximum.* Felema heterogêneo constituído de células de diferentes tamanhos; esclereídeos compõem algumas das camadas de células pequenas; em corte radial. *E, F, Vaccinium corymbosum.* Felema em cortes radial (E, células fracamente coradas no meio) e tangencial (F). (*A, B,* ×54; *C, E, F,* ×200; *D,* ×150)

Poliderme. Um tipo especial de tecido protetor denominado poliderme ocorre nas raízes e caules subterrâneos de *Hypericaceae, Myrtaceae, Onagraceae* e *Rosaceae* (Luhan, 1955; Nelson e Wilhelm, 1957). Ela se compõe de camadas alternantes de tecidos; camadas com a espessura de uma célula, de células parcialmente suberizadas e camadas da espessura de várias camadas celulares não-suberizadas (Fig. 12.3). A poliderme pode apresentar vinte ou mais camadas de espessura total, mas só as suas camadas mais externas são mortas. Na parte viva as células não-suberizadas funcionam como células de reserva.

Ritidoma. Na medida em que uma árvore envelhece, as peridermes geralmente alcançam camadas sucessivamente maiores, o que ocasiona acumulação de tecidos mortos na superfície do caule e da raiz (Fig. 12.4). Esta parte morta da casca, composta de camadas de tecidos isolados pelas peridermes e de camadas de periderme cujo crescimento cessou, é chamada de ritidoma. Assim, o ritidoma constitui a casca externa e é bem desenvolvida principalmente nos caules mais velhos e nas raízes das árvores. Em arbustos, a exfoliação precoce da casca mais velha é comum e evita a acumulação de ritidoma espesso.

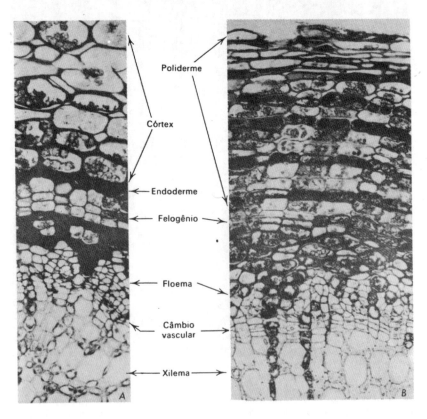

Figura 12.3 Poliderme da raiz de *Fragaria*, morangueiro, vista em cortes transversais. *A*, raiz em estágio inicial de crescimento secundário. O felogênio já se instalou, porém, o córtex continua intacto. *B*, raiz mais velha. Ampla camada de poliderme foi formada pelo felogênio. As células que constituem as faixas em coloração mais escura na poliderme, são suberizadas. Estas alternam-se às células não-suberizadas. Ambos os tipos de células são vivos. Células suberizadas não-vivas constituem a camada de cobertura. O córtex está ausente. (*A*, × 285; *B*, × 248. De Nelson e Wilhelm, *Hilgardia*, 1957)

Periderme

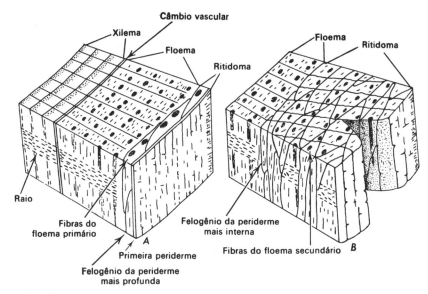

Figura 12.4 Diagramas mostrando um estágio mais jovem (A) e outro mais velho (B) do desenvolvimento do ritidoma. Em *A*, córtex e floema primário estão incluídos no ritidoma; em *B*, numerosas camadas do floema secundário. As primeiras camadas do ritidoma foram eliminadas em *B*

DESENVOLVIMENTO DA PERIDERME

A primeira periderme aparece geralmente durante o primeiro ano de crescimento do caule ou da raiz. As peridermes subseqüentes, mais profundas, podem iniciar-se mais tarde no mesmo ano ou não aparecer durante muitos anos (espécies de *Abies*, *Carpinus*, *Fagus*, *Quercus*) ou jamais aparecem. Além das diferenças específicas, as condições ambientais influenciam o aparecimento das peridermes subseqüentes. A exposição à luz solar, por exemplo, acelera o desenvolvimento das peridermes profundas (Zeeuw, 1941).

A primeira periderme de um caule se origina na maior parte das vezes nas camadas subepidérmicas (Fig. 12.5A), e ocasionalmente na epiderme. Contudo, em certas espécies, a primeira periderme aparece mais profundamente no caule (*Berberis*, *Ribes*, *Vitis*, Fig. 12.6), usualmente no floema primário. Na maioria das raízes a primeira periderme origina-se no periciclo (Cap. 14) mas pode aparecer próximo à superfície, como, por exemplo, em algumas árvores e plantas herbáceas perenes nas quais o córtex da raiz funciona como armazenador de alimentos. As peridermes subseqüentes aparecem em camadas sucessivamente mais profundas debaixo da primeira (Fig. 12.4) e assim, eventualmente, se originam do parênquima do floema, incluindo as células radiais.

O primeiro felogênio inicia-se uniformemente ao redor da circunferência do eixo ou em áreas localizadas e se torna contínuo por expansão lateral de atividade meristemática. A periderme subseqüente aparece com mais freqüência como descontínua, mas seus extremos se sobrepõem (Figs. 12.4 e 12.7C,D). Estas camadas, em forma de concha, se originam debaixo de fendas das peridermes superpostas. As peridermes subseqüentes podem também ser contínuas ao redor da circunferência, ou pelo menos, em considerável parte dela (Fig. 12.7B).

Os felogênios, tanto o primeiro quanto o seguinte, iniciam-se pela divisão de vários tipos de células. Dependendo da sua posição, estas podem ser epidérmicas, parênquima subepidérmico, colênquima, parênquima do periciclo ou floema, incluindo as dos raios de floema. Normalmente, estas células não se distinguem das outras das mesmas categorias:

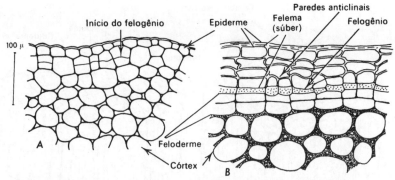

Figura 12.5 Origem da periderme em caule de *Pelargonium*, vista em cortes transversais. *A*, divisões periclinais na camada subepidérmica produziram células do felogênio em direção à periferia e feloderme em direção ao interior, resultando uma célula de cada tipo. *B*, a periderme se estabeleceu

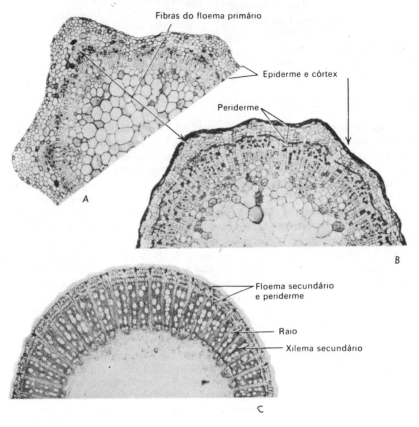

Figura 12.6 Origem da periderme na videira (*Vitis vinifera*), vista em cortes transversais. *A*, caule da plântula, ainda sem periderme. *B*, caule de uma plântula mais velha, apresentando uma periderme que teve origem no floema primário ocasionando morte e colapso do córtex. Fibras do floema primário também aparecem por fora da periderme. *C*, ramo de um ano, apresentando periderme por fora do floema secundário (*A*, × 50; *B*, × 49; *C*, × 10. De Esau, *Hilgardia*, 1948)

Periderme

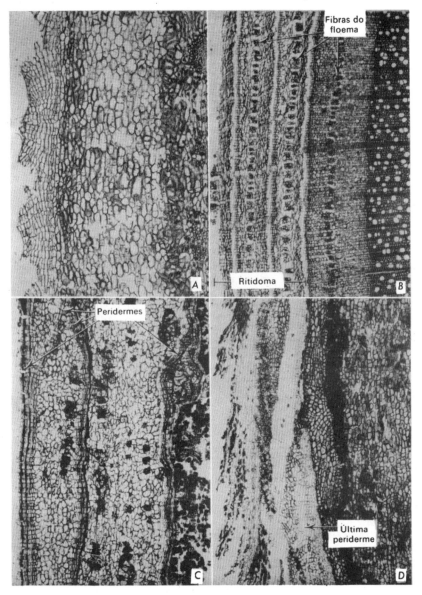

Figura 12.7 Periderme e ritidoma em cortes transversais de caules. *A, Talauma.* Periderme com fendilhamentos profundos. *B, Lonicera tartarica.* Ritidoma no qual se alternam camadas de periderme com as derivadas do floema. *C, Quercus alba* (carvalho). Ritidoma com estreitas camadas de periderme e amplas camadas de tecido floemático morto. *D, Gymnocladus dioica.* Ritidoma com amplas camadas de periderme (em cor clara). (*A, D,* ×45; *B, C,* ×43)

todas são vivas e, portanto, potencialmente meristemáticas. As divisões iniciais podem começar na presença de cloroplastos e de substâncias ergásticas, tais como amido e taninos, e enquanto as células possuem paredes primárias espessas, como no colênquima. Eventualmente, os cloroplastos, as substâncias ergásticas e os espessamentos parietais desaparecem.

Às vezes, as células subepidérmicas, nas quais o felogênio vai surgir, não têm espessamentos colenquimáticos e exibem uma disposição ordenada e compacta.

O felogênio inicia-se por divisões periclinais e produz o felema e a feloderme à custa destas divisões (Fig. 12.5). O felogênio acompanha o acréscimo da circunferência do eixo por divisões periódicas de suas células no plano radial anticlinal (Fig. 12.5B).

A exata seqüência das divisões que se iniciam na periderme é freqüentemente variável, até em plantas da mesma espécie crescendo em condições ambientais diferentes. Podem ocorrer algumas divisões preparatórias antes do felogênio definir-se. Esta seqüência é especialmente comum em raízes. Contudo, o felogênio pode ficar limitado a uma só camada celular, geralmente a mais externa das duas, formada pela primeira divisão periclinal.

O felogênio da primeira periderme produz a maioria das células em direção à periferia. A feloderme está quase sempre limitada a uma só camada celular no lado interno do felogênio, aquém da primeira divisão periclinal. As peridermes mais profundas e seguintes também possuem feloderme. Em geral, uma dada célula de felogênio produz somente algumas células suberizadas por ano. Em muitas espécies, os acréscimos anuais não são discerníveis; em outras, porém, as células suberizadas formadas no início são mais largas e têm paredes mais delgadas que as formadas mais tarde (*Betula*, Fig. 12.2C; *Prunus, Robinia*); também o súber tardio pode ter conteúdo escuro (Wutz, 1955).

Periderme de cicatrização. As peridermes natural e de cicatrização são basicamente semelhantes quanto à origem e crescimento e podem ter os mesmos componentes celulares (Morris e Mann, 1955). A diferença entre ambas reside principalmente no período de tempo de sua formação e na localização restrita da segunda no lugar da lesão. Como resultado desta, células necrosadas (tecidos de cicatrização) ocorrem em lugar externo às células suberizadas (Fig. 12.1). A formação bem sucedida da periderme de cicatrização é importante na prática hortícola, especialmente no caso em que partes de plantas destinadas à propagação estiverem sujeitas a ser feridas pelo manuseio ou devam ser cortadas (por exemplo, tubérculos de batatas, raízes de batata-doce). Condições ambientais influenciam marcadamente o desenvolvimento normal da periderme de cicatrização (Morris e Mann, 1955). A capacidade de desenvolver periderme de cicatrização em resposta à invasão de parasitas pode diferenciar plantas resistentes das susceptíveis (Struckmayer e Riker, 1951).

Uma reação à lesão ocorre quando a periderme é desgarrada das células vivas subjacentes. As células recém-expostas morrem e uma nova periderme surge debaixo delas. Esta reação é aproveitada na produção da cortiça de valor comercial, extraída do sobreiro. A primeira cortiça, de qualidade inferior, é separada do felogênio e a nova camada deste, que se desenvolve debaixo do tecido de cicatrização, produz cortiça abundante, de qualidade superior.

Tecidos protetores das monocotiledôneas. Algumas monocotiledôneas produzem uma periderme semelhante a das dicotiledôneas (espécies de *Aloe*; coco-da-praia e palmeiras-reais). A maioria das monocotiledôneas que formam tecido protetor, contudo, apresentam método peculiar de desenvolvimento deste. Células de parênquima em posições sucessivamente mais profundas dividem-se várias vezes em sentido periclinal e os produtos de tais divisões se suberizam. Devido à sua aparência estratificada em cortes transversais, este tecido é chamado súber estratificado (Fig. 12.8).

ASPECTO EXTERNO DA CORTIÇA EM RELAÇÃO A SUA ESTRUTURA

Os padrões externos da periderme e do ritidoma variam em relação à estrutura e desenvolvimento da periderme e dos tipos de tecidos isolados por esta. Se existe apenas periderme superficial com cortiça delgada, a superfície resultante é lisa. A cortiça maciça é geralmente gretada e fissurada (Fig. 12.7A). Quando a produção anual de súber ocorre em pontos isolados, as suas camadas externas são desgarradas desses locais, dando à sua

Periderme 121

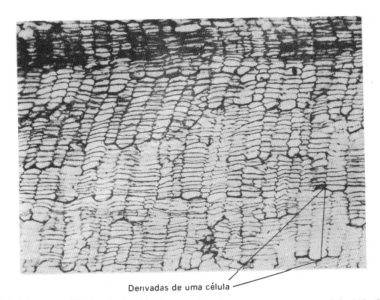

Figura 12.8 Súber estratificado de *Cordiline terminalis*, visto em corte transversal (×110. Cortesia de V. I. Cheadle)

superfície semelhança a produzida pelo ritidoma escamoso. Os caules de algumas espécies produzem o chamado súber alado, uma forma que resulta do fendilhamento longitudinal simétrico do súber em relação à expansão desigual dos diferentes setores do caule (Smithson, 1954).

O ritidoma apresenta aspectos variados. Baseando-se no modo de sua formação, distinguem-se dois padrões, a saber, súber escamoso e anelado. O escamoso ocorre quando as peridermes subseqüentes se desenvolvem em estratos sobrestantes restritos, cada um deles cortando uma "escama" do tecido (Fig. 12.4 e 12.7C, D; *Pinus, Pyrus*). Casca em anel é menos comum e resulta da formação de sucessivas peridermes, que se dispõem concentricamente ao redor do eixo (*Vitis, Clematis, Lonicera*; Fig. 12.7B).

Com relação ao tecido não-peridérmico encerrado no ritidoma, o fibroso confere aspecto característico à cortiça (Holdheide, 1951). Se as fibras estiverem ausentes, a cortiça se rompe em escamas individuais ou em conchas (*Pinus, Acer pseudoplatanus*). Na cortiça fibrosa ocorre um padrão de rompimento reticulado (*Tilia, Fraxinus*). O descamamento da cortiça pode ter diversas bases estruturais. Se nas peridermes do ritidoma estiverem presentes células corticais de paredes delgadas ou felóides, as escamas podem "desfolhar-se" ao longo delas (Fig. 12.2D). Rompimentos no ritidoma podem ocorrer também através de células dos tecidos não-peridérmicos; em *Eucalyptus*, por exemplo, através de células parenquimáticas do floema (Chattaway, 1953). A cortiça, na maioria das vezes, é um tecido forte que torna a casca mais persistente, ainda que nela se criem fendas profundas (espécies de *Betula*, Fig. 12.2C; *Pinus, Quercus, Robinia, Salix, Sequoia*). Estas cascas se desgastam sem formar escamas.

LENTICELAS

Uma lenticela pode ser definida como uma parte limitada da periderme em que o felogênio é mais ativo do que nas demais e produz um tecido que, em contraste com o felema, apresenta numerosos espaços intercelulares (Wutz, 1955). O felogênio das lenticelas também apresenta espaços intercelulares. Devido a essa disposição relativamente aberta das células, as lenticelas são consideradas estruturas que permitem a entrada do ar através da periderme.

As lenticelas são componentes comuns da periderme de caules e raízes. Externamente, elas aparecem como massa de células afrouxadas, alongadas vertical ou horizontalmente, que se salientam acima da superfície por uma fissura na periderme (Fig. 12.9B). As lenticelas variam de tamanho, a partir das quase invisíveis sem auxílio de lentes de aumento até as que medem um centímetro ou mais, de comprimento. Podem ocorrer isoladamente ou em filas. Filas verticais de lenticelas ocorrem freqüentemente no lado oposto dos raios vasculares largos, mas em geral, não há relação posicional constante entre lenticelas e raios (Wutz, 1955).

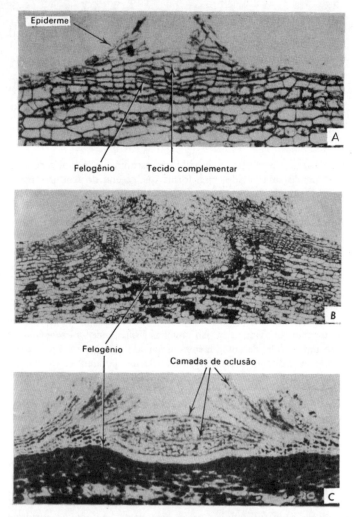

Figura 12.9 Lenticelas em cortes transversais de caules. *A*, *B*, abacateiro (*Persea americana*). Lenticela jovem, em *A* e mais velha, em *B*. Não ocorrem as camadas de oclusão. *C*, lenticela de *Fagus grandifolia*, apresentando camada de oclusão. (*A*, *C*, ×110; *B*, ×43)

O felogênio da lenticela continua-se com o do córtex da periderme, mas, geralmente, dobra-se para dentro, de forma a parecer situado mais profundamente (Fig. 12.9). O tecido livre formado pelo felogênio da lenticela em direção à superfície, é o *tecido complementar* ou *de enchimento* (Wutz, 1955); o tecido formado em direção ao interior é a feloderme. O grau de diferença entre o tecido de enchimento e o felema vizinho varia conforme a espécie. Nas gimnosperma este tecido é composto dos mesmos tipos de células do felema. A diferença mais importante entre os dois é a existência de espaços intercelulares nos tecidos das lenticelas. Estas podem ter também paredes mais delgadas e ser alongadas no sentido radial, em vez de achatadas (radialmente) como as células de felema de numerosas espécies.

Nas dicotiledôneas reconhecem-se três tipos estruturais de lenticelas (Wutz, 1955). O primeiro e mais simples, exemplificado por espécies de *Liriodendron, Magnolia, Malus, Populus, Pyrus* e *Salix*, possui um tecido complementar composto de células suberizadas. O tecido, embora possuindo espaços intercelulares, pode ser mais ou menos compacto e pode apresentar camadas anuais de crescimento com tecido frouxo de paredes delgadas aparecendo mais cedo, e tecido compacto, de paredes espessas, mais tarde.

Lenticelas do segundo tipo, como as encontradas em *Fraxinus, Quercus, Sambucus* e *Tilia* consistem principalmente de massa de tecidos complementares não-suberizados dispostos frouxamente, substituídos no fim da estação por uma camada de células suberizadas dispostas de modo mais compacto.

O terceiro tipo, representado por espécies de *Betula, Fagus* (Fig. 12.9C), *Prunus* e *Robinia*, mostra maior grau de especialização. O tecido de enchimento é estratificado porque os tecidos frouxos não-suberizados se alternam regularmente com os tecidos suberizados compactos. Estes formam as camadas de fechamento ou oclusão, de uma ou mais camadas de espessura, que mantêm unido o tecido frouxo, geralmente em camadas de diversas células de profundidade. Vários estratos de cada tipo de tecido são produzidos anualmente. As camadas de fechamento são rompidas sucessivamente por novos crescimentos, mas uma camada oclusiva da parte externa permanece sempre intacta.

As primeiras lenticelas aparecem geralmente sob os estômatos. As células parenquimáticas debaixo do estômato experimentam algumas divisões preparatórias; em seguida um felogênio se estabelece profundamente neste novo tecido. O crescimento a partir desse felogênio pressiona as células sobrepostas para a periferia e rompe a epiderme (Fig. 12.9A).

As lenticelas permanecem na periderme enquanto esta cresce e novas surgem de tempos a tempos devido a troca de atividade do felogênio, da formação do felema à do tecido da lenticela. As peridermes mais profundas também possuem lenticelas. Elas aparecem geralmente no fundo de fendas do ritidoma, e são, amiúde semelhantes as da periderme inicial, mas o seu felogênio é menos ativo e, portanto, não tão diferenciadas quanto aquelas.

REFERÊNCIAS BIBLIOGRÁFICAS

Chattaway, M. M. The anatomy of bark. I. The genus *Eucalyptus*. *Austral. Jour. Bot.* 1:402-433. 1953.

Holdheide, W. Anatomie mitteleuropäischer Gehölzrinden. In: H. Freund. *Handbuch der Mikroskopie in der Technik*. Vol 5, Parte 1:195-367. 1951.

Luhan, M. Das Abschlussgewebe der Wurzeln unserer Alpenpflanzen. *Deut. Bot. Gesell. Ber.* 68:87-92. 1955.

Morris, L. L., e L. K. Mann. Wound healing, keeping quality, and compositional changes during curing and storage of sweet potatoes. *Hilgardia* 24:143-183. 1955.

Moss, E. H., e A. L. Gorham. Interxylary cork and fission of stems and roots. *Phytomorphology* 3:285-294. 1953.

Nelson, P. E., e S. Wilhelm. Some aspects of the strawberry root. *Hilgardia* 26:631-642. 1957.

Smithson, E. Development of winged cork in *Ulmus* × *hollandica* Mill. *Leeds Philos. and Lit. Soc., Sci. Sec., Proc.* 6:211-220. 1954.

Struckmeyer, B. E., e A. J. Riker. Wound periderm formation in white-pine trees resistant to blister rust. *Phytopathology* 41:276-281. 1951.

Wutz, A. Anatomische Untersuchungen über System und periodische Veränderungen der Lenticellen. *Bot. Studien* N.º 4:43-72. 1955.

Zeeuw, C. De. Influence of exposure on the time of deep cork formation in three northeastern trees. New York State Col. Forestry, *Syracuse Univ. Bul.* 56. 1941.

13

Estruturas secretoras

Numerosas substâncias vegetais são separadas do protoplasto e depositadas em células não-vivas, vacúolos de células vivas, cavidades ou, ainda, em canais. O fenômeno da separação das substâncias do protoplasto é normalmente conhecido como secreção. As substâncias segregadas podem ser produtos de metabolismo de desassimilação isto é, substâncias que não mais serão utilizadas pela planta (por exemplo, terpenos, resinas, taninos e vários cristais) ou podem ser substâncias que desempenham uma função fisiológica especial depois de serem secretadas (por exemplo, enzimas e hormônios). Em sentido restrito, a secreção de substâncias eliminadas pelo metabolismo é excreção. Contudo, normalmente não se estabelece uma linha nítida entre secreção e excreção na planta e os mesmos continentes acumulam, usualmente, variedade de substâncias, algumas sendo produtos de eliminação, outras que são novamente utilizadas. Além disso, o papel de muitas das substâncias secretadas, talvez da maioria, não é conhecido. Neste capítulo, portanto, o termo secreção aplica-se à secreção propriamente dita e à excreção.

ESTRUTURAS SECRETORAS EXTERNAS
Tricomas e glândulas

As substâncias secretadas podem permanecer no interior de células, cavidades internas ou canais; ou ainda, emergir das células secretoras superficiais à parte externa da planta. As estruturas secretoras externas apresentam vários formatos. Parte da própria epiderme é, às vezes, secretora ou existem apêndices secretores epidérmicos de vários graus de complexidade, ou ainda esses apêndices podem ser derivados tanto da epiderme, quanto das camadas subepidérmicas. As estruturas secretoras relativamente diferenciadas formadas de muitas células são denominadas glândulas (Fig. 13.1G). O adjetivo glandular é aplicado a estruturas secretoras menos complexas tais como os pêlos glandulares (Fig. 13.1D,E) ou epiderme glandular. Os tricomas secretores simples inter-relacionam-se com as glândulas e, conseqüentemente, a diferença entre tricomas glandulares e glândulas não é nítida.

O padrão comum das várias estruturas secretoras é o de ter células capazes de secretar substâncias para fora da superfície. Essas substâncias são muito variadas (cf. Stocking, 1956b). Algumas estruturas secretoras produzem óleos e resinas. Os nectários florais secretam um líquido açucarado. Em plantas de habitat salino as glândulas secretam sais (Arisz e outros, 1955). Glândulas de certas plantas insetívoras secretam néctar, mucilagem ou sucos digestivos. Glândulas aqüíferas — um tipo de hidatódio — secretam água.

De acordo com numerosas observações, as secreções eliminadas pelas células glandulares acumulam-se, primeiro, entre a parede celular e a cutícula (Fig. 13.1A-C). Mais tarde, a cutícula rompe-se e a secreção é eliminada. Aparentemente, em algumas espécies este processo pode ocorrer somente uma vez (Stahl, 1953) ou a cutícula pode regenerar-se, repetindo-se a acumulação subcuticular (Trapp, 1949).

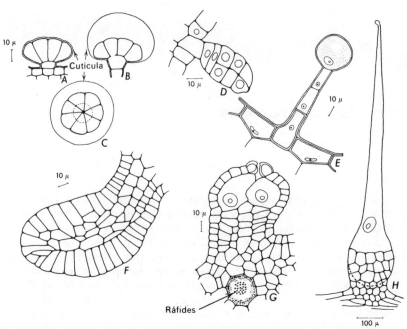

Figura 13.1 Tricomas secretores. *A–C* pêlos glandulares da folha de lavândula (*Lavandula vera*) apresentando cutícula não-distendida (A) e distendida (B, C) pelo acúmulo de substância elaborada. *D*, pêlo glandular da folha do algodoeiro (*Gossypium*). *E*, pêlo glandular capitado (uma só célula terminal) do caule de *Pelargonium*. *F*, coléter da folha jovem de *Pyrus*. *G*, glândula em formato de pérola da folha da videira (*Vitis vinifera*). *H*, pêlo urticante da urtiga (*Urtica urens*)

Em alguns pêlos glandulares e glândulas mais elaboradas, células com paredes cutinizadas, semelhantes a células endodérmicas das raízes (Cap. 14) ocorrem por baixo das células secretoras (cf. Stocking, 1956b). Tais células são tidas como desempenhadoras de algum papel no movimento e acumulação de materiais nas estruturas glandulares.

Os pêlos glandulares possuem uma espécie de cabeça unicelular ou multicelular, composta de células que produzem a secreção e que estão situadas na extremidade de um pedúnculo de células não-glandulares (Fig. 13.1E). Entre os tricomas glandulares, o pêlo urticante da urtiga (*Urtica urens*) possui notável estrutura (Fig. 13.1H). A terminação vesiculosa do pêlo está engastada nas células epidérmicas, as quais por sua vez erguem-se sobre a superfície. A parte superior do pêlo assemelha-se a um delgado tubo capilar fechado na extremidade por uma estrutura esférica. Quando o pêlo entra em contato com a pele a extremidade esférica rompe-se num plano determinado produzindo uma cunha afiada. Esta penetra facilmente na pele e a pressão exercida sobre a parte bulbosa, força o líquido para o interior da lesão.

Em muitas plantas lenhosas (por exemplo, *Aesculus, Betula, Carya, Malus*), pêlos glandulares e apêndices mais complexos denominados coléteres (Fig. 13.1F) desenvolvem-se nos primórdios das folhas novas e produzem uma secreção pegajosa que permeia e cobre toda a gema. Quando ela desabrocha e as folhas se expandem, os apêndices glandulares secam e caem. Parece que eles proporcionam um revestimento protetor à gema dormente.

Nectários

Os nectários são estruturas externas que secretam um líquido açucarado. Ocorrem nas flores (nectários florais) e nas partes vegetativas da planta (nectários extraflorais).

Podem ter a forma de superfícies glandulares (Fig. 13.2D, E) ou podem diferenciar-se em estruturas especializadas (Fig. 13.2A-C, F-H). Ambos os tipos são chamados de nectários ou glândulas. Os nectários florais ocupam várias posições na flor: em sépalas, pétalas, estames, ovários ou no receptáculo (Fahn, 1952, 1953). Os nectários extraflorais ocorrem em caules, folhas, estípulas ou pedicelos de flores.

O tecido secretor do nectário pode estar limitado à epiderme ou pode encontrar-se em células situadas várias camadas abaixo (Fig. 13.2); é coberto na parte externa por uma cutícula. Tecido vascular ocorre mais ou menos perto dos tecidos secretores. Às vezes este tecido vascular é apenas um traço de alguma outra parte da flor (Fig. 13.2B, D), mas alguns nectários podem possuir seu próprio feixe vascular (Fig. 13.2G) às vezes consistindo somente de floema (Frei, 1955). Existe relação estreita entre a quantidade relativa de floema do tecido vascular que supre o nectário e a concentração de açúcar neste. Se o floema predomina, o néctar pode conter mais de cinqüenta por cento de açúcar; no extremo oposto — xilema predominando no suprimento vascular — o conteúdo de açúcar pode baixar para oito por cento (Frey-Wissling, 1955). Os nectários em que o xilema predomina no seu suprimento, representam estágios fisiológicos intermediários com os hidatódios.

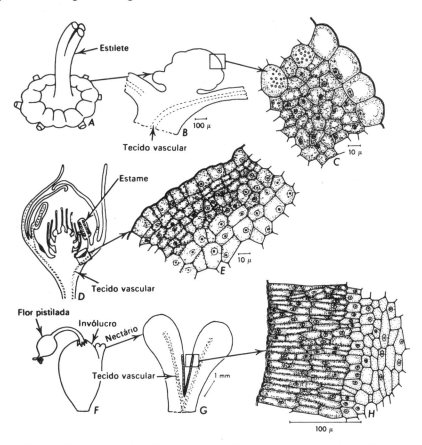

Figura 13.2 Nectários florais. *A-C, Ceanothus*. O nectário é um disco lobado, inserido na base do gineceu (A). *D, E*, morangueiro (*Fragaria*). O tecido do nectário reveste o tubo floral abaixo dos estames (D). *F-H*, flor-de-papagaio — Poinsettia (*Euphorbia pulcherrima*). O nectário lobado (G) insere-se no invólucro que reveste a inflorescência

Hidatódios

Os hidatódios descarregam água do interior da folha em direção à sua superfície. Este processo é denominado gutação. Alguns hidatódios são glândulas, no sentido de que eles têm um tecido que secreta água ativamente. Outros são simplesmente partes das folhas com passagens ao longo das quais a água, fluindo da terminação do xilema para a superfície da folha, encontra pouca resistência. A água expelida, devido à pressão da raiz, flui entre espaços intercelulares de um mesófilo modificado (epitema) e sai da folha através de aberturas na epiderme. Estas aberturas são, freqüentemente, estômatos modificados (Fig. 13.3) incapazes de movimentos de fechamento e abertura (Reams, 1953; Stevens,

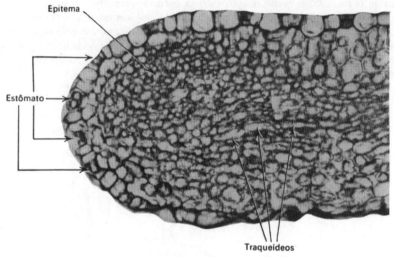

Figura 13.3 Hidatódio da folha do repolho. O corte mostra um feixe de traqueídeos terminando num tecido constituído de células pequenas denominado epitema. A água de gutação atravessa os espaços intercelulares do epitema e é liberada através do estômato. (× 200. De Esau, *Plant Anatomy*, John Wiley and Sons, 1953)

1956). Sugeriu-se que o termo hidatódio seja limitado às estruturas através das quais a água é forçada pela pressão da raiz, isto é, não a estruturas secretoras ativas (Stocking, 1956a). Se o termo assim se restringe, os hidatódios que secretam ativamente deveriam ser denominados glândulas aqüíferas.

ESTRUTURAS SECRETORAS INTERNAS

Células secretoras

As células secretoras internas possuem grande variedade de conteúdos. Aparecem freqüentemente como células especializadas dispersas entre outras menos especializadas. Nesse caso, são chamadas de idioblastos ou mais especificamente idioblastos excretores (cf. Foster, 1956) se seu conteúdo aparenta constituir-se de produtos de eliminação. As células secretoras podem ser muito ampliadas, especialmente em comprimento, e são então denominadas sacos ou tubos. São normalmente classificadas à base de seu conteúdo, mas numerosas células contêm misturas de substâncias, e em várias delas os conteúdos ainda não foram identificados. Entretanto, as células secretoras, bem como os canais e cavidades secretores, são úteis para fins de diagnóstico nos estudos taxonômicos (Metcalfe e Chalk, 1950, pp. 1 346-1 349).

Algumas famílias, como por exemplo, *Calycanthaceae, Lauraceae, Magnoliaceae, Simarubaceae* e *Winteraceae* têm células secretoras com conteúdo oleoso. Estas aparecem como células parenquimáticas ampliadas (Fig. 13.4A) e sabe-se que ocorrem nos tecidos vascular e fundamental do caule e da folha. Células semelhantes as oleosas mas com conteúdos não especificados ocorrem em numerosas outras famílias e são freqüentemente designadas como células de óleo (por exemplo, Guttiferae, Hypericaceae, Rutaceae, Tetracentraceae, Trochodendraceae e outras). Algumas famílias de dicotiledôneas contêm células resiníferas (por exemplo, Meliaceae), outras, mucilaginosas (por exemplo, Cactaceae, Lauraceae, Magnoliaceae, Malvaceae e Tiliaceae). Células de mucilagem contêm por vezes cristais do tipo ráfide (Fig. 13.4B). Células contendo a enzima mirosina foram identificadas em famílias como Capparidaceae, Cruciferae e Resedaceae. As células de mirosina podem ser alongadas e até ramificadas.

Algumas células secretoras têm o tanino como inclusão mais importante. O tanino é substância ergástica comum nas células parenquimáticas (Cap. 4) mas algumas o contêm com grande abundância e podem ser também muito aumentadas. Tais células formam com freqüência sistemas conectados e podem estar associadas a feixes vasculares. Idioblastos taniníferos ocorrem em muitas famílias (por exemplo, Ampelidaceae, Crassulaceae, Ericaceae, Leguminosae, Myrtaceae, Rosaceae e outras). Exemplos facilmente encontráveis de células tânicas são os das folhas de *Sempervivum tectorum* e espécies de *Echeveria* e células tubuliformes taniníferas de um ou mais centímetros de comprimento na medula e floema do caule de *Sambucus* (Fig. 13.4E). Os compostos tânicos das células taníníferas oxidam-se, resultando em flobafenos marrons ou marrom-avermelhados facilmente perceptíveis ao microscópio. Células do tecido fundamental do fruto de *Ceratonia siliqua* contêm tanóides sólidos e inclusões de taninos combinados com outras substâncias.

Alguns estudiosos incluem entre os idioblastos excretores as células contendo cristais (cf. Foster, 1956), as quais geralmente, não diferem de outras células parenquimáticas, mas também podem ser mais ou menos especializadas em formato e conteúdo. Exemplos marcantes de tais especializações são as células contendo cistólitos nas folhas de *Ficus elastica* e as contendo ráfides. Os cistólitos são estruturas combinando material parietal, incluindo celulose e calose (Eschrich, 1954), com carbonato de cálcio. Em *Ficus elastica* os cistólitos ocorrem isoladamente em células epidérmicas, e cada um deles é unido por meio de um pedúnculo de celulose à parede epidérmica da periferia (Fig. 13.4D). As ráfides são freqüentemente encontradas em células saciformes longas cheias de mucilagem. Dentre as monocotiledôneas, as Amaryllidaceae e Commellinaceae, possuem ráfides em tubos mucilaginosos longos, cujas origens estão ainda a exigir um estudo crítico. Em algumas plantas, idioblastos portadores de ráfides são células isoladas muito longas (Kowalewicz, 1956). Nos tecidos vasculares secundários uma célula formadora de cristais amiúde se subdivide em células pequenas, cada uma das quais deposita um cristal. Em outro tipo de modificação o cristal é separado por celulose, da parte viva do protoplasto.

Cavidades e canais secretores

As cavidades e canais diferem das células secretoras pelo fato de serem resultado de dissolução de células (espaços lisígenos) ou de sua separação (espaços esquizógenos). A origem deste segundo tipo parece-se com a dos espaços aeríferos comuns, característicos do tecido fundamental maduro. Lisigenia e esquizogenia podem combinar-se para a formação de espaços secretores. Nos espaços lisígenos, células parcialmente desintegradas aparecem ao longo da periferia do espaço (Fig. 13.4C). Os espaços esquizógenos são geralmente delimitados por células intactas (Fig. 13.4F).

Cavidades secretoras lisígenas podem ser observadas em *Citrus, Eucalyptus* e *Gossypium*. A secreção é formada em células que eventualmente se rompem e livram substâncias na

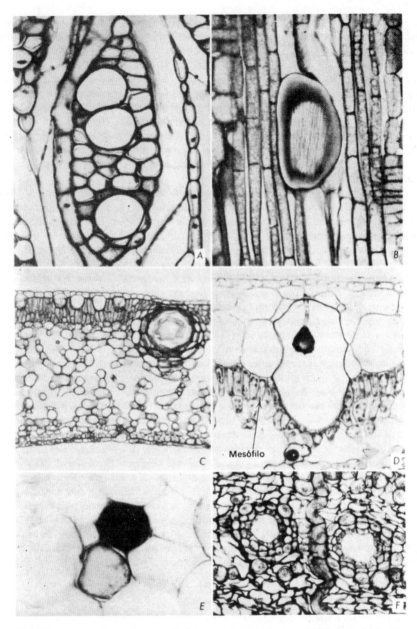

Figura 13.4 Diversas estruturas de secreção interna. *A, Liriodendron*. Células contendo óleo, no raio do floema, vistas num corte tangencial. *B, Hydrangea paniculata*. Idioblasto contendo mucilagem e ráfides, num corte radial do floema. *C*, limão (*Citrus*). Cavidade lisígena, portadora de óleo, na região superior direita da folha. *D*, seringueira (*Ficus elastica*). Célula epidérmica alargada, contendo um cistólito — precipitação de carbonato de cálcio sobre um pedúnculo de celulose. A célula é parte integrante da epiderme múltipla da folha (todas as células acima do mesófilo em *D*). O cistólito foi cortado de tal maneira a não mostrar a base do pedicelo. *E*, sabugueiro (*Sambucus*). Sacos taniníferos na medula do caule; vista em corte transversal. *F, Rhus typhina*. Canal secretor esquizógeno, num corte transversal de floema inativo. (*A, B, D–F*, ×210; *C*, ×125)

cavidade resultante do rompimento. As secreções que ocorrem nos gêneros mencionados são comumente caracterizadas como oleosas, embora sua composição não seja perfeitamente conhecida (Metcalfe e Chalk, 1950, p. 1 348). Um exemplo de canais lisígenos mucilaginosos é encontrado nas escamas das gemas de *Tilia cordata*. Canais esquizógenos de conteúdos resiníferos ocorrem nas *Compositae* e de conteúdos desconhecidos nas *Umbelliferae*. Os canais produtores de copal de algumas Leguminosae tropicais também surgem como espaços esquizógenos (Moens, 1955).

Os canais esquizógenos mais conhecidos são os ductos gomíferos e resiníferos das coníferas e das dicotiledôneas lenhosas. Os das coníferas são chamados ductos resiníferos; os das dicotiledôneas, gomíferos (Cap. 9), mas ambos os tipos podem ocorrer nos dois grupos de plantas. Os ductos resiníferos das coníferas encontram-se nos tecidos vascular e fundamental de todos os órgãos da planta e são, na realidade, espaços intercelulares longos forrados com células epiteliais produtoras de resinas. Ocorrem nos sistemas axial e radial dos tecidos vasculares secundários (Cap. 9). Cavidades e canais secretores resultantes do desenvolvimento normal podem ser difíceis de distinguir-se dos que se formam sob o estímulo de lesões. Ductos resiníferos e gomíferos, além de bolsas são freqüentemente formações traumáticas nas madeiras de gimnospermas e dicotiledôneas, mas seu desenvolvimento e conteúdo podem igualar os que constituem padrões normais dessas madeiras.

Laticíferos

As células laticíferas são unidades ou séries conectadas que contêm látex, um fluido de composição complexa. Os laticíferos são tratados no mesmo capítulo das várias estruturas secretoras, pelo fato de constituírem depósitos de substâncias, das quais algumas podem ser classificadas como excreções (por exemplo, terpenos, resinas) e outras como secreções no sentido estrito (por exemplo, enzimas). Além do mais, em alguns grupos de plantas os laticíferos inter-relacionam-se com estruturas interpretadas como idioblastos excretores ou secretores.

Quanto à origem, os laticíferos podem ser simples ou compostos. Os simples são células isoladas; os compostos são derivados de séries de células. Num estágio mais especializado as séries de células de um laticífero composto unem-se em conseqüência da dissolução das paredes-limite. Devido a essa junção de células, os laticíferos compostos são denominados geralmente *articulados*. Em contraposição, os simples são denominados *não-articulados*. Ambos os tipos podem ser ramificados ou não.

Laticíferos ocorrem em vários tecidos da planta e podem permear todos os tecidos de uma dada planta. Tal ubiqüidade de distribuição resulta do seu modo de desenvolvimento. Os articulados (Fig. 13.5) penetram em novos tecidos pela adição de células destes, ou seja, certas células dos tecidos recém-formados tornam-se laticíferas por justaposição com as células laticíferas mais velhas. Os não-articulados originam-se como células isoladas no embrião (Fig. 13.6A) e acompanham o crescimento da planta penetrando nos tecidos recém--formados através dos meristemas apicais. No desenvolvimento dos laticíferos unicelulares ocorre uma combinação de crescimento coordenado e apical intrusivo. Semelhante comportamento individualístico das células ocorre em grau comparativamente mais modesto entre os esclereídeos (Cap. 6); é marcante nos laticíferos ramificados não-articulados, que crescem entre as outras células como hifas de um fungo parasita bem sucedido (Fig. 13.6B, C). Em plantas de crescimento secundário os laticíferos se desenvolvem também nos tecidos secundários. Padrões complicados de desenvolvimento têm lugar quando um laticífero não-articulado penetra o câmbio vascular e continua durante o crescimento subseqüente dos tecidos procedentes do câmbio (Vreede, 1949).

Os laticíferos possuem paredes primárias não-lignificadas de espessura variável. Considera-se que nos laticíferos maduros, o látex é envolvido pelo protoplasto. Os laticíferos

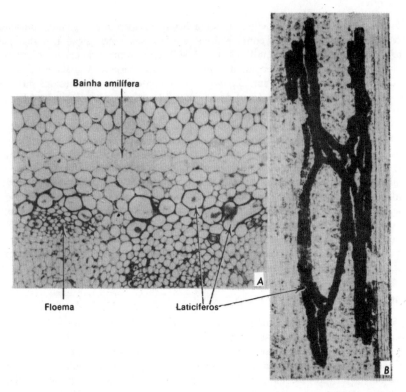

Figura 13.5 Laticíferos articulados anastomosados de *Lactuca scariola*. *A*, corte transversal do caule. Os laticíferos localizam-se por fora do floema. *B*, vista longitudinal de laticíferos em tecido do caule parcialmente macerado. (*A*, ×180; *B*, ×70)

articulados tornam-se multinucleados quando séries de células se fundem pela dissolução das respectivas paredes. Laticíferos não-articulados também se tornam multinucleados na medida em que crescem. Nestes, a condição multinucleada é alcançada por divisão nuclear. A relação entre o protoplasto e o látex é tão difícil de estabelecer-se quanto a relação entre o citoplasma e o vacúolo nos elementos de tubos crivados. O látex é tido geralmente como um material vacuolar, mas não há demarcação nítida entre o citoplasma e o vacúolo nos laticíferos maduros.

O látex é muito variável na aparência e na composição. É geralmente leitoso mas pode ser incolor, marrom ou alaranjado. Freqüentemente contém borracha — um membro da família das substâncias orgânicas, denominadas terpenos — e as plantas que possuem grandes quantidades dessa substância em seus laticíferos (por exemplo, *Hevea brasiliensis*, *Ficus elastica*) são fontes naturais das borrachas utilizadas pela indústria. A borracha ocorre em forma de partículas em suspensão coloidal. As partículas têm tamanho variável nas diferentes plantas, possuem uma estrutura complexa e parecem estar envolvidas por um material proteínico (Schoon e Phoa, 1956). Muitas outras substâncias ocorrem nos látices (plural de látex) como por exemplo, alcalóides (papoula de ópio, *Papaver somniferum*), açúcar (Compositae), ceras, proteínas, enzimas (a enzima proteolítica, por exemplo, chamada papaína, da *Carica papaya* (mamão)), cristais, taninos e amido. Este apresenta-se comumente sob a forma de grandes grãos de formatos bizarros (Cap. 4).

Laticíferos ocorrem em certos gêneros de várias famílias de dicotiledôneas e monocotiledôneas. As plantas laticíferas mais conhecidas, são representantes das Euphorbiaceae

Estruturas secretoras 133

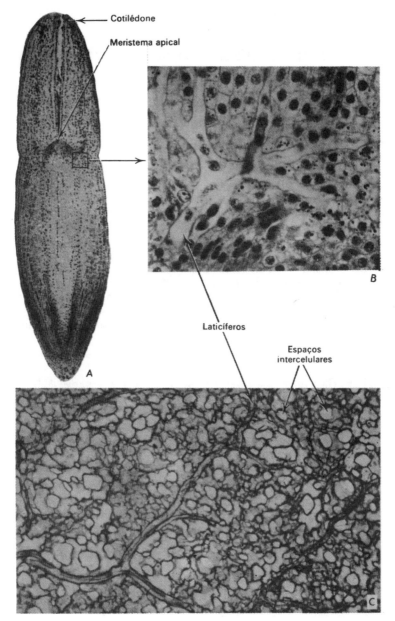

Figura 13.6 Laticíferos não-articulados, ramificados, de *Euphorbia* sp. *A*, embrião. O retângulo indica o local em que os laticíferos se originam. *B*, corte através dos laticíferos, mostrando a condição de multinucleados. *C*, laticíferos ramificados no parênquima lacunoso, vistos em corte paradérmico da folha (*A*, ×41; *B*, ×320; *C*, ×150. *A* e *B*, cortesia de K. C. Baker)

e compreendem as que proporcionam o aproveitamento industrial da borracha (por exemplo *Hevea* e *Manihot*); diversos gêneros da tribo Chicorieae das compostas. (Por exemplo, dente-de-leão, *Taraxacum*; serralha, *Sonchus*; alface, *Lactuca*); e as Moraceae, que incluem a planta indiana de borracha, *Ficus elastica*.

REFERÊNCIAS BIBLIOGRÁFICAS

Arisz, W. H., I. J. Camphuis, H. Heikens, e A. J. Van Tooren. The secretion of the salt glands of *Limonium latifolium* Ktze. *Acta. Bot. Neerl.* 4:322-338. 1955.

Eschrich, W. Ein Beitrag zur Kenntnis der Kallose. *Planta* 44:532-542. 1954.

Fahn, A. On the structure of floral nectaries. *Bot. Gaz.* 113:464-470. 1952.

Fahn, A. The topography of the nectary in the flower and its phylogenetic trend. *Phytomorphology* 3:424-426. 1953.

Foster, A. S. Plant idioblasts: remarkable examples of cell specilization. *Protoplasma* 46:184-193. 1956.

Frei, E. Die Innervierung der floralen Nektarien dikotyler Pflanzenfamilien. *Schweiz. Bot. Gesell. Ber.* 65:60-114. 1955.

Frey-Wyssling, A. The phloem supply to the nectaries. *Acta Bot. Neerl.* 4:358-369. 1955.

Kowalewicz, R. Zur Kenntnis von *Epilobium* und *Oenothera*. I. Über die Raphidenschläuche. 2. Über intergenerische Transplantation. *Planta* 47:501-509. 1956.

Metcalfe, C. R., e L. Chalk. *Anatomy of the dicotyledons*. 2 Vols. Oxford, Clarendon Press. 1950.

Moens, P. Les formations sécrétrices des copaliers congolais. Étude anatomique, histologique et histogénétique. *Cellule* 57:33-64. 1955.

Reams, W. M., Jr. The occurrence and ontogeny of hydathodes in *Hygrophila polysperma* T. Anders. *New Phytol.* 52:8-13. 1953.

Schoon, T. G. F., e K. L. Phoa. Morphology of the rubber particles in natural latices. *Arch. Rubber Cult.* 33:195-215. 1956.

Stahl, E. Untersuchungen an den Drüsenhaaren der Schafgarbe (*Achillea millefolium* L.) *Ztschr. für Bot.* 41:123-146. 1953.

Stevens, A. B. P. The structure and development of hydathodes of *Caltha palustris* L. *New Phytol.* 55:339-345. 1956.

Stocking, C. R. Guttation and bleeding. In: *Handbuch der Pflanzenphysiologie*. 3:489-502. 1956a.

Stocking, C. R. Excretion by glandular organs. In: *Handbuch der Pflanzenphysiologie*. 3:503-510. 1956b.

Trapp, I. Neuere Untersuchungen über den Bau und Tätigkeit der pflanzlichen Drüsenhaare. *Oberhess. Gesell. für Nat. und Heilk. Giessen Ber., Naturw. Abt.* 24:182-205. 1949.

Vreede, M. C. Topography of the laticiferous system in the genus *Ficus*. *Ann. Jard. Bot. Buitenzorg*. 51:125-149. 1949.

14

A raiz: estágio primário do crescimento

TIPOS DE RAÍZES

A primeira raiz de uma planta com sementes desenvolve-se a partir do promeristema da raiz (meristema apical) do embrião. É a raiz pivotante, em geral denominada raiz primária. Nas gimnospermas e dicotiledôneas a raiz pivotante e suas raízes laterais várias vezes ramificadas, constituem o sistema radicular. Nas monocotiledôneas, a primeira raiz vive apenas por um curto período de tempo e o sistema radicular da planta é formado pelas raízes adventícias que se originam no caule, freqüentemente em conexão com gemas axilares. Nas gramíneas, a formação de numerosos caules a partir de gemas e raízes a eles associadas, é conhecida como brotação (tillering). As raízes adventícias também se ramificam, porém formam um sistema radicular relativamente homogêneo, chamado sistema fasciculado. Em geral, o sistema radicular pivotante penetra mais profundamente o solo, do que o sistema fasciculado, mas este une com mais firmeza as camadas superficiais do solo. A maioria dos componentes do sistema pivotante apresenta crescimento secundário. No entanto as pequenas raízes absorventes do sistema permanecem em estágio primário, sendo muitas vezes efêmeras. Os componentes de um sistema radicular adventício podem ou não possuir crescimento secundário.

Os dois tipos de sistemas descritos são os mais comuns em plantas providas de sementes, estando ambos relacionados com os processos de fixação, absorção, armazenamento e condução. No entanto, algumas raízes ou suas partes, são altamente especializadas em relação a uma determinada função. As partes carnosas das raízes da cenoura (*Daucus*), do rabanete (*Raphanus*), da beterraba (*Beta*), da batata-doce (*Ipomoea*) e outras, são especializadas para a função de órgãos de armazenamento. Algumas raízes tuberosas carnosas mostram formas peculiares de crescimento secundário, durante o seu desenvolvimento (Cap. 15). As raízes escora de plantas dos manguezais, são principalmente estruturas de sustentação. Com desenvolvimento menor, raízes deste tipo ocorrem em algumas Gramineae, como por exemplo no milho e, algo maior em *Pandanus*. Algumas trepadeiras e epífitas formam raízes aéreas capazes de fixá-las na superfície sobre a qual cresce o caule.

A fixação de plantas pode assumir um aspecto especializado sob forma de raízes contráteis. Estas encontram-se amplamente distribuídas entre as monocotiledôneas e dicotiledôneas herbáceas perenes. Ocorre contração em raízes axiais, laterais ou adventícias. Em todos os casos, a contração aproxima o promeristema caulinar do solo, ou em plantas providas de bulbo, aprofunda-o na terra. Em algumas plantas, especialmente nas bulbosas, certas raízes são especializadas como contráteis; outras apresentam o tipo comum (por exemplo, Chan, 1952).

ESTRUTURA PRIMÁRIA

A organização interna da raiz é variável porém relativamente simples quando comparada a do caule. Sob o ponto de vista da filogênese é considerada mais primitiva do que a do caule. É uma estrutura axial simples, não apresentando nós e entrenós nem órgãos semelhantes às folhas. Em virtude disto, o arranjo dos tecidos da raiz varia pouco nos diferentes níveis, enquanto no caule a conexão do eixo com as folhas tem como conseqüência diferenças estruturais nos nós e entrenós, bem como nos diferentes níveis de um dado entrenó.

Um corte transversal de uma raiz em estágio primário de crescimento, revela nítida separação entre os três sistemas de tecido: a epiderme (sistema dérmico), córtex (sistema fundamental) e sistema vascular (Fig. 14.1). O tecido vascular forma um cilindro sólido (Fig. 14.5A-C) ou, se a medula estiver presente, um cilindro oco (Fig. 14.3A). Cada um dos sistemas apresenta características estruturais típicas de raízes (veja abaixo). A coifa que reveste o promeristema da raiz, pode também ser considerada parte do seu corpo primário.

Epiderme

A epiderme de raízes jovens é especializada para a função de absorção e em geral é portadora de pêlos absorventes, que são expansões tubulares das células epidérmicas. Algumas, ou a maior parte destas, desenvolvem pêlos. Em certas plantas, as células da protoderme capazes de originar pêlos (tricoblastos) são menores que as destituídas desta propriedade; em outras, esta diferenciação não ocorre. A existência ou ausência desta diferenciação parece ser caráter de importância taxionômica (Row e Reeder, 1957). Os pêlos radiculares atingem seu completo desenvolvimento na região em que o xilema está ao menos parcialmente maduro. A função de absorção não está limitada aos pêlos. Células epidérmicas destituídas destes também absorvem. Os pêlos ampliam muito a superfície absorvente da raiz. Cálculos baseados no sistema radicular de plantas de centeio (Rosen, 1955) sugerem que comparativamente pequeno número de pêlos é capaz de suprir toda a água necessária à transpiração e crescimento da planta. Tal eficiência é particularmente importante nos casos em que a umidade disponível é distribuída irregularmente no solo.

Os pêlos radiculares originam-se como pequenas papilas na zona localizada acima da que apresenta divisões celulares numerosas. O citoplasma concentra-se na papila em crescimento e o núcleo migra em direção ao seu ápice (Bonet, 1954). A parede do ápice em crescimento é mais delicada do que a de região proximal. Parece conter substâncias pécticas e calose além de celulose (cf. Cormack, 1949; Currier, 1957; Ekdahl, 1953). O endurecimento do ápice do pêlo radicular ao fim do seu crescimento é atribuído à calcificação das substâncias pécticas ou a alterações dos componentes celulósicos da parede. Em geral os pêlos absorventes morrem nas partes mais velhas da raiz, podendo no entanto permanecer presentes.

Na epiderme da região mais jovem da raiz, bem como nos pêlos radiculares, foi identificada uma cutícula delgada (Cap. 7). Se a epiderme for persistente, ela pode eventualmente apresentar cutinização conspícua. Em algumas herbáceas perenes, a epiderme pode permanecer por longo período ou permanentemente, como tecido protetor (Luhan, 1955). As paredes neste caso, aumentam de espessura e o lume passa, algumas vezes, a ser ocupado por substâncias intensamente coloridas.

A epiderme das raízes aéreas de Orchidaceae tropicais e Araceae epífitas desenvolve-se em tecido multisseriado (epiderme múltipla), denominado velame que é constituído de células mortas, dispostas compactamente, que freqüentes vezes apresentam paredes com espessamentos secundários. O tecido em questão, é interpretado, de ordinário, como sendo um tecido de absorção; mas, certas pesquisas de natureza fisiológica, feitas com velame de orquídeas, indicaram que a função principal do tecido é desenvolver proteção mecânica e redução da perda de água do córtex (Dycus e Knudson, 1957).

Córtex

O córtex da raiz, geralmente é constituído apenas de células parenquimáticas; se for persistente, pode desenvolver esclerênquima ou tornar-se colenquimatoso. A presença de

A raiz: estágio primário do crescimento

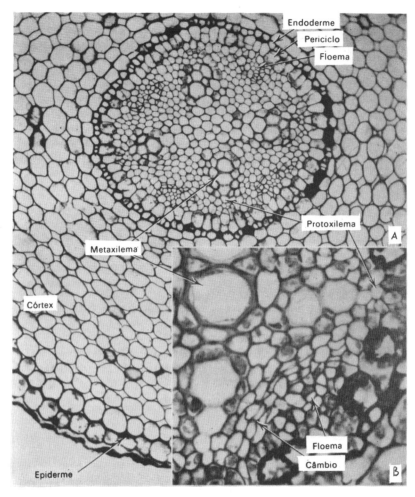

Figura 14.1 Corte transversal da raiz de morangueiro (*Fragaria*), em estrutura primária, (A) e início do câmbio vascular (B). (*A*, ×225; *B*, ×605. De Nelson e Wilhelm, *Hilgardia*, 1957)

espaços intercelulares conspícuos é característica no córtex da raiz (Fig. 14.1A). Os espaços podem ser lacunas grandes que envolvem destruição de células durante sua formação (aerênquima). Lacunas deste tipo são encontradas em plantas que crescem em habitat úmido (por exemplo, arroz) bem como em regiões relativamente áridas (cf. Beckel, 1956). Cloroplastos não são comuns no córtex da raiz, porém, o amido é freqüente. A camada mais interna é diferenciada em endoderme e uma ou mais camadas, na periferia, podem desenvolver-se numa exoderme.

Endoderme. A endoderme é tratada com especial atenção nas discussões referentes ao movimento dos materiais absorvidos pela raiz. Na região absorvente jovem, a parede da endoderme contém suberina disposta em forma de fita que se estende ao redor da célula, nas paredes radiais e transversais (Fig. 14.2). Esta faixa, denominada estria ou faixa de Caspary, não é mero espessamento da parede, mas, parte da parede primária. Além disso, a deposição de suberina é contínua, através da lamela média. O protoplasto prende-se com firmeza a estria de Caspary. O significado desta relação parece indicar que os materiais

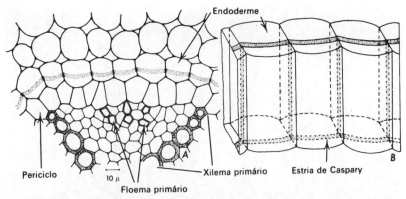

Figura 14.2 Estrutura da endoderme. *A*, corte transversal de parte de uma raiz de *Convolvulus arvensis*, mostrando a posição da endoderme em relação ao xilema e floema. A endoderme apresenta-se com paredes transversais, portanto estrias de Caspary. *B*, diagrama de três células de endoderme, orientadas do mesmo modo como o estão em *A*; estrias de Caspary ocorrem nas paredes transversais e radiais (isto é em todas as paredes anticlinais) mas estão ausentes nas paredes tangenciais

que se movem em sentido radial através da endoderme, não podem passar pela parede desta devido à suberina presente na estria; também não poderá movimentar-se entre a parede e o citoplasma em função da conexão entre o protoplasto e a estria. Por isto, o único caminho viável é através do citoplasma, que exerce influência controladora sobre o movimento. Esta possibilidade é freqüentemente levada em consideração durante a formulação de hipóteses relacionadas com o complexo problema do movimento de materiais nas raízes e sua liberação pelas células vivas, em direção às células condutoras não vivas do xilema (por exemplo, Arnold, 1952).

Nas raízes que apresentam crescimento secundário, a endoderme em geral é eliminada com o córtex; nas que permanecem em estrutura primária, com freqüência desenvolve paredes secundárias espessas (Figs. 14.3 e 14.4). As paredes em questão são constituídas de uma lamela de suberina coberta por diversas camadas de celulose lignificada. O espessamento em geral é desigual, sendo delgado ou ausente nas paredes tangenciais externas (Figs. 14.3 e 14.4). A formação da parede secundária pode não se processar nas células da endoderme opostas ao xilema. Tais células de paredes delgadas (com estrias de Caspary) entre as células espessadas da endoderme são denominadas células de passagem. A endoderme em geral é unisseriada porém em muitas Compositae algumas células da endoderme dividem-se tangencialmente e canais secretores esquizógenos desenvolvem-se nas zonas bisseriadas da endoderme (Williams, 1954). Em algumas espécies — pera e maçã constituem bons exemplos — as camadas corticais externas à endoderme desenvolvem espessamentos parietais proeminentes muitas vezes confinados às paredes radiais (por exemplo, Riedhart e Guard, 1957).

Exoderme. A exoderme ocorre abaixo da epiderme. Suas células podem apresentar estrias de Caspary, porém, com maior freqüência são descritas como possuidoras de uma lamela de suberina revestida por uma espessa parede celulósica. A exoderme é constituída de apenas um tipo de células ou de células curtas e longas. Enquanto a raiz é jovem, as paredes das células curtas não contêm suberina. Mais tarde poderão suberizar-se. A exoderme pode apresentar várias camadas de espessura (Fig. 14.3A).

Cilindro vascular

O cilindro vascular compreende uma ou mais camadas de células não-vasculares — o periciclo — e tecidos vasculares. A inclusão do periciclo entre os tecidos vasculares é feita,

A raiz: estágio primário do crescimento 139

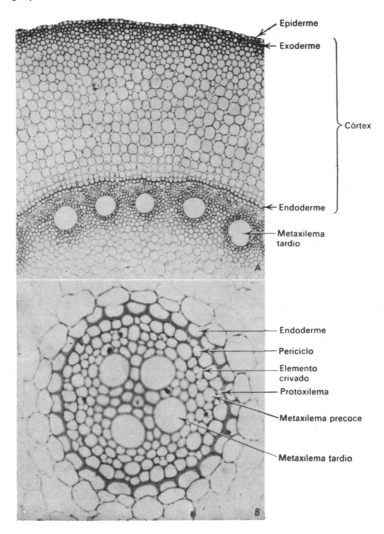

Figura 14.3 Raízes de gramíneas, vistas em cortes transversais. *A, Zea mays,* corte de uma raiz desenvolvida apresentando medula. *B,* cilindro vascular da raiz de *Bromus,* sem medula. Em ambas, a endoderme apresenta espessamentos secundários. O elemento crivado em *B,* está associado a duas células do parênquima. (*A,* ×60; *B,* ×320. *A,* de J. E. Sass, *Botanical Microtechnique,* 3.º ed. The Iowa State College Press, 1958; *B,* de Esau, *Hilgardia,* 1957)

em parte, por motivos relacionados com o desenvolvimento (o periciclo origina-se da mesma região do meristema apical dos tecidos vasculares) — e em parte, por motivos históricos — o conceito de estelo (Cap. 16) define o periciclo como sendo a camada limitante do estelo. O periciclo pode ser constituído apenas de parênquima (Figs. 14.1A e 14.2); conter esclerênquima (Fig. 14.4), ou elementos do protoxilema (Fig. 14.3B); em geral é unisseriado podendo no entanto apresentar diversas camadas de células (Fig. 14.4B). Nas Umbelliferae, o periciclo apresenta canais secretores esquizógenos (Bruch, 1955). No periciclo têm origem as raízes laterais, parte do câmbio vascular, e em muitas raízes, o felogênio.

Muitas vezes o xilema forma um maciço sólido provido de projeções que se dirigem em direção ao periciclo (Fig. 14.5). Os feixes de floema alternam-se com as arestas do xilema.

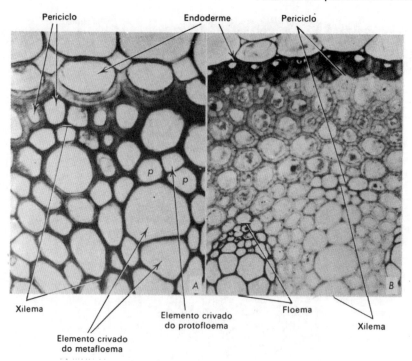

Figura 14.4 Estrutura da endoderme e do periciclo em raízes de monocotiledôneas, vistas em cortes transversais. *A, Zea mays. B, Smilax herbacea.* Em ambas, a endoderme apresenta espessamentos secundários. Periciclo unisseriado em *A*, multisseriado em *B*. O grupo protofloemático triangular — um elemento crivado e duas células parênquimáticas (p) — em *A*, é característico de gramíneas. (*A*, ×750; *B*, ×280)

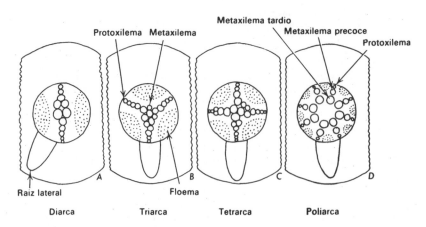

Figura 14.5 Diferentes padrões formados pelo xilema primário em cortes transversais de raízes e posição da raiz lateral em relação ao xilema e floema da raiz principal. Os padrões *A–C* são característicos de dicotiledôneas. *D*, é encontrado em muitas monocotiledôneas. (Segundo Esau, *Plant Anatomy*, John Wiley and Sons, 1953)

A raiz: estágio primário do crescimento

Se no centro da raiz o xilema não se diferencia, este é ocupado por medula constituída de parênquima ou esclerênquima (Figs. 14.1A e 14.5D).

O número de arestas do xilema varia e, em relação a esta variação, as raízes são denominadas diarcas, triarcas, tetrarcas etc, ou poliarcas (Fig. 14.5). As células traqueais que ocupam a posição mais externa de cada xilema são as mais estreitas e as primeiras a amadurecer. Constituem o protoxilema (Fig. 14.5) e apresentam espessamentos helicoidais, escalariforme-reticulados ou algumas vezes em anel. Ocupando posição mais próxima ao centro ocorrem os elementos do metaxilema, de diâmetro crescente, a maioria dos quais, especialmente os mais tardios, apresentam paredes secundárias com pontuações areoladas. Como foi mencionado no Cap. 3, o xilema da raiz, com maturação centrípeta, é denominado exarco.

A estrutura vascular primária das raízes de monocotiledôneas — estas raras vezes apresentam crescimento secundário — é muito variável e freqüentemente complexa. Em algumas, o centro é ocupado por um único vaso do metaxilema; em outras um círculo de tais vasos circunda a medula (Figs. 14.3 e 14.6A). Um padrão mais complicado é o de *Monstera* na qual feixes de xilema e floema estão dispersos na porção central do cilindro vascular (Fig. 14.6B).

Os primeiros elementos crivados, isto é, os elementos do protofloema, também ocupam posição periférica no cilindro vascular; o metafloema ocorre mais para o interior. Em outras palavras, o floema primário também exibe diferenciação centrípeta (Fig. 14.4A). Células parenquimáticas ocorrem entre os elementos crivados do floema primário. Nas dicotiledôneas as células companheiras constituem característica do metafloema, faltando, em geral, no protofloema. São deficientes os dados acerca deste assunto no que concerne às monoco-

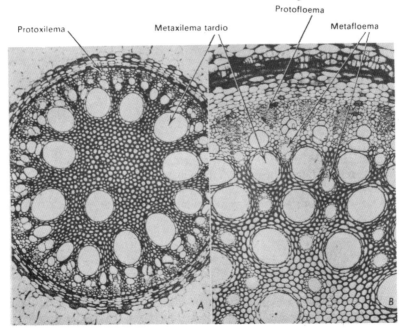

Figura 14.6 Variações estruturais das raízes de monocotiledôneas, vistas em cortes transversais. *A, Elaeis guineensis.* Os elementos do metaxilema tardio apresentam-se em círculo, exceto um, que aparece próximo ao centro. *B, Monstera deliciosa.* Numerosos elementos do metaxilema tardio, distribuídos pelo centro, junto com grupos de metafloema. (*A,* ×76; *B,* ×50. Cortesia de V. I. Cheadle)

tiledôneas. Nas gramíneas, cada elemento crivado do protofloema está associado a duas células parenquimáticas (Fig. 14.4A, em p), que derivam da mesma célula-mãe dos elementos crivados e, por este motivo, lembram células companheiras. Em raízes apresentando crescimento secundário, as células localizadas entre o xilema e o floema funcionam, eventualmente, como câmbio vascular (Fig. 14.1B). Em raízes que permanecem em estágio primário, amadurecem como parênquima ou como células do esclerênquima (Fig. 14.3).

Coifa

A coifa (Figs. 3.2 e 14.7) é interpretada como estrutura protetora do meristema apical, cooperando na penetração da raiz no solo. As células são vivas e amiúde contêm amido. As paredes da periferia da coifa e as voltadas em direção ao corpo da raiz parecem, com freqüência, possuir consistência mucilaginosa, provavelmente devido a uma condição peculiar das substâncias pécticas. Considera-se que este caráter facilita a eliminação das células periféricas bem como a separação da coifa dos flancos da raiz em crescimento. Condições ambientais afetam a estrutura da coifa. As raízes que, normalmente crescem no solo, quando cultivadas em água podem apresentar-se destituídas de coifa (Richardson, 1955). Por outra parte, plantas aquáticas possuem, freqüentemente, coifas muito desenvolvidas (por exemplo, *Eichhornia*, água-pé).

Nas micorrizas ectotróficas (micorrizas são associações simbióticas entre raízes e fungos) um manto de fungos reveste o ápice da raiz. Aparentemente, a formação da coifa continua a processar-se sob este manto, porém as células periféricas que deveriam ser eliminadas no solo, se decompõem por baixo do manto de fungos (Clowes, 1954).

DESENVOLVIMENTO

Meristema apical

Como foi mencionado no Cap. 2, o fenômeno principal da origem da raiz no embrião é a organização do meristema apical, o promeristema da raiz (cf. Guttenberg e outros, 1954, 1955) na extremidade inferior do hipocótilo; às vezes uma raiz está presente no embrião. Depois da germinação da semente, o promeristema radicular do embrião origina a raiz pivotante (raiz primária). Quando esta cresce, o promeristema assume organização definida, variável nos diferentes grupos de plantas. Raízes laterais e adventícias, quando presentes, também mostram disposição característica das células do promeristema, mais ou menos semelhantes ao da raiz pivotante. A arquitetura do meristema apical das raízes foi estudada, freqüentemente, tendo em vista a origem dos sistemas tissulares. Quando estas arquiteturas apresentavam diferenças características, os pesquisadores começaram a relacionar as diferenças ao agrupamento taxionômico das plantas; apenas umas poucas tentativas foram feitas no sentido de descobrir linhas evolutivas na organização apical (Voronin, 1956).

As diferenças de organização do promeristema resultam de mudanças das relações espaciais das células do meristema com as regiões tissulares da raiz, relação comumente tomada como evidência de inter-relação ontogenética. Foram reconhecidos dois tipos principais de organização. Num deles, o cilindro vascular, o córtex e à coifa podem ser reconhecíveis como originados de camadas celulares independentes do meristema apical, com a epiderme, diferenciando-se da camada externa do córtex (Fig. 14.7A,B) ou de células tendo origem comum com as da coifa (Fig. 4.7C,D). No outro tipo, todas as regiões ou, ao menos, o córtex e a coifa convergem num grupo de células orientadas transversalmente (Fig. 14.7E,F). Esses padrões foram interpretados nos sentidos de que, no primeiro tipo, as três regiões — cilindro vascular, córtex e coifa — têm, cada qual, a sua própria inicial; no segundo, todas as regiões têm iniciais comuns. O tipo do meristema apical, provido de

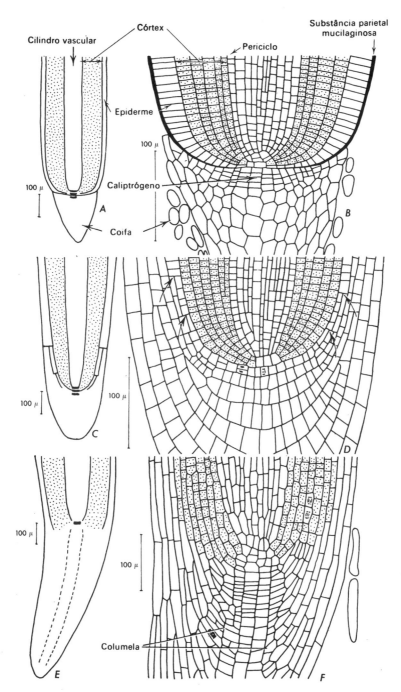

Figura 14.7 Meristema apical e regiões derivadas na raiz. *A, B, Stipa*. Três fileiras de iniciais formadoras da coifa — o caliptrógeno. A epiderme e o córtex têm origem comum. *C, D*, rabanete (*Raphanus*). Três fileiras de iniciais. Epiderme e coifa têm origem comum e tornam-se delimitadas nos flancos da raiz, à custa de paredes periclinais (setas em *D*). *E, F, Picea*. Todas as regiões da raiz têm origem num grupo de iniciais. A coifa apresenta uma columela central, de células que se dividem transversalmente. Também forma derivadas no sentido lateral

iniciais comuns pode ser filogeneticamente primitivo (Voronin, 1956). Em numerosas plantas vasculares inferiores apenas uma célula, a apical, aparece na posisão em foco e é a inicial comum de todas as partes da raiz.

Com relação ao meristema, o termo inicial implica em que a célula se divide repetidamente adicionando células ao corpo da planta, mas, ela mesma permanece no meristema. Muitos estudos sobre promeristemas das raízes indicam, no entanto, inatividade relativa das células comumente denominadas iniciais. A atividade mitótica é mais intensa a uma pequena distância destas células (Clowes, 1958; Jensen e Kavaljian, 1958) de tal modo que o promeristema se apresenta como um corpo de células com as "iniciais" centrais relativamente quiescentes e as camadas celulares periféricas dividindo-se ativamente. Estudos envolvendo o emprego de traçadores radiativos confirmam o conceito de um centro quiescente no promeristema, uma vez que indicam que ocorre escassa ou nenhuma síntese de proteína e ácido ribonucleico nas iniciais apicais (por exemplo, Jensen, 1957).

Crescimento do ápice radicular

A zona em que ocorrem intensas divisões celulares prolonga-se por uma considerável distância do ápice. Estas divisões combinam-se com o crescimento das células. Divisões eventuais cessam, e sucessivos crescimentos resultam do aumento celular. Em virtude da organização relativamente simples do ápice da raiz, este constitui objeto preferido para o estudo do crescimento de organismos multicelulares (cf. Torrey, 1956). Nestes estudos são considerados aspectos físicos, matemáticos e bioquímicos do crescimento. Foram realizadas tentativas para distinguir os componentes do crescimento, divisão e aumento celular, bem como para relacionar as alterações bioquímicas que ocorrem em distâncias cada vez maiores do promeristema em relação à distribuição dos dois componentes do crescimento. Os resultados dessas pesquisas variam quanto a pormenores, porém todos indicam que o máximo da atividade mitótica não ocorre no promeristema — nem mesmo na sua parte periférica mais ativa — porém, um pouco além desta região (Fig. 14.8) e que o crescimento máximo da raiz em comprimento resulta do alongamento celular. Num estudo de raízes de *Zea* (Erichson e Sax, 1956) foi registrado alongamento em 8-10 mm da raiz, com um máximo ao nível de 4 mm, onde ocorria apenas alongamento e não divisão celular.

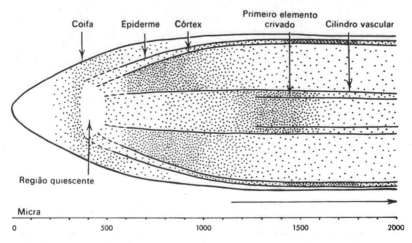

Figura 14.8 Diagrama do ápice da raiz da cebola em corte longitudinal, ilustrando a atividade meristemática. A freqüência das mitoses é indicada pela densidade das pontuações. (Segundo Jensen e Kavaljian, *Amer. Jour. Bot.*, 1958)

Diferenciação primária

Às distâncias diferentes do promeristema, as células aumentam de tamanho desenvolvendo as suas características específicas relacionadas com sua posição na raiz. Em outras palavras, as células se diferenciam. As três regiões da raiz, epiderme, córtex e cilindro vascular tornam-se delimitadas próximo ao promeristema (Figs. 14.7 e 14.8). As diferenças na distribuição das mitoses e no grau de aumento celular precoce contribuem para a diferenciação inicial das diferentes regiões tissulares (Jensen e Kavaljian, 1958). Em estado meristemático a epiderme, o córtex e o cilindro vascular, podem ser chamados, respectivamente, de protoderme, meristema cortical fundamental e procâmbio. (O emprego do termo procâmbio para designar o cilindro vascular não é inteiramente satisfatório, porque, na maturidade, este cilindro contém tecidos não-vasculares como o periciclo e algumas vezes a medula).

Uma das características mais evidentes da diferenciação epidérmica, é o aparecimento dos pêlos radiculares. Como foi mencionado anteriormente, estes atingem seu maior desenvolvimento além da zona de alongamento, aproximadamente, ao nível em que tem início a maturação do xilema.

O córtex aumenta em diâmetro à custa de divisões periclinais e aumento radial das células. Em muitas raízes, as divisões celulares ocorrem inteira ou parcialmente na camada mais interna, isto é, a que se localiza junto ao periciclo (Figs. 14.7B,D e 14.9B). A repetição de divisões nesta camada, freqüentemente faz com que o tecido resultante apresente um arranjo ordenado como o dos tecidos derivados do câmbio vascular (Fig. 14.3A). Entretanto, o número de divisões que ocorrem no córtex é limitado e, ao final, a camada mais interna torna-se a endoderme (Fig. 14.9B) quando as estrias de Caspary são diferenciadas. Os espaços intercelulares, tão proeminentes no córtex da raiz, aparecem nas proximidades do promeristema.

Na diferenciação do cilindro vascular, em geral, o periciclo é a primeira região identificável. A diferenciação vascular tem início com uma crescente vacuolização e aumento dos elementos traqueais do metaxilema (Figs. 14.9 e 14.10; Popham, 1955b). Segue-se a maturação dos primeiros elementos do floema (Figs. 14.9B e 14.10); a seguir os primeiros elementos do protoxilema localizados juntos ao periciclo desenvolvem paredes secundárias e amadurecem. Assim, os primeiros elementos do floema amadurecem antes dos primeiros do xilema e, neste, a diferenciação dos elementos traqueais inicia-se em sentido centrífugo, sendo, porém, completado no sentido centrípeto. A distância exata entre o meristema apical e os primeiros elementos vasculares a se tornarem maduros, especialmente os do xilema, varia em relação à razão de crescimento das raízes. Em geral as raízes de crescimento lento apresentam elementos vasculares maduros mais próximos do promeristema do que as de crescimento rápido (cf. Esau, 1953).

O desenvolvimento não é processo uniforme e contínuo. Em *Abies procera* (Wilcox, 1954) por exemplo, o crescimento das raízes diminui, periodicamente; a maturação celular progride junto ao ápice e por ocasião do início da dormência, substâncias graxas, provavelmente suberina, são depositadas no córtex e na coifa. A deposição ocorre através de uma camada celular contínua à endoderme e cobrindo o promeristema. Em conseqüência, este é isolado por uma camada de células suberizadas, nos lados e em direção à coifa. Externamente estes ápices radiculares apresentam coloração castanha. Quando o crescimento recomeça, a capa castanha é rompida e o ápice da raiz, atravessa-a. Estudos feitos com raízes excisadas indicam que elas podem ter um ritmo de crescimento independente das mudanças sazonais, porém, determinado por fatores internos (Street e Roberts, 1952).

Raízes laterais

As raízes laterais têm origem a certa distância do promeristema na periferia do cilindro vascular. Devido a sua origem profunda as raízes são denominadas endógenas. As raízes

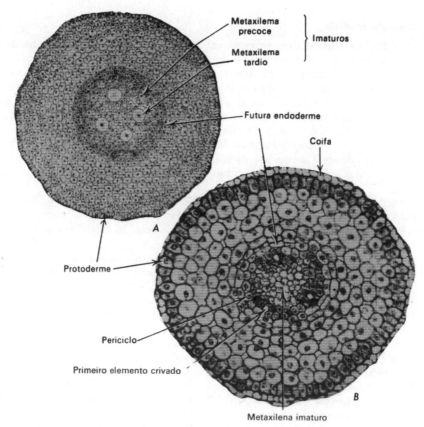

Figura 14.9 Estágios iniciais da diferenciação vascular nas raízes, vistos em cortes transversais. *A*, *Zea mays* (milho). Elementos do metaxilema conspicuamente aumentados e vacuolizados antes que outros elementos vasculares sejam distinguíveis. *B*, *Melilotus alba*. Xilema triarca imaturo, vacuolizado; três feixes floemáticos, com citoplasma denso, cada qual apresentando um elemento crivado maduro. (*A*, ×120; *B*, ×230. De J. E. Sass, *Botanical Microtechnique*, 3.º ed., The Iowa State College Press, 1958)

laterais das gimnospermas e das angiospermas, quer surjam das raízes pivotantes e suas ramificações ou de raízes adventícias, originam-se mais comumente no periciclo (Fig. 14.11A). A endoderme pode participar em vários graus da formação de novos primórdios radiculares (Fig. 14.11; Popham, 1955a; Schade e Guttenberg, 1951). Nas plantas vasculares inferiores as raízes laterais são consideradas como originárias da endoderme.

A origem pericíclica das raízes laterais coloca-as em estreita relação com os tecidos vasculares da raiz-mãe, com a qual eventualmente os seus tecidos vasculares se conectam. A posição da raiz lateral em relação aos pólos do xilema da raiz-mãe varia de acordo com o padrão desta, sendo, no entanto estável, num padrão determinado de raiz (Fig. 14.5). Em uma raiz diarca, a raiz lateral surge entre o floema e o xilema; numa triarca, tetrarca, etc., surge em posição oposta ao xilema, e numa poliarca, oposta ao floema.

Quando uma raiz lateral se inicia várias células pericíclicas contíguas dividem-se em sentido periclinal. Os produtos destas divisões dividem-se novamente em sentido periclinal e anticlinal. As células que se acumulam formam uma protrusão — o primórdio da raiz (Fig. 14.11A). À medida que o primórdio aumenta em comprimento, penetra o córtex e emerge na superfície. A endoderme divide-se, freqüentemente, apenas em sentido anticlinal

A raiz: estágio primário do crescimento

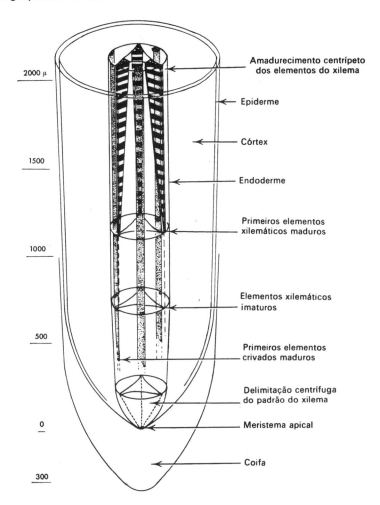

Figura 14.10 Diagrama apresentando a diferenciação vascular primária de uma raiz de ervilha (*Pisum sativum*). A raiz foi cultivada em solução nutritiva, isolada de planta mas a seqüência e o padrão de diferenciação correspondem aos observados na raiz ligada à planta. (De Torrey, *Amer. Jour. Bot.* 1953)

e desse modo acompanha o crescimento do primórdio. Mas as outras células corticais são parcialmente deformadas, comprimidas, deslocadas para os lados, e provavelmente dissolvidas em parte diante do ápice que avança. Durante o crescimento do primórdio jovem através do córtex, começam a formar-se o promeristema e a coifa, e o cilindro vascular e o córtex são delimitados atrás do promeristema (Fig. 14.11B). A endoderme, quando não participa da organização do primórdio é comprimida e afastada.

Quando os elementos do floema e do xilema se diferenciam na raiz lateral, tornam-se conectados com elementos equivalentes da raiz-mãe. A conexão forma-se à custa da diferenciação em elementos vasculares das células do periciclo na região proximal do primórdio.

Os novos aumentos de crescimento, pelo alongamento continuado das raízes existentes e pelo início de novas raízes laterais, é considerado caráter importante no que se refere à absorção pelas raízes. Tal crescimento origina novas superfícies de absorção e faz com que estas entrem em contato com outras áreas de solo.

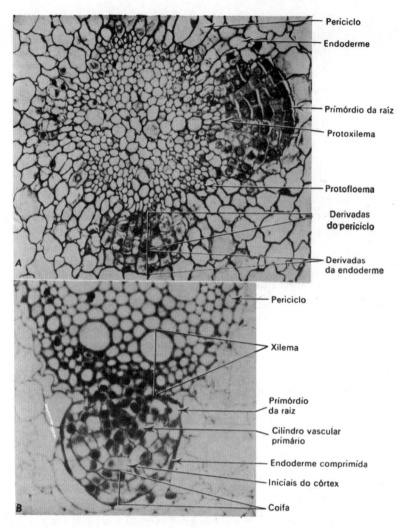

Figura 14.11 Origem das raizes laterais. A, *Helianthus annuus*, (girassol). Estão presentes dois primórdios de raiz. O metaxilema da raiz originária continua imaturo. A posição da raiz lateral é semelhante à indicada na Fig. 14.5C. B, *Bromus mollis*. Posição da raiz lateral semelhante à indicada na Fig. 14.5D. (A, ×210; B, ×320. B, de Esau, *Hilgardia*, 1957)

REFERÊNCIAS BIBLIOGRÁFICAS

Arnold, A. Über den Funktionsmechanismus der Endodermiszellen der Wurzeln. *Protoplasma* 41:189-211. 1952.

Beckel, D. K. B. Cortical desintegration in the roots of *Bouteloua gracilis*. *New Phytol.* 55:183-190. 1956.

Bouet, M. Études cytologiques sur le développement des poils absorbants. *Rev. Cyt. et Biol. Vég.* 15:261-305. 1954.

Bruch, H. Beiträge zur Morphologie und Entwicklungsgeschichte der Fenchelwurzel (*Foeniculum vulgare* Mill.). *Beitr. zur. Biol. der Pflanz.* 32:1-26. 1955.

Chan, T.-T. The development of the narcissus plant. *Daffodil and Tulip Yr. Bk.* 17:72-100. 1952.
Clowes, F. A. L. The root cap of ectotrophic mycorrhizas. *New Phytol.* 53:525-529. 1954.
Clowes, F. A. L. Protein synthesis in root meristems. *Jour. Exp. Bot.* 9:229-238. 1958.
Cormack, R. G. H. The development of the root hairs in angiosperms. *Bot. Rev.* 15:583-612. 1949.
Currier, H. B. Callose substance in plant cells. *Amer. Jour. Bot.* 44:478-488. 1957.
Dycus, A. M., e L. Knudson. The role of the velamen of the aerial roots of orchids. *Bot. Gaz.* 119:78-87. 1957.
Ekdahl, I. Studies on the growth and the osmotic conditions of root hairs. *Symb. Bot. Upsaliensis*, 11(6):5-83. 1953.
Erickson, R. O., e K. B. Sax. Rates of cell division and cell elongation in the growth of the primary root of *Zea Mays*. *Amer. Phil. Soc. Proc.* 100:499-514. 1956.
Esau, K. Anatomical differentiation in root and shoot axes. In: *Growth and Differentiation in Plants*. W. E. Loomis, ed. Ames, Iowa State College Press. 1953.
Guttenberg, H. v., J. Burmeister, e H. J. Brosell. Studien über die Entwicklung des Wurzelvegetationspunktes der Dikotyledonen. II. *Planta* 46:179-222. 1955.
Guttenberg, H. v., H.-R. Heydel, e H. Pankow. Embryologische Studien an Monokotyledonen. I. Die Entstehung der Primärwurzel bei *Poa annua* L. *Flora* 141:298-311. 1954.
Jensen, W. A. The incorporation of C^{14}-adenine and C^{14}-phenylalanine by developing root-tip cells. *Natl. Acad. Sci. Proc.* 43:1 039-1 046. 1957.
Jensen, W. A., e L. G. Kavaljian. An analysis of cell morphology and the periodicity of division in the root tip of *Allium cepa*. *Amer. Jour. Bot.* 45:365-372. 1958.
Luhan, M. Das Abschlussgewebe der Wurzeln unserer Alpenpflanzen. *Deut. Bot. Gesell. Ber.* 68:87-92. 1955.
Popham, R. A. Zonation of primary and lateral root apices of *Pisum sativum*. *Amer. Jour. Bot.* 42:267-273. 1955a.
Popham, R. A. Levels of tissue differentiation in primary roots of *Pisum sativum*. *Amer. Jour. Bot.* 42:529-540. 1955b.
Richardson, S. D. The influence of rooting medium on the structure and development of the root cap in seedlings of *Acer saccharinum* L. *New Phytol.* 54:336-337. 1955.
Riedhart, J. M., e A. T. Guard. On the anatomy of the roots of apple seedlings. *Bot. Gaz.* 118:191-194. 1957.
Rosene, H. F. The water absorptive capacity of winter rye root-hairs. *New Phytol.* 54:95-97. 1955.
Row, H. C., e J. R. Reeder. Root hair development as evidence of relationships among genera of Gramineae. *Amer. Jour. Bot.* 44:596-601. 1957.
Schade, C., e H. v. Guttenberg. Über die Entwicklung des Wurzelvegetationspunktes der Monokotyledonen. *Planta* 40:170-198. 1951.
Street, H. E., e E. H. Roberts. Factors controlling meristematic activity in excised roots. I. Experiments showing the operation of internal factors. *Physiol. Plantarum* 5:498-509. 1952.
Torrey, J. G. Physiology of root elongation. *Annu. Rev. Plant Physiol.* 7:237-266. 1956.
Voronin, N. S. *Ob evoliūtsii korneĭ rasteniĭ*. [On evolution of roots of plants.] *Moskov. Obshch. Isp. Prirody, Otd. Biol., Biul.* 61:47-58. 1956.
Wilcox, H. Primary organization of active and dormant roots of noble fir, *Abies procera*. *Amer. Jour. Bot.* 41:812-821. 1954.
Williams, B. C. Observation on intercellular canals in root tips with reference to the Compositae. *Amer. Jour. Bot.* 41:104-106. 1954.

15

A raiz: estágio secundário do crescimento e raízes adventícias

O crescimento secundário nas raízes, como nos caules, consiste da formação de tecidos vasculares secundários a partir do câmbio e de uma periderme originada no felogênio. O crescimento secundário é característico das raízes de dicotiledôneas e gimnospermas. Ocorre em graus variados nas dicotiledôneas, podendo, no entanto, algumas delas conservar raízes em estrutura primária durante toda a sua vida. Como foi referido no Cap. 14, as raízes de monocotiledôneas geralmente não apresentam crescimento secundário. Este pode apresentar peculiaridades em relação à especialização funcional.

TIPO COMUM DE CRESCIMENTO SECUNDÁRIO

O câmbio vascular inicia-se à custa de divisões das células do procâmbio que permaneceram indiferenciadas entre o floema e o xilema primários (Fig. 15.1A-D). Por este motivo, o câmbio, logo no início, apresenta o formato de faixas, cujo número depende do tipo de raiz (Fig. 15.1C). Numa raiz diarca ocorrem duas faixas; três numa triarca, e assim por diante. Subseqüentemente, as células do periciclo, localizadas por fora dos pólos do xilema, também se tornam ativas, dividindo-se, e o câmbio então envolve completamente o xilema. Este câmbio inicial apresenta o mesmo delineamento do xilema; em cortes transversais, é oval em raízes diarcas, triangular nas triarcas, etc. O câmbio localizado na face interna do floema inicia o seu funcionamento antes que a parte do câmbio originada do periciclo. Devido à formação de xilema secundário em posição oposta ao floema, o câmbio é deslocado em direção à periferia, podendo apresentar-se em forma circular, quando visto em corte transversal (Fig. 15.1E).

O câmbio produz células de floema e xilema (Fig. 15.2) por divisões periclinais e amplia sua superfície por meio de divisões anticlinais. O câmbio, formado na face interna do floema, forma elementos condutores e outras células que, em geral, acompanham estes elementos de xilema e floema (Fig. 15.2A). Em algumas raízes, o câmbio tem origem no periciclo e produz parênquima radial (Figs. 15.2B e 15.3B,C). Raios também surgem em outras partes dos tecidos secundários (Fig. 15.2C) porém os que se originaram no periciclo oposto aos pólos do xilema, são freqüentemente os mais largos. Em certas raízes no entanto, não se formam raios largos e o xilema apresenta-se com aspecto um tanto homogêneo (Fig. 15.3A,D).

A formação da periderme acompanha o início do crescimento vascular secundário. As divisões periclinais ocasionam aumento do número das camadas pericíclicas em posição radial. A combinação do aumento em espessura dos tecidos vasculares e do periciclo força o córtex em direção à periferia. Este não experimenta aumento em sua circunferência, mas rompe-se e é eliminado junto com a epiderme e a endoderme (Fig. 15.1E). Um felogênio

A raiz: estágio secundário do crescimento e raízes adventícias 151

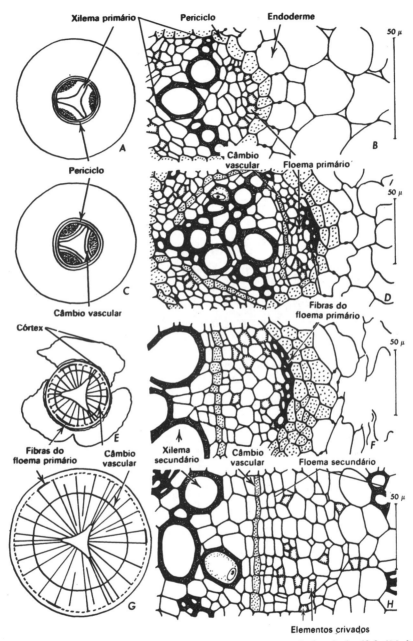

Figura 15.1 Diagramas e desenhos pormenorizados de cortes transversais da raiz de alfafa (*Medicago sativa*) em diferentes estágios de desenvolvimento. *A, B*, início do câmbio vascular. *E, F*, crescimento secundário do cilindro vascular, divisões celulares no periciclo e ruptura do córtex. *G, H*, o crescimento secundário foi estabelecido

origina-se na parte externa do periciclo formando felema (súber) em direção à periferia. Pode-se produzir feloderme em direção ao interior, mas, se esta estiver presente, torna-se difícil distingui-la do periciclo que proliferou antes da formação do felogênio.

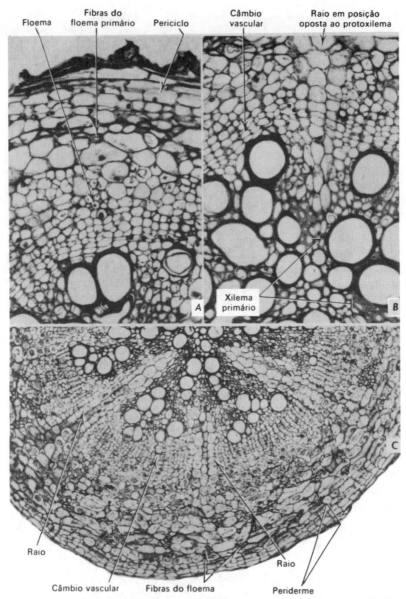

Figura 15.2 Cortes transversais da raiz de alfafa (*Medicago sativa*) mostrando pormenores do crescimento secundário. *A, B*, estágio inicial do crescimento secundário, semelhante ao da Fig. 15.1 *E, F. A*, disposição dos tecidos ao longo dos raios através do floema; o córtex (por fora do periciclo) está em colapso. *B*, região oposta a um pólo do protoxilema. *C*, raiz em estágio avançado de crescimento secundário, semelhante ao da Fig. 15.1*G, H*. (*A, B*, ×250; *C*, ×90)

Em raízes perenes a atividade do câmbio vascular continua por vários anos. O felogênio também continua sua atividade, mas pode ser substituído por felogênios que se originam em regiões mais profundas da raiz. Se tal desenvolvimento ocorre, a raiz comporta-se como o caule, apresentando um ritidoma.

A raiz: estágio secundário do crescimento e raízes adventícias

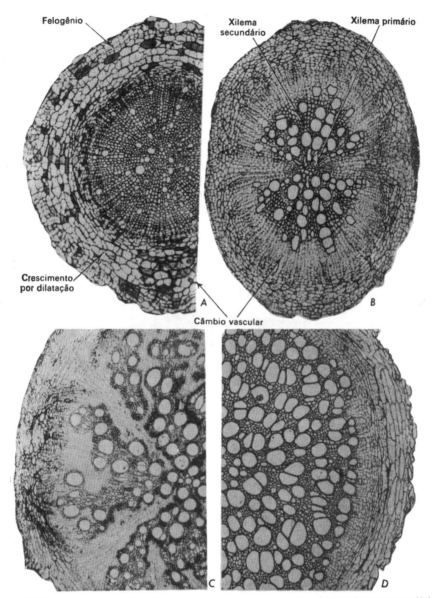

Figura 15.3 Cortes transversais de raízes de plantas herbáceas, em estágio de crescimento secundário. *A*, tomateiro (*Lycopersicon esculentum*). *B*, repolho (*Brassica oleracea*). *C*, aboboreira (*Cucurbita* sp.). *D*, batateira (*Solanum tuberosum*). (*A*, *B*, ×55; *C*, ×23; *D*, ×45)

Dicotiledôneas herbáceas. O crescimento secundário de uma dicotiledônea herbácea pode ser exemplificado pela raiz de *Medicago sativa*, alfafa (cf. Hayward, 1938; Simonds, 1935). O xilema secundário contém vasos de vários diâmetros e na maioria dos casos paredes secundárias com pontuações escalariformes e reticuladas. Os vasos são acompanhados de fibras e de células parenquimáticas. Raios largos de parênquima dividem o xilema em setores (Fig. 15.2C). Durante o crescimento secundário o xilema primário torna-se consideravelmente modificado, por efeito do crescimento de dilatação do parênquima do xilema primário. Os feixes de células condutoras do xilema primário são rompidos e parcialmente comprimidos.

O floema contém tubos crivados com células companheiras, fibras e células de parênquima (Fig. 15.1H). Os raios largos do xilema sao contínuos, através do câmbio, com raios similares do floema (Fig. 15.2C). O floema externo contém apenas fibras e parênquima de reserva; os tubos crivados velhos são comprimidos. O floema une-se imperceptivelmente com o parênquima do periciclo sob a periderme. O súber derivado do felogênio forma o tecido protetor.

O montante do crescimento secundário varia nas diferentes dicotiledôneas herbáceas bem como varia a composição histológica dos tecidos e os caracteres de constituição da periderme (Fig. 15.3).

Espécies lenhosas. A organização dos tecidos vasculares secundários em raízes de espécies lenhosas assemelha-se às que foram descritas para a alfafa (por exemplo, Esau, 1943). Geralmente as raízes de árvores apresentam grande proporção de elementos com paredes secundárias lignificadas (Fig. 15.4), mas as de plantas herbáceas também podem tornar-se fortemente esclerificadas (Fig. 15.3A). As raízes de gimnospermas (Fig. 15.4A) possuem tipo de crescimento secundário semelhante ao das árvores dicotiledôneas (Fig. 15.4B), porém os elementos básicos de xilema e floema são diferentes nos dois grupos de plantas.

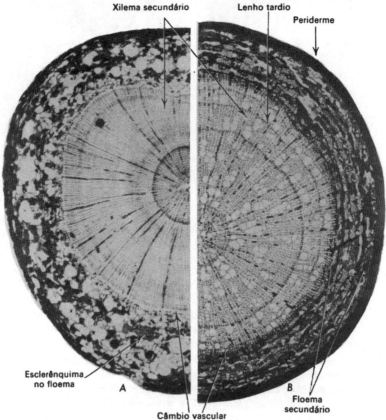

Figura 15.4 Cortes transversais de raízes de espécies lenhosas, em estágio de crescimento secundário. A, *Abies* (×24). B, *Tilia* (×33). (Segundo Esau, *Plant Anatomy*, John Wiley and Sons, 1953)

Quando se comparam raízes e caules velhos de árvores, constata-se que eles se assemelham muito. Existem, no entanto, diferenças quantitativas na maioria dos casos, expressas pela grande proporção de elementos com paredes secundárias lignificadas na casca e no lenho do caule, ou, em outras palavras, as raízes apresentam maior volume relativo de tecido parenquimático. As diferenças histológicas entre os tecidos secundários dos caules e das raízes são determinadas, em grande parte, pelas diferenças das condições ambientais em que se desenvolvem as duas partes do corpo vegetal. Se as raízes de árvores de dicotiledôneas ou gimnospermas forem expostas à luz e ao ar, o lenho que se desenvolve após esta exposição adquire a maior parte das características do lenho dos caules (Bannan, 1941; Morrison, 1953).

Um aspecto hortícola e ecológico importante do crescimento secundário das raízes é a ocorrência de enxertos naturais de raízes entre diferentes árvores, presumivelmente da mesma espécie, fenômeno comum nas gimnospermas e dicotiledôneas, nos trópicos e na zona temperada (La Rue, 1952). Nos pontos em que as raízes entram em contato, elas se unem por meio de crescimento secundário. Aparentemente, desconhecem-se os pormenores deste fenômeno, porém foi verificado que a remoção da casca por fricção, no ponto de contato entre as raízes, não é necessária à produção do enxerto. O enxerto das raízes é um dos meios mais eficientes de transmissão de doenças infecciosas entre as árvores.

VARIAÇÕES DO CRESCIMENTO SECUNDÁRIO

Dicotiledôneas herbáceas freqüentemente, apresentam crescimento secundário limitado, que pode estar associado a traços característicos. Em *Actaea*, por exemplo, o tecido vascular secundário funcional aparece sob forma de feixes separados, isolados uns dos outros pelos raios largos formados por células parenquimáticas amplas. Estes raios têm origem no periciclo em posição oposta aos pólos do protoxilema. As divisões que alongam os raios radialmente ocorrem no câmbio vascular, entre xilema e floema. As células dos raios que se dividem, podem ser interpretadas, portanto, como parte do câmbio, embora em cortes transversais não possam ser identificadas facilmente.

Actaea, Convolvulus e algumas outras plantas herbáceas cujas raízes apresentam pequeno crescimento secundário possuem uma periderme superficial e por esta razão conservam o córtex. A endoderme pode aumentar de circunferência à custa de divisões radiais de suas células e da expansão tangencial destas, como no córtex restante (*Actaea*), ou ser comprimida (*Convolvulus*). Em raízes de *Citrus sinensis* a periderme é, de início, formada sob a epiderme; mais tarde, uma periderme mais profunda tem origem no periciclo (Hayward e Long, 1942). Em determinadas famílias (Rosaceae, Myrtaceae, Onagraceae, Hypericaceae) o periciclo forma um tecido de proteção especial denominado poliderme (Cap. 12). As células produzidas pela camada inicial da poliderme não são suberizadas comuns, mas se constituem de fileiras de células parenquimáticas não-suberizadas que se alternam com fileiras de células contendo suberina (estrias de Caspary) que lembram geralmente células da endoderme.

Raízes de reserva. Numerosas variações da estrutura secundária ocorrem em relação com o desenvolvimento das raízes de reserva (geralmente se trata de uma combinação da raiz e hipocótilo). Em raízes de Umbelliferae, como por exemplo no funcho (*Foeniculum*, Bruch, 1957) ou cenoura (*Daucus*, Esau, 1940), o crescimento secundário é do tipo comum, mas o parênquima predomina no xilema e no floema. Na beterraba (*Beta*, cf. Hayward, 1938) no entanto, a maior parte do crescimento em espessura resulta do assim chamado tipo anômalo de crescimento (Fig. 15.5). Uma série de câmbios supernumerários, dispostos quase concentricamente como os anéis de crescimento das árvores, origina-se por fora do centro vascular normal. As células deste câmbio derivam do periciclo e do floema produzindo repetidos aumentos do tecido vascular, cada qual constituído de parênquima de

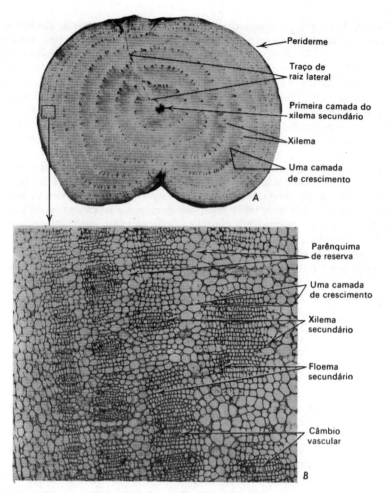

Figura 15.5 Cortes transversais da raiz de beterraba (*Beta vulgaris*) ilustrando crescimento secundário anômalo, resultante da formação de muitas camadas cambiais, por fora do câmbio comum, cada uma das quais dá origem a células do xilema e do floema, junto com parênquima de reserva. *A*, × 0,66; *B*, × 60. (De Esau, *Plant Anatomy*, John Wiley and Sons, 1953; de Artschwager, *Jour. Agr. Res.* 1926)

reserva, e cordões de xilema e floema, separados uns dos outros por amplas faixas radiais de parênquima (Fig. 15.5B).

Outro tipo complexo de crescimento anômalo é o das raízes tuberosas adventícias de *Ipomoea batatas*, a batata-doce (cf. Hayward, 1938). O xilema forma-se pelo processo comum e contém grande proporção de parênquima. O cambio desenvolve-se no parênquima ao redor dos vasos isolados ou em grupo, formando alguns elementos traqueais em direção aos vasos e alguns vasos crivados e laticíferos na direção oposta; grande número de células do parênquima de reserva é originado em ambas as direções (Fig. 15.6A, B). Por isso, os elementos do floema se apresentam na região da raiz que normalmente se diferencia em xilema. O câmbio, ocupando posição normal, separa o xilema do floema e uma periderme de origem pericíclica é encontrada na periferia (Fig. 15.6B). Na raiz pivotante tuberosa e no caule de certas Cruciferae (nabo, rabanete, couve-rábano, nabo redondo e outros) proli-

A raiz: estágio secundário do crescimento e raízes adventícias

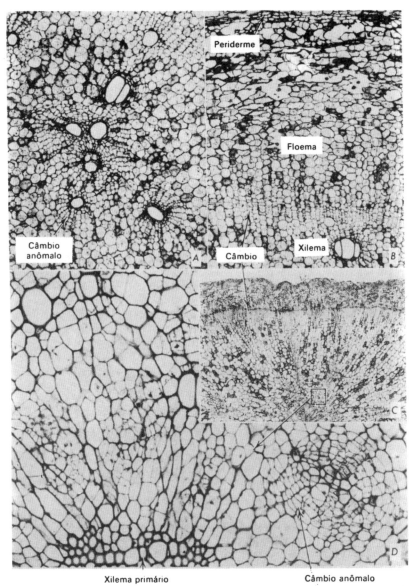

Figura 15.6 Cortes transversais ilustrando crescimento anômalo em raízes de reserva. *A, B,* batata doce (*Ipomoea batatas*). Câmbio anômalo ao redor dos vasos do xilema secundário, em *A*; câmbio vascular normal, em *B*. *C, D,* rabanete (*Raphanus sativus*) com câmbio anômalo no xilema secundário (*A,* ×54; *B,* ×43; *C,* ×16; *D,* ×90)

feram os parênquimas do xilema e da medula (se estiver presente) e câmbios e tecidos vasculares subseqüentes se originam nestes parênquimas (Fig. 15.6C,D; cf. Hayward, 1938).

O caráter comum a todos os órgãos tuberosos derivados de hipocótilos, raízes e alguns caules é a presença abundante de parênquima de reserva, permeado de tecido vascular. Esta associação estreita entre os dois tecidos é encontrada em diversos tipos de crescimento secundário.

RAÍZES ADVENTÍCIAS

O termo raiz adventícia tem diversos significados. Neste livro, é empregado no sentido amplo, para designar raízes que se originam em partes aéreas de planta, em caules subterrâneos e em regiões mais ou menos velhas das próprias raízes. As raízes laterais, ao contrário, nascem em sucessão tipicamente acrópeta nas partes jovens das raízes pivotantes ou adventícias e suas ramificações. Raízes adventícias são encontradas em todas as plantas vasculares, podendo formar-se em diversos pontos (Baranova, 1951; Hayward, 1938, p. 54); podem ocorrer ao nível dos nós em associação com gemas de ramos axilares (por exemplo, *tillering*, brotação típica de gramíneas), mas também podem originar-se independentemente de gemas axilares e de entrenós. Algumas vezes as folhas formam raízes adventícias. O desenvolvimento destas desempenha papel importante na propagação vegetativa das plantas e o fenômeno em questão tem sido explorado nas pesquisas de substâncias reguladoras do crescimento. Nas plantas vasculares inferiores, as raízes adventícias constituem a maior parte do sistema radicular, ocorrendo o mesmo em relação às monocotiledôneas e dicotiledôneas cuja multiplicação é feita por meio de rizomas e estolhos, bem como em plantas aquáticas, saprófitas e parasitas.

A origem e o desenvolvimento destas raízes lembram o das raízes laterais: geralmente têm origem endógena e formam-se junto aos tecidos vasculares (Fig. 15.7), crescendo através dos tecidos localizados ao redor do seu ponto de origem. Em caules mais velhos, as raízes

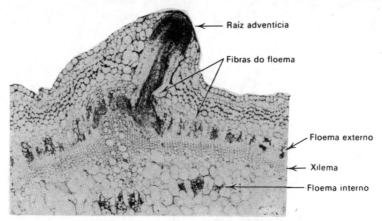

Figura 15.7 Corte transversal do caule do tomateiro, infectado pelo virus "aster-yellows". Raiz adventícia originada no parênquima externo ao floema. Floemas externo e interno estão em degeneração, em resposta a infecção por vírus. (×43. Cortesia de E. A. Rasa)

adventícias podem encontrar um obstáculo ao seu crescimento, representado por uma bainha de esclerênquima perivascular, que desvia a raiz de seu curso, normalmente radial (por exemplo, Stangler, 1956).

Em caules jovens de dicotiledôneas e gimnospermas, as raízes adventícias formam-se, geralmente, no parênquima interfascicular, e nos caules mais velhos, nos raios vasculares próximo ao câmbio. Por isso, a nova raiz aparece junto ao xilema e ao floema (Satoo, 1955; Stangler, 1956). A região de origem das raízes adventícias nos caules jovens é com freqüência denominada periciclo. Este, em caules de gimnospermas e dicotiledôneas é geralmente representado pela parte mais externa do floema primário, no qual os elementos crivados deixaram de funcionar. Raízes adventícias formadas em estacas, podem ter origem no *callus* que se instala na base do corte.

A organização de raízes adventícias ("raízes de substituição") durante a regeneração de raízes de *Abies procera* que sofreram lesões (Wilcox, 1955), ilustra a variabilidade de origem das raízes adventícias. A cicatrização e a formação de *callus* (Cap. 17), ocorrem em superfícies seccionadas de raízes. Subseqüentemente, parte das raízes adventícias forma-se nos tecidos não-lesados situados abaixo da superfície ferida, e outra parte, das derivadas do *callus*. Raízes mais jovens, quando podadas produzem as de substituição na mesma posição em que se formariam as laterais, isto é, opostas aos pólos do protoxilema; elas se iniciam no periciclo ou no *callus* periciclico. Se a raiz for seccionada depois da formação de tecidos secundários, as adventícias aparecem em diferentes posições ao redor do cilindro vascular; nestes casos, são mais numerosas do que nas raízes jovens. Nestas raízes, as raízes de substituição iniciam-se no câmbio vascular ou no câmbio regenerado pelo crescimento do *callus*.

Os primórdios das raízes adventícias iniciam-se à custa de divisões de células do parênquima — células do *callus* ou de outros parênquimas — lembrando as divisões que dão início às raízes laterais a partir do periciclo de raízes jovens. Antes da raiz adventícia emergir, ela diferencia um promeristema, uma coifa, o início do cilindro vascular e o córtex. Por ocasião da diferenciação dos elementos vasculares das raízes adventícias, células do *callus* ou de outros parênquimas, localizadas na parte proximal do primórdio se diferenciam em elementos vasculares, proporcionando a conexão com os elementos correspondentes do órgão em formação.

REFERÊNCIAS BIBLIOGRÁFICAS

Bannan, M. W. Variability in wood structure of native Ontario conifers. *Torrey Bot. Club. Bul.* 68:173-194. 1941.

Baronova, E. A. *Zakonomernosti obrazovaniă pridatochnykh kornei u rasteniĭ* [Laws of formation of adventitious roots in plants.] *Trudy Glav. Bot. Sada* 2:168-193. 1951.

Bruch, H. Beiträge zur Morphologie und Entwicklungsgeschichte der Fenchelwurzel (*Foeniculum vulgare* Mill.). *Beitr. zur Biol. der Pflanz.* 32:1-26. 1955.

Esau, K. Developmental anatomy of the fleshy storage organ of *Daucus carota. Hilgardia* 13:175-226. 1940.

Esau, K. Vascular differentiation in the pear root. *Hilgardia* 15:299-311. 1943.

Hayward, H. E. *The structure of economic plants.* New York, The Macmillan Company. 1938.

Hayward, H. E., e E. M. Long. The anatomy of the seedling and roots of the Valencia orange. *U. S. Dept. Agr. Tech. Bul.* 786. 1942.

LaRue, C. D. Root-grafting in tropical trees. *Science* 115:296. 1952.

Morrison, T. M. Comparative histology of secondary xylem in buried and exposed roots of dicotyledonous trees. *Phytomorphology* 3:427-430. 1953.

Satoo, S. Origin and development of adventitious roots in layered branches of 4 species of conifers. *Japanese Forest. Soc. Jour.* 37:314-316. 1955.

Simonds, A. O. Histological studies of the development of the root and crown of alfalfa. *Iowa State Col. Jour. Sci.* 9:641-659. 1935.

Stangler, B. B. Origin and development of adventitious roots in stem cuttings of chrysanthemum, carnation, and rose. *N. Y. Agr. Expt. Sta. Mem.* 342. 1956.

Wilcox, H. Regeneration of injured root systems in noble fir. *Bot. Gaz.* 116:221-234. 1955.

16

O caule: estágio primário de crescimento

O CAULE COMO PARTE DA PLANTA

A estreita associação do caule com as folhas faz com que esta parte do eixo da planta seja mais complexa que a raiz. Devido a tal associação, usa-se, de ordinário, o termo *shoot*, que se refere a caule e folhas como sistema único.

Em contraste com a raiz, o caule divide-se em nós e entrenós, com uma ou mais folhas em cada nó. Dependendo do grau de desenvolvimento dos entrenós, o caule assume aspectos diferentes. Pode ser uma estrutura alongada, com nós e entrenós facilmente reconhecíveis, ou compacta, sem entrenós discerníveis e com folhas aglomeradas em "rosetas". As outras características importantes que contribuem para a diversificação do aspecto externo do caule, é a disposição das folhas, seu modo de inserção, desenvolvimento ou não-desenvolvimento das gemas axilares em rebentos laterais, e o nível em que a ramificação ocorre, quando presente. Diferenças estão associadas, também, com o tipo de crescimento e o habitat do caule, isto é, se este for aéreo ou subterrâneo, aquático ou terrestre, ou se for ereto, trepador ou rastejante.

ESTRUTURA PRIMÁRIA

Tal como a raiz, o caule consiste de três sistemas de tecidos: o dérmico, o fundamental e o fascicular ou vascular (Fig. 16.1). As variações de estrutura primária dos caules nas diferentes espécies e nos grupos maiores de plantas baseiam-se principalmente nas diferenças da distribuição relativa dos tecidos fundamental e vascular. Nas coníferas e dicotiledôneas o sistema vascular dos entrenós aparece geralmente como um cilindro oco, delimitando a região externa da interna do tecido fundamental, ou seja, respectivamente o córtex e a medula. As subdivisões do sistema vascular, a saber, os feixes vasculares ou complexos maiores, podem aparecer muito juntas ou separadas umas das outras por uma camada mais ou menos larga de tecido parenquimático — o parênquima interfascicular, também incluído no tecido fundamental. É chamado de interfascicular porque ocorre entre os feixes. A camada de parênquima interfascicular é geralmente denominada raio medular.

Os caules de vários fetos (samambaias), de algumas dicotiledôneas herbáceas e da maioria das monocotiledôneas apresentam disposição de tecidos mais complexa, no sentido de que os tecidos vasculares, vistos em corte transversal, não aparecem como um anel único de feixes entre o córtex e a medula. Os feixes podem ocorrer em mais de um anel (Fig. 17.7) ou aparecer espalhados no corte transversal (Fig. 17.8). A delimitação do tecido fundamental em córtex e medula é menos nítida ou não existe quando os feixes vasculares não formam anel nos cortes transversais dos entrenós.

O caule: estágio primário de crescimento

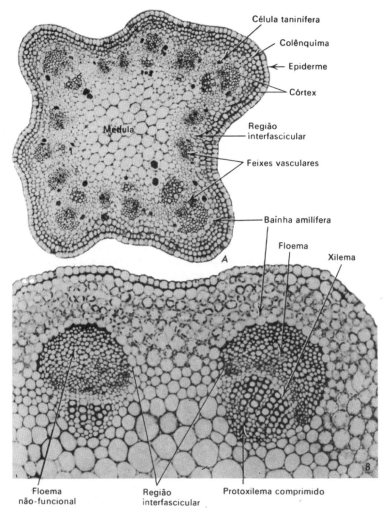

Figura 16.1 Cortes transversais de caules de dicotiledôneas herbáceas em estágio primário de crescimento. *A, Lotus corniculatus*, corte completo (×96). *B, Trifolium hybridum*, corte parcial (×184). (*A*, de Hansen, Iowa State College Press, 1953; *B*, de J. E. Sass, *Botanical Microtechnique*, 3.ª ed. The Iowa State College Press, 1958)

Epiderme

As características principais da epiderme das partes aéreas das plantas foram expostas no Cap. 7. Os estômatos constituem componentes de importância menor na epiderme do caule, do que na da folha. O tecido consiste, geralmente, de uma camada de células e possui cutícula e paredes cutinizadas. É tecido vivo, capacitado para atividade mitótica, característica importante em vista das tensões a que o tecido está sujeito durante os acréscimos primário e secundário da espessura do caule. As células epidérmicas respondem a essas tensões por um aumento tangencial e divisões radiais. A persistência da atividade mitótica na epiderme do caule é particularmente marcante nas espécies possuindo formação retardada da periderme (Cap. 12).

Córtex e medula

O córtex dos caules pode conter parênquima geralmente com cloroplastos (Fig. 16.1B). Os espaços intercelulares são amplos mas às vezes, limitados à parte média do córtex. A parte periférica deste, freqüentemente, contém colênquima (Fig. 16.1A), em cordões ou em camadas mais ou menos contínuas. Em algumas plantas, notadamente gramíneas, é o esclerênquima e não o colênquima que se desenvolve como tecido de sustentação primário nas partes periféricas do caule. É típico das coníferas não possuir tecidos especiais de reforço no córtex.

A separação do córtex da região vascular é um aspecto morfológico importante que se relaciona com o conceito de estelo, tratado mais adiante. Como foi exposto no Cap. 14, a camada mais interna do córtex das raízes das plantas vasculares possui características parietais especiais de tal modo que a camada merece a designação específica de endoderme. Os caules das coníferas e das angiospermas geralmente não possuem endoderme diferenciada morfologicamente. Nos caules jovens as camadas mais internas podem conter amido em abundância e assim serem reconhecidas como bainhas amilíferas (Fig. 16.1). Algumas dicotiledôneas, contudo, desenvolvem estrias de Caspary na camada cortical mais interna (Fig. 16.2; cf. Esau, 1953, p. 362; Ziegenspeck, 1952) e muitas plantas vasculares inferiores têm endoderme claramente diferenciada nos caules.

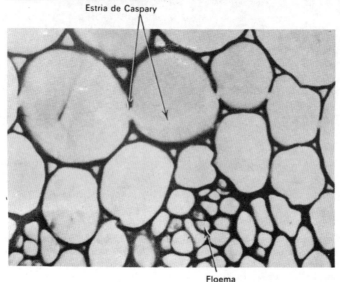

Figura 16.2 Corte transversal do caule de *Ambrosia* mostrando endoderme com estrias de Caspary (faixa pálida, cruzando as paredes radiais), tipo de diferenciação pouco comum em plantas com sementes. (×800. Cortesia de N. H. Boke)

Quando não se acumula amido e não se desenvolvem características parietais especiais na camada cortical mais interna, a delimitação entre córtex e região vascular pode tornar-se difícil ou até impossível. Contudo, na região em que o tecido fundamental da parte periférica do caule alcança o tecido vascular, verificam-se certas reações entre materiais derivados do tecido vascular e os que se acham presentes no parênquima cortical (Van Fleet, 1950), de tal modo que o limite entre os dois tipos de tecidos têm características químicas e fisiológicas semelhantes às que se encontram na endoderme morfologicamente diferenciada (Ziegenspeck, 1952). Em outras palavras, há um limite fisiológico entre córtex e sistema vascular que pode ou não estar associado a especialização morfológica. Neste livro, o termo endoderme será usado somente quando a camada possuir estrias de Caspary ou outras características parietais encontradas na endoderme da raiz. Camadas em tais posições, e que podem diferir fisiologicamente das camadas adjacentes, mas sem características parietais distintivas, são chamadas endodermóides.

A ocorrência definida de uma endoderme visivelmente diferenciada nas raízes e sua ausência nos caules das plantas vasculares superiores levam à conclusão de que o meio--ambiente influencia o desenvolvimento ou o não-desenvolvimento da endoderme. Alguns pesquisadores relataram um desenvolvimento de estrias de Caspary na camada cortical mais interna de caules crescendo em ambiente escuro; trabalhos mais recentes (Venning, 1954), contudo, não confirmaram essas descobertas.

A parte mais interna do tecido fundamental, a medula, é composta de ordinário, de parênquima que pode conter cloroplastos. Em numerosos caules, a parte central da medula é destruída durante o crescimento. A destruição limita-se freqüentemente aos entrenós, ao passo que os nós mantêm sua medula (diafragmas nodais). Às vezes, séries de placas horizontais de medula permanecem também nos entrenós (*Juglans, Pterocarya*). A medula tem espaços intercelulares amplos, pelo menos na parte central. A parte periférica pode ser diferente da interior pelo fato de possuir pequenas células dispostas compactamente e maior longevidade. Dado que a parte central também é chamada de medula, a zona periférica desta é denominada zona perimedular ou bainha medular (Fig. 17.2).

Tanto o córtex quanto a medula podem conter diversos idioblastos, incluindo células com cristais e outros compostos ergásticos e esclereídeos. Se a planta possuir laticíferos, eles poderão estar presentes na medula e no córtex.

Sistema vascular

Como foi mencionado anteriormente, os tecidos vasculares aparecem de ordinário como um cilindro entre o córtex e a medula ou assumem um ou vários padrões mais complexos. Às vezes, o cilindro parece ser contínuo ou quase, ao redor da circunferência de um entrenó, mas com maior freqüência encontra-se separado por meio de regiões interfasciculares em unidades maiores ou menores, que são denominadas, comumente, feixes vasculares (Fig. 16.1). Se o cilindro aparecer contínuo, uma análise detalhada mostrará que ele consiste, também, de unidades que ocorrem muito juntas (Fig. 17.5).

Os dois tipos de tecidos vasculares, o floema e o xilema, ocorrem geralmente, em disposição *colateral*, como se vê em cortes transversais, com o floema localizado do lado de fora do xilema (Fig. 16.1). A disposição colateral contrasta com a assim chamada disposição *radial* ou *alternada* da raiz, na qual os feixes floemáticos se alternam com as partes periféricas do xilema ao redor da circunferência do cilindro vascular.

Em algumas pteridófitas e em numerosas famílias de dicotiledôneas (por exemplo, Apocynaceae, Asclepiadaceae, Convolvulaceae, Cucurbitaceae, Solanaceae e certas tribos de Compositae) uma parte do floema ocorre do lado externo e outra do lado interno do xilema. Assim, pode-se distinguir entre *floema externo* e *interno*. Um feixe vascular individual contendo floema nos dois lados do xilema é *bicolateral* (Fig. 17.5).

Outra modificação da disposição relativa dos tecidos vasculares é representada pelos feixes vasculares *concêntricos* nos quais o floema circunda o xilema (feixes anficrivais) ou o xilema circunda o floema (feixes anfivasais). Estes últimos parecem ser filogeneticamente mais especializados e são encontrados em certas dicotiledôneas (por exemplo, feixes medulares em *Rheum, Rumex, Mesembryanthemum crystallinum* e *Begonia*) e monocotiledôneas (por exemplo, Araceae, Liliaceae, Juncaceae e Cyperaceae). Feixes anficrivais são muito comuns em pteridófitas mas podem ser encontrados também em angiospermas. Pequenos feixes deste tipo ocorrem em flores, frutos e óvulos.

Como foi dito quando tratamos da endoderme, nos caules das plantas vasculares superiores os tecidos vasculares não se encontram, de modo geral, nitidamente delimitados do tecido fundamental não-vascular. Se não estiver presente a endoderme, haverá completa continuidade entre a região interfascicular e o córtex. A parte externa do floema, o protofloema, pode conter fibras durante a fase final do crescimento primário, as quais ajudam a identificar o limite externo do floema. Se não estiverem presentes fibras de protofloema, como no caso das coníferas, o córtex se funde com o parênquima do floema. Os elementos crivados de protofloema podem servir para identificação da parte externa do floema somente nas porções mais jovens do caule porque estas células serão destruídas, mais tarde (Cap. 11).

Na raiz, entre a endoderme e os elementos vasculares mais externos, ocorre um tecido não-vascular de largura variável, o periciclo. No caule das plantas vasculares superiores, geralmente, não ocorre camada separadora entre floema e córtex, e o termo periciclo é então aplicado na literatura à parte mais externa do floema, na qual os elementos crivados não mais funcionam. Esta terminologia não é empregada neste livro, mas é modificada, como se indica mais adiante.

Em alguns caules de dicotiledôneas, ocorre um cilindro contínuo ou quase contínuo de fibras na periferia do cilindro vascular (por exemplo, *Aristolochia,* antes de começar o crescimento secundário; *Pelargonium* e *Cucurbita*). Estas fibras podem surgir do mesmo meristema de que surge o floema (*Pelargonium*), ou podem originar-se fora do floema (*Aristolochia, Cucurbita*), mas para o interior da bainha amilífera, isto é, a camada mais interna do córtex (Blyth, 1958). Assim, em certos casos, um tecido de origem não floemática ocorre entre o tecido vascular e o córtex. Foi precisamente para esse tecido que o termo periciclo foi criado originariamente e, depois, aplicado a todos os caules, a despeito do fato de que na maioria dos caules das plantas com sementes, o floema está em contato com o córtex. Em vista desse significado duvidoso de periciclo com referência ao caule das plantas com sementes, as fibras da periferia do tecido vascular de tais caules são denominadas, neste livro, *fibras de floema primário*, quando obviamente, forem de origem floemática e *fibras perivasculares*, se elas surgirem externamente ao floema. Ambos os tipos de fibras podem ser reunidos sob o termo de *fibras extraxilemáticas primárias*.

Traços e lacunas foliares. Uma vez que o caule e as folhas são estruturalmente contínuos, o sistema vascular do caule, para ser bem compreendido, deve ser estudado com referência à sua conexão com o sistema vascular das folhas. A conexão vascular da folha e caule é vista na região nodal onde um ou mais feixes do caule curvam-se em direção oposta a este e dirigem-se para a folha (Fig. 16.3). Se um feixe, conectando a folha e o caule, for seguido por sucessivos níveis do caule abaixo da inserção da folha, deve ser reconhecido como um feixe independente que atravessa um ou mais nós e entrenós (Fig. 16.4). Em algum nível este feixe junta-se a outra parte do sistema vascular do caule. O feixe que se estende da base da folha ao ponto de junção de outro feixe no caule é chamado traço foliar (Fig. 16.4B). Assim, o traço foliar pode ser definido como sendo a parte caulinar (isto é, ocorrendo dentro do caule) do suprimento vascular da folha. A parte foliar deste suprimento começa na base do pecíolo e se estende pelo interior da lâmina na qual pode ramificar-se abundantemente.

Na região nodal, onde um traço foliar se curva do centro do caule em direção à base da folha, existe uma área de parênquima no cilindro vascular do caule (Figs. 16.3 e 16.4). Esta, que em corte transversal se assemelha a uma zona interfascicular, é uma região parenquimática do cilindro vascular do caule localizada em sentido oposto (adaxial) à parte superior do traço foliar, isto é, aproximadamente ao nível de inserção da folha. Se este traço não divergisse para a folha, ocuparia a região da lacuna. Tal consideração explica o sentido do termo lacuna.

As lacunas foliares variam em extensão, lateral e verticalmente. Se o cilindro vascular tem muitas regiões interfasciculares alongadas, no sentido axial, as lacunas podem confluir com elas (Fig. 16.4B). Em tais casos a delimitação da lacuna só pode ser feita arbitraria-

O caule: estágio primário de crescimento

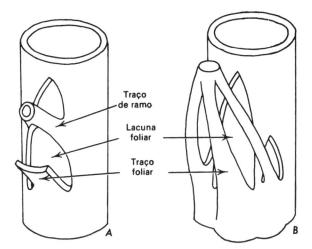

Figura 16.3 Diagramas do sistema vascular de caules com nós unilacunar (A) e trilacunar (B). Em A, um só traço foliar diverge para a folha e dois traços de ramo encaminham-se a um ramo; em B, a folha apresenta três traços, sendo cada um confrontado por uma lacuna separada. (Segundo Esau, *Plant Anatomy*, John Wiley and Sons, 1953)

mente. Contudo, pode ser reconhecida com facilidade depois da ocorrência de algum crescimento secundário. Entretanto, dado que uma lacuna é mais ampla do que a região interfascicular, o câmbio vascular leva mais tempo para formar uma camada do lado externo da lacuna do que na mesma posição, em qualquer outra região interfascicular. Nesse caso,

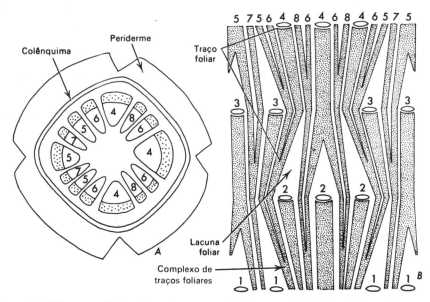

Figura 16.4 Diagramas ilustrando o sistema vascular de um caule de dicotiledônea (*Ulmus*). A, corte transversal. B, vista longitudinal mostrando o cilindro vascular, imaginado em corte através do traço foliar mediano 5 e distribuído segundo um plano. Os números em ambos os cortes indicam traços foliares. O corte transversal representado em A, corresponde à vista do plano superior de B. (Segundo Smithson, *Leeds Phil.* Soc. Proc., 1954)

em relação aos caules com feixes vasculares isolados e sem crescimento secundário, e particularmente aqueles caules com feixes vasculares "dispersos", o conceito de lacuna foliar deve ser aplicado apenas em bases teóricas.

O número de traços e lacunas varia nas diferentes plantas (Fig. 16.5) e pode variar na mesma planta, em diferentes níveis. As variações têm significação filogenética e são, por isso, objeto de estudos comparativos. As várias formas da anatomia nodal são designadas por termos especiais. Os nós são designados como unilacunar, trilacunar e multilacunar, dependendo da associação de uma folha com uma, três ou muitas lacunas na altura do nó (Fig. 16.5). Nos casos em que mais de uma folha se insere em um nó, este é caracterizado em referência a uma folha. Isto é, se cada folha estiver associada a uma lacuna, a forma nodal é identificada como unilacunar, embora, na realidade, possam existir duas ou mais lacunas nesse nó (Fig. 16.5D). Se uma folha é confrontada por três ou mais lacunas (e o traço associado) a que ocorre na posição mediana com referência à folha, é denominada "média"; as outras, são chamadas de laterais (Figs. 16.3B e 16.5B,C).

Em muitas plantas somente um traço está relacionado a cada lacuna. Em outras palavras, se o nó for unilacunar, a folha terá um traço; se for trilacunar, cada folha terá três traços; e no caso do nó multilacunar, muitos traços divergem do nó para o interior de uma única folha. Condição mais primitiva, contudo, é a que consiste em dois traços foliares

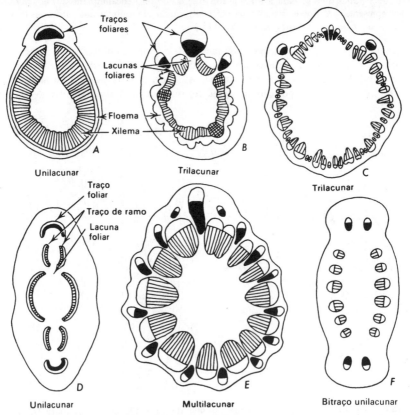

Figura 16.5 Cortes transversais de caules apresentando diferentes tipos de estrutura nodal. Traços foliares são indicados pelas regiões xilemáticas, em negro. *A, Spiraea. B, Salix. C, Brassica. D, Veronica. E, Rumex. F, Clerodendron.* (*A–E*, segundo Esau, *Plant Anatomy*, John Wiley and Sons, 1953)

confrontando uma única lacuna, isto é, uma condição unilacunar de dois traços (Fig. 16.5F). Quando mais de dois traços confrontam uma lacuna, a forma pode ser interpretada como modificação da unilacunar de dois traços (Bailey, 1956).

A evolução da estrutura nodal é interpretada, atualmente, como tendo as seguintes seqüências (1) bitraço unilacunar, trilacunar e multilacunar, ou (2) bitraço unilacunar, monotraço unilacunar, trilacunar ou multilacunar. A seqüência monotraço unilacunar poderia derivar-se também de uma trilacunar. As várias modificações envolveram fusões, perdas e adição de traços.

Como foi mencionado antes, um traço foliar, quando acompanhado através do caule, apresenta-se conectado com uma parte do tecido vascular deste em algum nível inferior ao da inserção da folha. Nas Pteropsida esta parte do tecido vascular do caule está também relacionada com uma ou mais folhas em algum outro nível do eixo; isto é, também representa material de traço foliar. Pode-se afirmar, portanto, que o sistema primário vascular no caule das Pteropsida é composto de traços foliares e seus complexos (Fig. 16.4B), que o sistema vascular do caule está organizado em relação às folhas e que os feixes ou traços foliares são partes do sistema vascular de uma estrutura unitária, o caule.

Experimentos cirúrgicos em plantas vasculares ilustraram claramente o fato de que as folhas podem exercer um efeito de desenvolvimento sobre a estrutura do sistema vascular do caule: se os primórdios foliares forem destruídos por punção nos primeiros estágios de desenvolvimento o sistema vascular do caule se desenvolve como uma estrutura relativamente simples sem lacunas e sem projeções para os órgãos laterais (Wetmore e Wardlaw, 1951).

O sistema vascular complexo do caule das Pteridopsida é considerado como mais avançado filogeneticamente do que o sistema radicular, que é relativamente simples. Caules de algumas das plantas vasculares inferiores, como, por exemplo, *Selaginella* e *Lycopodium*, possuem sistemas vasculares relativamente simples, parecidos com os das raízes das plantas superiores. Suas folhas são pequenas e os delgados traços não são confrontados por lacunas e têm uma inserção rasa no cilindro vascular do eixo. Aqui, o sistema vascular deste é relativamente independente das folhas, em organização e desenvolvimento.

A estrutura do sistema vascular do caule de uma pteropsida, em traços foliares e seus complexos, explica o aspecto variável das unidades vasculares num dado corte transversal do caule (Fig. 16.1A). As unidades claramente circunscritas com as maiores quantidades de xilema são traços foliares de folhas relacionados com algum nó superior não muito distante; as unidades menos definidas são complexos de traços. Alguns dos feixes pequenos podem ser traços laterais, geralmente menores que os médios, ou a extremidade inferior dos traços médios (ou simples) de algumas folhas mais jovens inseridas em níveis muito acima do corte.

Lacunas foliares podem ser identificáveis não somente em nós, mas também em entrenós, porque os traços foliares, às vezes, têm curso oblíquo através de partes do entrenó; isto é, se forem acompanhados nível por nível, os traços foliares parecem curvar-se para fora, gradualmente a partir do cilindro central de feixes. Onde um traço foliar é curvado parcialmente para fora, o tecido fundamental, em continuidade com a medula, preenche uma denteação (parte da lacuna foliar) do cilindro vascular. Em conseqüência, o formato do cilindro vascular no entrenó pode refletir claramente a estrutura nodal da planta.

Disposição das folhas e organização vascular. O padrão formado pelo sistema vascular é mais ou menos regular e patenteia uma relação com a disposição das folhas. Como é bem conhecido, a disposição foliar, ou filotaxia, exibe numerosas variações, mas, basicamente, existem três tipos: verticilada, com várias folhas em cada nó (o tipo de folhas opostas decussadas com duas folhas opostas em cada nó pode ser considerado como um subtipo da verticilada); a dística ou bisseriada, com folhas simples em cada nó mas dispostas em dois renques opostos (por exemplo, gramíneas) e a alternada ou helicoidal.

Os pesquisadores de filotaxia preocupam-se com o significado das disposições específicas e utilizam-se de várias interpretações para designar os padrões por valores numéricos e fórmulas. O método clássico é o de usar o ângulo de divergência de duas folhas sucessivas. Exemplos de divergência são 1/2, 1/3, 2/5, 3/8, 5/13 e frações ainda menores da circunferência do eixo. Assim, fala-se em filotaxias de 1/2, 1/3, 2/5 etc. Se se desenhar uma linha de folha a folha ligando as folhas em ordem de seu aparecimento, obtém-se uma hélice — "espiral genética" dos botânicos clássicos — que acompanha as folhas na ordem de sua origem até o ápice do caule ou dos ramos. A expressão fracional do ângulo de divergência diz alguma coisa acerca da distribuição das folhas ao longo da espiral genética. Na filotaxia de valor 2/5, por exemplo, duas voltas sobre o eixo incluirão 5 folhas, com as folhas n e n mais 5 localizadas uma em situação acima da outra. Uma série vertical de folhas n, n mais 5, n mais 5 mais 5, etc. (por exemplo, folhas 1, 6, 11, 16 etc.) é denominada ortóstica. O termo significa disposição ao longo de uma linha reta. Em uma planta com filotaxia helicoidal a ortóstica de um caule adulto parece ser uma linha reta, mas na origem das folhas, forma uma hélice pronunciada. Assim, não é verdadeira ortóstica, mas parástica. (Ortósticas verdadeiras aparecem nas disposições foliares decussadas e dísticas). Muitos outros tipos de parásticas podem ser projetados num caule, algumas mais achatadas, outras mais erguidas, outras curvando-se no sentido horário, outras, ainda, no sentido anti-horário.

A interconexão dos traços foliares no sistema vascular do caule pode ser analisada em termos de disposição foliar. As conexões dos traços podem ser restritas a folhas pertencentes a mesma parástica, ou pode haver conexões dentro e entre elas. A disposição dos feixes vasculares num corte transversal do caule pode mostrar agrupamentos de acordo com as parásticas estreitamente relacionadas. Algumas vezes as interconexões são menos regulares e podem mudar, como a própria filotaxia, durante o desenvolvimento da planta.

Traços e lacunas de ramos. As gemas desenvolvem-se comumente na axila das folhas de tal forma que, além dos traços foliares, os feixes vasculares que juntam o caule principal com o ramo podem ser reconhecidos na região nodal. Estes feixes são chamados traços de ramos (Fig. 16.5D). Na realidade são também traços foliares ou seja, os traços foliares das primeiras folhas, os prófilos do ramo (Fig. 16.6). Nas coníferas e dicotiledôneas dois prófilos ocorrem em posição oposta, de tal modo, que um corte, bissectando ambos os prófilos, seria paralelo ao corte da folha adjacente e inferior. Devido a essa disposição, dois traços, cada qual composto de um ou mais feixes, estabelecem conexão entre a gema

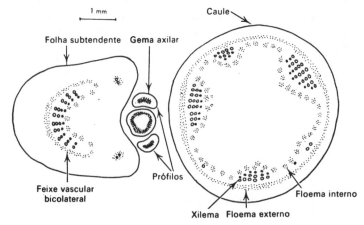

Figura 16.6 Corte transversal de um ápice de *Solanum tuberosum*, mostrando a relação de espaço entre o caule principal (direita), gema axilar e folha inserida abaixo da gema

e o eixo principal. Nas monocotiledôneas, o ramo lateral também tem dois traços, embora exista apenas um prófilo (às vezes interpretado como estrutura dupla) na base do ramo axilar.

Os traços de ramos divergem, geralmente, do caule principal, à direita e à esquerda do traço foliar mediano (ou do traço único, se não houver laterais) de modo a ter uma lacuna comum com as folhas adjacentes inferiores (Fig. 16.3A). Os traços de ramos estendem-se por distâncias variáveis no eixo principal e, em algum nível, juntam-se com o sistema vascular deste.

Conceito de estelo. Um conceito muito conhecido, relacionado com a filogênese da forma do sistema vascular do eixo, é o do estelo. Foi introduzido por Van Tieghem e Douliot (1886) na tentativa de expressar a unidade de estrutura do eixo da planta. O estelo (palavra que significa coluna) foi definido como o centro do eixo da planta (caule e raiz) incluindo o sistema vascular com todas as suas regiões interfasciculares, lacunas, medula (quando presente) e pequena parte do tecido fundamental situado na periferia do sistema vascular, o periciclo. O eixo da planta foi assim representado como consistindo de uma coluna central revestida pelo córtex, com a epiderme na superfície deste.

O conceito estelar foi recebido favoravelmente e provou sua utilidade nos estudos comparativos e filogenéticos das plantas vasculares. Como acontece com todos os conceitos muito usados, também o de estelo experimentou numerosas alterações, como ocorreu com a própria classificação e a nomenclatura dos estelos. Um dos resultados dessas mudanças é o de que muitos pesquisadores modernos, ao tratar do estelo, referem-se somente ao sistema vascular e não à coluna constituída de tecido vascular e dos tecidos fundamentais associados. Com efeito, é difícil aplicar o conceito original com relação ao caule das plantas com sementes devido à costumeira ausência de uma delimitação morfológica clara entre córtex e estelo. A delimitação do estelo por uma endoderme e um periciclo era considerada importante evidência da realidade do estelo. Como foi assinalado anteriormente, os caules das plantas com sementes não possuem como norma, endoderme morfologicamente diferenciada nem periciclo, no sentido de uma região separada entre córtex e floema. Desse modo, o conceito estelar está a exigir revisão completa, que permita uma explicação racional das diferenças entre as plantas inferiores com seu cilindro central claramente circunscrito e as plantas com semente com sua estrutura mais difusa. Na ausência de tal revisão, a estrutura do caule de uma planta com semente pode ser mais compreensível sem referir-se ao estelo. Pode dizer-se que este se compõe em seu estágio primário, de um lado, de um sistema de tecidos vasculares e, do outro, de um sistema de tecidos não-vasculares, tecido fundamental e epiderme. Se for necessário referir-se à região vascular como unidade distinta do córtex e da medula, pode empregar-se a expressão cilindro vascular (cf. Esau, 1953, p. 360).

A classificação do estelo em vários tipos baseia-se principalmente na distribuição relativa dos tecidos vasculares e não-vasculares quando examinados no estágio primário de desenvolvimento do eixo. No tipo mais simples de estelo, que também é considerado como o mais primitivo filogeneticamente, o tecido vascular forma uma coluna sólida. É o protostelo. Neste, o floema pode circundar o xilema com uma camada relativamente uniforme, ou os dois tecidos vasculares podem entremear-se na forma de feixes ou placas. Protostelos são mais comuns em plantas inferiores às Pteropsida, mas ocorrem também nas plantas inferiores ou fetos e nos caules de algumas plantas aquáticas pertencentes às angiospermas. O cilindro vascular das raízes das plantas com sementes é classificado como protostelo.

A segunda forma de estelo é o sifonostelo ou estelo tubular, no qual o adjetivo refere-se a disposição do tecido vascular ao redor de um centro não-vascular, a medula (Fig. 16.3). O sifonostelo e suas variações são mais características das Pteropsida. Algumas dessas variações são: o sifonostelo ectoflóico (Fig. 16.5), com o floema aparecendo somente do lado de fora do xilema e o anfiflóico (Fig. 16.6), com o floema presente em ambos os lados do cilindro xilemático. Nas suas formas mais simples o sifonostelo não apresenta lacunas foliares. Em alguns fetos, estas são relativamente curtas, no sentido vertical e desde que não se encontram regiões interfasciculares, o cilindro vascular aparece como um anel contínuo nos entrenós. Em outros fetos as lacunas foliares são alongadas verticalmente e se sobrepõem nos entrenós de tal forma que o cilindro vascular aparece seccionado em feixes, cada qual com o floema rodeando o xilema (feixes vasculares concêntricos anficrivais). Tal modificação é denominada dictiostelo.

O estelo das gimnospermas, dicotiledôneas e de algumas monocotiledôneas, que se interpreta como sendo seccionado, não somente por lacunas foliares mas também por outras regiões interfasciculares, é chamado de eustelo (Figs. 16.4 e 16.5). Quando o sistema vascular consiste de uma rede de feixes amplamente distribuídos, como em algumas monocotiledôneas, o estelo é denominado atactostelo (Fig. 17.8).

Como foi mencionado anteriormente, os tipos de estelo relacionam-se com a estrutura primária do eixo. Nas gimnospermas e dicotiledôneas, ocorre crescimento secundário no estelo e a acumulação de xilema secundário geralmente obscurece a sua forma original. As regiões interfasciculares e, mais tarde, também as lacunas, são "fechadas" pela camada de xilema. A identificação do tipo de estelo neste estágio de crescimento requer estudo dos padrões formados pelo xilema primário na periferia da medula.

DESENVOLVIMENTO

Meristema apical

No Cap. 2 a origem do meristema apical do caule foi traçada desde os primeiros estágios do desenvolvimento do embrião. O meristema torna-se identificável como tal, depois do aparecimento dos cotilédones — ou de um só cotilédone, nas monocotiledôneas — embora alguns autores considerem que os próprios cotilédones surjam do meristema apical.

A pesquisa sobre os meristemas apicais dos caules refere-se a problemas como o da arquitetura do meristema, ou seja, formato, dimensões e disposição das células; características citológicas das células meristemáticas; atividade mitótica, sua distribuição, freqüência, planos de divisão e, concomitantemente, direção do crescimento, e a relação entre a organização do meristema e sua atividade mitótica com a origem dos tecidos e órgãos. Contudo, o objetivo básico dos estudos sobre meristema apical é o de ampliar nossos conhecimentos sobre o crescimento e diferenciação nos vegetais.

O meristema apical do caule é mais complexo que o da raiz porque a sua atividade envolve a formação dos primórdios foliares e inclusive a origem dos ramos laterais é geralmente traçada até o meristema apical. Desse modo, a discussão sobre a estrutura e atividade do meristema apical do caule deve incorporar referências à origem dos órgãos laterais. Outra diferença entre os meristemas apicais do caule e da raiz é a ausência, no primeiro, de qualquer estrutura comparável à coifa.

O meristema apical do caule, como o da raiz, funde-se com os tecidos em processo de diferenciação. Se concordarmos em que o curso de desenvolvimento das células e tecidos se torna cada vez mais determinado (definido) à medida em que estes passam do estágio meristemático para o adulto, a parte mais distal do meristema apical deve ser considerada como a menos determinada e deve ser chamada de promeristema. Debaixo deste, processa-se uma determinação gradativa das regiões tissulares (Fig. 16.7). A região periférica, da qual se originam os primórdios foliares, a epiderme, o córtex e o tecido vascular, torna-se distinguível da futura medula. Na região periférica, ou meristema periférico, as células conservam a aparência meristemática — relativamente não-vacuoladas e pequenas — mais longamente do que na região medular. No interior do meristema periférico o tecido vas-

O caule: estágio primário de crescimento

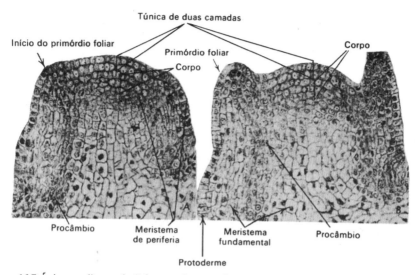

Figura 16.7 Ápices caulinares de *Solanum tuberosum* (batata), mostrando a organização túnica-corpo do meristema apical e dois estágios do início do primórdio foliar; estágio inicial da gema foliar em *A*, e início do crescimento para cima, em *B*. Cortes longitudinais. (Ambos ×170. De Sussex, *Phytomorphology*, 1955)

cular começa sob forma de procâmbio, cujas células tornam-se algo estreitas e alongadas devido à predominância das divisões longitudinais. Dessa forma, elas diferem das menos alongadas e mais largas do meristema fundamental, o precursor do tecido fundamental (Cap. 3). Ao mesmo tempo, a epiderme meristemática ou protoderme também vai assumindo aos poucos as características específicas da epiderme madura. Assim, cada vez mais distanciados do promeristema, os três sistemas tissulares das plantas — o epidérmico, o vascular e o fundamental — tornam-se diferenciados, primeiro, sob forma de seus precursores meristemáticos, protoderme, procâmbio e meristema fundamental e, mais tarde, como tecidos maduros.

De acordo com o conceito comum, o meristema apical de um caule vegetativo consiste: a) de certas células — as iniciais — que são as matrizes de todas as células do corpo, e b) das derivadas dessas iniciais, que estão ainda em processo de divisão ativa, mas que, pela diferenciação no tamanho das células, grau de vacuolização, porcentagem e orientação das divisões celulares, antecipam a futura organização do corpo. Consequentemente, o meristema apical é considerado não como uma massa desorganizada de células embrionárias, mas como uma estrutura, com áreas caracterizadas e certo grau de diferenciação citológica, relacionada com a organização do caule adulto. O promeristema inclui as iniciais e suas derivadas mais recentes que devem ser consideradas, pelo menos, como parte determinada do meristema apical. A seguir, faz-se uma revisão das variações de organização do meristema apical do caule, examinando-se grupos diferentes de plantas.

Meristema apical com células apicais. Estruturalmente, os sistemas apicais mais simples são os que possuem uma célula inicial grande no ápice do promeristema. Varia no formato, mas é freqüentemente piramidal (Fig. 16.8A,B). Suas derivadas imediatas mostram disposição ligeiramente ordenada, indicando uma alternância regular das divisões ao longo das faces da inicial — três, na célula piramidal. Promeristemas com iniciais únicas, as células apicais, ocorrem nas plantas vasculares inferiores. Um padrão de organização estreitamente relacionado reconhecido no mesmo grupo de plantas é caracterizado por mais de uma inicial do ápice do promeristema. As células apicais solitárias não são apenas relativamente

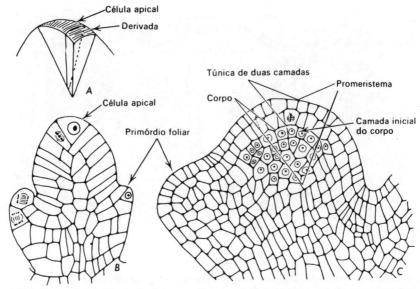

Figura 16.8 Cortes longitudinais de ápices caulinares. *A, B*, meristema apical, apresentando uma única célula inicial — célula apical de *Equisetum* (cavalinha). *C*, meristema apical de *Pisum*, mostrando a organização túnica-corpo. (*A, B*, segundo Esau, *Plant Anatomy*, John Wiley and Sons, 1953)

grandes, como também conspicuamente vacuolizadas. As derivadas mais próximas são também fortemente vacuolizadas mas, na medida em que se dividem, produzem-se, eventualmente, células menores com protoplastos mais densos. Esta mudança de aparência citológica é observada principalmente ao longo da periferia do ápice do caule onde se originam os primórdios foliares; o meristema medular (quando presente) tem vacuolização mais pronunciada.

Organização túnica-corpo. Tendo em vista que os primeiros estudos pormenorizados referentes aos meristemas apicais foram realizados em plantas vasculares inferiores, formou-se a opinião de que a presença de células apicais seria o padrão estrutural básico dos meristemas apicais. Com a extensão das pesquisas a outras plantas vasculares constatou-se o erro da opinião. Nas gimnospermas e angiospermas ocorrem grupos de iniciais apicais. Além disso, nas angiospermas existe uma estratificação típica no promeristema, sugerindo que duas ou mais camadas crescem independentemente umas das outras, ou seja, dois ou mais renques superpostos de iniciais estão presentes. As iniciais, de ordinário, não se distinguem morfologicamente de suas derivadas imediatas.

A formulação moderna da idéia dos renques separados das iniciais está incorporada no conceito de túnica-corpo introduzido por Schmidt (cf. Esau, 1953, p. 97). Ele estabelece que a região inicial do meristema apical consiste: a) da túnica, uma ou mais camadas superficiais de células que se divivem em planos perpendiculares à superfície do meristema (divisões anticlinais) e b) do corpo, um grupo de células de espessura de várias camadas no qual as células se dividem em vários planos (Figs. 16.7 e 16.8C). Assim, o corpo é um grupo de células que acrescenta massa à porção apical do caule pelo aumento do volume e a túnica é a cobertura de uma ou mais camadas celulares que mantém a sua continuidade sobre o corpo em aumento, por crescimento superficial. Naturalmente, a túnica e o corpo não aumentam em extensão e volume indefinidamente, pois, na medida em que vão formando novas células, as velhas incorporam-se nas várias regiões situadas debaixo do promeristema.

O corpo e cada uma das camadas da túnica são considerados como tendo suas próprias iniciais. Na túnica, estas estão dispostas na posição mediana. Por divisões anticlinais, formam derivadas que, em divisões subseqüentes, fornecem células à parte periférica do caule (Fig. 16.9A). As iniciais do corpo aparecem por debaixo da túnica. Por divisões periclinais (transversais com relação à superfície apical do caule) estas iniciais fornecem derivadas ao corpo situado abaixo, cujas células se dividem em vários planos. Divisões próximas à periferia do corpo acrescentam células ao centro do eixo, isto é, ao meristema medular, e, geralmente, também à região periférica (Fig. 16.9A).

As iniciais do corpo podem formar uma camada ordenada em contraste com as células dispostas ao acaso na sua massa. Quando as iniciais do corpo formam uma camada, a delimitação, entre esta e a túnica, torna-se difícil (Fig. 16.7) e exige estudo de numerosos ápices caulinares colhidos em diferentes estágios de desenvolvimento da planta. Então, a camada mais externa do corpo será surpreendida realizando divisões periclinais periódicas. Depois de tais divisões uma segunda camada organizada pode aparecer temporariamente no corpo. Este pode, então, caracterizar-se como estratificado (Fig. 16.7B).

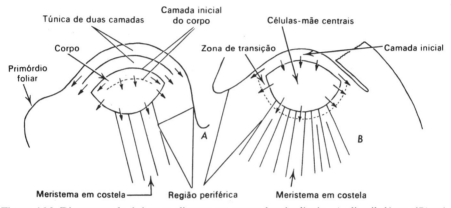

Figura 16.9 Diagramas de ápices caulinares em cortes longitudinais. *A*, dicotiledônea (*Pisum*), apresentando organização túnica-corpo no merisma apical. *B*, gimnosperma (*Pinus*), exibindo camada inicial dividindo-se em sentido periclinal e zona central de células-mãe. Ambos ilustram a relação existente entre o promeristema e as regiões derivadas situadas abaixo dele. Setas indicam as direções segundo as quais as células formam-se a partir de camadas no meristema apical

O conceito da organização túnica-corpo esboçado acima está de acordo com a sua formulação original (cf. Jentsch, 1957). Ele restringe a túnica a camadas que, com raras exceções, mostram não sofrer divisões periclinais na posição apical mediana (ou distal) do promeristema; camadas que mostram tais divisões na posição distal pertencem ao corpo. Alguns dos pesquisadores subseqüentes modificaram o conceito para incluir na túnica todas as camadas paralelas e interpretaram-na como apresentando flutuação no número de camadas.

O número das camadas da túnica varia nas angiospermas (Gifford, 1954). Mais da metade das espécies estudadas de dicotiledôneas, possui uma túnica de duas camadas. Os números mais altos relatados, quatro ou cinco, estão sujeitos a qualificações que alguns pesquisadores incluem nas camadas mais internas da túnica e outros no corpo. Uma ou duas são as camadas mais freqüentes nas monocotiledôneas. A variação específica do número das camadas da túnica nas gramíneas é considerada como tendo significação taxonômica (Brown e outros, 1957).

A maioria das gimnospermas não apresenta organização túnica-corpo no meristema apical (Johnson, 1951); isto é, elas não possuem camadas superficiais estáveis dividindo-se só no sentido anticlinal. A camada mais externa do promeristema experimenta divisões periclinais e contribui para os tecidos interiores e, por divisões anticlinais, adiciona células à zona periférica (Figs. 16.9B e 16.10). As células superficiais localizadas na posição mediana do promeristema são interpretadas como iniciais. Várias coníferas, como, por exemplo, *Araucaria* (Griffith, 1952) e *Ephedra* (Seeliger, 1954), têm uma camada superficial estável e são consideradas, portanto, como possuidoras de padrão apical de túnica-corpo. A ocorrência deste padrão nessas gimnospermas é considerada avanço evolucionário.

A opinião de que as camadas do promeristema das plantas de organização túnica--corpo são relativamente independentes é apoiada fortemente pela observação das citoquimeras periclinais. Tais quimeras são plantas que mostram, em uma ou mais camadas do corpo um número de cromossomos diferente do existente em outras. Se tais diferenças estiverem presentes, elas podem ser traçadas através de linhagens contínuas de células, até encontrar diferenças no promeristema.

O desenvolvimento de citoquimeras pode ser induzido pela colchicina e, em conseqüência, permite marcar experimentalmente uma ou outra camada no promeristema e relacioná-la com a sua progênie no corpo da planta adulta (Dermen, 1953). As plantas estudadas por este método, até o momento, são dicotiledôneas com túnica de duas camadas. Em tais plantas, estudos de citoquimeras periclinais revelaram claramente a existência de três camadas independentes (duas camadas de iniciais de túnica e uma de corpo) no promeristema. A camada mais externa da túnica dá origem somente à epiderme. As derivadas da segunda camada de túnica dividem-se anticlinal e periclinalmente e contribuem com quantidades variáveis às partes subepidérmicas da região periférica. As derivadas da terceira camada também se dividem de modo variável e dão origem à parte central e a diversas quantidades de tecidos periféricos.

Os resultados obtidos com as citoquimeras apoiam claramente as premissas básicas do conceito túnica-corpo segundo o qual as diferenciações nas várias regiões da planta não são predeterminadas na organização do promeristema, a despeito da independência de suas camadas. Na verdade, a epiderme surge consistentemente da camada mais externa do promeristema, mas o destino das derivadas das camadas mais profundas deste não está firmado. Além disso, em ápices desprovidos da combinação túnica-corpo a epiderme e os tecidos subepidérmicos são derivados da mesma camada superficial.

As premissas sobre a ausência de predestinação das regiões tissulares do promeristema distinguem o conceito túnica-corpo do clássico conceito histógeno de Hanstein (cf. Esau, 1953, pp. 95 e 96), segundo o qual a epiderme, o córtex e o cilindro vascular têm seus próprios meristemas precursores, respectivamente o dermatógeno, periblema e o pleroma, cada qual com as suas próprias iniciais no promeristema.

Zonação citoistológica. Ao passo que o conceito túnica-corpo concorre para a nossa compreensão da estrutura e crescimento do meristema apical, o reconhecimento da zonação citoistológica revela a conexão entre o meristema apical e a diferenciação que ocorre no caule (Kondrat'eva, 1955). A expressão zonação citoistológica refere-se à diferenciação de regiões com características citológicas distintas no meristema apical. Essa zonação foi descrita em primeiro lugar, em detalhes, em *Ginkgo*, por Foster (1938) e foi daí então, reconhecida em outras gimnospermas (cf. Johnson, 1951) e em muitas angiospermas (cf. Gifford, 1954). Devido às pesquisas sobre zonação a ênfase não ficou centralizada nas partes menos determinadas do meristema apical (o promeristema), mas foi estendida às regiões derivadas e, inevitavelmente, o conceito de meristema apical do caule tornou-se mais amplo. Anteriormente, era possível tratar o promeristema e o meristema apical como sinônimos (Esau, 1953, pp. 92, 114); atualmente é mais apropriado, com relação ao caule, considerar o promeristema como a parte mais distal do meristema apical. (Na raiz, o meristema apical tem geralmente sentido mais limitado do que no caule e pode ser tratado como sinônimo de promeristema; Cap. 14).

As características básicas da zonação do meristema apical foram expostas anteriormente quando se fez distinção entre o promeristema e a zona periférica e o meristema medular.

O caule: estágio primário de crescimento

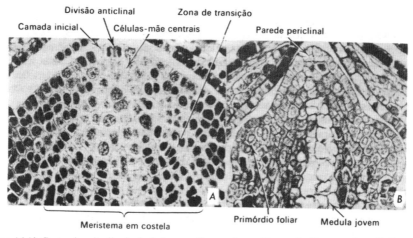

Figura 16.10 Cortes longitudinais de ápices caulinares de coníferas. *A, Pinus strobus. B, Cupressus macrocarpa*, cipreste de Monterey. No cipreste, as células-mãe não se apresentam bem diferenciadas, e a medula já é vacuolizada junto ao ápice. (Ambos ×220, cortesia de A. R. Spurr, *A*; A. S. Foster, *B*)

A descrição da zonação em *Gingko* ou *Pinus* (Figs. 16.9B e 16.10A) pode servir para complementar esta informação. O promeristema destes dois gêneros inclue um grupo superficial de iniciais, suas derivadas laterais e a zona subjacente de células aumentadas — as células-mãe centrais — também derivadas das iniciais apicais. As derivadas laterais são produzidas por divisões anticlinais das iniciais; as adições ao grupo de promeristema subsuperficial são feitas por divisões periclinais. As iniciais e suas imediatas derivadas, especialmente as células-mãe centrais são conspicuamente vacuolizadas. Além disso, as células-mãe centrais possuem, geralmente, paredes primárias relativamente espessas e distintamente pontuadas. A aparência vacuolizada das células de promeristema — nas células de superfície e de subsuperfície — está associada a uma taxa relativamente baixa de atividade mitótica.

O promeristema é flanqueado pela região periférica, ou meristema periférico; debaixo das células-mãe centrais localiza-se o meristema medular. A parte mais externa do meristema periférico origina-se a partir das derivadas laterais das iniciais apicais; as camadas mais profundas, das células-mãe centrais. O meristema medular é derivado destas. A derivação de células das células-mãe centrais ocorre de tal maneira que, aquelas células-mãe que são deslocadas para a periferia do grupo pela adição de iniciais apicais e pelas divisões dentro do grupo, são consideravelmente ativadas e experimentam freqüentes mitoses. As divisões podem ser ordenadas com as células em divisão dispostas em fileiras anticlinais com referência a periferia do grupo central. Esta camada celular ativa é às vezes tão conspícua que recebe a designação especial de zona de transição (é freqüentemente comparada com o câmbio, devido à semelhança superficial com o câmbio em corte transversal; Popham, 1951). O grau de diferenciação da zona de transição depende do vigor do crescimento uma vez que ela pode variar na mesma planta em relação com a periodicidade estacional ou com estágios da formação de folhas.

A zona periférica tem citoplasma denso e apresenta forte atividade mitótica. Atividade particularmente intensa em posições localizadas resulta na formação de protrusões, os chamados primórdios foliares (Fig. 16.10B). A zona periférica relaciona-se também com o alongamento do caule (divisões anticlinais) e aumento em largura (divisões periclinais). O meristema medular é, em geral mais altamente vacuolizado que o meristema periférico, mas também é ativo, mitoticamente. Em algumas gimnospermas, o grupo central de células vacuolizadas pode ser pouco diferenciado e o meristema medular aparece somente poucas camadas de células abaixo do ápice do promeristema (Fig. 16.10B). As divisões do meristema medular são geralmente orientadas de modo regular no plano transversal, de forma que as derivadas das células individuais logo dão origem a fileiras verticais de células. As séries de fileiras emprestam ao meristema uma aparência característica e, em conseqüência foram chamadas de *meristema em costela ou em coluna* (Fig. 16.10A). Ocorrem também algumas divisões verticais, que resultam no aumento do número de colunas.

A zonação citoistológica das diferentes plantas varia nos seus pormenores. Plantas com meristemas apicais bastante homogêneos podem não apresentá-la de todo. Alguns pesquisadores, que enfatizam as diferenças de zonação e arquitetura dos ápices caulinares, estabeleceram "tipos" de meristemas apicais (Popham, 1951), mas estes constituem diferenças de pormenor em uma organização que é, fundamentalmente, uniforme (Millington e Fisk, 1956).

Conceito do promeristema quiescente. A taxa relativamente baixa de atividade mitótica do promeristema, especialmente quando comparada com a zona periférica situada abaixo dele, levou ao desenvolvimento de um novo conceito do crescimento apical (Bersillon, 1956; Buvat, 1955; Camefort, 1956; e outros pesquisadores franceses). A parte distal vacuolizada do meristema apical é considerada como de pouca significação no crescimento vegetativo e na organogênese do caule. O meristema periférico, com suas células em divisão ativa e produção de primórdios foliares e o meristema medular, com suas contribuições para o alongamento do eixo, desempenham papel principal na construção do caule. A interpretação corrente das células de posição apical e subapical como iniciais, é recusada pelos estudiosos franceses. Como foi revisado no Cap. 14, a noção de um estágio quiescente das células da parte distal do meristema apical foi exposta também com referência às raízes; em ambas, testes prévios para ácidos ribonucleicos foram feitos para comprovar a evidência da fraca atividade mitótica. Esses pontos de vista não ficaram sem contestação. Alguns pesquisadores encontraram evidências de considerável atividade mitótica no promeristema (por exemplo, Popham, 1958); outros assinalam continuidade ontogenética entre o promeristema e os tecidos imaturos, como foi revelado pelo trabalho sobre as citoquimeras (por exemplo, Clowes, 1957). Além do mais, as técnicas cirúrgicas e de culturas de tecidos sugerem que a presença do promeristema pode ser necessária para a restauração de todo o caule (cf. Wetmore, 1956).

Origem das folhas

A discussão precedente referiu-se às origens dos primórdios foliares a partir do meristema periférico do ápice do caule. Os pormenores histológicos deste processo foram obtidos em numerosas plantas de grupos taxonômicos diferentes. Nas gimnospermas e dicotiledôneas as divisões que dão início aos primórdios foliares ocorrem geralmente na segunda ou terceira camadas a contar da superfície (Fig. 16.7A). Divisões periclinais acrescentam células na direção da periferia e são responsáveis em grande medida pela protrusão lateral do primórdio. Divisões periclinais ocorrem na camada superficial e também acompanham as divisões periclinais nas camadas mais profundas. Nas monocotiledôneas, os primórdios foliares iniciam-se, freqüentemente, em divisões periclinais na camada superficial.

As derivadas da túnica ou do corpo podem dar começo a divisões que conduzem à formação de um primórdio. Se a túnica for profunda, todo o primórdio pode originar-se a partir de suas derivadas. Se não o for, pelo menos alguns tecidos foliares podem ser traçados até o corpo.

A protrusão inicial lateral é geralmente citada como "gema foliar" (Fig. 16.7A), embora, obviamente, não seja parte da folha mas toda a folha, nesse estágio. O crescimento subseqüente do primórdio ocorre na direção para cima, a partir da gema (Fig. 16.7B).

O caule: estágio primário de crescimento

Os primórdios foliares surgem em posições colocadas ao redor da circunferência do meristema apical, o que está em concordância com a filotaxia do caule. As relações causais do início ordenado das folhas preocuparam os botânicos durante muito tempo. Um dos pontos de vista prevalescente é que a nova folha inicia-se em um ponto livre da inibição exercida pela parte distal do meristema apical e pelos primórdios foliares formados mais recentemente (cf. Wetmore, 1956). Desse modo, o ambiente fisiológico determina a posição da folha nova. O ponto de vista oposto é o de que as folhas surgem em contato umas com as outras ao longo de duas ou mais hélices, cada uma das quais termina no meristema periférico com o seu próprio centro gerador (cf. Buvat, 1955). Na medida em que um primórdio tem início, o centro gerador movimenta-se para cima e lateralmente, em continuação da hélice. O meristema periférico contendo o centro gerador é conhecido como anel inicial. Ambas essas hipóteses tentam explicar as relações causais nos padrões existentes, mas nenhuma se aproximou da explicação de como o padrão — disposição das folhas, neste exemplo — é estabelecido no embrião.

Na descrição da origem da folha adotou-se um termo conveniente, *plastocrono*, para designar o intervalo de tempo entre a origem de duas folhas sucessivas, ou verticilos foliares, no ápice. Uma técnica apurada é necessária para se determinar a duração do plastocrono. Informações disponíveis indicam que os plastocronos variam em extensão durante os diferentes estágios de desenvolvimento da planta e podem ser de uma fração de dia a vários dias (por exemplo, Abbe e Phinney, 1951).

Origem das gemas

Gemas axilares. As gemas axilares originam-se em distâncias plastocrônicas um tanto variáveis a partir do meristema apical. Não é raro as primeiras divisões que dão início a uma gema axilar ocorrerem em relação à segunda folha, a contar do ápice (por exemplo, Seeliger, 1954; Sussex, 1955). Neste nível, o tecido da axila da folha pode apresentar a mesma aparência do meristema periférico situado acima (Fig. 16.11A) e, em conseqüência, a gema axilar passa a ser considerada como surgindo em continuidade com o meristema apical

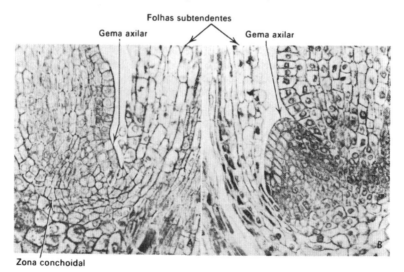

Figura 16.11 Origem das gemas axilares de *Solanum tuberosum* (batata). Cortes longitudinais de nós, mostrando estágios inicial (A) e mais tardio (B) do desenvolvimento das gemas. (Ambos ×225. De Sussex, *Phytomorphology*, 1955)

(Carrison, 1955). Por sucessivo crescimento do caule originário, a vacuolização que se registra acima do meristema axilar (Fig. 16.11B) faz com que ela apareça isolada do meristema apical. Para expressar esta seqüência evolutiva, a simples palavra "meristema" é usada para designar meristema axilar. As gemas axilares podem originar-se a certa distância do meristema apical, em tecidos parcialmente vacuolizados. Dado que a gema pode apresentar citoplasma mais denso do que o tecido de origem, a modificação só é interpretada como uma desdiferenciação; em outras palavras, um tecido mais maduro torna-se menos maduro.

Se as gemas axilares surgirem perto do ápice, elas podem estar conectadas, por traços de gemas discerníveis (traços de ramos), ao eixo principal, a partir dos primeiros estágios de vacuolização no meristema periférico. A explicação deste fenômeno é que os traços da gema não experimentam as características de vacuolizações primárias do meristema fundamental e, portanto, afiguram-se como feixes meristemáticos entre a gema e os tecidos vasculares do eixo. Se a gema surgir tardiamente em relação ao crescimento do caule, a conexão vascular diferencia-se através de um tecido fundamental relativamente muito vacuolizado e pode progredir da gema em direção ao eixo principal. Quando uma gema axilar permanece dormente, o crescimento secundário remove a gema cada vez mais longe de seu ponto de origem (MacDaniels, 1953). Então seus traços alongam-se, provavelmente devido à adição de elementos vasculares pelo câmbio vascular.

As divisões que dão início à gema ocorrem, normalmente, no eixo situado pouco acima da inserção da folha imediatamente inferior mas durante o crescimento subseqüente torna-se deslocada na direção da axila. Divisões periclinais e anticlinais ocorrem na origem das folhas e a gema chega a formar protrusão acima da superfície. Durante essas divisões iniciais as células dispõem-se do mesmo modo em que se encontram no meristema apical do caule originário, isto é, o meristema apical da gema está organizado (Fig. 16.11B). Em muitas plantas, durante os estágios iniciais de desenvolvimento, divisões ordenadas ocorrem ao longo dos limites da base e laterais da gema e formam uma zona de camadas paralelas recurvadas remanescentes da zona de transição encontrada em alguns ápices de caule nos limites mais interiores da zona de células-mãe (Fig. 16.10A). Esta zona é conhecida como zona de concha (Fig. 16.11A) em virtude de apresentar este formato. Sugeriu-se que ela tenha relação com o crescimento, para cima, da gema, do mesmo modo que a zona de transição parece estar associada com um ativo impulso, para cima, do promeristema. Se a gema não estiver dormente, o seu crescimento para cima é seguido pelo início das primeiras folhas, os prófilos, e, mais tarde, pelas estruturas foliares subseqüentes.

Gemas adventícias. Em contraste com as gemas axilares, as adventícias surgem sem qualquer conexão com o meristema apical. Elas se originam no "callus" dos cortes ou próximo às lesões, câmbio vascular ou na periferia do cilindro vascular (MacDaniels, 1953) e até da epiderme. Podem desenvolver-se nas raízes, caules, hipocótilos e folhas. Se as gemas adventícias surgirem em tecidos maduros, envolvem o fenômeno previamente caracterizado como desdiferenciação. Dependendo do local em que se iniciam, podem ser de origem exógena (surgindo próximo à superfície) ou endógena (de tecidos mais profundos) (Priestley e Swingle, 1929). Iniciam-se por divisões que se tornam orientadas de modo a organizar um meristema apical. Quando este dá origem às primeiras folhas, estabelece-se uma conexão vascular entre a gema e a estrutura originária, geralmente por diferenciação da gema em direção ao sistema vascular existente.

Crescimento primário do caule

Quando as folhas se iniciam no ápice do caule, aparecem em níveis próximos uns dos outros, de modo que os nós e os entrenós ainda não existem como unidades separadas. Mais tarde, a atividade meristemática, entre as inserções de folhas, prolonga as partes do caule que, assim, se tornam reconhecíveis como entrenós. Divisões transversais na região periférica e na medula constituem as bases dos primeiros estágios de alongamento; mais tarde predomina o aumento das células. O crescimento processa-se na medula, como antes no meristema medular, de acordo com um padrão de meristema em costela ou coluna. Durante o estágio de crescimento de roseta característico de algumas plantas, não ocorre alongamento internodal e as folhas permanecem reunidas.

A atividade meristemática que causa o alongamento do entrenó pode ser bastante uniforme em todo o entrenó em crescimento, mas com maior freqüência é mais intenso na sua base do que em outras partes. Se os entrenós experimentarem um prolongado período de crescimento em comprimento, o meristema da base do entrenó torna-se bastante pronunciado e leva a denominação de *meristema intercalar*, intercalado entre regiões de tecidos mais maduros. Alguns elementos vasculares diferenciam-se no interior do meristema intercalar e conectam as regiões mais maduras do caule, acima e abaixo da região meristemática. Os meristemas intercalares foram estudados com particular intensidade em gramíneas e equisetíneas (*Equisetum*). A longa permanência de uma região meristemática na base do entrenó (e da bainha da folha) nas gramíneas, torna possível erguer seus colmos do solo pelo crescimento de meristema intercalar no lado voltado para o chão.

O crescimento em espessura do eixo envolve divisões periclinais e aumento celular na medula e na região periférica. O espessamento primário varia em detalhes nas diferentes espécies. É geralmente moderado nas que têm crescimento secundário muito ativo. Dicotiledôneas herbáceas de tipos especializados, tais como as de roseta e muitas suculentas (Rauh e Rappert, 1954) e numerosas monocotiledôneas (cf. Esau, 1953, pp. 386 e 387) podem apresentar crescimento primário intenso, que pode ocorrer tão próximo do meristema apical a ponto deste parecer inserido num platô chato ou mesmo numa depressão. Em algumas dicotiledôneas o espessamento primário pode ser acentuado na medula (espessamento medular) ou na região periférica (espessamento cortical) ou ainda disperso no corpo do eixo. Nas monocotiledôneas o espessamento pode limitar-se a uma região relativamente estreita próxima da periferia, o chamado meristema de espessamento primário (Fig. 16.12). Suas células dispõem-se em séries anticlinais bem ordenadas.

O espessamento primário varia de grau nos diferentes níveis da mesma planta. Geralmente cresce ao longo de diversos entrenós e logo diminui nos mais altos (cf. Esau, 1954). Tal distribuição do crescimento confere à parte mais baixa do corpo primário do caule o formato de um cone invertido. Contudo, o crescimento secundário, quando presente, geralmente obscurece o efeito do aumento de espessura para cima do corpo primário.

Diferenciação vascular

A origem do tecido vascular no caule de uma planta com semente torna-se compreensível somente contra o retrospecto das inter-relações entre folha e caule: o sistema vascular do caule diferencia-se em relação ao início das folhas.

Origem do procâmbio. A seqüência da diferenciação do procâmbio explica-se melhor pela referência às mudanças de aspecto do eixo do meristema apical para baixo, numa planta com um único cilindro de feixes vasculares em estado adulto (gimnospermas ou dicotiledôneas). Nenhuma diferenciação vascular é detectável acima do nível da iniciação da folha, isto é, no promeristema (Figs. 16.7 e 16.13A). Mais abaixo, onde os primórdios foliares aparecem, o meristema periférico exibe vacuolização intensificada nas camadas externas. É o começo do desenvolvimento cortical (Fig. 16.13B). A vacuolização no córtex e na medula delimita uma zona circular mais ou menos irregular, a futura região vascular (Fig. 16.13C). A zona não é homogênea em sua estrutura, pois, debaixo da inserção dos primórdios foliares, divisões longitudinais, sem concomitante aumento na largura das células, produzem células um pouco alongadas, as primeiras células procambiais (Figs.

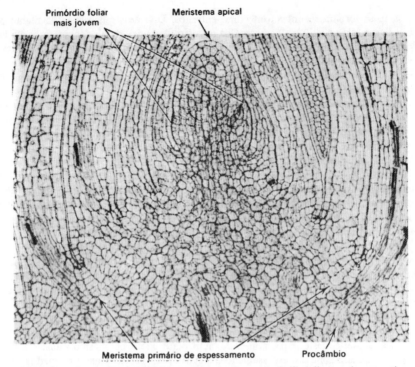

Figura 16.12 Corte longitudinal do ápice caulinar de *Zea mays* (milho) ilustrando respectivamente meristema apical, primórdio foliar e meristema primário de espessamento. (× 90)

16.7 e 16.13C). Em cortes transversais as células procambiais podem ser de difícil reconhecimento nesse nível, porque ainda diferem muito pouco das células meristemáticas adjacentes. Mais tarde, ou mais abaixo, a distinção é intensificada na medida em que as células procambiais se tornam relativamente mais estreitas depois da ocorrência de divisões longitudinais adicionais.

A zona altamente meristemática de formato anelar (quando vista em corte transversal) contendo cordões procambiais foi objeto de muita controvérsia concernente à sua interpretação e terminologia apropriada (cf. Esau, 1954). Neste livro essa zona é interpretada como sendo composta de cordões procambiais (traços das folhas mais próximas) e de meristema menos diferenciado, o meristema residual (resíduo do meristema periférico).

Em estágios de desenvolvimento sucessivamente mais tardios, mais e mais cordões procambiais podem ser reconhecidos na região vascular (Fig. 16.13D). São os traços foliares (e seus complexos) das folhas novas em desenvolvimento. Desde que os traços das folhas mais jovens se inserem entre as mais velhas num determinado corte, torna-se evidente que o meristema residual adicional transformou-se em procâmbio. Em outras palavras, com o aumento de idade de um entrenó, maiores quantidades de meristema residual diferenciam-se em procâmbio. Finalmente, depois que todos os traços (e seus complexos) característicos de um determinado nível se diferenciaram, o meristema residual remanescente diferencia-se em parênquima interfascicular (Fig. 16.13E). Nos nós, parte do meristema residual torna-se parênquima da lacuna foliar. As lacunas são geralmente perceptíveis nos estágios mais jovens do desenvolvimento do caule, isto é, em níveis mais altos do caule do que as regiões interfasciculares (Fig. 16.13C).

A seqüência acima descrita implica em continuidade inicial entre os pontos dos primórdios foliares e o sistema vascular do eixo. Na medida em que os primórdios foliares

O caule: estágio primário de crescimento

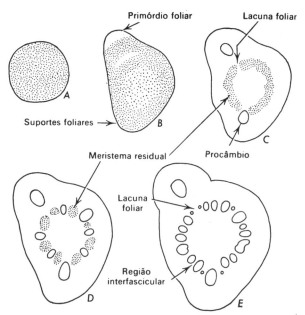

Figura 16.13 Cortes transversais do caule do linho obtidos em diferentes níveis, tendo início no meristema apical (A) e terminando ao nível do nó, no qual todos os tecidos primários estão diferenciados (E). A figura ilustra estágios de diferenciação do sistema vascular: vacuolização do córtex (tem início no primórdio foliar, em *B*) e medula; a demarcação das futuras regiões vasculares como meristemas residuais associados a feixes de procâmbio e finalização da diferenciação procambial no meristema residual

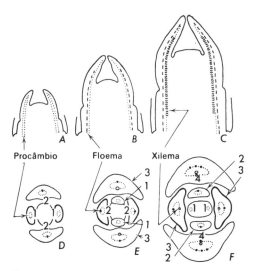

Figura 16.14 Diagramas ilustrando a seqüência de diferenciação vascular, vistos em cortes longitudinais (*A–C*) e transversais (*D–F*) de um ápice caulinar que apresenta disposição foliar decussada (*Lonicera*): diferenciação acrópeta e contínua do procâmbio e do floema; início descontínuo e diferenciação bidirecional do xilema. Os primeiros elementos do floema amadurecem antes dos primeiros elementos do xilema

se elevam acima de seus suportes o procâmbio diferencia-se também no seu interior, em continuidade com o procâmbio dos traços foliares (Fig. 16.7). A diferenciação do procâmbio nos entrenós sucessivamente mais jovens pela ordem de seu aparecimento e sua continuidade

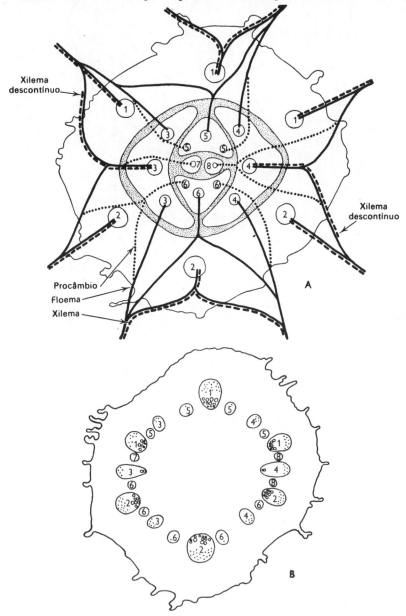

Figura 16.15 Sistema vascular de uma plântula de girassol (*Helianthus*). *A*, corte transversal das folhas, acima do meristema apical. Ilustra: feixes vasculares das folhas com diferentes idades; interconexão de traços foliares destas folhas; seqüência da diferenciação do procâmbio, floema e xilema. *B*, corte transversal do caule abaixo do nó de um par de folhas 1–2. Exibe a distribuição dos traços foliares 1–8. (Segundo Esau, *Biol. Reviews*, 1954)

nos primórdios foliares é usualmente chamada de diferenciação *acrópeta* do procâmbio. É uma diferenciação acrópeta contínua pois o procâmbio dos entrenós mais jovens está conectado com o dos mais velhos desde o seu começo.

O ponto de vista oposto, segundo o qual o procâmbio se diferencia, primeiro, na base das folhas e, depois, em sentido basípeto na direção da parte mais velha do eixo, em gimnospermas e dicotiledôneas, não está bem fundamentado (cf. Esau, 1954). Há, entretanto, alguma evidência de que nos sistemas complexos das monocotiledôneas, pelo menos alguns dos numerosos feixes vasculares se diferenciam para baixo, no eixo.

Origem do floema e do xilema. Quando vistos em corte transversal, o floema primário aparece na parte externa e o xilema na interna dos cordões procambiais (Cap. 11). A diferenciação subseqüente do floema é centrípeta; isto é, novos elementos floemáticos aparecem mais perto do centro do caule. O xilema diferencia-se na direção oposta, isto é, centrífuga. Estas seqüências foram revisadas anteriormente com relação às diferenças entre as estruturas da raiz e do caule e, em particular, ao xilema exarco da raiz e ao endarco do caule (Cap. 3).

Na posição vertical, os primeiros floema e xilema, patenteiam seqüências desenvolvimentais contrastantes (Jacobs e Morrow, 1957, 1958; Sloover, 1958). O floema acompanha o procâmbio mais ou menos estreitamente em seu curso acrópeto de diferenciação (Fig. 16.14A, B). O xilema, contudo, diferencia-se geralmente, antes, na parte da base da folha ou debaixo dela, aproximadamente no traço foliar e em seguida procede acropetamente na folha e basipetamente no eixo (Figs. 8.9, 16.14 e 16.15) até que se forme uma conexão com o xilema mais velho. O primeiro floema aparece antes do xilema num determinado traço foliar.

São escassos os conhecimentos acerca da quantidade de xilema primário que possui a iniciação descontínua esboçada acima, mas não se trata de uma ou algumas séries de elementos traqueais (Sloover, 1958). Considerável quantidade de xilema pode estar presente na própria folha e no traço foliar antes de se estabelecer uma conexão com o xilema mais velho do eixo e podem ocorrer várias folhas com traços xilemáticos descontínuos num determinado caule. O significado deste método de desenvolvimento é, obviamente, de grande interesse do ponto de vista fisiológico mas, até o presente, continua completamente obscuro.

As seqüências de desenvolvimento do xilema e do floema, até agora relatadas, explicam, em parte, a aparência heterogênea dos feixes vasculares no corte transversal de um entrenó jovem (Fig. 16.15B). Alguns feixes encontram-se em estágio procambial; estes são os traços mais jovens. Outros, pouco mais velhos, possuem floema primário; outros, ainda mais velhos, xilema e floema.

Em plantas vasculares inferiores com folhas pequenas e traços foliares conseqüentemente pequenos, o procâmbio do sistema vascular pode ser reconhecido acima dos primórdios foliares mais jovens. Ele se desenvolve com independência relativa das folhas e de seus traços, mais ou menos como o sistema vascular das raízes.

REFERÊNCIAS BIBLIOGRÁFICAS

Abbe, E. C., e B. O. Phinney. The growth of the shoot apex in maize: external features. *Amer. Jour. Bot.* 38:737-743. 1951.

Bailey, I. W. Nodal anatomy in retrospect. *Arnold Arboretum Jour.* 37:269-287. 1956.

Bersillon, G. Recherches sur les Papavéracées. Contribution à l'étude du développement des dicotylédones herbacées. *Ann. des Sci. Nat., Bot. Ser.* 11. 16:225-447. 1956.

Blyth, A. Origin of primary extraxylary stem fibers in dicotyledons. *Calif. Univ., Publs., Bot.* 30:145-232. 1958.

Brown, W. V., C. Heimsch, e W. H. P. Emery. The organization of the grass shoot apex and systematics. *Amer. Jour. Bot.* 44:590-595. 1957.
Buvat, R. Le méristème apical de la tige. *Ann. Biol.* 31:595-656. 1955.
Camefort, H. Étude de la structure du point végétatif et des variations phyllotaxiques chez quelques gymnospermes. *Ann. des Sci. Nat., Bot. Ser.* 11. 17:1-185. 1956.
Clowes, F. A. L. Chimeras and meristems. *Heredity* 11 (Pt. 1):141-148. 1957.
Dermen, H. Periclinal cytochimeras and origin of tissues in stem and leaf of peach. *Amer. Jour. Bot.* 40:154-168. 1953.
Esau, K. *Plant anatomy*. New York, John Wiley and Sons. 1953.
Esau, K. Primary vascular differentiation in plants. *Biol. Revs. Cambridge Philos, Soc.* 29:46-86. 1954.
Foster, A. S. Structure and growth of the shoot apex in *Ginkgo biloba*. *Torrey Bot. Club Bul.* 65:531-556. 1938.
Garrison, R. Studies in the development of axillary buds. *Amer. Jour. Bot.* 42:257-266. 1955.
Gifford, E. M., Jr. The shoot apex in angiosperms. *Bot. Rev.* 20:477-529. 1954.
Griffith, M. M. The structure and growth of the shoot apex in *Araucaria*. *Amer. Jour. Bot.* 39:253-263. 1952.
Jacobs, W. P., e I. B. Morrow. A quantitative study of xylem development in the vegetative shoot apex of *Coleus*. *Amer. Jour. Bot.* 44:823-842. 1957.
Jacobs, W. P., e I. B. Morrow. Quantitative relation between stages of leaf development and differentiation of sieve tubes. *Science* 128:1 084-1 085. 1958.
Jentsch, R. Untersuchungen an den Sprossvegetationspunkten einiger Saxifragaceen. *Flora* 144:251-289. 1957.
Johnson, M. A. The shoot apex in gymnosperms. *Phytomorphology* 1:188-204. 1951.
Kondrat'eva, E. A. O stroenii verkhushki vegetativnogo pobega pokrytosemennykh. [Concerning structure of vegetative shoot apex in angiosperms.] *Leningrad Univ. Vest. Ser. Biol., Geog. i Geolog.* 10:3-15. 1955.
MacDaniels, L. H. Anatomical basis of so-called adventitious buds in apple. *New York Agric. Exp. Sta. Mem.* 325. 1953.
Millington, W. F., e E. L. Fisk. Shoot development in *Xanthium pennsylvanicum*. I. The vegetative plant. *Amer. Jour. Bot.* 43:655-665. 1956.
Popham, R. A. Principal types of vegetative shoot apex organization in vascular plants. *Ohio Jour. Sci.* 51:249-270. 1951.
Popham, R. A. Cytogenesis and zonation in the shoot apex of *Chrysanthemum morifolium*. *Amer. Jour. Bot.* 45:198-206. 1958.
Priestley, J. H., e C. F. Swingle. Vegetative propagation from the standpoint of plant anatomy. *U. S. Dept. Agr. Tech. Bul.* 151. 1929.
Rauh, W., e F. Rappert. Über das Vorkommen und die Histogenese von Scheitelgruben bei krautigen Dikotylen, mit besonderer Berücksichtigung der Ganz-und Halbrosettenpflanzen. *Planta* 43:325-360. 1954.
Seeliger, I. Studien am Sprossvegetationskegel von *Ephedra fragilis* var. *campylopoda* (C. A. Mey.) Stapf. *Flora* 141:114-162. 1954.
Sloover, J. De. Le sens longitudinal de la différenciation du procambium, du xylème et du phloème chez *Coleus, Ligustrum, Anagallis* et *Taxus*. *Cellule* 59:55-202. 1958.
Sussex, I. M. Morphogenesis in *Solanum tuberosum* L.: Apical structure and developmental pattern of the juvenile shoot. *Phytomorphology* 5:253-273. 1955.
Van Fleet, D. S. The cell forms, and their common substance reactions, in the parenchyma--vascular boundary. *Torrey Bot. Club Bul.* 77:340-353. 1950.
Van Tieghem, P., e H. Douliot. Sur la polystélie. *Ann. des Sci. Nat., Bot. Ser.* 7. 3:275-322. 1886.

Venning, F. D. The relationship of illumination to the differentiation of a morphologically specialized endodermis in the axis of potato, *Solanum tuberosum* L. *Phytomorphology* 4:132-139. 1954.

Wetmore, R. H. Growth and development in the shoot system of plants. In: *Cellular Mechanisms in Differentiation and Growth*. Princeton Univ. Press. 1956.

Wetmore, R. H., e C. W. Wardlaw. Experimental morphogenesis in plants. *Annu. Rev. Plant Physiol.* 2:269-292. 1951.

Ziegenspeck, H. Vorkommen und Bedeutung von Endodermen und Endodermoiden bei oberirdischen Organen der Phanerogamen im Lichte der Fluoroskopie. *Mikroskopie* 7:202-208. 1952.

17

O caule: estágio secundário de crescimento e tipos estruturais

CRESCIMENTO SECUNDÁRIO

O crescimento secundário aumenta o cabedal de tecidos vasculares dos caules, começando com as partes do caule ou do eixo emergente que cessaram de alongar-se. Contribui apenas à espessura do eixo. O crescimento secundário ocorre principalmente no eixo, mas pode ser observado, em proporções limitadas nas folhas, de modo particular nos pecíolos e nas nervuras medianas. Este crescimento é característico das gimnospermas e das dicotiledôneas lenhosas mas é encontrado em quantidades variáveis também em dicotiledôneas herbáceas. Algumas destas e a maioria das monocotiledôneas não apresentam espessamento secundário. O crescimento secundário que pode ocorrer em monocotiledôneas é de tipo especial.

A expressão "crescimento secundário" inclui tanto a formação da periderme quanto a dos tecidos vasculares secundários. O Cap. 12 trata com pormenores da estrutura e desenvolvimento da periderme, o tecido protetor que substitui a epiderme em numerosas árvores e plantas herbáceas.

Localização e extensão do câmbio vascular

O câmbio vascular, cuja estrutura e função encontram-se expostas no Cap. 10, surge em parte do procâmbio no interior dos feixes vasculares, e em parte, do parênquima interfascicular (Fig. 17.1). As partes do câmbio vascular que se originam nas duas posições são chamadas de câmbio *fascicular* e *interfascicular*, respectivamente. Como afirmamos no Cap. 16, em alguns caules os traços foliares e seus complexos são quase contíguos lateralmente (Fig. 17.2). Em tais caules é difícil reconhecer o câmbio interfascicular, exceto nas lacunas foliares. A origem do câmbio, nestas, é semelhante à das regiões interfasciculares, isto é, derivado do parênquima, de modo a poder incluir-se na designação de interfascicular.

Nos tipos mais comuns de crescimento secundário o câmbio vascular torna-se em um cilindro completo e produz continuamente cilindros de tecidos vasculares secundários (Figs. 17.2 e 17.3), floema e xilema, cada qual com os seus respectivos sistemas axial e radial de células (Caps. 8-11), o primeiro derivado das iniciais cambiais fusiformes, o segundo, das iniciais radiais (Cap. 10).

Nos ramos que se desenvolvem das gemas axilares, o câmbio vascular aparece de modo semelhante ao do eixo principal e os câmbios dos dois formam uma bainha contínua. O câmbio do caule é também contínuo com o da raiz. O câmbio aparece antes do fim do primeiro ano de crescimento do caule ou de seus ramos. Isso ocorre na parte do eixo que completou o alongamento. O caule e os ramos mais velhos, obviamente, desenvolvem câmbio antes dos ramos mais jovens. Desse modo os tecidos secundários formados, por exemplo, durante o sétimo ano de crescimento do tronco de uma árvore, são contínuos através de ramos sucessivamente mais jovens, com o crescimento secundário do primeiro ano de um ramo

O caule: estágio secundário de crescimento e tipos estruturais 187

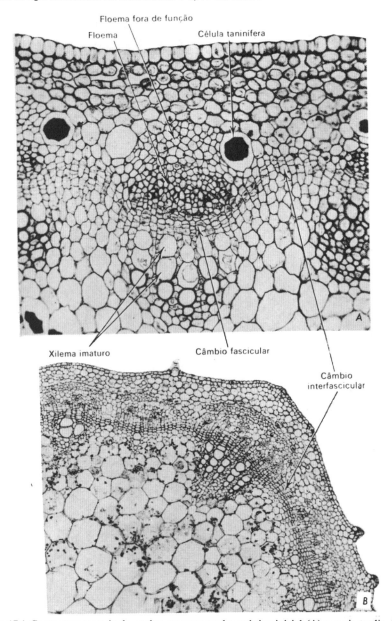

Figura 17.1 Cortes transversais de caules, representando estágios inicial (A) e mais tardio (B) das diferenciações do câmbio fascicular e interfascicular. *A, Lotus corniculatus. B, Medicago sativa*, alfafa. (*A*, ×184; *B*, ×60). Cortesia de J. E. Sass. *B*, de J. E. Sass, *Botanical Microtechnique*, 3.ª ed. The Iowa State College Press, 1958

jovem formado durante o ano corrente. Além disso, o crescimento secundário na base do ramo jovem é contínuo com o tecido vascular primário de sua parte superior. Em conseqüência, os últimos acréscimos dos tecidos vasculares, parcialmente secundários e primários, são contínuos num ano determinado. A conexão dos traços foliares com o lenho secundário mais jovem pode ser facilmente demonstrada pela introdução de uma solução de

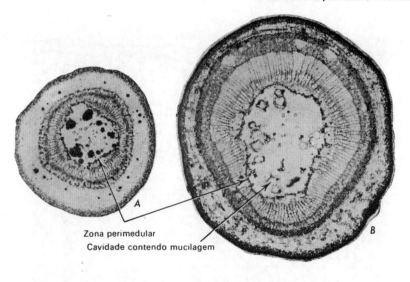

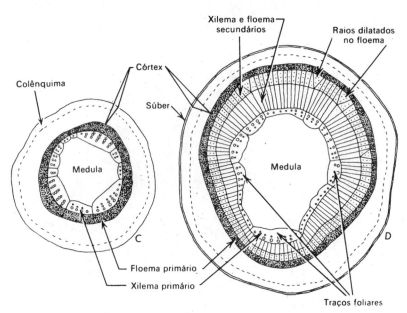

Figura 17.2 Cortes transversais do caule de *Tilia*, feitos antes (A, C) e depois (B, D) do crescimento secundário ter início. (Todos ×23; de *Plant Anatomy*, John Wiley and Sons, 1953)

eosina através de um corte numa folha (Wareing e Roberts, 1956). A continuidade do último acréscimo de tecidos secundários torna possível o movimento ininterrupto de água e materiais através das partes mais ativas dos tecidos.

Efeitos do crescimento secundário no corpo primário

A interpolação dos tecidos vasculares secundários entre os floema e xilema primários cria considerável tensão no interior do caule, especialmente em relação a tecidos localizados

O caule: estágio secundário de crescimento e tipos estruturais

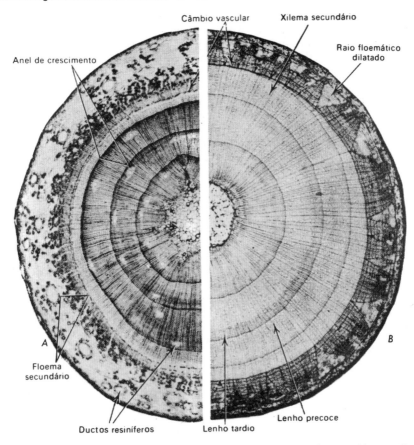

Figura 17.3 Cortes transversais do caules de *Pinus* (A) e *Tilia* (B), cada qual com periderme e diversos incrementos de tecidos vasculares secundários (*A*, × 21; *B*, × 12. Segundo Esau, *Plant Anatomy*, John Wiley and Sons, 1953)

exteriormente ao câmbio. A medula e o xilema primário — este agora isolado ao floema primário — acabam sendo revestidos pelo xilema secundário. Usualmente eles permanecem em sua posição e formato originais e seu parênquima pode manter-se vivo durante muitos anos. Contudo, às vezes a medula é deformada por uma pressão para dentro exercida pelo corpo secundário em crescimento. Os elementos condutores do xilema primário tornam-se não-funcionais, porém não como resultado do crescimento secundário (Caps. 8 e 11).

O floema primário é deslocado para fora (Fig. 17.2). Torna-se não-condutor e, em muitas dicotiledôneas, contém fibras. Os componentes de paredes delgadas, porém, são mais ou menos rigorosamente esmagados. O córtex pode perdurar vários anos. Ele aumenta em circunferência pela expansão do tamanho das células em direção periclinal e divisões no plano anticlinal. A epiderme também pode persistir por crescimento — aumento de células seguido de divisão celular — de acordo com o aumento de circunferência do caule.

Com a contínua acumulação de tecidos secundários, o floema secundário está sujeito também à compressão do interior, devido ao aumento do cilindro lenhoso. Dependendo da estrutura do floema ele tem aspecto mais ou menos alterado com aumento da circunferência do caule. Quando as fibras são abundantes e ocorrem em faixas tangenciais (*Tilia*), o floema velho não-condutor pode não ser comprimido. Em outras espécies, com ou sem fibras, grandes massas de células — elementos crivados e células parenquimáticas associadas — são fortemente comprimidas. A acomodação à circunferência em aumento ocorre por divisão celular no parênquima floemático e nos raios. Às vezes o crescimento restringe-se a determinados raios que se tornam notavelmente conspícuos devido ao aumento da largura, *flaring*, ou dilatação, em direção à periferia (Figs. 17.2 e 17.3B).

Em muitas espécies a periderme forma-se durante o crescimento secundário. Como foi exposto no Cap. 12, ela pode ser superficial e se manter na mesma posição durante muitos anos. O córtex e o floema que se situam debaixo dela experimentam as modificações descritas acima. Por outro lado, pode formar-se ritidoma por desenvolvimento de uma série de peridermes sucessivamente mais profundas. Os tecidos primários são gradativamente eliminados como também, mais tarde, camadas consecutivas de floema secundário. A eliminação das camadas periféricas atenua periodicamente a pressão do aumento da circunferência.

Efeitos nas lacunas e traços foliares. Tal como foi mencionado anteriormente, o câmbio vascular aparece eventualmente no parênquima da lacuna. As divisões que dão início a este meristema ocorrem primeiro ao longo das margens das lacunas e em seguida progridem em direção à parte central. Este câmbio funciona como o da região interfascicular ao produzir xilema em direção a parte interior e floema para a exterior (Fig. 17.4). Se a lacuna é grande, podem decorrer dois ou mais anos para que o câmbio se forme através de toda a extensão da lacuna. Esta, pois, aparecerá cada vez mais estreita na medida do crescimento do xilema. Quando o processo de formação de xilema em frente à lacuna estiver completado, diz-se que a lacuna está fechada.

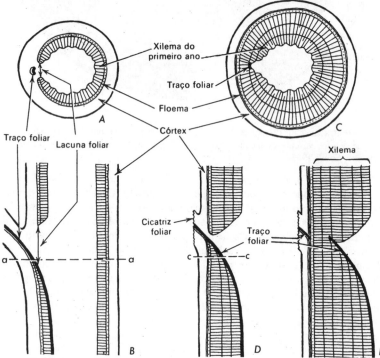

Figura 17.4 Diagramas ilustrando o efeito do crescimento secundário sobre traços e lacunas foliares, em cortes transversal (A, C) e longitudinal (B, D, E) de caules, feitos através da região nodal. A seqüência é: lacuna aberta (A, B); lacuna um tanto estreitada pelos tecidos vasculares secundários (D); lacuna fechada e traço foliar rompido (C, E). (De Esau, *Plant Anatomy*, John Wiley and Sons, 1953)

O traço foliar situado em frente a lacuna experimenta mudanças complexas (Fig. 17.4). Nas espécies decíduas, secciona-se do feixe foliar, no fim da primeira estação. A parte inferior do traço encontra-se no interior do cilindro de feixes e, antes da folha cair, desenvolve câmbio fascicular em linha com os outros feixes vasculares do caule. Contudo, a parte superior, é orientada para fora e termina na cicatriz foliar. Essa terminação rombuda (em forma de toco) tem pouca ou nenhuma atividade cambial. Se esta terminação do traço formar um pequeno ângulo com o cilindro vascular do caule, os tecidos vasculares originados acima da região lacunar causam eventualmente o rompimento do traço e a terminação seccionada é transportada para fora. Se a terminação tiver orientação quase horizontal ao córtex, torna-se embutida nos tecidos secundários. Nas plantas sempre verdes as folhas e seus traços são retidos por períodos variáveis de tempo. Durante o crescimento secundário a continuidade dos traços de tais folhas é considerada como sendo mantida por ajustamentos complexos entre o traço e o câmbio vascular (Eames e MacDaniels, 1947, p. 185).

Atividade estacional e câmbio vascular

Nas zonas temperadas o câmbio vascular mantém-se inativo durante a dormência hibernal. É reativado na primavera e produz novo incremento de xilema e floema durante certo período de crescimento cuja duração e flutuações são determinadas pelas condições estacionais e ambientais e pelas características específicas da planta. Estudos sobre os fatores que determinam a atividade sazonal do câmbio revelaram uma relação estreita entre o início da atividade cambial e o restabelecimento do crescimento das gemas na primavera. A relação tornou-se compreensível quando foi demonstrado que a auxina, produzida com abundância durante o crescimento das gemas, era transmitida basipetamente ao caule, e aí induzia divisões cambiais. O grau de desenvolvimento da gema associado ao começo da atividade cambial é variável. A gema pode ainda estar fechada ou apenas começando a desabrochar ou encontrar-se em um estágio mais tardio de crescimento (Ladefoged, 1952). O progresso basípeto da atividade cambial pode encontrar-se em ação durante semanas, antes do câmbio ser reativado na raiz.

A suspensão da atividade cambial não depende necessariamente do estágio de crescimento do caule. Com efeito, existe evidência experimental de que a duração da atividade cambial é afetada pelas condições de duração do dia (fotoperíodo) (Wareing e Roberts, 1956). Em *Robinia pseudoacacia*, por exemplo, o câmbio é dormente sob condições de dia curto e este efeito é aparentemente fotoperiódico, ao invés de resultar de diferenças de fotossíntese.

Durante a dormência, as paredes das células do câmbio vascular podem tornar-se consideravelmente espessas. A zona cambial é mais estreita do que durante a estação ativa e pequena quantidade ou quase nada de xilema e floema não-diferenciados estão presentes em sua proximidade. A reativação do câmbio ocorre em duas etapas. As células se expandem radialmente e suas paredes radiais se tornam mais delgadas. Nesse estágio, o câmbio é sensível à geada e também se rompe com facilidade; isto é, a cortiça começa a "escorregar". A divisão celular constitui a segunda etapa, que pode ocorrer uma ou várias semanas depois do primeiro estágio.

O crescimento sazonal do xilema (Ladefoged, 1952) é muito mais conhecido que o do floema devido às dificuldades técnicas envolvidas nos estudos deste. Nos ramos jovens a maior parte do acréscimo anual do xilema forma-se durante o período em que o caule, como um todo, está experimentando o seu alongamento mais intenso. A duração da formação do lenho aumenta dos ramos mais jovens para os mais velhos, em direção à parte inferior do tronco da árvore. A maior parte do acréscimo anual verifica-se no fim do verão (Ladefoged, 1952). Após o término da adição de células, o espessamento parietal do novo xilema continua ao longo de algumas semanas. O incremento do xilema produzido durante uma estação é geralmente maior do que o do floema.

Cicatrização e enxertia

O crescimento secundário e a atividade cambial estão geralmente associados no fenômeno da cicatrização e da formação da união durante a enxertia. Lesões em folhas, raminhos jovens e outras partes da planta que não apresentam crescimento secundário resultam geralmente na formação de uma cicatriz — deposição de substâncias que parecem proteger a superfície da dissecação e de lesões externas — e desenvolvimento de periderme a partir das células vivas subjacentes a cicatriz. Quando ramos ou troncos com crescimento secundário sofrem lesões, a formação da periderme é precedida pelo desenvolvimento do calo, um tecido parenquimático resultante da proliferação de várias células próximas à superfície da ferida. O calo também fornece o tecido através do qual se restaura a continuidade cambial, se foi seccionada pela lesão.

O estabelecimento das ligações nos enxertos envolve fenômenos semelhantes aos associados à cicatrização. Os tecidos do calo formam-se a partir do porta-enxerto e do enxerto e preenchem o espaço entre ambos, e os respectivos câmbios tornam-se contínuos pela diferenciação do câmbio de conexão a partir das células do calo. A ligação dos câmbios, quando o porta-enxerto e o enxerto são postos em contato facilita o estabelecimento da conexão cambial.

O problema concernente ao tipo de células que dão origem ao calo na reparação das lesões e na enxertia é debatido freqüentemente na literatura. Os raios xilemáticos ou as novas derivadas do câmbio (Barker, 1954; Buck, 1954) são mencionadas como suas principais fontes de origem.

O estabelecimento da ligação dos enxertos envolve muitos problemas, e as causas do êxito ou do fracasso dos enxertos não são perfeitamente conhecidas. Às vezes a causa do malogro é puramente técnica, como, por exemplo, uma imperfeita junção entre cavalo e cavaleiro. O efeito favorável da remoção do lenho de uma borbulha (Scaramuzzi, 1952) é outro exemplo da importância da técnica. Em muitos casos, contudo, a causa precisa de uma união malograda não é conhecida (McClintock, 1948), ou, sob certas condições, o floema degenera e o enxerto não sobrevive (Stigter, 1956). Estruturas peculiares são consideradas, às vezes, como obstaculos a uma união bem sucedida, mas é de se supor que a melhoria dos métodos pode superar esta dificuldade. Em conseqüência, enxertias bem sucedidas foram obtidas até em monocotiledôneas que não possuem qualquer atividade cambial (Krenke, 1933; Muzik e LaRue, 1954). O maior problema, entretanto, não é a natureza da junção, mas a incompatibilidade, um fenômeno que envolve a interação entre o cavalo e o cavaleiro (Roberts, 1949).

TIPOS DE CAULES

Os caules diferem quanto as estruturas primária e secundária de tal modo que se torna conveniente distingui-los em vários tipos. É de hábito falar-se de caules lenhosos e herbáceos, de trepadeiras, de caules de monocotiledôneas e de caules com crescimento secundário anômalo.

Coníferas

O caule do pinho serve aqui como exemplo de caule de coníferas. No estágio primário o caule possui feixes vasculares individualizados — os traços foliares e seus complexos — separados uns dos outros por estreitas regiões interfasciculares. O câmbio vascular, composto de regiões fasciculares e interfasciculares, forma um cilindro contínuo de xilema e de floema secundários (Fig. 17.3A). (A estrutura destes tecidos é tratada nos Caps. 9 e 11.) Em oposição às lacunas, tecidos secundários vão se formando gradativamente, de tal modo que o parênquima lacunoso se projeta para o interior das primeiras regiões do lenho secundário. O xilema primário dos feixes vasculares originais pode ser reconhecido próximo à medula, mas o floema primário é completamente obliterado. Quando o floema primário comprimido é ainda evidente, pode ser estabelecida uma demarcação entre floema e córtex. De outro modo, os limites são obscuros porque o floema primário não possui fibras. O córtex contém ductos resiníferos, que se tornam consideravelmente aumentados, em sentido tangencial, na medida em que o caule aumenta de circunferência. A periderme inicial surge debaixo da epiderme e não é substituída por peridermes mais profundas durante muitos anos.

Dicotiledôneas lenhosas

Como foi dito no Cap. 16 os caules das dicotiledôneas variam quanto à individualização dos feixes vasculares e das regiões interfasciculares. Na maioria das dicotiledôneas arborescentes as regiões interfasciculares são estreitas (*Salix, Quercus, Prunus*) ou muito estreitas (*Tilia*). Em todas estas espécies os tecidos secundários formam um cilindro contínuo. A *Tilia* (Figs. 17.2 e 17.3,B) ou o *Liriodendron* ilustram alguns dos padrões comuns dos caules das dicotiledôneas lenhosas. Na margem interna do xilema secundário contínuo, o xilema primário tem um contorno ligeiramente desigual ao redor da medula e pode ser delimitado do secundário apenas aproximadamente. O xilema secundário tem uma aparência pouco mais densa que o primário e contém, no sistema axial, elementos de vaso, traqueídeos, fibras e células de parênquima xilemático, em disposição paratraqueal em faixas. Raios largos e estreitos estão presentes. O floema secundário tem uma aparência característica devido a dilatação de alguns dos raios e a alternação de faixas de fibras e faixas contendo tubos crivados, células companheiras e células parenquimáticas. A periderme inicial surge por baixo da epiderme e persiste durante muitos anos. O córtex é retido durante todo esse tempo e pode ser facilmente delimitado do floema porque este último contém fibras nas suas partes periféricas (fibras de floema primário), como nas camadas mais profundas (fibras de floema secundário). A medula é parenquimática e contém células ou cavidades mucilaginosas. A parte externa da medula permanece ativa como tecido de reserva durante muito tempo. Esta é a bainha medular ou região perimedular.

Dicotiledôneas herbáceas

Muitas dicotiledôneas herbáceas possuem crescimento secundário do tipo comum e por isso parecem-se com as jovens dicotiledôneas lenhosas da mesma idade. Os caules de *Helianthus* e *Ricinus* têm regiões interfasciculares delimitadas nas quais se origina o câmbio interfascicular. Forma-se um cilindro contínuo de tecidos vasculares. Tanto o *Helianthus* quanto o *Ricinus* possuem fibras floemáticas primárias e o córtex e o floema podem ser assim delimitados. Algumas Compositae possuem endoderme com estrias de Caspary no caule (Fig. 16.2).

Em oposição aos dois gêneros acima mencionados, o *Pelargonium* tem feixes vasculares muito próximos de modo que as regiões interfasciculares se tornam difíceis de ser reconhecidas (Fig. 17.5A). Os tecidos secundários formam um cilindro completo. A região vascular é circundada por várias fileiras de fibras primárias com paredes secundárias lignificadas que surgem do procâmbio e em sua maioria associadas com tubos crivados; algumas entre feixes floemáticos. Podem ser chamadas de fibras do floema primário. Em caules mais velhos a epiderme é substituída pela periderme de origem subepidérmica. O córtex e a medula são de natureza parenquimática.

No caule de *Medicago*, a alfafa, os feixes vasculares são claramente separados, um do outro, pelas regiões interfasciculares relativamente largas (Fig. 17.1B). Ocorre certo crescimento secundário na base do caule, mas o câmbio interfascicular produz maior quan-

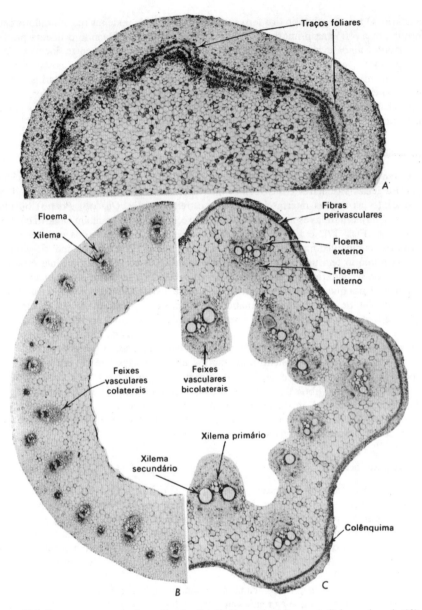

Figura 17.5 Cortes transversais de caules de dicotiledôneas herbáceas. *A*, Pelargonium (×10). *B*, *Ranunculus* (×19). *C*, *Cucurbita* (×12). (Segundo Esau, *Plant Anatomy*, John Wiley and Sons, 1953)

tidade de células na região xilemática que são, em sua maioria, células esclerenquimáticas. Caules de espécies de *Ranunculus* podem ser mencionados como exemplos dos que são privados de crescimento secundário (Fig. 17.5B).

Todos os caules até agora descritos possuem disposição colateral de xilema e floema; isto é, o floema aparece somente do lado externo do xilema. Em Solanaceae, por exemplo, tomate, batata e tabaco, o floema interno está presente. Quando o crescimento secundário ocorre nestes caules, o câmbio aparece somente entre o floema externo e o xilema.

Os caules herbáceos podem tornar-se mais ou menos modificados com referência à sua função principal. Um exemplo de modificação marcante encontra-se no tubérculo da batata (cf. Hayward, 1938). O sistema vascular primário é mais homogêneo na aparência do que o do caule aéreo porque as folhas são escamiformes e seus traços são pequenos. Os entrenós permanecem curtos. Ocorre pequena proporção de crescimento secundário. A maior parte da massa de tecidos de reserva é derivada da região perimedular contendo o floema interno. A medula, incluindo a região perimedular, é muito espessa e o floema interno é mais largamente disperso que no caule aéreo ou no rizoma.

Dicotiledôneas trepadeiras

Uma característica comum atribuída aos caules das trepadeiras é a presença no corpo secundário de raios tão largos, que reduzem os sistemas vasculares dos estágios primário e secundário à aparência de meros feixes. O caule da videira, *Vitis* (Fig. 12.6) pode ser tomado como exemplo (Esau, 1948). No estágio primário, o sistema vascular consiste de feixes de vários tamanhos. Originando-se nas regiões fascicular e interfascicular, o câmbio vascular torna-se contínuo. Entretanto, o câmbio interfascicular forma parênquima de tal modo que raios largos são formados em continuidade com as regiões interfasciculares. Novos raios largos formam-se, vez por vez, no interior de feixes do sistema vertical. Naturalmente, estes raios não são contínuos com as regiões interfasciculares, mas eles mantêm a aparência seccionada do corpo secundário. O floema primário desenvolve fibras que delimitam claramente a periferia do sistema vascular. O floema secundário também contém fibras, dispostas em faixas tangenciais. O córtex é composto de colênquima e parênquima, ambos com cloroplastos. A camada mais interna do córtex é uma bainha amilífera. A medula é formada de parênquima.

Como foi afirmado no Cap. 13, *Vitis* exemplifica um caule no qual a periderme inicial surge não imediatamente abaixo da epiderme, mas mais profundamente (Fig. 12.6). Primeiro, ela aparece no interior do floema primário sob as fibras de floema primário e é derivada das células floemáticas e parenquimáticas. O felogênio torna-se contínuo entre os feixes vasculares, também em virtude da diferenciação do parênquima interfascicular. A parte externa do floema e do córtex desprende-se em uma peça contínua ("cortiça anelar"). A periderme seguinte surge em camadas sucessivamente mais profundas do floema secundário.

A separação dos tecidos vasculares em feixes é ainda mais pronunciada em *Aristolochia* (Fig. 17.6). Esta planta exibe algumas particularidades adicionais, de modo a ser classificada, às vezes, como tendo crescimento secundário anômalo. Os feixes vasculares colaterais muito separados circundam a medula parenquimática. No estágio primário de crescimento o sistema vascular, juntamente com o parênquima fundamental no qual está incluído, é rodeado por um cilindro de esclerênquima, ou seja, as fibras perivasculares (Esau, 1953, p. 666); contudo, o floema não contém fibras; o córtex é composto de parênquima e colênquima; sua camada mais interna, isto é, a que se localiza próximo às fibras perivasculares, diferencia-se como bainha amilífera nos caules jovens. Durante o crescimento secundário as fibras individuais estendem-se radialmente sem se tornarem confluentes com os feixes adjacentes. Ocorre divisão celular na região interfascicular em concomitância com o câmbio que surge das áreas interfasciculares. A zona de divisões pode ser chamada de câmbio interfascicular embora não seja nitidamente delimitada. O câmbio interfascicular produz raios constituídos de parênquima semelhante àquele das regiões interfasciculares primárias. Na medida em que o cilindro vascular aumenta em circunferência, o cilindro de esclerênquima é rompido, principalmente em frente aos raios (Fig. 17.6); o parênquima adjacente invade as fissuras (crescimento intrusivo) e pode diferenciar-se em esclereídeos; a medula e as regiões interfasciculares são parcialmente comprimidas; a periderme desenvolve-se no

196 Anatomia das plantas com sementes

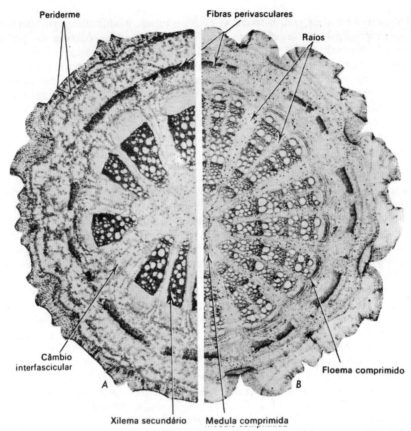

Figura 17.6 Cortes transversais do caule de *Aristolochia*, uma trepadeira, num estágio inicial do crescimento secundário (A) e em estágio mais tardio (B). (*A*, ×19; *B*, ×10. Segundo Esau, *Plant Anatomy*, John Wiley and Sons, 1953)

colênquima debaixo da epiderme, e inicia-se como faixas verticais isoladas estendendo-se de nó a nó. Passam-se muitos anos antes que se expanda sobre toda a superfície; a cortiça é estratificada devido a uma alternação de células radialmente não-alongadas com células maiores na dimensão radial. Está presente considerável quantidade de feloderme.

Cucurbita (Fig. 17.5C) parece-se com a Aristolochia na estrutura geral mas tem crescimento secundário muito menor. Os feixes vasculares bicolaterais aparecem em duas séries, externa e interna e são mergulhados em parênquima fundamental. A parte interna da medula rompe-se nos primeiros estágios do crescimento primário. O sistema vascular e o parênquima fundamental associado são incluídos num cilindro de fibras perivasculares com paredes secundárias lignificadas e conteúdo vivo. O córtex compõe-se de parênquima e colênquima. Uma bainha amilífera ocorre imediatamente fora das fibras perivasculares. O crescimento secundário está limitado aos feixes vasculares, especialmente a região entre o floema externo e o xilema. Algumas Cucurbitaceae possuem maior crescimento secundário, incluindo a adição de células às regiões interfasciculares e formação da periderme.

Dicotiledôneas com crescimento secundário anômalo

As formas de crescimento secundário anômalo variam consideravelmente e intergraduam-se com formas normais. São denominadas anômalas principalmente por serem menos familiares na flora das regiões temperadas onde foi efetuada a maioria das primeiras pesquisas anatômicas. Em algumas plantas com crescimento anômalo, o câmbio vascular ocorre em posição normal, mas o corpo secundário exibe uma distribuição incomum de xilema e floema. Em *Leptadenia* (Asclepiadaceae), *Strychnos* (Loganiaceae), *Thunbergia*

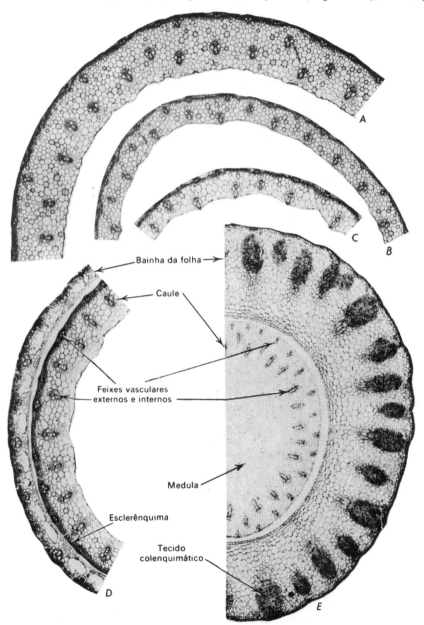

Figura 17.7 Cortes transversais de caules de gramíneas. A, *Avena*, aveia (×16). B, *Hordeum*, cevada (×21). C, *Secale*, centeio (×23). D, E, *Triticum*, trigo (×21), ambos representando o caule e a bainha foliar tal como aparecem no meio de um entrenó (D) e nas proximidades do nó (E)

(Acanthaceae; Mullenders, 1947) o floema é formado, não somente em direção à periferia, mas, de tempo em tempo, também para o interior. Assim, feixes de floema secundário tornam-se inclusos no xilema secundário. Em Amaranthaceae, Chenopodiaceae, Menispermaceae e Nyctaginaceae, o crescimento secundário começa a partir de um câmbio vascular

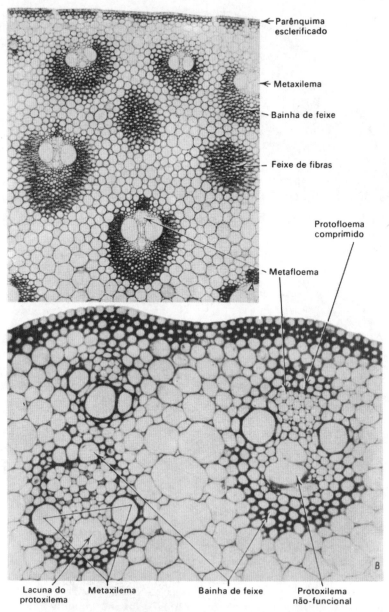

Figura 17.8 Cortes transversais do caule de *Zea mays* (milho). *A*, feixes vasculares apresentando grossas bainhas de esclerênquima, fortemente lignificadas (× 60). *B*, bainhas de feixe não são maciças e as paredes de suas células são relativamente delgadas (× 280). (*A*, de J. E. Sass, *Botanical Microtechnique*, 3.ª ed. The Iowa State Collége Press, 1958)

em posição normal; a seguir, uma série de outros câmbios surgem sucessivamente mais afastados do primeiro, cada qual produzindo xilema para o interior e floema para o exterior. Assim, varias camadas externas de xilema e floema são formadas mais ou menos de acordo com o padrão descrito no Cap. 15 para a raiz de beterraba. Estrutura anômala do xilema secundário resulta às vezes do crescimento do parênquima da medula e do xilema (*Bauhinia*). Ao término deste crescimento o xilema aparece partido em unidades de vários tamanhos.

Monocotiledôneas

Caule de gramíneas. Como a maioria das monotiledôneas, as Gramineae têm feixes vasculares amplamente dispersos não restritos a um círculo, em corte transversal. Os feixes estão em dois círculos (Fig. 17.7; *Avena, Hordeum, Secale, Triticum, Oryza*) ou espalhados através do corte (Fig. 17.8; *Bambusa, Saccharum, Sorghum, Zea*). Em gramíneas com feixes em disposição circular, ocorre um cilindro contínuo de esclerênquima próximo à periferia. Os pequenos feixes externos estão inclusos neste esclerênquima. Cordões de fibras ocorrem entre esses feixes e a epiderme e outros cordões de clorênquima se alternam com os de fibras. Há estômatos na epiderme adjacente ao clorênquima. A medula freqüentemente se rompe — exceto junto aos nós — nos caules de gramíneas que têm os feixes dispostos em círculos. Em caules com feixes dispersos não se desenvolve qualquer cilindro de esclerênquima, mas o parênquima subepidérmico pode esclerificar-se (Fig. 17.8). Em ambos os tipos de caules os feixes vasculares são inteiramente primários e incluídos em bainhas de esclerênquima.

Crescimento secundário. De modo geral, as monocotiledôneas são privadas de crescimento secundário, mas elas podem desenvolver caules grossos (por exemplo, palmeiras)

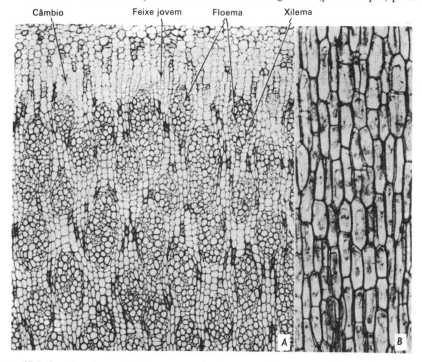

Figura 17.9 Crescimento secundário num caule de monotiledônea, *Cordyline*. A, corte transversal dos tecidos vasculares secundários (×50) B, corte tangencial do câmbio (×90). (De Cheadle, A, Amer. Jour. Bot., 1943; B, Bot. Gaz., 1937)

somente por crescimento primário. Crescimento secundário ocorre em Liliflorae (*Agave, Aloe, Cordyline, Dracaena, Sansevieria, Yucca*) herbáceas e lenhosas e outros grupos (Cheadle, 1937). O câmbio que ocorre nessas plantas é contínuo com o espessamento do meristema primário (Cap. 16) se este for discernível, mas ele funciona na parte do caule que completou o alongamento. O câmbio surge no parênquima externo aos feixes vasculares e produz feixes vasculares e parênquima fundamental para o interior e pequena quantidade de parênquima para o exterior (Fig. 17.9). No desenvolvimento dos feixes vasculares, células individuais derivadas do câmbio dividem-se longitudinalmente; logo, duas ou três das células resultantes dividem-se também por paredes longitudinais. Os produtos das divisões finais diferenciam-se em elementos vasculares e células associadas de esclerênquima. Verticalmente, muitas fileiras de células combinam-se para formar um feixe vascular. Estes feixes vasculares podem ser colaterais ou anfivasais. Sua distribuição é mais regular que a dos feixes primários; eles ocorrem em fileiras radiais mais ou menos definidas.

Tal como foi exposto no Cap. 12, algumas monocotiledôneas formam o tipo de periderme encontrado em dicotiledôneas (por exemplo, *Aloe, Cocos, Roystonia*); outras apresentam a chamada cortiça estratificada como tecido protetor (Fig. 12.8).

REFERÊNCIAS BIBLIOGRÁFICAS

Barker, W. G. A contribution to the concept of wound repair in woody stems. *Canad. Jour. Bot.* 32:486-490. 1954.

Buck, G. J. The histology of the bud graft union in roses. *Iowa State Coll. Jour. Sci.* 28:587--602. 1954.

Cheadle, V. I. Secondary growth by means of a thickening ring in certain monocotyledons. *Bot. Gaz.* 98:535-555. 1937.

Eames, A. J., e L. H. MacDaniels. *Introduction to plant anatomy*. 2.ª ed. New York, McGraw--Hill Book Company. 1947.

Esau, K. Phloem structure in the grapevine, and its seasonal changes. *Hilgardia* 18:217-296. 1948.

Esau, K. *Plant anatomy*. New York, John Wiley and Sons. 1953.

Hayward, H. E. *The structure of economic plants*. New York, The Macmillan Company. 1938.

Krenke, N. P. *Wundkompensation, Transplantation und Chimären bei Pflanzen*. Berlin, Julius Springer. 1933.

Ladefoged, K. The periodicity of wood formation. *Danske Biol. Skr.* 7:1-98. 1952.

McClintock, J. A. A study of uncongeniality between peaches as scions and the Marianna plum as stock. *Jour. Agr. Res.* 77:253-260. 1948.

Mullenders, W. L'origine du phloème interxylémien chez *Stylidium* et *Thunbergia*. Étude anatomique. *Cellule* 51:5-48. 1947.

Muzik, T. J., e C. D. LaRue. Further studies on the grafting of monocotyledonous plants. *Amer. Jour. Bot.* 41:448-455. 1954.

Roberts, R. H. Theoretical aspects of graftage. *Bot. Rev.* 15:423-463. 1949.

Scaramuzzi, F. Le basi istogenetiche dell'innesto "ad occhio." Ricerche sul pesco. [Researches on the histogenetic process in bud-union of peach trees.] *Ann. della Sper. Agr.* 6:517-537. 1952.

Stigter, H. C. M. De. Studies on the nature of the incompatibility in a cucurbitaceous graft. *Lanbouwhogesch. Wageningen Meded.* 56:1-51. 1956.

Wareing, P. F., e D. L. Roberts. Photoperiodic control of cambial activity in *Robinia pseudoacacia* L. *New Phytol.* 55:356-366. 1956.

18

A folha: estrutura básica e desenvolvimento

MORFOLOGIA EXTERNA

A folha no sentido mais amplo da palavra é altamente variável em estrutura e função. Em geral, evidencia com clareza sua especialização como estrutura fotossintetizante pela organização do limbo ou lâmina. Este pode ligar-se ao caule por meio de uma estrutura delgada, o pecíolo, ou ser desprovido dele (folha séssil). Quando a base de uma folha séssil ou peciolada envolve o caule, é denominada base envaginante. Algumas vezes a parte envaginante da folha é muito desenvolvida, constituindo a bainha da folha. Plantas com nós multilacunares, apresentam, como característica, bases envaginantes. Excrescências na base das folhas, as estípulas, freqüentemente estão presentes em folhas associadas a nós trilacunares. Numa folha simples, apenas um limbo está presente; em folhas compostas, dois ou mais folíolos estão inseridos em um eixo comum.

Na classificação dos tipos de folhas, podemos distinguir folhas fotossintetizantes, cotilédones, as primeiras folhas da planta e catáfilos. Estes últimos compreendem várias espécies de brácteas protetoras e de armazenamento ou escamas e, do ponto de vista de sua histologia e formato, são muito mais simples do que as folhas relacionadas com a fotossíntese. As primeiras brácteas de um ramo lateral são chamadas prófilos (Cap. 16), que podem ser sucedidos por folhas fotossintetizantes ou por uma sucessão de brácteas que representam formas da transição com as folhas fotossintetizantes.

HISTOLOGIA DA FOLHA DAS ANGIOSPERMAS

A variação da estrutura das folhas das angiospermas e gimnospermas é revista no Cap. 19. No presente são consideradas as características básicas das folhas das angiospermas. Como a raiz e o caule, também a folha apresenta sistemas de revestimento, vascular e do tecido fundamental (Fig. 18.1). Uma vez que a folha, geralmente, não apresenta crescimento secundário — algumas vezes apenas um limitado crescimento no pecíolo e nas nervuras de maior porte — a epiderme persiste como sistema de revestimento. No entanto as escamas que revestem as gemas podem desenvolver uma periderme.

Epiderme

A descrição dos caracteres principais da epiderme, feita no Cap. 7, refere-se principalmente à epiderme da folha. Células dispostas compactamente, presença de cutícula e estômatos constituem traços essenciais da epiderme foliar, relacionados com a função do órgão: fotossíntese e transpiração. Os estômatos podem ocorrer em ambas as faces da folha (Fig. 18.1) ou apenas em uma delas, geralmente, abaxial ou dorsal (inferior). Em folhas mais ou menos largas, de dicotiledôneas, os estômatos estão dispersos (Fig. 18.1F),

202 Anatomia das plantas com sementes

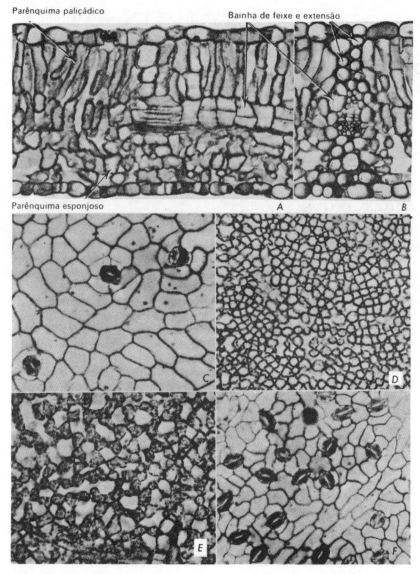

Figura 18.1 Estrutura da folha de *Syringa*. *A, B*, cortes transversais do mesófilo apresentando um pequeno feixe vascular nele incluso. *C-F*, cortes paradérmicos revelando a epiderme superior. (C), parênquima paliçádico (D), parênquima esponjoso (E) e epiderme inferior (F). (Todos ×210)

aparentemente ao acaso. Nas folhas longas e estreitas, características das monocotiledôneas e coníferas, os estômatos se dispõem em fileiras paralelas ao eixo maior da folha. Como foi referido no Cap. 7, os estômatos podem situar-se ao mesmo nível das demais células da epiderme, acima (estômatos salientes) ou abaixo (estômatos em depressões) destas células. Vários estômatos podem ocorrer em uma depressão, chamada cripta estomática. A posição dos estômatos é, às vezes, analisada em função de adaptações ecológicas da planta (Cap. 19). Estômatos situados acima das demais células da epiderme são associados a um habitat em que o suprimento hídrico é grande (hidrófitas); estômatos localizados em depressões, a um habitat caracterizado pelo baixo suprimento de água (xerófitas). Embora esta relação não seja precisa, experimentos mostraram que a posição elevada dos estômatos pode ser induzida, encerrando-se folhas em desenvolvimento em atmosfera saturada de vapor (Aykin, 1952). Lança-se mão desta observação com o fito de explicar a posição elevada dos estômatos localizados em criptas; estas, protegidas por tricomas na maioria das vezes, contêm provavelmente atmosfera úmida. Portanto, características típicas de hidrófitas (estômatos salientes) e xerófitas (criptas estomatíferas) encontram-se combinadas na mesma folha.

Mesófilo

A maior parte do tecido fundamental do limbo é diferenciada em mesófilo, caracterizado pela abundância de cloroplastos, e um sistema de grandes espaços intercelulares. O mesófilo pode ser relativamente homogêneo ou diferenciado em parênquima paliçádico e esponjoso (Fig. 18.1). O primeiro é constituído de células alongadas, dispostas perpendicularmente à superfície da lâmina. Embora mais densamente grupadas que as células do parênquima lacunoso (Fig. 18.1A), mesmo assim, uma considerável superfície delas fica exposta ao ar contido nos espaços intercelulares (Fig. 18.1D). As folhas podem apresentar uma ou mais camadas em paliçada. Plantas pertencentes às regiões temperadas, caracterizadas por um solo com grande disponibilidade de água (habitat mesofítico) apresentam paliçadas geralmente localizadas na face superior da lâmina (adaxial ou ventral) e parênquima lacunoso na face inferior (abaxial ou dorsal). Uma folha cujo mesófilo é organizado desta maneira recebe o nome de dorsiventral ou bifacial. Nos casos em que o parênquima paliçádico ocorre em ambos os lados do limbo, como costuma ser freqüente em xerófitas (Fig. 19.1), a folha é denominada isobilateral ou isolateral.

As células do parênquima esponjoso apresentam diferentes formatos, muitas vezes são irregulares, providas de projeções (braços) que se estendem de uma célula à outra. Como as conexões entre as células ocorrem ao nível dos braços, o parênquima esponjoso assume o aspecto de uma rede tridimensional, na qual as malhas abrigam os espaços intercelulares (Fig. 18.1E). O parênquima lacunoso apresenta uma continuidade predominantemente horizontal (isto é, conexão com outras células) paralela à superfície da folha. No parênquima paliçádico, ao contrário, esta continuidade é principalmente perpendicular à superfície do limbo.

A estrutura frouxa do mesófilo é responsável pela existência de uma grande superfície celular em contato com o ar existente no interior de folha, superfície que muitas vezes excede a da epiderme em contato com o ar externo, e dos dois tecidos do mesófilo, o paliçádico apresenta maior superfície interna livre (cf. Esau, 1953, p. 419).

Sistema vascular

A característica principal do sistema vascular da folha é a estreita relação espacial entre o mesófilo e o tecido em questão. Feixes vasculares formam um sistema interligado no plano mediano da lâmina, em posição paralela a superfície da folha. Os feixes vasculares são comumente chamados nervuras e o padrão de disposição destas recebe o nome de venação. Observando-se a venação, a olho nu, percebem-se dois padrões principais: reticulado e paralelo. O primeiro pode ser descrito como um padrão ramificado, no qual nervuras sucessivamente mais finas divergem como ramos dos de maior diâmetro (Fig. 18.2). No segundo, feixes de tamanho relativamente uniforme, são orientados em sentido longitudinal, lado a lado (Fig. 18.3A, B). A denominação "paralela" é apenas aproximada, pois os feixes convergem e se fundem no ápice da folha, não sendo verdadeiramente para-

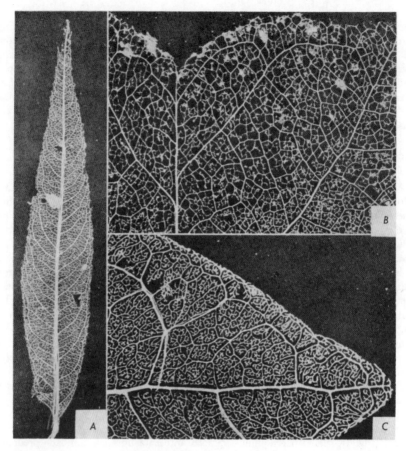

Figura 18.2 Esqueleto foliar, mostrando venação do tipo reticulado. *A, Salix. B, Liriodendron. C, Ligustrum.* Tamanho natural. (De Whittenberger and Naghski, *Amer. Jour. Bot.* 1948)

lelos, nem sequer na região mais larga do limbo. A venação reticulada é mais comum em dicotiledôneas e a paralela, nas monocotiledôneas.

Folhas com venação reticulada freqüentemente apresentam o feixe de maior porte na região do eixo longitudinal mediano do limbo (Fig. 18.2). Esta é a nervura mediana, que está ligada lateralmente a nervuras um pouco menores e cada uma destas, por sua vez, está em conexão com feixes menores ainda, dos quais divergem nervuras de diâmetro muito pequeno. As últimas ramificações delimitam no mesófilo pequenas áreas ou aréolas. Terminações vasculares livres podem ou não penetrar nestas aréolas (cf. Foster, 1952; Pray, 1954). No padrão de venação denominado dendróide (Wylie, 1952) faltam as malhas fechadas.

Em folhas paralelinérveas as nervuras de maior porte podem variar de tamanho, alternando as menores com as maiores. As nervuras longitudinais estão ligadas entre si por feixes muito pequenos, que podem apresentar-se isoladamente como conexões simples de espaço a espaço ou formar uma rede complexa (por exemplo, *Hosta*, Pray, 1955b). Assim, ao nível do microscópio as folhas paralelinérveas também apresentam seus feixes em arranjo reticulado (Fig. 18.3A, B).

A folha: estrutura básica e desenvolvimento

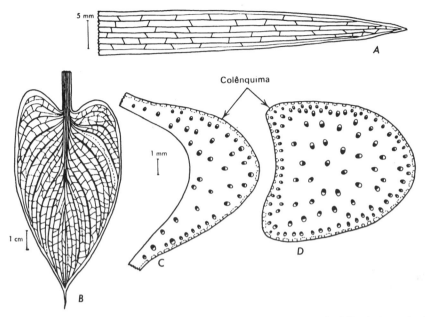

Figura 18.3 Sistema vascular das folhas de monocotiledôneas. *A*, venação da folha de *Zantedeschia*. *C, D*, disposição dos feixes vasculares vistos em cortes transversais da nervura mediana (C) e do pecíolo (D) da folha de *Zantedeschia*. (Segundo Esau, *Plant Anatomy*, John Wiley and Sons, 1953)

Nas folhas pecioladas, o número e arranjo dos feixes vasculares no pecíolo e na nervura central variam grandemente (Figs. 18.3C, D e 18.4). As nervuras laterais são formadas geralmente por um único feixe, no qual o tecido vascular diminui em quantidade a partir da formação da nervura lateral em direção as últimas ramificações. Nas terminações dos feixes, os elementos do xilema podem ultrapassar os do floema. Em algumas plantas (por exemplo, *Syringa*, Fig. 18.5) o floema acompanha o xilema até à ponta da nervura. Nas terminações vasculares o xilema é representado por traqueídeos curtos (Fig. 18.5A) e o floema por estreitos elementos de vaso crivado e células companheiras grandes (Fig. 18.5B). Dependendo do grupo de plantas, os feixes podem ser colaterais ou bicolaterais, embora folhas, que apresentem floema interno (adaxial), não conservem esta disposição nos feixes de menor porte. Quando os feixes são colaterais o xilema ocorre voltado em direção à face adaxial da folha e o floema em relação ao lado abaxial.

Nas dicotiledôneas, as nervuras de menor porte estão imersas no mesófilo (Figs. 18.1B e 18.6B, setas) e as maiores ficam envolvidas por tecido fundamental não diferenciado em mesófilo, possuindo um pequeno número de cloroplastos. Os tecidos associados aos feixes vasculares maiores formam saliências (costelas) na superfície do limbo, geralmente em seu lado dorsal (Fig. 18.6). Freqüentemente, o colênquima acompanha estes feixes de um ou de ambos os lados, por baixo da epiderme.

Os feixes menores, localizados no mesófilo, apresentam-se envolvidos por uma ou mais camadas de células que se dispõem compactamente, constituindo a bainha do feixe (Fig. 18.1B). Estas células podem assemelhar-se às do mesófilo quanto ao desenvolvimento de cloroplastos ou então ser portadoras de apenas alguns pequenos cloroplastos. As bainhas envolvem as terminações vasculares de tal maneira que xilema e floema em seu transcurso na folha não ficam expostos ao ar contido nos espaços intercelulares (Fig. 18.5). Os hidatódios representam uma exceção para o caso, pois os elementos xilemáticos dos feixes

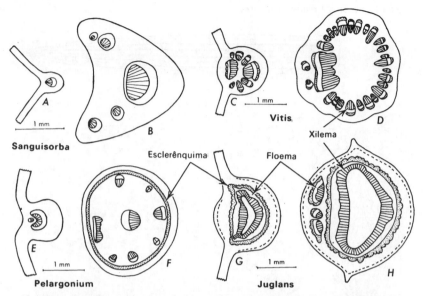

Figura 18.4 Disposição dos tecidos vasculares nas nervuras medianas (A, C, E, G) e pecíolos (B, D, e H) de folhas de dicotiledôneas

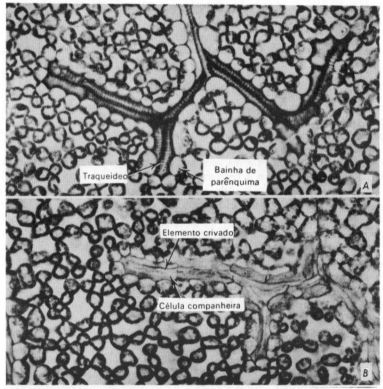

Figura 18.5 Feixes terminais em folha de *Syringa*, vistos em cortes paradérmicos. *A*, corte através de traqueídeos terminais do xilema. *B*, corte através de elementos crivados e células companheiras do floema. (Ambos × 210)

A folha: estrutura básica e desenvolvimento

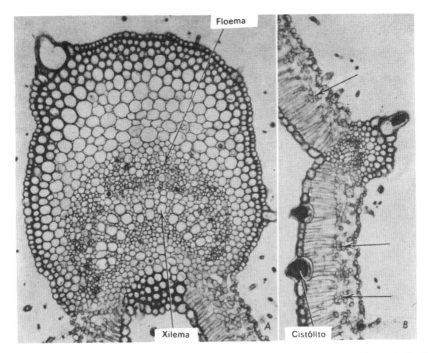

Figura 18.6 Estrutura da nervura mediana (A) e nervura pequena do mesófilo (B) de folha de cânhamo (*Cannabis*). As setas sem siglas, em B, indicam no mesófilo, nervuras de pequeno porte. (A, ×130; B, ×150)

terminais são expostos aos espaços intercelulares nos quais a água virá a ser liberada (Cap. 13). Em muitas dicotiledôneas as bainhas de feixes são ligadas à epiderme por meio de conjuntos de células que lembram estruturalmente as células da bainha (Fig. 18.1B). Estes conjuntos recebem o nome de extensões de bainha (Wylie, 1952). A expressão extensão de bainha aplica-se apenas aos casos de nervuras de menor porte, mergulhadas no mesófilo; não se refere aos tecidos associados às nervuras de maior porte. Bainhas e extensões também são encontradas em monocotiledôneas. Em algumas plantas, elas contêm esclerênquima.

Estudos comparativos amplos, feitos em folhas de dicotiledôneas revelaram a correlação entre o caráter do sistema vascular e os dos tecidos não vasculares que podem exercer influência sobre a condução (cf. Esau, 1953, pp. 429 e 430; Philpott, 1953; Wylie, 1952). Dentre os tecidos não-vasculares a epiderme e o parênquima esponjoso, ambos tecidos cujas células apresentam extenso contato lateral, podem ser considerados melhor adaptados à condução lateral do que o parênquima paliçádico, com sua conexão celular dominante no sentido abaxial-adaxial. De acordo com este conceito a proporção tecido paliçádico-tecido lacunoso está estreitamente relacionada com o espaçamento de venação: quanto maior a razão, mais próximo o espaçamento das nervuras. Em conseqüência torna-se evidente que extensões de bainha, do tipo parenquimático, transportam água em direção à epiderme, nos casos em que ocorre difusão lateral. Quando as extensões de bainha estão presentes, a densidade da venação é menor. Quando ausentes, a distância entre as nervuras de pequeno porte é pequena, ou seja, as áreas do mesófilo delimitadas pelos últimos ramos das nervuras são menores do que nos casos em que as extensões de bainha estão presentes.

DESENVOLVIMENTO

Início dos primórdios foliares

Como foi descrito no Cap. 16, a folha inicia sua formação a partir de divisões periclinais nas proximidades da superfície do meristema apical, abaixo da região do promeristema. Concomitantemente ocorrem divisões anticlinais em uma ou mais camadas da superfície. A atividade meristemática localizada conduz à formação de uma protuberância lateral no meristema apical — o primórdio foliar. O crescimento desta protuberância se processa em sentido lateral a partir de seu ponto de origem, de tal maneira que o meristema apical é envolvido numa extensão maior ou menor, dependendo do grau em que a folha de uma determinada espécie envolve o caule. Nos estágios seguintes, a folha cresce para cima, a partir da base e cedo revela a forma dorsiventral característica das folhas.

No Cap. 16, foram mencionados os pontos de vista que dizem respeito às relações causais no começo ordenado dos primórdios foliares, resultando em padrões filotáticos característicos. Pesquisadores também investigam as causas possíveis do desenvolvimento de estrutura dosiventral no primórdio emergente. Intervenções cirúrgicas experimentais feitas em ápices juvenis de *Solanum tuberosum*, consistindo de incisões, isolando o local de um novo primórdio, de um promeristema, tiveram como resultado o desenvolvimento de uma estrutura apresentando simetria radiada em lugar de uma folha dorsiventral (Sussex, 1955). Outros tipos de incisões não apresentaram este efeito. Tais resultados sugerem que o desenvolvimento da dorsiventralidade está de algum modo influenciado pelo meristema apical.

Crescimento apical e marginal

O crescimento para cima do primórdio foliar, tem início a custa de divisões sucessivas das células de um mesmo local, que vai tornar-se em ápice do primórdio (Figs. 18.7A, B e 18.8A-C). Podem existir uma inicial apical e uma subapical. A primeira divide-se anticlinalmente e a segunda, anticlinal e periclinalmente e deste modo são produzidas camadas subperiféricas, bem como internas (Fig. 18.7E). Divisões periclinais (longitudinais) que ocorrem nas derivadas da inicial subapical têm como resultado o aumento da espessura do primórdio foliar e as divisões anticlinais (transversais) que se instalam em todas as camadas, condicionam o aumento do seu comprimento. Estas divisões que se processam entre as derivadas das iniciais, são denominadas divisões intercalares. O crescimento apical é de duração relativamente curta, de tal maneira que a maior parte do aumento em comprimento decorre do crescimento intercalar.

Em dicotiledôneas, o primórdio resultante do crescimento inicial para cima é uma estrutura semelhante a um pequeno pino, sem limbo (Fig. 18.7A). O formato achatado, característico da lâmina é desenvolvido à custa da atividade meristemática ao longo de dois lados do primórdio, durante o estágio inicial de alongamento deste (Fig. 18.7B, C). As duas faixas meristemáticas não estão exatamente em posição oposta uma em relação a outra, mas ambas estão voltadas para o interior (Fig. 18.7D), isto é, em direção à face adaxial da folha, de tal maneira que a lâmina se desenvolve em direção ao meristema apical envolvendo-o eventualmente.

Os meristemas formadores da lâmina são chamados marginais. Cada meristema marginal consiste de uma fila de iniciais de superfície (iniciais marginais); uma fila de iniciais sub-superficiais (iniciais submarginais), e das derivadas imediatas (diretas) destas iniciais (Fig. 18.7F, G). As iniciais marginais dividem-se anticlinalmente produzindo a protoderme. Folhas de algumas dicotiledôneas e monocotiledôneas, no entanto, formam, num estágio ontogenético mais tardio, margens unisseriadas membranosas, à custa de divisões periclinais das iniciais marginais (cf. Esau, 1953, p. 453; Schneider, 1952). O mesófilo e os feixes vasculares com seus tecidos associados, formam-se a partir das derivadas das iniciais submarginais.

As iniciais submarginais dividem-se de acordo com dois tipos de seqüência. Um é baseado na alternação de divisões anticlinais e periclinais (os planos de divisão aqui são mencionados em relação à superfície da futura lâmina). As divisões anticlinais dão origem às camadas adaxial e abaxial do mesófilo, e as periclinais, à camada mediana (Fig. 18.7F). Divisões periclinais subseqüentes, na camada mediana ou em todas as camadas internas, aumentam a espessura do mesófilo. No segundo tipo, as iniciais submarginais dividem-se apenas em sentido anticlinal e as camadas internas mais profundas derivam da camada abaxial ou adaxial (Figs. 18.7G e 18.8F-H). Deste modo, a iniciação da lâmina segue dois padrões, mas a multiplicação das camadas do mesófilo é variável (por exemplo, Girolami, 1954; Hara, 1957; Schneider, 1952). Além disso, variações podem ocorrer em diferentes partes da mesma folha (por exemplo, Girolami, 1954).

O número de camadas que compõem o mesófilo é sem dúvida característico para folhas de uma dada espécie e este número é estabelecido mais ou menos nas proximidades do meristema marginal. Depois da formação de todas as camadas, elas se dividem apenas anticlinalmente. Deste modo a superfície da folha aumenta, mas o número de camadas celulares não varia. O tecido meristemático constituído de camadas paralelas de células que só se dividem em sentido anticlinal em relação à superfície do tecido é chamado meristema em lâmina ou placa. As divisões deste meristema, na folha, constituem parte do crescimento intercalar por meio do qual a lâmina atinge o seu tamanho final.

O crescimento a partir do meristema em lâmina é perturbado nas regiões em que se diferenciam os feixes vasculares. Aqui, divisões anticlinais e periclinais dão origem ao procâmbio e tecidos associados aos feixes vasculares, tais como bainha de feixe ou tecido fundamental da nervura principal (Figs. 18.8F-H e 18.9A, B).

Os parágrafos anteriores delineiam um padrão comum de desenvolvimento em folhas de dicotiledôneas com limbo expandido. A formação de uma gema foliar seguida de crescimento apical e marginal do primórdio pode ser reconhecida, com modificações, em catáfilos de dicotiledôneas e folhas fotossintetizantes de monocotiledôneas e gimnospermas (cf. Esau, 1953, pp. 447-455). A duração limitada do crescimento marginal é responsável, por exemplo, pela pequena largura de lâminas de muitas monocotiledôneas e da maioria das coníferas. Um desvio mais profundo é encontrado nas chamadas folhas unifaciais, comuns em monocotiledôneas. Estas folhas podem ser tubulares (*Allium*) ou achatadas (*Iris*) envolvendo mudanças na direção do crescimento apical e ausência do crescimento marginal (Troll, 1955). Em folhas compostas de dicotiledôneas ou recortadas de diferentes maneiras, as unidades individuais formam-se a partir de centros de crescimento independentes, isto é, originam-se como entidades separadas, passando cada uma por estágios de desenvolvimento semelhantes aos de uma folha simples. Poderia dizer-se que, em geral, variações em padrões histogênicos resultam em variações do formato das folhas; ao mesmo tempo, estruturas semelhantes podem ser produzidas por processos de crescimento diferentes e vice-versa, processos semelhantes podem conduzir à formação de estruturas diferentes por meio de diferenças quantitativas do crescimento (Roth, 1957). Em adição ao crescimento diferencial, a divisão e a dissociação dos tecidos são citadas como processos ocorrentes no desenvolvimento das folhas de palmeiras (Eames, 1953; Venkatanarayana, 1957).

Crescimento intercalar

Como já foi dito, as derivadas dos meristemas que iniciam o primórdio foliar e suas partes continuam a dividir-se e a aumentar até atingir o formato e o tamanho finais da

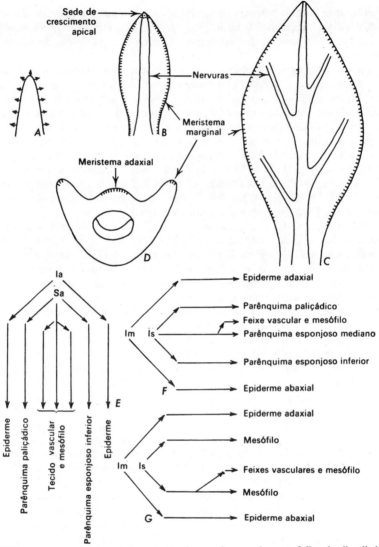

Figura 18.7 Diagramas dando a interpretação de crescimento de uma folha de dicotiledônea. *A*, primórdio foliar indiferenciado, sem lâmina. *B, C*, dois estágios do crescimento da lâmina, derivados do meristema marginal; também é apresentada a diferenciação das nervuras de maior porte. *D*, corte transversal da folha mostrando a posição dos meristemas adaxial e marginal. *E*, relações da ontogênese dos tecidos foliares e das células iniciais do ápice do primórdio foliar (corte longitudinal). *F, G*, dois padrões de relação de ontogênese dos tecidos foliares e células iniciais do meristema marginal (cortes transversais)

folha. Este crescimento mostra diferenças quantitativas e transitórias em diversas partes da folha e em conseqüência conduz ao desenvolvimento do seu formato específico. Numa folha de dicotiledônea, por exemplo, o crescimento é menos extensivo e cessa mais cedo no ápice do que mais abaixo, na região em que a folha é mais larga, quando madura. Este fato indica que o ápice amadurece antes da base; em outras palavras, a maturação progride em sentido basípeto. A maturação basípeta é ainda mais pronunciada em folhas

A folha: estrutura básica e desenvolvimento   211

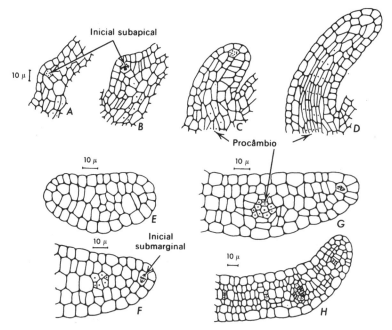

Figura 18.8 Origem do primórdio foliar e de lâmina da folha do linho (*Linum*). *A–D*, cortes longitudinais; *E–H*, cortes transversais. *A, B*, emergência de gema foliar à custa do alargamento e divisão das células subsuperficiais; uma inicial subapical já está definida. *C, D*, crescimento para cima, do primórdio foliar; a inicial subapical continua discernível. *E*, primórdio antes que tenha início a formação da lâmina. *F–H*, crescimento da lâmina. Derivadas das iniciais submarginais de um meristema em placa, no qual predominam divisões intercalares anticlinais. (Segundo Girolami, *Amer. Jour. Bot.*, 1954)

longas e estreitas das monocotiledôneas. Nelas, o crescimento é principalmente localizado na base da lâmina e da bainha. As zonas basais de crescimento em tais folhas são denominadas meristemas intercalares.

O crescimento intercalar em folhas de espécies lenhosas continua por mais de uma estação. De acordo com um estudo pormenorizado de gemas dormentes por mais de um inverno (*overwintering*), (Artiūshenko e Sokolov, 1952), uma folha tem início como pequena protuberância, durante o primeiro ano; avoluma-se no interior da gema, durante o segundo; e emerge desta atingindo o seu tamanho final, durante o terceiro ano. A divisão e o crescimento celulares ocorrem durante os três períodos de crescimento, variando os dois fenômenos em grau, nas diferentes espécies e nos diversos tecidos de uma mesma folha.

Como foi mencionado em relação ao crescimento marginal, o número de camadas do mesófilo presente na folha madura é estabelecido mais ou menos nas proximidades do meristema marginal, e o crescimento subseqüente da lâmina ocorre por meio de crescimento intercalar, exceto onde feixes vasculares estão em desenvolvimento. Algumas pesquisas indicam que a superfície da folha aumenta cem vezes sem ocorrer aumento do número de camadas na espessura (Schneider, 1952), e que folhas emergentes das gemas de inverno, aparentemente podem aumentar em espessura à custa da expansão celular, apesar de que nesta ocasião ainda podem ocorrer divisões em planos anticlinais (Artiūshenko e Sokolov, 1952).

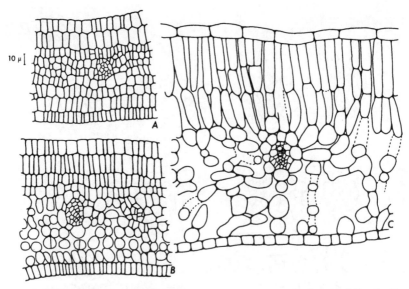

Figura 18.9 Diferenciação do mesófilo, visto em cortes transversais de uma folha de *Pyrus*. A, folha ainda compacta. B, parênquima esponjoso apresentando espaços intercelulares conspícuos; células em paliçada apresentando a disposição ordenada, característica. C, folha madura

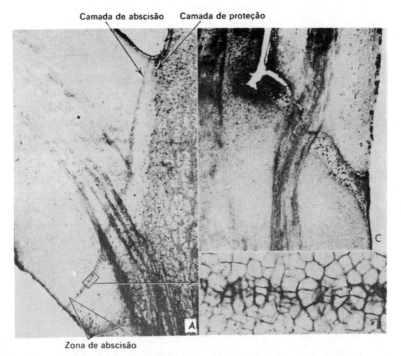

Figura 18.10 Zona de abscisão na nogueira *Juglans* (A, B) e cerejeira *Prumus* (C), vistas em cortes longitudinais das bases foliares. Divisão celular ocorreu na camada de abscisão da nogueira (A, B) enquanto, na cerejeira (C) as células desta camada começaram a separar-se umas das outras. (*A*. ×13; *B*, ×98; *C* ×17. Segundo Esau, *Plant Anatomy*, John Wiley and Sons, 1953)

Diferenciação do mesófilo

A expansão diferencial e a divisão celular conduzem ao desenvolvimento das características específicas do mesófilo bem como ao estabelecimento das diferenças entre parênquima paliçádico e lacunoso (cf. Esau, 1953, pp. 457 e 458; Artiushenko e Sokolov, 1952; Schneider, 1952). Geralmente a diferenciação do mesófilo tem início com um alongamento anticlinal das futuras células em paliçada, acompanhado por divisões anticlinais (Fig. 18.9A). As células do parênquima esponjoso também se dividem anticlinalmente mas com menor freqüência; em geral elas permanecem aproximadamente isodiamétricas durante estas divisões. Enquanto as células do parênquima paliçádico estão em divisão, as células epidérmicas adjacentes deixam de se dividir e crescem, especialmente num plano paralelo à superfície da folha (plano paradérmico). Por este motivo, eventualmente, várias células do parênquima paliçádico são encontradas em ligação com uma célula epidérmica (Fig. 18.9C). Geralmente as divisões no parênquima paliçádico ocorrem por um período mais longo. Terminado o tempo em questão, inicia-se a separação entre as células em paliçada, segundo as paredes anticlinais (Fig. 18.9C). A separação parcial das células do parênquima esponjoso e a formação dos espaços intercelulares, precede os mesmos fenômenos no tecido paliçádico (Fig. 18.9B). A separação das células do parênquima esponjoso está em combinação com o crescimento localizado nas células, resultando desta maneira, em muitas espécies, o desenvolvimento de ramificações, ou células com braços (braciformes).

Desenvolvimento do tecido vascular

O desenvolvimento vascular numa folha de dicotiledônea tem início com a diferenciação do procâmbio na futura nervura principal, um fenômeno que geralmente pode ser percebido enquanto a folha ainda apresenta o formato de um pino. Este procâmbio diferencia-se em continuidade com o procâmbio do traço foliar, no eixo. As nervuras laterais, de diversas grandezas, originam-se ao longo das derivadas dos meristemas marginais. As nervuras laterais de maior porte iniciam sua diferenciação antes e mais próximas do meristema marginal do que as nervuras menores. De acordo com algumas observações, a formação de feixes vasculares novos pode ocorrer durante todo o período de crescimento intercalar (Schneider, 1952); em outras palavras, o tecido fundamental, localizado entre as nervuras que primeiro se instalam, pode reter por muito tempo a capacidade de produzir novos feixes de procâmbio (Foster, 1952).

Menor número de células participa da formação das nervuras menores do que das maiores. As nervuras menores podem ser unisseriadas na origem, ou seja, podem surgir de séries celulares que tem só uma célula de diâmetro (Pray, 1955a). A diferenciação do procâmbio é geralmente um processo contínuo uma vez que os feixes procambiais sucessivamente formados originam-se em seqüência aos que foram formados anteriormente (Pray, 1955a,c). O floema diferencia-se de maneira semelhante, porém o primeiro xilema adulto surge em áreas isoladas, resultando disso eventual continuidade de subseqüentes diferenciações de xilema ao longo do procâmbio interposto.

O curso vertical de diferenciação, da nervura principal de uma folha de dicotiledônea, é acrópeto, isto é, ocorre primeiro na base e mais tarde em níveis mais elevados. As nervuras laterais de primeira ordem desenvolvem-se da nervura principal em direção às margens (Pray, 1955a). Em folhas que apresentam venação paralela as nervuras de diâmetro semelhante, desenvolvem-se em sentido acrópeto (Pray, 1955c). Em dicotiledôneas e monocotiledôneas as nervuras menores desenvolvem-se entre as maiores, em geral primeiro nas proximidades do ápice da folha, depois, sucessivamente, em direção à base.

ABSCISÃO

A separação de uma folha de um ramo sem que o mesmo seja danificado, recebe o nome de abscisão. A desfolhação estacional das árvores resulta da abscisão das folhas, mas vários tipos de fatores podem induzir este fenômeno. Em espécies lenhosas decíduas, a abscisão é preparada próximo à base do pecíolo, por meio de alterações citológicas e químicas ao longo da zona em que ocorrerá a separação da folha. A zona em questão recebe o nome de zona ou região de abscisão (Fig. 18.10) e nela duas camadas podem ser reconhecidas: a camada de abscisão ou separação, na qual as modificações estruturais facilitam a separação da folha e a camada de proteção. Esta situa-se debaixo da primeira, atuando como protetora da superfície que vem a ser exposta pela queda da folha, contra a dissecação e a invasão de parasitas. A separação da folha ao longo da camada de abscisão pode ser causada por três tipos de fenômenos de desintegração (cf. Addicott e Lynch, 1955). No primeiro, apenas a lamela média é dissolvida; no segundo, em adição a dissolução da lamela, parte da parede primária ou toda ela, se desintegra; no terceiro tipo, células inteiras são desintegradas. Algumas observações indicam que os espaços intercelulares na zona de abscisão são ocupados por líquido — talvez efeito de perda da permeabilidade seletiva em partes das células — e a dissolução só se instala posteriormente (Sacher, 1957). Em dicotiledôneas lenhosas a camada de separação é muitas vezes preparada por divisões celulares (Fig. 18.10B). As novas células são afetadas pelo fenômeno de dissolução, por ocasião da queda das folhas.

Os fenômenos acima descritos ocorrem no tecido fundamental. Os feixes vasculares em geral são rompidos mecanicamente, ao término do processo da separação, podendo no entanto surgir tiloses, nos elementos traqueais antes ou logo após o instante do rompimento.

A camada protetora é formada em conseqüência do depósito de substâncias de diferentes naturezas nas paredes celulares e espaços intercelulares. Dentre estas substâncias foram reconhecidas a suberina e gomas de lesão. A lignificação também é mencionada algumas vezes porém as gomas de lesão e lignina apresentam algumas reações de coloração semelhantes, podendo por este motivo serem confundidas. Em espécies lenhosas a camada protetora é substituída mais cedo ou mais tarde por uma periderme que se desenvolve por baixo dela, em continuidade com a periderme do ramo.

A abscisão das folhas não está obrigatoriamente associada a fenômenos de dissolução. Na maioria das monocotiledôneas e em dicotiledôneas herbáceas não ocorre dissolução; tensões físicas parecem ser as responsáveis pela separação das folhas. Em coníferas, foram observados rompimentos mecânicos mas não alterações químicas (Facey, 1956).

Numerosos fatores afetam a abscisão, dentre os quais substâncias reguladoras do crescimento são muito importantes (Addicott e Lynch, 1955). A auxina, por exemplo, pode retardar a abscisão, evitando a perda de permeabilidade diferencial e a conseqüente ocupação dos espaços intercelulares pelo líquido (Sacher, 1957). De outro lado, sabe-se que as auxinas aceleram a abscisão (Addicott e Lynch, 1955). Várias substâncias químicas podem retardar ou acelerar a abscisão; a regulação da queda de folhas, flores, frutos e até da casca, tornou-se prática usual em agricultura.

REFERÊNCIAS BIBLIOGRÁFICAS

Addicott, F. T. e R. S. Lynch. Physiology of abscission. *Annu. Rev. Plant Physiol.* 6:211-238. 1955.

Artiûshenko, Z. T., e S. IA. Sokolov. O roste plastinki lista u nekotorykh drevesnykh porod. [Growth of leaf blade of certain tree species.] *Bot. Zhur. SSSR* 37:610-628. 1952.

Aykin, S. Hygromorphic stomata in xeromorphic plants. *Istanbul Univ. Rev. Fac. Sci. Ser. B. Sci. Nat.* 18:75-90. 1952.

Eames, A. J. Neglected morphology of the palm leaf. *Phytomorphology* 3:172-189. 1953.

Esau, K. *Plant anatomy.* New York, John Wiley and Sons. 1953.

Facey, V. Abscission of leaves in *Picea glauca* (Moench.) Voss and *Abies balsamea* L. *North Dakota Acad. Sci. Proc.* 10:38-43. 1956.

Foster, A. S. Foliar venation in angiosperms from an ontogenetic standpoint. *Amer. Jour. Bot.* 39:752-766. 1952.

Girolami, G. Leaf histogenesis in *Linum usitatissimum. Amer. Jour. Bot.* 41:264-273. 1954.

Hara, N. On the types of the marginal growth in dicotyledonous foliage leaves. *Bot. Mag. Tokyo* 70:108-114. 1957.

Philpott, J. A blade tissue study of leaves of forty-seven species of *Ficus. Bot. Gaz.* 115:15-35. 1953.

Pray, T. R. Foliar venation of angiosperms. I. Mature venation of *Liriodendron. Amer. Jour. Bot.* 41:663-670. 1954. II. Histogenesis of the venation of *Liriodendron. Amer. Jour. Bot.* 42:18-27. 1955*a*. III. Pattern and histology of the venation of *Hosta. Amer. Jour. Bot.* 42 : 611-618. 1955*b*. IV. Histogenesis of the venation of *Hosta. Amer. Jour. Bot.* 42:698-706. 1955*c*.

Roth, I. Relation between the histogenesis of the leaf and its external shape. *Bot. Gaz.* 118:237-245. 1957.

Sacher, J. A. Relationship between auxin and membrane integrity in tissue senescence and abscission. *Science* 125:1 199-1 200. 1957.

Schneider, R. Histogenetische Untersuchungen über den Bau der Laubblätter, insbesondere ihres Mesophylls. *Österr. Bot. Ztschr.* 99:253-285. 1952.

Sussex, I. M. Morphogenesis in *Solanum tuberosum* L.: Experimental investigation of leaf dorsiventrality and orientation in the juvenile shoot. *Phytomorphology* 5:286-300. 1955.

Troll, W. Über den morphologischen Wert der sogenannten Vorläuferspitze von Monokotylenblättern. *Beitr. zur Biol. der Pflanz.* 31:525-558. 1955.

Venkatanarayana, G. On certain aspects of the development of the leaf of *Cocos nucifera* L. *Phytomorphology* 7:297-305. 1957.

Wylie, R. B. The bundle sheath extension in leaves of dicotyledons. *Amer. Jour. Bot.* 39:645--651. 1952.

19

A folha: variações da estrutura

ESTRUTURA FOLIAR E AMBIENTE

Adaptações evolutivas das plantas aos diferentes habitats, especialmente no que diz respeito à disponibilidade de água, podem estar associadas a características estruturais diferentes. Levando-se em conta a relação vegetal-água, as plantas são geralmente classificadas em xerófitas, mesófitas e hidrófitas. As xerófitas são adaptadas ao habitat seco; mesófitas requerem abundante disponibilidade de água no solo e atmosfera relativamente úmida; hidrófitas (ou higrófitas) exigem grande suprimento de umidade ou crescem parcial ou completamente submersas em água. As características estruturais típicas de plantas dos vários habitats ou de plantas apresentando tais características, são denominadas respectivamente, xeromorfas, mesomorfas e hidromorfas. As peculiaridades que distinguem as plantas pertencentes aos diferentes habitats evidenciam-se acentuadamente nas folhas.

As características comumente interpretadas como pertencentes a mesófitas e hidrófitas são apontadas nas descrições dos vários exemplos de folhas, assinalados mais adiante neste capítulo. Aos caracteres xeromorfos, no entanto, é dada grande atenção na literatura e, por esta razão, são examinados separadamente em alguns dos seus pormenores.

Xeromorfia. Um dos caracteres predominantes de folhas xeromorfas é a elevada relação volume-superfície isto é, as folhas são pequenas e compactas (Shields, 1950; Stålfelt, 1956). Este caráter associa-se a determinadas estruturas internas, tais como mesófilo espesso, com parênquima paliçádico mais desenvolvido do que o esponjoso, ou então a ocorrência só de parênquima paliçádico (Fig. 19.1B, E, F); pequeno volume de espaço intercelular; rede vascular compacta; grande freqüência de estômatos e, algumas vezes, células pequenas. Como é de se esperar (Cap. 18), a venação densa é associada à baixa freqüência de extensões de bainha (Philpott, 1956; Wylie, 1954).

A flora xerófita pode também apresentar elevada proporção de representantes cujas folhas possuem hipoderme (Wylie, 1954), um tecido com poucos cloroplastos ou desprovido deles (Fig. 19.1F). Reforços mecânicos das folhas representados por abundante desenvolvimento de esclerênquima, comum em xerófitas, são interpretados como estruturas que reduzem os efeitos danosos produzidos pelo murchamento (Stålfelt, 1956), e, realmente, esclerênquima abundante é encontrado em plantas de habitat continuamente seco ou em que ocorre seca periódica, tais como as dos desertos quentes (Vasilevskaiå, 1954). Tricomas são numerosos em muitas xerófitas (Fig. 19.1E, F) e, se a mesma espécie pubescente tem formas mesófitas e xerófitas, as últimas geralmente apresentam cobertura pilosa mais densa. Estudos feitos no sentido de verificar o papel desempenhado pelos tricomas em relação à perda de água, deram resultados variáveis, mas, é provavel que os tricomas às vezes desempenhem a função de isolar o mesófilo do calor excessivo (por exemplo, Black, 1954). Paredes celulares espessas, especialmente na epiderme (Fig. 19.1B), e cutícula grossa são

A folha: variações da estrutura 217

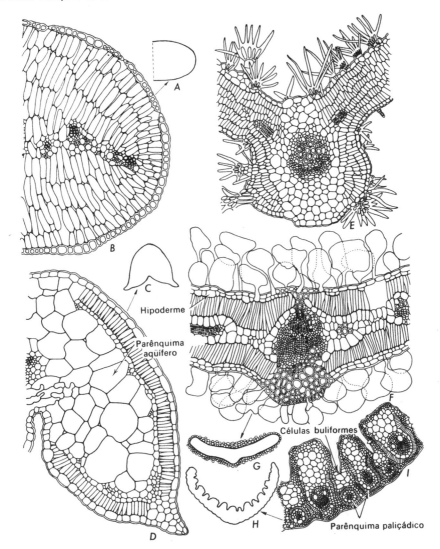

Figura 19.1 Cortes transversais de folhas, mostrando vários caracteres xeromorfos. *A, B, Greggia camporum*, pequena relação superfície-volume e todo o mesófilo diferenciado em tecido paliçádico. *C, D, Salsola kali*, folha suculenta, apresentando grandes células do parênquima aqüífero, envolvidas por uma só camada de parênquima paliçádico. Algumas das células do parênquima aqüífero, do lado esquerdo, aparecem murchas — resposta à falta de suprimento hídrico. *E, Sphaeralcea incana*, todo o mesófilo diferenciado em tecido paliçádico; tricomas presentes. *F, G, Atriplex canescens*, pêlos vesiculosos e mesófilo isobilateral. *H, I, Sporobolus airoides*, folha parcialmente involuta, apresentando sulcos na face adaxial. Os estômatos (não visíveis na figura) ocorrem nos sulcos. (Segundo Shields: *A-G, Bot. Rev.*; *H, I, Phytomorphology*, 1951)

freqüentemente assinaladas em plantas xerófitas, mas a espessura da cutícula pode variar. Estômatos podem ocorrer em cavidades, em criptas estomatíferas (*Nerium oleander*), em ranhuras ou sulcos (Ericales; Hagerup, 1953) limitadas por pêlos epidérmicos. Algumas xerófitas são plantas suculentas, com suas características histológicas peculiares, especialmente, presença de parênquima aqüífero (Fig. 19.1D) e escassez de tecido vascular.

Características xeromorfas (e outras, de ecótipos) mostram uma graduação variável em relação à constância, mas em uma dada espécie eles podem estar bem fixados, geneticamente. De outro lado, fatores ambientais podem induzir um grau de xeromorfia em folhas normalmente mesomorfas ou intensificar os caracteres xeromorfos de xerófitas (Shields, 1950; Vasilevskaiã, 1954). A deficiência da umidade é apenas um destes fatores. De fato, deficiências de nutrientes e o frio podem induzir aspecto mais forte de xeromorfia do que falta de umidade (Stålfelt, 1956). A suculência, por exemplo, aumenta nos casos em que o nitrogênio é deficiente, podendo desenvolver-se também em plantas do litoral expostas aos borrifos da água do mar (Fig. 19.2A, B; Boyce, 1954).

Outro fator formativo importante é a luz. Folhas que se desenvolvem sob maior intensidade luminosa mostram um grau de xeromorfia maior do que aquelas que estão protegidas da luz. Durante o desenvolvimento, esta reação constitui a base da diferenciação

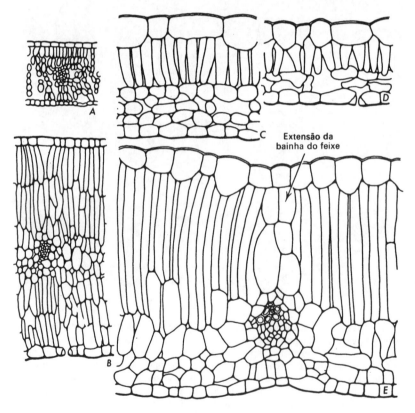

Figura 19.2 Efeito dos fatores ambientais sobre a estrutura da folha. *A, B, Baccharis halimifolia*, cortes transversais da lâmina foliar mostrando uma folha normal (A) e uma folha suculenta (B), ambas pertencentes a mesma planta, tendo *B* nascido do lado exposto aos borrifos do oceano. (Segundo Boyce, *Ecol. Monogr.*, 1945) *C-E, Acer platanoides*, cortes transversais de folhas, todas provenientes de uma só árvore, mostrando o efeito da luz sobre a estrutura do mesófilo: *C*, do interior da copa, moderadamente sombreada; *D*, do interior profundo, fortemente sombreada; *E*, de localização ensolarada

entre as folhas de sol e de sombra. Foi observado muitas vezes que as folhas desenvolvidas sob ação da luz solar direta são menores porém mais espessas e apresentam tecido paliçádico mais fortemente diferenciado do que folhas que se desenvolvem na sombra (por exemplo, Wylie, 1949; Fig. 19.2C-E).

Estrutura da folha e posição na planta. As folhas fotossintetizantes, que se desenvolvem em níveis sucessivos numa fanerógama, apresentam diferenças morfológicas que podem ser interpretadas como mudanças resultantes de passagem do estágio jovem ao adulto. As diferenças dizem respeito ao tamanho das células e ao formato das folhas. Diferenças de formato dependem da relação entre comprimento e largura, da quantidade de recortes em folhas que normalmente os têm e do número de folíolos em folhas pinadas.

O formato de uma folha é determinado por diversos fenômenos relacionados com o desenvolvimento. Os principais são (a) o formato do primórdio durante o seu início; (b) o número, distribuição e orientação das subseqüentes divisões celulares; (c) quantidade e distribuição da expansão celular. A coordenação entre os três tipos de fenômenos parece variar em folhas inseridas em diferentes níveis do caule. O mesófilo das primeiras folhas é menos diferenciado do que o das folhas subseqüentes, diferença especialmente pronunciada no que diz respeito ao parênquima paliçádico. Em folhas mais tardias o tecido paliçádico pode sofrer maior número de divisões anticlinais, conter maior número de camadas celulares e possuir células mais longas do que as das folhas que primeiro se formaram (Schneider, 1952).

As modificações estruturais em nós sucessivamente mais altos podem ser interpretadas como um aumento da xeromorfia das folhas. Estas alterações muitas vezes são consideradas como resultantes de uma relativa falta de água em níveis superiores, ou porque as folhas superiores são formadas em condições microclimáticas, mais secas do que as folhas mais baixas, ou ainda, porque as folhas desenvolvidas em planos inferiores privam as superiores de um suprimento adequado de água. Estudos experimentais que analisam a interação das partes em desenvolvimento com o microclima indicam que os gradientes estruturais podem estar associados a influências ainda não determinadas das folhas imaturas sobre as mais jovens ainda, e também a algum processo de envelhecimento que ocorre no meristema apical (Ashby, 1948; Ashby e Wangermann, 1950).

FOLHAS DE DICOTILEDÔNEAS

Variações na estrutura do mesófilo. Numerosas dicotiledôneas herbáceas possuem folhas com um mesófilo relativamente indiferenciado. O tecido paliçádico falta ou é de fraco desenvolvimento, o volume intercelular é grande; a folha freqüentemente é fina; a epiderme é portadora de cutícula delgada e os estômatos são mais ou menos elevados. Tais caracteres, quando se manifestam com intensidade, são próprios das folhas hidromorfas, mas são também encontrados, em diferentes graus, nas plantas herbáceas que crescem em condições de moderada quantidade de umidade disponível. Exemplos de folhas com mesófilo relativamente indiferenciado são as de *Pisum sativum, Linum usitatissimum* e *Lactuca sativa*. Na beterraba açucareira o formato das células do mesófilo está associado à espessura da folha. Em folhas muito delgadas o mesófilo é constituído de células curtas e arrendondadas; em folhas espessas a maioria das células é alongada.

Um mesófilo fino, de células frouxamente organizadas com apenas uma camada de parênquima paliçádico ocorre em *Ipomoea batatas, Pastinaca sativa* (Fig. 19.3A), *Raphanus sativus, Solanum tuberosum* e *Lycopersicon esculentum*. As folhas de estrutura semelhante, pertencentes a *Cannabis sativa* (Fig. 18.6) e *Humulus lupulus* apresentam na epiderme células contendo cistólitos e numerosos tricomas glandulares ou não. Em alfafa (*Medicago sativa*) o parênquima paliçádico compreende duas camadas de células algo mais curtas.

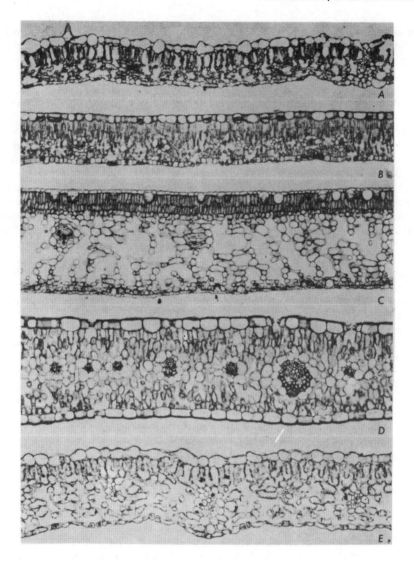

Figura 19.3 Variações estruturais do mesófilo, vistas em cortes transversais de folhas. A, *Pastinaca sativa*. B, *Prunus persica*. C, *Citrus limon*. D, *Dianthus*. E, *Lilium*

As folhas delgadas de *Gossypium* (algodoeiro) apresentam células paliçádicas longas, que ocupam aproximadamente de um terço à metade da espessura da lâmina. A folha do algodoeiro apresenta no mesófilo glândulas lisígenas e sobre a nervura principal na face abaxial, nectários nidiformes, portadores de papilas claviformes.

Várias espécies arbustivas ou lenhosas fornecem exemplos de folhas com parênquima paliçádico bem desenvolvido localizado na face adaxial da lâmina, isto é, folhas mesomorfas, tipicamente dorsiventrais (Fig. 19.3B; *Vitis, Syringa, Ligustrum, Pyrus*), bem como folhas que apresentam diversas combinações de caracteres xeromorfos. As folhas de *Citrus* são espessas e coriáceas, apresentam cutícula grossa com camadas de cera (Scott e outros,

1948). O parênquima paliçádico compacto, contrasta marcantemente com o parênquima esponjoso frouxo (Fig. 19.3C). Cavidades lisígenas ocorrem no mesófilo (Fig. 13.4C). As folhas de *Ficus* apresentam uma hipoderme destituída de cloroplastos, derivada da epiderme (epiderme plurisseriada). A epiderme contém cistólitos (Fig. 13.4D) e no mesófilo são encontrados laticíferos.

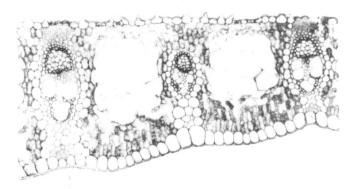

Figura 19.4 Corte transversal da folha de *Carex*, ilustrando lacunas ocupadas por células grandes, de paredes delgadas (× 130, cortesia de J. E. Sass)

O mesófilo isobilateral, apresentando parênquima paliçádico em ambas as faces da folha — caráter fortemente xeromorfo — é exemplificado em *Artemisia, Atriplex* (Fig. 19.1F), *Chrysothamnus, Sarcobatus* e outros gêneros pertencentes a diferentes famílias (cf. Metcalfe e Chalk, 1950, p. 1 334). Uma alteração da estrutura isobilateral é a cêntrica (Metcalfe e Chalk, 1950, p. 1 333), encontrada em folhas muito estreitas ou inteiramente cilíndricas. Nestas folhas as células em paliçada das faces adaxial e abaxial formam uma camada contínua (Fig. 19.1B). Uma folha isobilateral pode ser o resultado de casos em que os parênquimas paliçádico e esponjoso não estão nitidamente diferenciados (Fig. 19.3D).

Em *Salsola,* o tecido paliçádico circunda um parênquima cujas células grandes e incolores são interpretadas como tecido de armazenamento de água (Fig. 19.1D). Um tecido deste tipo pode ocorrer em posição mediana, em folhas achatadas (*Haplopappus spinulosus*, Shields, 1950), e também fora do mesófilo, como hipoderme. Nas folhas carnosas de *Peperonia* a hipoderme pode apresentar até quinze camadas de profundidade, ultrapassando a espessura do mesófilo (Metcalfe e Chalk, 1950, p. 1 122).

As folhas de plantas aquáticas variam em relação as condições de crescimento. Algumas possuem folhas parcial ou totalmente submersas; outras, apresentam folhas flutuantes e outras ainda, flutuantes e submersas. As folhas hidromorfas apresentam como caracteres comuns grandes espaços contendo ar (Fig. 19.5A), pequena quantidade de esclerênquima e sistema vascular fracamente desenvolvido (Hasman e Inanç, 1957).

Tecido de sustentação. Em dicotiledôneas o tecido de sustentação das folhas pode ser colênquima ou esclerênquima e os feixes vasculares, como tais, contribuem para a sustentação da lâmina. O colênquima ocorre ao longo das nervuras de maior porte de um ou de ambos os lados (Fig. 18.6) e a parte não-funcional do xilema e do floema pode apresentar espessamentos de natureza colenquimática. O esclerênquima apresenta-se sob forma de calota sobre os feixes, como bainha de feixes, extensões de bainha de feixes, constituídas de células fibrosas ou então, como esclereídeos, no mesófilo. Exemplos de feixes vasculares acompanhados de esclerênquima são encontrados entre as Boraginaceae, Caryophyllaceae (Fig. 19.3D), Labiatae, Lauraceae, todas as tribos das Leguminosae, Monimiaceae, Proteaceae, algumas Rosaceae e Sterculiaceae (Metcalfe e Chalk, 1950).

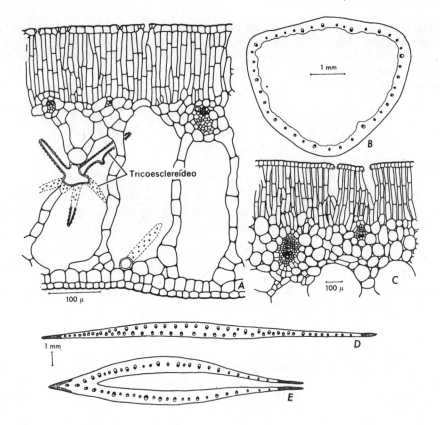

Figura 19.5 Variações estruturais da folha, vistas em cortes transversais da lâmina. *A, Nymphaea*, dicotiledônea aquática. *B-E*, monocotiledôneas: *B-C*, folha oca de *Allium Cepa*; *D, E*, corte transversal da folha de *Iris*, *D*, na região do limbo e *E*, na região da bainha

Pecíolo. O pecíolo das folhas das dicotiledôneas contém os mesmos tecidos do caule, muitas vezes em disposição semelhante. A epiderme apresenta alguns estômatos e o tecido fundamental contém cloroplastos. Colênquima ou esclerênquima, estão presentes como tecido de sustentação. O tecido vascular pode apresentar arranjo variado (Fig. 18.4).

Certas plantas apresentam espessamentos semelhantes a articulações denominados púlvinos na base do pecíolo, bem como na base dos peciólulos das folhas compostas. Os púlvinos estão envolvidos no processo do movimento das folhas, que pode ser estimulado pelas condições ambientais ou ser autônomo (gyrations, Datta, 1952-1953). Os púlvinos apresentam estrutura característica. Os melhores estudados são os pertencentes as Leguminosae (Brauner e Brauner, 1947; Brown e Addicott, 1950; Data, 1952-1953; Weintraub, 1952). O púlvino é mais ou menos entumescido e sua superfície é rugosa. O sistema vascular se agrupa no centro, como um feixe concêntrico ainda que acima e abaixo estejam presentes vários feixes em disposição cilíndrica. O maior volume do púlvino é ocupado por um parênquima de paredes finas, com espaços intercelulares. Os estômatos são poucos ou ausentes e tricomas podem estar presentes. O movimento parece estar associado a variações do turgor e a concomitantes alterações de tamanho e formato das células do parênquima fundamental. São também mencionadas peculiaridades estruturais em relação à parede celular — aparente associação estreita entre o citoplasma e a parede celular e a pequena ou total ausência de calcificação na lamela média — como explicações possíveis para o colapso parcial das paredes em direção ao interior da célula, durante a contração do protoplasto (Weintraub, 1952).

FOLHAS DAS MONOCOTILEDÔNEAS

As folhas das monocotiledôneas variam em forma e estrutura e algumas lembram as de dicotiledôneas. Podem possuir pecíolo e lâmina (por exemplo *Canna*, *Zantedeschia*, *Hosta*), mas a maioria é diferenciada em lâmina e bainha, sendo a lâmina relativamente estreita. A venação é de tipo paralelo.

A estrutura anatômica vai da hidromorfa a xeromorfa extrema. Monocotiledôneas hidrófitas mostram as mesmas características básicas das dicotiledôneas do mesmo padrão. Um exemplo de folha dorsiventral com parênquima paliçádico na face adaxial é fornecido por *Lilium* (Fig. 19.3E). A folha dorsiventral da bananeira (*Musa sapientum*) é espessa e possui várias camadas de parênquima paliçádico e uma região grande ocupada pelo parênquima esponjoso com amplas lacunas (Skutch, 1927). As folhas rígidas de *Carex* (Fig. 19.4) têm esclerênquima muito desenvolvido e no mesófilo, feixes de células de paredes delgadas.

As monocotiledôneas possuem muitos tipos de folhas que parecem ser altamente especializados e difíceis de interpretar do ponto de vista morfológico. A *Iris* por exemplo, possui uma folha achatada, não paralela à tangente do eixo, mas perpendicular a ela. Em corte transversal, seus feixes vasculares aparecem dispostos numa fila mas, aproximadamente a metade dos feixes apresenta o seu xilema orientado em uma direção e a outra metade, em direção oposta, como se a lâmina tivesse sido dobrada e os feixes vasculares de uma das metades tivessem sido introduzidos entre os da outra metade (Fig. 19.5D, E). Muitas espécies de *Allium* apresentam folhas tubulares (Fig. 19.5B, C). O parênquima paliçádico encontra-se por baixo da epiderme ao redor de toda a circunferência, e, abaixo dele existe o parênquima esponjoso. No centro da folha encontra-se uma cavidade delimitada por células parenquimáticas, remanescentes das que ocupavam inicialmente toda a região da atual cavidade.

Muitas folhas de monocotiledôneas desenvolvem grande quantidade de esclerênquima, que em algumas espécies representa fonte importante de fibras comerciais (Cap. 6). As fibras podem apresentar-se associadas aos feixes vasculares ou aparecer como feixes independentes.

Folha das gramíneas. A folha das gramíneas apresenta estrutura inconfudível. É constituída tipicamente de uma lâmina mais ou menos estreita e de uma bainha que envolve o caule. É comum ocorrerem aurículas e lígula entre a lâmina e a bainha. Os feixes vasculares de diferentes tamanhos, alternam-se, até certo modo regularmente, uns com os outros (Fig. 19.6) e são ligados entre si por meio de pequenos feixes anastomosantes (Fig. 18.3A). O feixe mediano pode ser o maior (Fig. 19.6B) ou a parte mediana da lâmina pode ser espessada na face adaxial (Fig. 19.6D).

O mesófilo das gramíneas mostra, como regra, a ausência de diferenciação em parênquima paliçádico e esponjoso; em alguns casos, no entanto as fileiras de células abaixo das duas camadas epidérmicas apresentam organização mais regular do que as do mesófilo restante. Nas gramíneas panicóides as células do mesófilo circundam freqüentemente, de maneira ordenada, os feixes vasculares; cada célula é orientada de tal maneira que o seu maior diâmetro forma um ângulo reto com o feixe vascular; em corte transversal as células do mesófilo parecem irradiar dos feixes (Fig. 19.6C). Algumas gramíneas festucóides apresentam o mesófilo estruturado de maneira semelhante (Fig. 19.1I).

A epiderme das gramíneas contém vários tipos de células. O tecido básico é constituído de células alongadas e estreitas, muitas vezes providas de paredes anticlinais forte-

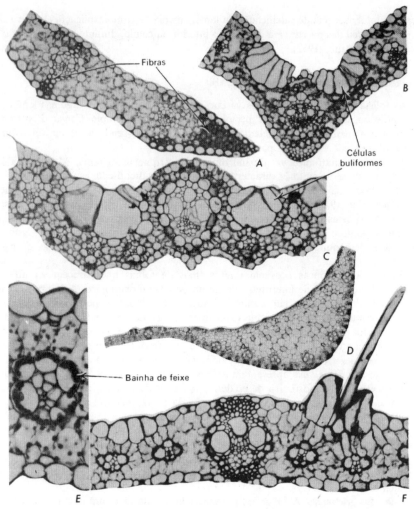

Figura 19.6 Folhas de gramíneas em cortes transversais. *A*, margem da lâmina foliar de *Bromus*. *B*, nervura mediana da lâmina foliar de *Poa*. *C*, limbo de *Saccharum* (cana de açúcar). *D*, nervura mediana da folha de *Zea* (milho). *E*, *F*, lâmina de *Zea*. (*A–C*, ×150; *D*, ×14; *E*, ×320; *F*, ×98. *A–C*, cortesia de J. E. Sass; *D*, *F*, de J. E. Sass, *Botanical Microtechnique*, 3.ª ed. The Iowa State College Press, 1958)

mente onduladas. Células buliformes volumosas (Figs. 19.1I e 19.6B, C) formam faixas de diferentes larguras. Estas células são geralmente descritas como células motoras, estando envolvidas no processo de enrolamento e dobramento das folhas, mas estudos experimentais indicam que o enrugamento de outros tecidos está também relacionado com estes fenômenos (Shields, 1951). Os estômatos são formados por células estreitas associadas a células subsidiárias e, em certas partes da folha podem estar presentes células silicificadas, suberificadas e tricomas (Fig. 19.6F, Cap. 7).

As bainhas dos feixes das gramíneas são características usadas na sistemática da família (Brown, 1958). Certos grupos de gramíneas (festucóides) possuem uma bainha dupla, a interna, formada por células de paredes espessas e a externa, constituída de células de

A folha: variações da estrutura

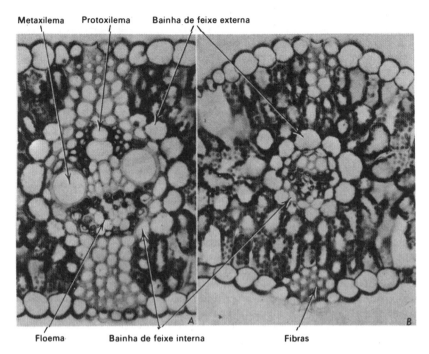

Figura 19.7 Cortes transversais da folha do trigo, (*Triticum*), mostrando um feixe vascular maior (A) e outro menor (B), cada qual provido de duas bainhas, interna e externa. (Ambos ×320)

paredes delgadas (Fig. 19.7). Em contraste, as gramíneas panicóides possuem bainha simples com células de paredes finas (Fig. 19.6E). Neste sentido as Bambusaceae constituem uma exceção entre as panicóides, pois apresentam bainha dupla além de outros caracteres das festucóides, combinados com os das panicóides (Metcalfe, 1956). Os bambus, por este motivo, são considerados primitivos. A evolução parece ter conduzido a separação dos caracteres das festucóides e panicóides, os quais continuam reunidos nos bambus.

As folhas das gramíneas apresentam esclerênquima bastante desenvolvido. Comumente, fibras aparecem em placas longitudinais que se estendem dos feixes vasculares maiores em direção a epiderma (Fig. 19.7A). Os feixes vasculares maiores podem apresentar-se envolvidos por fibras bem como encontrar-se associados às placas de fibras em ambos os lados. Feixes menores podem estar ligados apenas a uma placa de fibras. Em algumas espécies as fibras apresentam-se como cordões subepidérmicos ou placas que não têm contato com os feixes vasculares (Fig. 19.7B). As margens da folha apresentam fibras (Fig. 19.6A) ocorrendo o mesmo em relação a epiderme de algumas espécies.

FOLHAS DE GIMNOSPERMAS

As folhas das gimnospermas apresentam uma estrutura menos variável do que a das angiospermas, não dependendo praticamente das condições de ambiente. A maioria das gimnospermas é sempre verde. As bem conhecidas exceções são: *Ginkgo*, *Larix* e *Taxodium*. As folhas das coníferas que compreendem o maior número de espécies foram as estudadas com mais freqüência e, dentre elas, as dos pinheiros. Por esta razão, descrevemo-las em primeiro lugar e as de outras coníferas e gimnospermas serão discutidas comparativamente.

As folhas aciculadas dos *Pinus* nascem em ramos pequenos (ramos curtos), isoladas ou mais comumente em grupos de duas ou três. Dependendo deste número o corte transversal apresenta diferentes formatos (Figs. 19.8A e 19.9A) aproximadamente de oval a triangular. A folha acicular (acícula) apresenta epiderme de paredes espessadas, provida de cutícula grossa e estômatos em depressões profundas, com células parcialmente sobrepostas (Fig. 7.6). Os estômatos se dispõem em fileiras verticais e são encontrados em todas as faces. Uma camada de hipoderme esclerificada situa-se sob a epiderme, exceto de baixo das fileiras de estômatos. O mesófilo é formado por células parenquimáticas com invaginações (mesófilo plicado) que se estendem em direção ao lume celular. O mesófilo não se diferencia em parênquima paliçádico e lacunoso e nele são encontrados ductos resiníferos.

O tecido vascular geralmente forma um feixe ou dois, lado a lado, ocupando na folha posição central. O xilema está voltado em direção à face adaxial e o floema em direção à abaxial. O xilema compreende protoxilema e metaxilema. Este último mostra suas células dispostas em séries radiadas, de tal maneira que fileiras de células do parênquima lenhoso alternam-se com fileiras de traqueídeos. Possivelmente pode ocorrer um pequeno crescimento secundário, porém a maior parte do xilema é representada pelo metaxilema.

O feixe vascular é envolvido por um tecido peculiar, conhecido pelo nome de tecido de transfusão. Este é constituído de traqueídeos e de células parenquimáticas vivas (Fig. 19.8B, C). Os traqueídeos localizados junto ao feixe vascular são alongados, os mais afastados apresentam o mesmo formato das células do parênquima. As paredes dos traqueídeos, embora providas de espessamentos secundários, são relativamente delgadas, levemente lignificadas e portadoras de pontuações areoladas. Os traqueídeos, geralmente aparecem um tanto deformados, provavelmente devido à pressão exercida pelas células parenquimáticas vivas associadas. Junto ao floema ocorrem algumas células de citoplasma denso, interpretadas como células albuminosas (Fig. 19.8C).

O feixe vascular e o tecido de transfusão associado são envolvidos por uma bainha de células cujas paredes são espessadas, a endoderme, na qual não existem espaços intercelulares, como não os há nos tecidos que por ela são circundados. A endoderme é descrita quase sempre como sendo portadora de estrias de Caspary nos estágios iniciais de seu desenvolvimento e, nos mais tardios de uma lamela de suberina (por exemplo, Lederer, 1955) mas não existe concordância quanto a este ponto de vista. No estágio maduro, a endoderme apresenta paredes secundárias lignificadas, ficando a suberina provavelmente confinada às paredes anticlinais.

As características estruturais descritas, são encontradas em muitas coníferas, apresentando geralmente diferenças quantitativas, podendo estar ausentes em algumas (Lederer, 1955). As folhas das coníferas podem ser escamiformes e apresentar uma única nervura (Taxodiaceae, Cupressaceae, Podocarpaceae), ou aciculares com uma só nervura (*Abies, Larix, Picea, Pinus*), ou largas e ovaladas, com muitas nervuras (Araucariaceae). Outras formas podem ser encontradas.

Em *Araucaria* a hipoderme esclerificada pode apresentar até cinco camadas de células, mas em outras coníferas pode faltar completamente (por exemplo, *Taxus*, Fig. 19.9C; *Torreya*). A maioria das coníferas não apresenta mesófilo com células plicadas. Os parênquimas paliçádico e lacunoso são diferenciados em gêneros, como por exemplo, *Abies* (Fig. 19.9D), *Cunninghamia, Dacrydium, Sequoia, Taxus* (Fig. 19.9C), *Torreya*, e em *Araucaria* e *Podocarpus* o parênquima paliçádico ocorre em ambas as faces da folha.

O limite entre a região vascular e o mesófilo não apresenta o mesmo grau de nitidez nas folhas das diversas coníferas (Lederer, 1955). As Pinaceae (por exemplo *Abies*, Fig. 19.9 D; *Larix*, Fig. 19.9B; *Picea, Pinus*, Fig. 19.9A) apresentam uma endoderme bem diferenciada. Em espécies de *Taxus* (Fig. 19.9C) em *Sequoia sempervirens, Metasequoia glyptostroboides, Juniperus communis* e *Araucaria excelsa* está presente apenas uma bainha de parênquima.

O tecido de transfusão é característico das coníferas, mas ele varia em quantidade e disposição (Gathy, 1954; Lederer, 1955). Nos gêneros *Cunninghamia, Cupressus, Juniperus,*

A folha: variações da estrutura

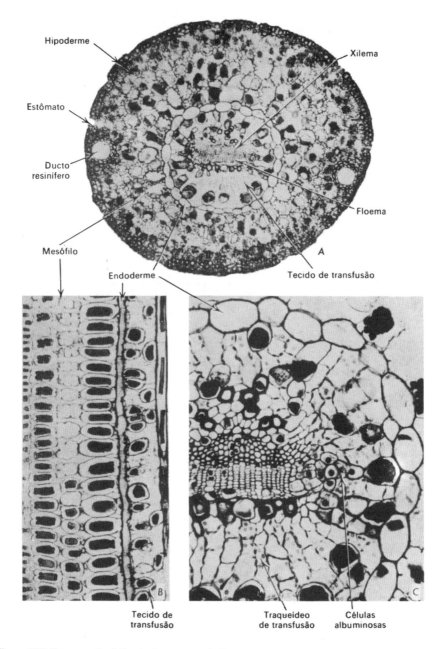

Figura 19.8 Estrutura da folha de *Pinus monophylla*. *A*, corte transversal através de toda a acícula. (×50). *B*, corte longitudinal através do mesófilo e tecido de transfusão (×90). *C*, corte transversal atingindo parte de um feixe vascular, tecido de transfusão e endoderme (×150)

Thuja, Torreya, Sequoia e *Taxus* (Fig. 19.9C), apresenta-se dos lados direito e esquerdo do feixe vascular; como um arco sobre o xilema, em *Araucaria, Dammara, Sciadopitys*; dos lados direito e esquerdo em relação ao feixe, porém mais abundante nas proximidades

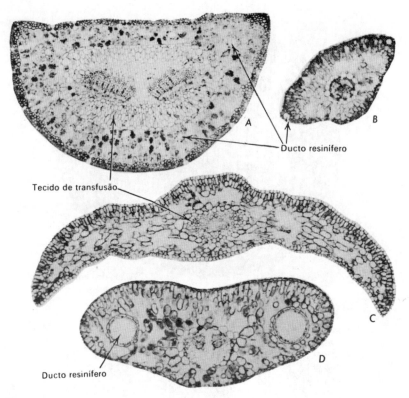

Figura 19.9 Cortes transversais de diversas folhas de coníferas. *A*, *Pinus nigra*. *B*, *Larix*. *C*, *Taxus canadensis*. *D*, *Abies*. (*A, C*, ×44; *B, D*, ×54)

do floema, em *Larix* e em espécies de *Abies* e *Cedrus*; e em *Pinus*, envolvendo completamente o feixe vascular (Fig. 19.9A). Os traqueídeos do tecido de transfusão podem apresentar paredes secundárias reticuladas ou pontuadas. Evolução, ontogenia e função do tecido de transfusão constituem objeto de controvérsias na literatura. Freqüentemente o tecido é interpretado como tendo relação com o fenômeno da translocação de água e alimentos entre o feixe vascular e o mesófilo.

Em adição ao tecido de transfusão associado ao feixe vascular em *Podocarpus* (Griffith, 1957) e *Dacrydium* (Lee, 1952), foi descrito um tecido de transfusão acessório, constituído de células alongadas, de paredes espessas que se estendem para fora da bainha do feixe, em direção ao mesófilo não tendo contato com o tecido de transfusão junto ao feixe vascular.

A disposição e o número de ductos resiníferos são variáveis, ainda que se trate da mesma espécie. Dentre os gêneros portadores de uma única nervura, apenas *Taxus* (Fig. 19.9C) não apresenta ductos resiníferos. Como padrão, Cupressineae, Taxineae (excluindo *Taxus*), *Sequoia*, *Podocarpus* e a maioria das espécies de *Tsuga* apresentam um ducto resinífero localizado entre a nervura e a epiderme inferior; as Abietinae, exceto *Tsuga* possuem dois ductos, situados respectivamente à direita e à esquerda do feixe (Fig. 19.9D); gêneros com várias nervuras (por exemplo, *Araucaria*) possuem um ducto entre cada dois feixes. Em adição aos ductos básicos, pode ocorrer um número variável de ductos acessórios. Em *Pinus* dois ductos resiníferos laterais ocorrem quase invariavelmente (Figs. 19.8A e 19.9A). Os outros, variam em número e distribuição.

Para descrever folhas de gimnospermas que não sejam coníferas, escolhemos *Cycas* e *Ginkgo*. As folhas grandes das Cycadales são compostas e os folíolos duros, largos e resistentes são providos de uma única nervura. A folha de *Cycas revoluta* (Fig. 19.10A) possui cutícula espessa, epiderme de paredes grossas e na face abaxial estômatos localizados em depressões. O mesófilo compreende parênquima paliçádico e lacunoso. Na face adaxial ocorre uma hipoderme de natureza esclerenquimática formando uma a duas camadas celulares. Junto ao tecido vascular, existe uma endoderme de paredes espessadas. O xilema apresenta uma disposição incomum — primitiva — isto é, o protoxilema está voltado em direção à face abaxial e o metaxilema em direção à adaxial. Uma camada de parênquima envolve o protoxilema e junto ao floema são encontrados alguns elementos do xilema secundário. Alguns traqueídeos de transfusão são encontrados em ambos os flancos do metaxilema. Além do tecido de transfusão, ocorre também o tecido de transfusão acessório, representado por células parenquimáticas alongadas e traqueídeos com pontuações areoladas (Lederer, 1955). Os dois tipos de células parecem estar em contato com espaços intercelulares.

A folha de *Ginkgo* (Fig. 19.10B) é larga na região apical e estreita na base. Apresenta numerosas nervuras que se ramificam dicotomicamente. A epiderme apresenta paredes relativamente finas e não se encontra esclerênquima hipodérmico. As células estomáticas estão em pequenas depressões, na face abaxial da folha. O parênquima paliçádico é representado por uma camada de células pequenas e lobadas, seguindo-se o parênquima esponjoso. Cada um dos numerosos feixes é envolto por uma endoderme unisseriada, lignificada. Na endoderme, só ocorre tanino, especialmente nos feixes menores. Alguns traqueídeos de transfusão flanqueiam o xilema de cada feixe. Os feixes vasculares alternam-se com ductos de mucilagem.

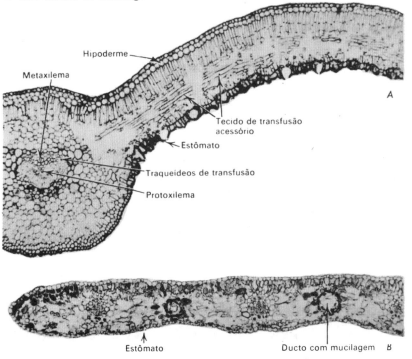

Figura 19.10 Cortes transversais de folhas de gimnospermas não coníferas. *A, Cycas revoluta. B, Ginkgo biloba.* (Ambos ×44)

REFERÊNCIAS BIBLIOGRÁFICAS

Ashby, E. Studies in the morphogenesis of leaves. II. The area, cell size and cell number of leaves of *Ipomoea* in relation to their position on the shoot. *New Phytol.* 47:177-195. 1948.
Ashby, E., e E. Wangermann. Studies in the morphogenesis of leaves. IV. Further observations on area, cell size and cell number of leaves of *Ipomoea* in relation to their position on the shoot. *New Phytol.* 49:23-35. 1950.
Black, R. F. The leaf anatomy of Australian membres of the genus *Atriplex*. I. *Atriplex vesicaria* Heward and *A. nummularia* Lindl. *Austral. Jour. Bot.* 2:269-286. 1954.
Boyce, S. G. The salt spray community. *Ecological Monographs* 24:29-67. 1954.
Brauner, L., e M. Brauner. Untersuchungen über den Mechanismus der phototropischen Reaktion der Blattfiedern von *Robinia Pseudoacacia. Istanbul Univ. Rev. Fac. Sci., Ser. B. Sci. Nat.* 12:35-79. 1947.
Brown, H. S., e F. T. Addicott. The anatomy of experimental leaflet abscission in *Phaseolus vulgaris. Amer. Jour. Bot.* 37:650-656. 1950.
Brown, W. V. Leaf anatomy in grass systematics. *Bot. Gaz.* 119:170-178. 1958.
Datta, M. Structure of the autonomic gyratory pulvini of *Desmodium gyrans* D. C. and *Oxalis repens* Thunb. as contrasted to *Marsilea quadrifolia* Linn. with irreversible movement. *Bose Res. Inst. Calcutta Trans.* 19:127-140. 1952-1953.
Gathy, P. Les feuilles de *Larix*. Étude anatomique. *Cellule* 56:331-353. 1954.
Griffith, M. M. Foliar ontogeny in *Podocarpus macrophyllus*, with special reference to the transfusion tissue. *Amer. Jour. Bot.* 44:705-715. 1957.
Hagerup, O. The morphology and systematics of the leaves in Ericales. *Phytomorphology* 3:459-464. 1953.
Hasman, M., e N. Inanç. Investigations on the anatomical structure of certain submerged floating and amphibious hydrophytes. *Istanbul Univ. Rev. Facul. Sci., Ser. B. Sci. Nat.* 22:137-153. 1957.
Lederer, B. Vergleichende Untersuchungen über das Transfusionsgewebe einiger rezenter Gymnospermen. *Bot. Studien* N.° 4:1-42. 1955.
Lee, C. L. The anatomy and ontogeny of the leaf of *Dacrydium taxoides. Amer. Jour. Bot.* 39:393-398. 1952.
Metcalfe, C. R. Some thoughts on the structure of bamboo leaves. *Bot. Magazine (Tokio)* 69:391-400. 1956.
Metcalfe, C. R., e L. Chalk. *Anatomy of the dicotyledons*. 2 vols. Oxford, Clarendon Press. 1950.
Philpott, J. Blade tissue organization of foliage leaves of some Carolina shrub-bog species as compared with their Appalachian mountain affinities. *Bot. Gaz.* 118:88-105. 1956.
Schneider, R. Histogenetische Untersuchungen über den Bau der Laubblätter, insbesondere ihres Mesophylls. *Österr. Bot. Ztschr.* 99:253-285. 1952.
Scott, F. M., M. R. Schroeder, e F. M. Turrell. Development, cell shape, suberization of internal surface, and abscission in the leaf of the Valencia orange, *Citrus sinensis. Bot. Gaz.* 109:381-411. 1948.
Shields, L. M. Leaf xeromorphy as related to physiological and structural influences. *Bot. Rev.* 16:399-447. 1950.
Shields, L. M. The involution mechanism in leaves of certain xeric grasses. *Phytomorphology* 1:225-241. 1951.
Skutch, A. F. Anatomy of leaf of banana, *Musa sapientum* L., var. hort. Gros Michel. *Bot. Gaz.* 84:337-391. 1927.
Stålfelt, M. G. Morphologie und Anatomie des Blattes als Transpirationsorgan. In: *Handbuch der Pflanzephysiologie* 3:324-341. 1956.

Vasilevskaia, V. K. *Formirovanie lista zasukhoustoĭchivykh rasteniĭ.* [Formation of leaves of drought-resistant plants.] Akad. Nauk Turkmen SSR. 183 pp. 1954.
Weintraub, M. Leaf movements in *Mimosa pudica* L. *New Phytol.* 50:357-382. 1952.
Wylie, R. B. Differences in foliar organization among leaves from four locations in the crown of an isolated tree (*Acer platanoides*). *Iowa Acad. Sci. Proc.* 56:189-198. 1949.
Wylie, R. B. Leaf organization of some woody dicotyledons from New Zealand. *Amer. Jour. Bot.* 41:186-191. 1954.

20

A flor

A flor tem sido objeto de numerosas pesquisas do ponto de vista morfológico e anatômico, mas os pesquisadores são incapazes de chegar a um acordo quanto a sua natureza e às relações filogenéticas com outras partes da planta (cf. revisão de Leroy, 1955 e Tepfer, 1953). Alguns botânicos, provavelmente a grande maioria, consideram a flor como um ramo modificado e suas partes componentes homólogas às folhas; outros recusam este conceito de homologia entre a flor e o ramo vegetativo. Neste livro a flor é interpretada a base do conceito da homologia entre flor e caule, em sua filogenia e ontogenia.

ESTRUTURA

Partes florais e sua disposição

Tal como o ramo vegetativo, a flor é constituída de um eixo (receptáculo) e apêndices laterias. Estes são as partes florais ou órgãos florais; geralmente estão reunidas em órgãos estéreis e órgãos de reprodução. Sépalas e pétalas, compondo respectivamente o cálice e a corola, representam as partes florais estéreis; estames e carpelos as reprodutoras. Os estames em conjunto constituem o androceu, os carpelos, livres ou unidos, compõem o gineceu. Estames e carpelos estão relacionados com a esporogênese. Os termos masculino e feminino referentes ao androceu e gineceu respectivamente, estão relacionados com o desenvolvimento dos gametófitos masculinos (grãos de pólen) a partir de micrósporos originados em microesporângios (sacos polínicos) nos estames e gametófitos femininos (sacos embrionários) a partir de megásporos originados em megaesporângios (nucelos dos óvulos), nos carpelos.

O arranjo das partes florais sobre o eixo e a relação entre estas partes é altamente variável; as variações dizem respeito, particularmente, ao estudo taxonômico e filogenético da flor. Se a flor é encarada como um ramo modificado, as diferenças dessa estrutura podem ser interpretadas como desvios em diferentes graus da forma básica do ramo; e, neste sentido, quanto maior o desvio, mais altamente especializada será a flor.

O ápice vegetativo é caracterizado por crescimento indeterminado. A flor, em contraste, apresenta crescimento determinado, pois seu meristema apical cessa a atividade depois de produzir todas as partes florais. As flores mais especializadas apresentam um período de crescimento mais curto produzindo um número menor e mais definido de partes florais do que as primitivas. Indicações adicionais de especialização crescente são: disposição verticilada das peças de dois ou mais verticilos diferentes; zigomorfia em lugar de actinomorfia e epigenia (ovário ínfero) em vez de hipogenia (ovário súpero).

Sépalas e pétalas

Sépalas e pétalas lembram folhas quanto à estrutura interna. Apresentam parênquima fundamental, sistema vascular mais ou menos ramificado e epiderme (Fig. 20.1). Células

A flor

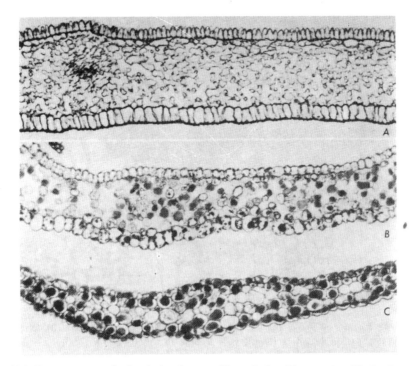

Figura 20.1 Cortes transversais de pétalas de rosa (A) e pétalas (B) e sepalas (C) de *Cassiope*. (*A*, ×90; *B*, *C*, ×150. *A*, cortesia de A. T. Guard; *B*, *C*, B F. Palser)

portadoras de cristais, laticíferos, células taniníferas e outros idioblastos podem estar presentes. Sépalas verdes contêm cloroplastos mas raras vezes mostram diferenciação em parênquima paliçádico e esponjoso. A cor das pétalas resulta de pigmentos contidos em cromoplastos (carotenóides) e no suco celular (antocianinas) e de diversos fatores que condicionam modificações, como por exemplo, a acidez do suco celular (Paech, 1955). As células da epiderme das pétalas contêm freqüentemente óleos voláteis que conferem fragrância característica às flores. Em algumas plantas, as paredes anticlinais das células da epiderme são onduladas ou portadoras de arestas internas. As paredes externas podem ser convexas ou papilosas (Fig. 20.1A), especialmente na face adaxial. A epiderme de sépalas e pétalas pode apresentar estômatos e tricomas.

Estame

Um tipo comum de estame compreende uma antera bilobada e tetraloculada, que nasce no filete, o qual é uma haste delgada provida de um único feixe vascular (Fig. 20.2A, B). Algumas das famílias mais primitivas de dicotiledôneas têm estames que se assemelham a folhas e que possuem três nervuras. O tipo provido de um só feixe vascular é considerado como derivado do tipo semelhante à folha, que é portador de três feixes (por exemplo, Canright, 1952).

O filete é relativamente simples em sua estrutura. O parênquima envolve o feixe vascular que pode ser anficrival. A epiderme é cutinizada, pode ter tricomas e tanto a antera como o filete podem apresentar estômatos. O feixe vascular percorre o filete, terminando cegamente no conectivo, tecido localizado entre as duas tecas da antera.

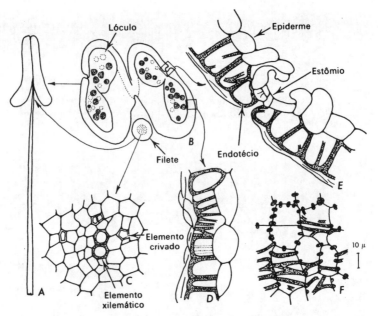

Figura 20.2 Estames de *Prunus* (A) e suas partes; cortes transversais da antera (B), feixe vascular do filete (C), parede da antera (D, E); vista frontal do endotécio (F)

A antera apresenta características especiais, relacionadas com o desenvolvimento de microesporângios e camadas de suas paredes. A parede externa é a epiderme. A camada subepidérmica, o endotécio, pode apresentar faixas ou arestas de material depositado em processo secundário, principalmente nas paredes que não mantêm contato com a epiderme (Fig. 20.2D-F). A camada mais interna é o *tapetum*, tecido nutritivo constituído freqüentemente de células multinucleadas. As camadas da parede localizadas entre o endotécio e o *tapetum*, muitas vezes são esmagadas e destruídas durante o desenvolvimento dos sacos polínicos. Quando o *tapetum* também sofre desintegração, em conexão com a maturação do pólen a parede externa do saco polínico pode apenas ser constituída de epiderme e endotécio (Fig. 20.2D, E). Fenômenos citológicos complexos envolvem o desenvolvimento de micrósporos (cf. Maheshwari, 1950) e maturação das paredes dos grãos polínicos (cf. Erdtman, 1952).

Geralmente as anteras sofrem deiscência, isto é, abrem-se espontaneamente. Em muitas espécies a deiscência é precedida pela destruição da parede divisória entre os lóculos da mesma teca ou metade de antera (Fig. 20.2B). Mais tarde, o tecido externo desta região, que algumas vezes é reduzido a uma só camada da epiderme (Fig. 20.2E), também sofre rompimento e o pólen é libertado através da fenda. Se nas paredes dos lóculos existir um endotécio especializado, este é interpretado como envolvido no processo da deiscência devido a uma contração diferencial de suas paredes desigualmente espessadas. O estômio, ou abertura resultante do rompimento, é quase sempre semelhante a uma fenda. Em algumas espécies é um poro formado no lado ou no ápice do lobo da antera.

Gineceu

A morfologia do gineceu e a terminologia relacionada estão sujeitas a mais controvérsias que as relativas a qualquer outra parte da flor. A unidade estrutural básica do gineceu é denominada carpelo. Uma flor pode ter um ou mais carpelos. Se dois ou mais destes estiverem presentes, podem estar unidos (gineceu sincárpico) ou livres (gineceu apocárpico; Fig. 21.1). Um gineceu unicarpelar também é classificado como apocárpico. Um termo antigo usado em relação ao gineceu é pistilo. Refere-se a um único carpelo em um gineceu apocárpico (pistilo simples) ou a todo o gineceu de um gineceu sincárpico (pistilo composto). Alguns botânicos recomendam o abandono do termo pistilo (por exemplo, Parkin, 1955).

O carpelo é interpretado geralmente como estrutura foliar. Em um gineceu apocárpico, é descrito como dobrado — dobrado conduplicadamente segundo pontos de vista modernos — de tal maneira que a face adaxial (ventral) fica encerrada (Fig. 20.3E). A união dos carpelos num gineceu sincárpico, segue dois planos básicos: os carpelos são unidos um ao outro em condições dobradas, face abaxial (dorsal) a face abaxial (Fig. 20.4B), em condições não-dobradas ou parcialmente dobradas, margem a margem (Fig. 20.4D). O primeiro tipo de junção tem como resultado um gineceu bilocular ou multilocular; o segundo, um gineceu com um só lóculo. Modificações secundárias podem conduzir a variações dos planos básicos.

O carpelo de um gineceu apocárpico ou todo o gineceu sincárpico é geralmente diferenciado em uma porção inferior, fértil, (ovário) e a porção superior, estéril (estilete) (Fig. 20.4A, C). Com freqüência na parte superior do estilete, uma porção periférica, mais ou menos extensa é diferenciada em estigma. Quando não existe uma estrutura que possa ser interpretada como estilete, o estigma é dito séssil, isto é, séssil no ovário. A diferenciação em ovário, estilete e estigma resultou de uma especialização filogenética. Em angiospermas pouco especializadas os carpelos apresentam-se dobrados e sem estilete; o tecido do estigma reveste as margens não soldadas.

No ovário, distinguimos a parede do ovário, o lóculo (cavidade) ou lóculos, e, em ovários multiloculares, os septos. Os óvulos nascem em determinadas regiões da face interna ou adaxial da parede do ovário. A região portadora de óvulos constitui a placenta, que pode ser uma excrescência conspícua e em alguns casos chega quase a obstruir o lume da cavidade ovariana (Fig. 20.5A, B). A posição das placentas está relacionada com o tipo de sutura dos carpelos (cf. Puri, 1952a). Num dado carpelo, a placenta ocorre, como regra, mais ou menos próximo a margem. Como existem duas margens, a placenta é dupla. As duas metades podem permanecer separadas, ou apresentar-se unidas, pelo menos em sua porção basal. Quando as margens do carpelo apresentam sutura na região basal, a placenta tem o formato de U (Leinfellner, 1951). Em ovários compostos o número de placentas duplas geralmente corresponde ao dos carpelos. Quando estes se unem em posição dobrada, o ovário é multilocular e as placentas, neste caso, encontram-se no centro do ovário, na região em que as margens carpelares se tocam (placentação axilar, Fig. 20.5A-C). Os septos neste tipo de ovário podem desaparecer, em termos de filogenia ou ontogenia (Hartl, 1956b), de tal maneira que resulta uma placenta central livre (Fig. 20.5E). Se os carpelos se unem margem a margem, as placentas dispõem-se na parede do ovário (placentação parietal, Fig. 20.5D). Em ovários deste tipo as duas metades de cada placenta derivam de dois carpelos diferentes.

A compreensão da organização da placenta está materialmente ligada ao exame da vascularização do carpelo. Geralmente, o carpelo apresenta três nervuras, uma dorsal ou mediana e duas ventrais ou laterais (Fig. 20.3E, F), e o suprimento vascular do óvulo deriva dos feixes ventrais (Fig. 20.3D). Em ovários com placentação axilar, os feixes ventrais encontram-se no seu centro (Fig. 20.4B), com o floema voltado em direção ao centro e o xilema à periferia. Os feixes ventrais que pertencem a margens carpelares adjacentes — do mesmo carpelo ou de dois carpelos diferentes, dependendo da placentação — podem apresentar diversos graus de fusão (Fig. 20.4B).

A interpretação da origem carpelar das placentas pode ser aceita com referência a muitos dos representantes das angiospermas. Em alguns, no entanto, a relação entre car-

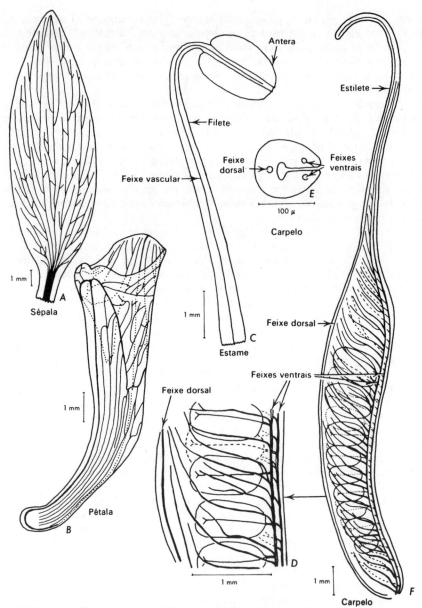

Figura 20.3 Partes da flor de *Aquilegia*. Vistas longitudinais da sépala (A), pétala (B), estame (C) e carpelo (D, F); corte transversal do carpelo (E). (Segundo Tepfer, *Calif. Univ. Pubs. Bot.*, 1953)

pelos e óvulos é obscura. Por tal motivo, foi sugerido que as placentas possam apresentar origem axial, ao menos em alguns grupos de plantas. Supõe-se que estas placentas ocorram no receptáculo que constitui a base do ovário (por exemplo, Gramineae; Barnard, 1957) ou se prolongam, projetando-se no centro do ovário (alguns representantes com placentação central). Este ponto de vista é contestado por pesquisadores que insistem em afirmar que, apesar das aparências de estrutura por ocasião da maturidade das placentas, a relação inicial destas é com os carpelos (Eckardt, 1957).

A flor

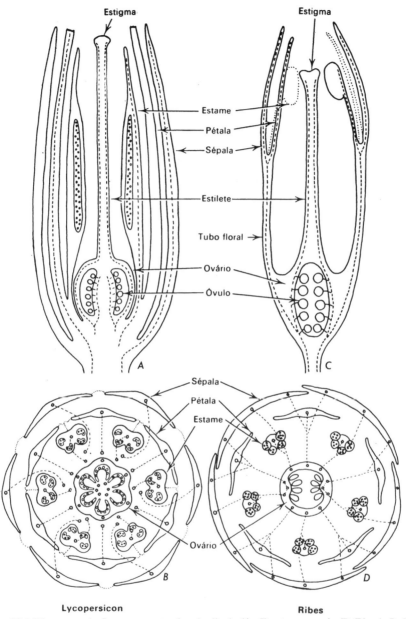

Figura 20.4 Diagramas de flores em cortes longitudinais (A, C) e transversais (B, D). *A, B, Lycopersicon* (tomateiro); hipógina, placentação axial. *C, D, Ribes*; epígena, placentação parietal. As linhas interrompidas indicam o curso dos feixes vasculares e suas interconexões

A delimitação dos carpelos e a interpretação da origem das placentas é ainda mais difícil em flores epíginas (Fig. 20.4C,D). Em tais flores verifica-se que o ovário é mergulhado em tecidos extracarpelares derivados do receptáculo (Leinfellner, 1954; Puri, 1952b) ou do tubo floral, isto é, as bases fundidas das sépalas, pétalas e estames (cf. Douglas, 1957). Alguns autores admitem que a natureza dos tecidos extracarpelares varia nos diferentes

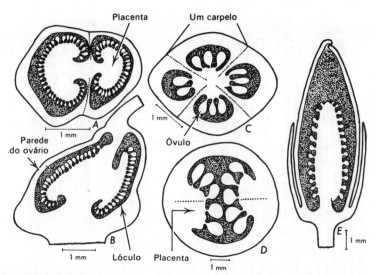

Figura 20.5 Placentação. *A, B, Antirrhinum,* axial. *C, Fuchsia,* axial. *D, Ribes,* parietal. *E, Dodecatheon,* central livre. (*A, C-E,* cortes transversais. *B,* corte longitudinal; o estilete não é visível em *E*)

grupos das angiospermas. Existe portanto, o problema de se reconhecer se os carpelos forram os tecidos extracarpelares ou se ficam limitados à parte superior do gineceu, isto é, a parte que forma a porção superior do ovário e é portadora do estilete. Se esta última opinião for aceita, as placentas não derivariam dos carpelos. A natureza da estrutura em forma de taça que envolve o gineceu de flores perígenas e não está ligada a ele, é também objeto de diversas interpretações.

O estilete é um prolongamento do carpelo (Fig. 20.3F). Em gineceus sincárpicos o estilete, quando único, deriva de todos os carpelos que compõem o gineceu (Fig. 20.4A, C). Os carpelos podem ser apenas parcialmente unidos e como resultado, o estilete pode ser um só na região basal e apresentar estrutura múltipla no ápice; ou ainda podem existir tantos estiletes (ramos de estilete ou estilódios; Parkin, 1955) quantos carpelos compõem o ovário sincárpico.

O estigma é constituído de um tecido glandular secretor de substâncias que criam um meio adequado à germinação dos grãos polínicos. As células epidérmicas do estigma são comumente alongadas formando papilas, pêlos curtos ou longos e ramificados. O tecido do estigma está ligado à cavidade do ovário por um tecido semelhante, o tecido estigmatóide, através do qual crescem os tubos polínicos. Em estiletes que apresentam um canal, este é revestido pelo tecido estigmatóide. Em estiletes maciços, o tecido estigmatóide forma um ou mais cordões incluídos no tecido fundamental ou associa-se aos feixes vasculares. Os tubos polínicos atravessam o tecido estigmatóide por crescimento intercelular (intrusivo).

Do ponto de vista histológico, ovário e estilete são relativamente simples por ocasião da antese. Apresentam epiderme, tecido fundamental parenquimático e feixes vasculares. A epiderme externa é cuticularizada podendo apresentar estômatos. Quando o ovário se desenvolve em fruto, notáveis modificações ocorrem na sua estrutura (Cap. 21).

O óvulo é constituído de um nucelo envolvendo o tecido esporógeno, um ou dois tegumentos de origem epidérmica, e um pedúnculo denominado funículo. Por ocasião da antese o óvulo é formado em sua maioria por parênquima, contendo um sistema vascular mais ou menos desenvolvido, mas durante o desenvolvimento da semente, sofre profundas modificações (Cap. 22).

Anatomia vascular

O sistema vascular foi mais estudado do que qualquer outra característica histológica da flor e os resultados destes estudos têm sido aproveitados para estabelecer relações taxonômicas e traçar conclusões que dizem respeito à natureza morfológica das partes componentes da flor (cf. Douglas, 1957; Leroy, 1955; Palser, 1954; Puri, 1952a, b; Tepfer, 1953).

Em flores relativamente pouco especializadas a organização vascular é facilmente interpretada como comparável a do ramo vegetativo. O sistema vascular do eixo floral pode ser descrito como um complexo cilíndrico de traços provenientes das peças florais. Em níveis sucessivos certos feixes assumem um curso oblíquo e tornam-se partes componentes do suprimento vascular da peça floral inserida naquele nível. No eixo os feixes podem ramificar-se ou unir-se uns aos outros, de maneira um tanto irregular (Sporn, 1958).

O número de traços nas diferentes peças florais varia numa mesma flor. O padrão comum é o seguinte (Fig. 20.4, linhas interrompidas). Cada sépala apresenta o mesmo número de traços existentes nas folhas da mesma planta. Cada pétala, numa dicotiledônea, apresenta um traço; cada elemento componente do perianto (tépala) de uma monocotiledônea, um a muitos traços. Nas sépalas e pétalas os feixes vasculares formam um sistema mais ou menos complexo que lembra o das folhas (Fig. 20.3A, B). O estame de tipo especializado possui um traço que se continua como feixe isolado no filamento e na antera (Fig. 20.3C). O carpelo apresenta três traços que podem ramificar-se em seu interior (Fig. 20.3D, F). Os óvulos são supridos por meio de ramos provenientes de feixes carpelares, geralmente dos dois laterais (Fig. 20.3F). Feixes vasculares carpelares atravessam o estilete (Fig. 20.4A, C).

Quando peças florais se fundem, os feixes vasculares destas também podem unir-se. Se os carpelos estiverem unidos, os feixes laterais sejam os do mesmo carpelo ou de dois carpelos adjacentes, podem fundir-se em pares. Em algumas flores epígenas certos feixes apresentam orientação invertida do xilema e floema. Este tipo de arranjo é interpretado como indicação de que o ovário se encontra encravado em tecidos provenientes do receptáculo (axial), nos quais a inversão dos feixes resulta de uma invaginação do receptáculo. A ausência de feixes invertidos, por outro lado, é interpretada como evidência de que os tecidos extracarpelares são de natureza apendicular (tubo floral).

DESENVOLVIMENTO

Meristema floral

Quando o meristema apical cessa de produzir folhas fotossintetizantes e inicia a organização de uma inflorescência ou flor, sofre modificações morfológicas mais ou menos conspícuas (Fig. 20.6). Estas modificações pelo menos estão, em parte, relacionadas com a interrupção do crescimento indeterminado, característico do estágio vegetativo e com a produção agora alterada, dos apêndices laterais. Os fatores bioquímicos e fisiológicos envolvidos neste processo ainda não foram completamente explorados, mas muitas informações já existem no que diz respeito ao efeito da luz sobre o início do estágio de floração (Parker e Borthwick, 1950). Tendo em vista as diferenças morfológicas e funcionais entre as várias peças da flor, conclui-se que, não apenas uma, mas uma série sucessiva de condições fisiológicas apropriadas estão provavelmente envolvidas na diferenciação de uma flor. Esta suposição recebe apoio de experimentos cirúrgicos feitos em primórdios florais (Cusick, 1956). Estes experimentos, bifurcações (bisseções) de primórdios, em diferentes etapas de desenvolvimento, revelaram que o meristema perde sucessivamente sua capacidade de produzir as diferentes peças florais à medida em que o primórdio seccionado envelhece.

240   Anatomia das plantas com sementes

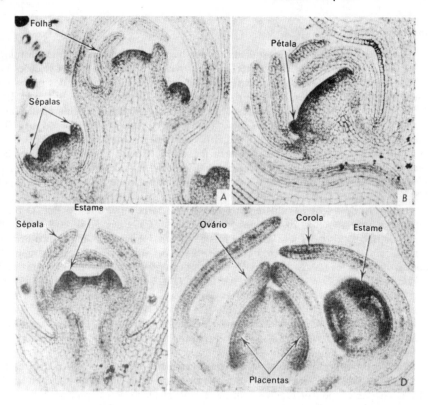

Figura 20.6 Estágios iniciais do desenvolvimento floral de *Antirrhinum*. *A*, ápice vegetativo (acima) e floral (esquerda e direita, abaixo dos vegetativos). *B*, flor provida de sépalas e primordios de pétalas. (Pétalas são iniciadas como unidades discretas, crescendo porteriormente em regiões basais para formar uma corola simpétala). *C*, flor cortada segundo um plano que expõe os primórdios de estames. *D*, flor com gineceu; os carpelos envolvem a placenta maciça, porém, ainda não se prolongaram em estilete. (Parte do estilete jovem na Fig. 20.5B). (Todos ×90)

    A modificação morfológica muitas vezes observada durante o início do estágio reprodutivo é um rápido alongamento do eixo acompanhado ou sucedido da ampliação de largura e achatamento do ápice (Popham e Chan, 1956; Rauh e Resnik, 1953; Tepfer, 1953). O rápido alongamento do eixo durante a fase preparatória da floração é particularmente marcante em plantas que apresentam um hábito em roseta durante o crescimento vegetativo, como por exemplo nas gramíneas (por exemplo, Barnard, 1957). O eixo alongado dá nascimento a uma flor isolada ou provavelmente, com maior freqüência, a uma inflorescência. Os maristemas terminal e axilar podem dar origem a flores (Fig. 20.6) numa seqüência determinada pelo tipo de inflorescência.

    Durante o crescimento vegetativo, o meristema apical cresce para cima antes que se inicie um novo plastocrono, como se fosse restaurado após a emergência de cada primórdio. De outro lado, durante o desenvolvimento de uma flor a área do meristema apical diminui gradualmente à medida em que as sucessivas partes florais aparecem (Fig. 20.6B, C). Em algumas flores, pequenas quantidades do meristema apical permanecem após o início dos carpelos, não sendo porém ativas; em outras os carpelos ou os óvulos parecem originar-se da porção terminal do meristema apical (Fig. 20.6D; Barnard, 1957; Leroy, 1955).

A pequena profundidade e a expansão relativamente larga do tecido meristemático são características histológicas comuns do meristema floral. O ápice amplo é ocupado por um manto de células meristemáticas e, abaixo do manto, existe um centro de tecido funda- as com o processo de crescimento. Em outras palavras, a atividade do meristema em costela cessou completamente. Esta característica pode ser encontrada em meristemas de uma flor isolada (Fig. 20.6B) e de inflorescências (Fig. 20.7B). A organização em túnica e corpo, pode ou não ser identificada em meristemas florais. Se a organização ocorre, o número de camadas de túnica pode ser idêntico ao do ápice vegetativo da mesma espécie, ou pode apresentar menor ou maior número de camadas.

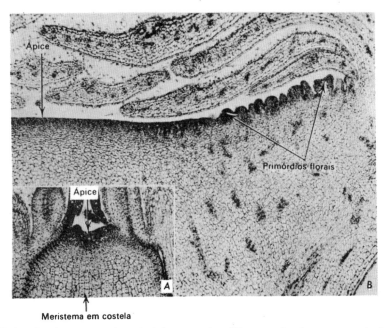

Figura 20.7 *Helianthus annuus*, girassol; ápice vegetativo (A) e aproximadamente metade do ápice floral (B). (Ambos ×50. A, de Esau, *Amer. Jour. Bot.* 1945. B, cortesia de A. T. Guard)

Origem e desenvolvimento das peças florais

Os órgãos florais iniciam-se como as folhas, por divisões periclinais de células localizadas a maior ou menor profundidade abaixo do dermatogênio (Tepfer, 1953), ou no próprio dermatogênio (monocotiledôneas; Barnard, 1957). A profundidade a qual as divisões ocorrem pode ser igual ou diferente a da origem das folhas da mesma espécie; por outro lado, a profundidade pode variar em relação às diferentes peças florais da mesma flor.

As divisões periclinais iniciais são seguidas de outras, incluindo divisões anticlinais. Como resultado desta atividade, o primórdio torna-se uma protuberância (por exemplo, Fig. 20.6B). Seguem-se crescimento em comprimento e largura que geralmente envolvem crescimento apical e marginal (exceto em filetes dos estames) semelhante ao das folhas. O crescimento, porém, é mais limitado. Em função das dimensões relativamente pequenas dos órgãos florais e da estreita seqüência quando do seu aparecimento, as proeminências, geralmente, não são identificáveis durante o início de sua formação.

As sépalas lembram folhas em seu desenvolvimento inicial. O padrão de crescimento das pétalas é mais ou menos semelhante ao das folhas. Os estames originam-se como estruturas curtas e firmes (Fig. 20.6C, D), diferenciando-se o filete por crescimento intercalar subseqüente (Trapp, 1956). Se as partes do perianto e dos estames apresentarem coesão e adnação, a união das partes pode ser congênita ou ontogênica ou uma combinação das duas. Se ocorre união congênita, a parte unida desenvolve-se por crescimento intercalar (por exemplo, Picklum, 1954).

O desenvolvimento do gineceu apresenta variações em pormenores quanto a união dos carpelos entre si e dos carpelos com outras partes florais. Se os carpelos não forem unidos, o primórdio de cada carpelo surge como uma ferradura ou pequena elevação, um pouco mais alta em sua face abaxial (Fig. 20.8A-C). Mercê do crescimento dirigido para cima, produz-se uma estrutura em forma de saco com margens livres na face adaxial (Fig. 20.8D). As margens tornam-se mais ou menos unidas durante o desenvolvimento subseqüente. Em muitas espécies uma porção basal unida congenitamente, ocorre por baixo das margens abertas (Fig. 20.8C, D). Esta característica estrutural é interpretada como uma evidência da natureza peltada do carpelo (Baum, 1952; Hartl, 1956a). A porção superior do carpelo se alonga em estilete se este estiver presente no carpelo maduro ou se torna em estigma séssil (Fig. 20.8E).

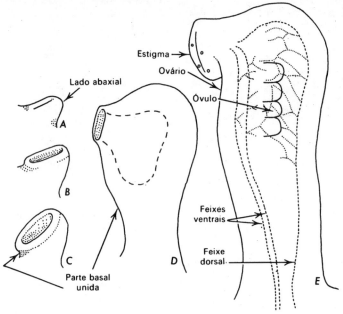

Figura 20.8 Estágio de desenvolvimento carpelar de *Drimys* em vista longitudinal. (Segundo Tucker, *Calif. Univ. Pubs., Bot.*, 1959)

Em ovários sincárpicos os carpelos originam-se como primórdios individuais ou juntos, como uma estrutura unida na qual a delimitação de carpelos individuais é indistinta. Diferentes degraus de uniões congênitas ou ontogênicas podem ser encontrados durante o desenvolvimento do gineceu das diferentes espécies (por exemplo, Morf, 1950; Hartl, 1956a). A união ontogênica pode ser tão firme que a sutura deixa de ser identificável ao alcançar o estado de maturidade. Uniões deste tipo envolvem ampliação e interpenetração de células epidérmicas algumas vezes acompanhadas de divisões das células da epiderme (Hartl, 1956a). Dependendo do grau de união dos carpelos, o estilete de um ovário sin-

A flor

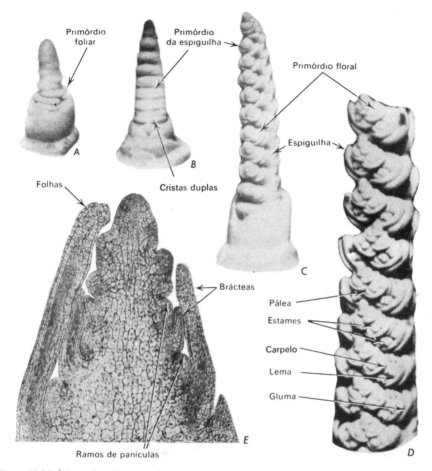

Figura 20.9 Iniciação floral em gramíneas. *A–D*, *Triticum* (trigo). *A*, ápice vegetativo com primórdios foliares, um tanto alongado, antes da formação de uma espiga. *B*, espiga jovem, com arestas duplas, cada uma das quais constituída de primórdios de espiguilhas e primórdio de folha localizada abaixo. *C*, espiga com espiguilhas desenvolvendo o primeiro primórdio floral. *D*, parte de uma espiga de 3,5 mm de comprimento, com espiguilhas apresentando cada uma várias flores. *E*, corte longitudinal do ápice caulinar de *Bromus* em estágio de transição para a floração; início dos ramos da panícula (*A*, ×35; *B*, ×24; *C*, ×26; *D*, ×30; *E*, ×75; *A–D*, de Barnard, *Austral. Jour. Bot.*, 1955. *E*, Sass. and Skogman, *Iowa State Coll. Jour. Sci.*, 1951)

cárpico cresce como uma estrutura una ou como prolongamentos estilóides de cada carpelo individual, livres ou parcialmente unidos.

O desenvolvimento de inflorescências e flores das Gramineae foi estudado com especial cuidado (por exemplo, Barnard, 1957). O rápido alongamento forma inicialmente uma série de cristas semicirculares — os primórdios foliares (Fig. 20.9A). Num estágio mais avançado, surgem arestas duplas (Fig. 20.9B). A duplicação resulta do início da formação do primórdio espiguilha, nas axilas do primórdio foliar. Os primórdios foliares desenvolvem-se gradativamente, menos em direção ao ápice da espiga sendo ultrapassados pelas espiguilhas em desenvolvimento. Numa inflorescência tipo panícula os ramos se desenvolvem nas axilas de brácteas (Fig. 20.9E). Nas espiguilhas, as glumas, glumelas e órgãos florais desenvolvem-se numa seqüência característica (Figs. 20.9C, D e 20.10B-D).

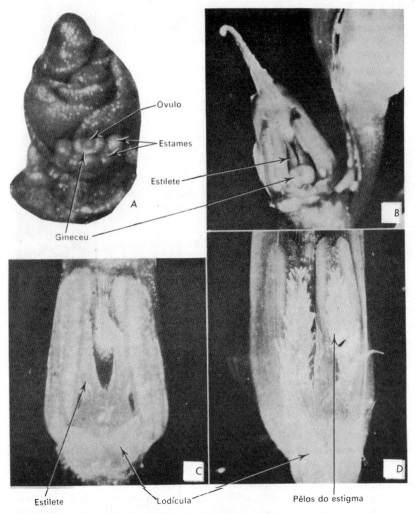

Figura 20.10 Desenvolvimento do gineceu. *A*, espiguilha de *Scirpus* com disposição espiralada das glumas e primórdios florais. Gineceu aberto, óvulo exposto. *B*, florzinha do trigo (*Triticum*); gineceu jovem, com estilete. *C, D*, florzinha de aveia (*Avena*) com gineceu jovem (C) e mais velho (D). (*A*, × 85; *B, D*, × 20; *C*, × 40. *A*, de Barnard, *Austral. Jour. Bot.*, 1957. *B–D*, de Bonnett, *Jour. Agr. Res.*, *B*, 1936; *C, D*, 1937)

O gineceu das Gramineae e Cyperaceae é interpretado como uma estrutura tricarpelar, sincárpica. Tem início como uma estrutura anelar, isolada (Fig. 20.10A), e o único óvulo origina-se no centro do gineceu. O gineceu das gramíneas forma dois estiletes (Fig. 20.10B, C), que, eventualmente, desenvolvem pêlos estigmáticos (Fig. 20.10D).

REFERÊNCIAS BIBLIOGRÁFICAS

Barnard, C. Floral histogenesis in the monocotyledons. I. The Gramineae. *Austral. Jour. Bot.* 5:1-20. 1957.
Baum, H. Über die "primitivste" Karpellform. *Österr. Bot. Ztschr.* 99:632-634. 1952.

Canright, J. E. The comparative morphology and relationships of the Magnoliaceae. I. Trends of specialization in the stamens. *Amer. Jour. Bot.* 39:484-497. 1952.

Cusick, F. Studies of floral morphogenesis. I. Median bisections of flower primordia in "*Primula bulleyana*" Forrest. *Roy. Soc. Edinburgh Trans.* 63:153-166. 1956.

Douglas, G. E. The inferior ovary. II. *Bot. Rev.* 23:1-46. 1957.

Eckardt, T. Vergleichende Studie über die morphologischen Beziehungen zwischen Fruchtblatt, Samenanlage und Blütenachse bei einigen Angiospermen. *Neue Hefte zur Morphologie* N.° 3:1-91. 1957.

Erdtman, G. *Pollen morphology and plant taxonomy; angiosperms.* I. Stockolm, Almqvist & Wiksell. 1952.

Hartl, D. Morphologische Studien am Pistill der Scrophulariaceen. *Österr. Bot. Ztschr.* 103:185-242. 1956a.

Hartl, D. Die Beziehungen zwischen den Plazenten der Lentibulariaceen und Scrophulariaceen nebst einem Excurs über Spezialisationsrichtungen der Plazentation. *Beitr. zur Biol. der Pflanzen.* 32:471-490. 1956b.

Leinfellner, W. Die U-förmige Plazenta als der Plazententypus der Angiospermen. *Österr. Bot. Ztschr.* 98:338-358. 1951.

Leinfellner, W. Die Kelchblätter auf unterständigen Fruchtknoten und Achsenbechern. *Österr. Bot. Ztschr.* 101:315-327. 1954.

Leroy, J. F. Étude sur les Juglandaceae. A la recherche d'une conception morphologique de la fleur femelle et du fruit. *Mém. du Muséum Nat. D'Hist. Naturelle., Ser. B., Bot.* 6:1-246. 1955.

Maheshwari, P., *An introduction to the embryology of angiosperms.* New York, McGraw-Hill Book Company. 1950.

Morf, E. Vergleichend-morphologische Untersuchungen am Gynoeceum der Saxifragaceen. *Schweiz. Bot. Gesell. Ber.* 60:516-590. 1950.

Paech, K. Colour development in flowers. *Annu. Rev. Plant Physiol.* 6:273-298. 1955.

Palser, B. F. Studies of the floral morphology in the Ericales—III. Organography and vascular anatomy in several species of the Arbuteae. *Phytomorphology* 4:335-354. 1954.

Parker, M. W., e H. A. Borthwick. Influence of light on plant growth. *Annu. Rev. Plant Physiol.* 1:43-58. 1950.

Parkin, J. A plea for a simpler gynoecium. *Phytomorphology* 5:46-57. 1955.

Picklum, W. E. Developmental morphology of the inflorescence and flower of *Trifolium pratense* L. *Iowa State Col. Jour. Sci.* 28:477-495. 1954.

Popham, R. A., e A. P. Chan. Origin and development of the receptacle of *Chrysanthemum morifolium. Amer. Jour. Bot.* 39:329-339. 1952.

Puri, V. Placentation in angiosperms. *Bot. Rev.* 18:603-651. 1952a.

Puri, V. Floral morphology and inferior ovary. *Phytomorphology* 2:122-129. 1952b.

Rauh, W., e H. Reznik. Histogenetische Untersuchungen an Blüten- und Infloreszenzachsen. II. Die Histogenese der Achsen köpfchenförmiger Infloreszenzen. *Beitr. zur Biol. der Pflanz.* 29:233-296. 1953.

Sporne, K. R. Some aspects of floral vascular systems. *Linn. Soc. London, Proc.* 169:75-84. 1958.

Tepfer, S. S. Floral anatomy and ontogeny in *Aquilegia formosa* var. *truncata* and *Ranunculus repens. Calif. Univ., Pubs., Bot.* 25:513-648. 1953.

Trapp, A. Zur Morphologie und Entwicklungsgeschichte der Staubblätter sympetaler Blüten. *Bot. Studien* 5. 1956.

21

O fruto

Em geral, após a fertilização do oosfera, o ovário se desenvolve em fruto, enquanto o óvulo se transforma em semente. Como já foi mencionado no capítulo anterior, em muitos grupos de plantas o ovário está estreitamente relacionado com tecidos extracarpelares, os quais podem desenvolver-se conjuntamente, formando então parte intimamente ligada ao produto final. Tais uniões de partes carpelares e extracarpelares conduzem a dificuldades terminológicas no que concerne à definição de fruto (cf. Esau, 1953, p. 577). Estritamente definido, o fruto é o ovário amadurecido. A tendência moderna é ampliar o termo fruto, de modo a incluir toda e qualquer parte extracarpelar que possa estar associada ao ovário, na ocasião de sua maturidade. O termo também se refere aos frutos desprovidos de sementes, isto é, partenocárpicos.

Outra fonte de ambigüidades terminológicas é representada pela ocorrência de gineceus apocárpicos e sincárpicos. Se a definição se baseia na existência de um ovário único, uma flor apocárpica bicarpelar ou multicarpelar produzirá mais de um fruto. De outro lado, em uma flor sincárpica o fruto deriva de vários carpelos. O modo mais satisfatório de resolver este problema é definir o fruto como produto de todo o gineceu e das partes florais que podem a ele estar associadas no estádio de frutificação. O produto de um carpelo individual em um fruto apocárpico constituiria um frutículo. Deste modo, no morango, o fruto compreende o receptáculo e os aquênios nele implantados, constituindo cada aquênio um frutículo.

Podemos distinguir quatro tipos básicos de frutos, de acordo com o esquema estabelecido por Winkler (cf. Esau, 1953 pp. 578 a 580): (1) frutos agregados livres, derivados de uma flor hipógina apocárpica (Fig. 21.1A); (2) frutos unidos livres, oriundos de uma flor hipógina sincárpica (Fig. 21.1B); (3) frutos agregados, com receptáculo em forma de taça, provenientes de uma flor perígina, apocárpica (Fig. 21.1C) e (4) fruto com hipântio em forma de taça, unido, proveniente de uma flor epígina, sincárpica (Fig. 21.1D).

Em uma classificação mais pormenorizada dos frutos, são usadas muitas combinações de caracteres, especialmente, a disposição e união dos carpelos e a natureza da parede do fruto e sua deiscência (por exemplo, Baumann-Bodenheim, 1954).

HISTOLOGIA DA PAREDE DO FRUTO

A expressão "parede do fruto" é empregada neste livro para designar o pericarpo, isto é a parede do ovário maduro ou o pericarpo com partes extracarpelares que podem vir a unir-se ao ovário no fruto. Na flor, a futura parede do fruto consiste principalmente de parênquima (como tecido fundamental), entremeado de tecido vascular. Durante o desenvolvimento do fruto, podem ocorrer profundas modificações histológicas, particularmente no tecido fundamental, as quais, associadas às variações iniciais das relações carpelares no gineceu, conduzem à ampla variabilidade estrutural dos frutos das plantas com flores.

O fruto

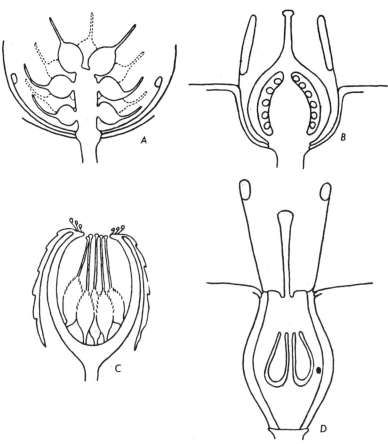

Figura 21.1 Ilustrações referentes a flores das quais derivam os tipos de frutos referidos entre parênteses. *A, Ranunculus*, apocárpica, hipógina (fruto livre, agregado). *B, Solanum*, sincárpica, hipógina (fruto unido, livre). *C, Rosa*, apocárpica, perígina (fruto agregado, em taça). *D, Cornus*, sincárpica, epígina (fruto unido, em taça). (De Esau, *Plant Anatomy*, John Wiley and Sons, 1953)

A parede do fruto pode ser mais ou menos marcadamente diferenciada e com freqüência, o pericarpo mostra duas ou três camadas distintas. Se estas forem reconhecíveis, serão denominadas — de fora para dentro — exocarpo (ou epicarpo), mesocarpo e endocarpo. Estes termos são comumente empregados na descrição de frutos, sem levar em conta a origem ontogênica das camadas. O exocarpo, por exemplo, é representado algumas vezes apenas pela epiderme e outras pela epiderme juntamente com tecidos subjacentes. Uma terminologia mais precisa tem sido pleiteada (por exemplo, Sterling, 1953), mas, neste livro emprega-se a descrição comum.

Parede dos frutos secos

Parede dos frutos deiscentes. Paredes deiscentes ocorrem em frutos que contêm várias sementes. Um fruto deiscente pode desenvolver-se a partir de um único carpelo (folículo, legume) ou de vários carpelos (por exemplo, cápsula). Tanto a região de abertura quanto a maneira de abrir-se são muito variáveis e os fenômenos envolvidos no' processo têm sido estudados em muitas espécies (por exemplo, Fahn e Zohary, 1955; Holden, 1956;

Stopp, 1950). A abertura pode ocorrer no lugar em que os bordos de um determinado carpelo se unem; ao longo da união de dois carpelos; longitudinalmente, através de uma área horizontal, circular, envolvendo todos os carpelos de um gineceu sincárpico, ou ainda através da formação de poros. Histologicamente, a zona em que vai ocorrer a deiscência pode ser visível mais cedo ou mais tarde durante o desenvolvimento do fruto. Divisões celulares podem preceder a deiscência; a abertura então ocorre na faixa de células de paredes delgadas dessa região. O formato das células e o caráter da estrutura micelar das paredes celulares também foram considerados quanto ao processo da deiscência. Um amolecimento da lamela média e das paredes celulares, precedendo a deiscência, foi referido por Holden. (1956).

Exemplo bem conhecido de fruto deiscente seco é o legume, o fruto das Leguminosae. O exocarpo pode ser constituído apenas pela epiderme (*Pisum, Vicia*) ou pela epiderme e camadas subepidérmicas (*Phaseolus, Glycine*), ambas compostas de células com paredes espessadas (Fig. 21.2). O mesocarpo é geralmente de natureza parenquimática apresentando suas células paredes finas, enquanto o endocarpo pode constituir-se de várias camadas de células de paredes espessadas. Nas camadas mais próximas à periferia interna do pericarpo, as células do endocarpo são orientadas de modo a formarem ângulo com o eixo longitudinal do fruto e oposto ao ângulo formado pelas células do exocarpo, também orientadas diagonalmente. O legume apresenta duas linhas de deiscência, uma, na região da sutura das margens do carpelo e a outra, ao longo do feixe vascular mediano.

A cápsula, outro fruto deiscente comum, apresenta células parenquimáticas e esclerenquimáticas distribuídas de diferentes maneiras. Em *Linum usitatissimum*, por exemplo, o pericarpo pode ser dividido em um exocarpo de células muito lignificadas, sendo o mesocarpo e endocarpo constituídos de células parenquimáticas. A cápsula de *Nicotiana tabacum* apresenta exocarpo e mesocarpo parenquimáticos e um endocarpo de paredes espessadas de duas ou três camadas de células.

Parede dos frutos indeiscentes. Um fruto indeiscente geralmente resulta de um ovário no qual apenas uma semente se desenvolve, embora mais de um óvulo possa estar presente. Nestes casos o pericarpo muitas vezes lembra a estrutura do tegumento de uma semente, que pode apresentar-se destruído em considerável extensão (por exemplo, aquênio de

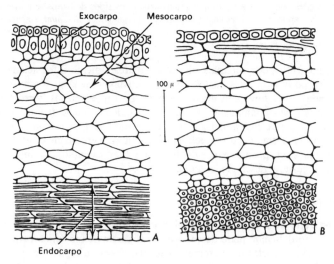

Figura 21.2 Pericarpo do legume da soja (*Glycine*). *A*, corte transversal; *B*, corte longitudinal. Células esclerificadas ocorrem no exocarpo e no endocarpo. (Segundo Monsi, *Japanese Jour. Bot.*, 1948)

Compositae, Fig. 21.3; cf. Esau, 1953; pp. 583-587) ou fundido com o pericarpo (por exemplo, cariopse das Gramineae).

O fruto das gramíneas, a cariopse, foi estudado minuciosamente. As camadas protetoras da cariopse do trigo, compreendem o pericarpo e restos do tegumento da semente (Fig. 21.4). As camadas do pericarpo, de fora para dentro, são,respectivamente (Fig. 21.4B): epiderme externa, revestida de cutícula; uma ou mais camadas de parênquima parcialmente comprimidas; parênquima parcialmente reabsorvido; células cruzadas, alongadas transversalmente em relação ao eixo maior do grão, com paredes espessas, lignificadas; e, restos da epiderme interna, sob forma de células alongadas paralelamente ao eixo maior do grão (células tubulares). Enquanto se desenvolve o tegumento da semente, o tegumento externo sofre desintegração e o interno é alterado e comprimido. Este contém pigmentos, apresenta reação positiva para compostos graxos e é revestido por uma cutícula em ambas as faces (Bradbury e outros, 1956b).

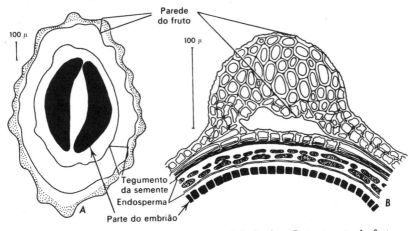

Figura 21.3 Fruto da alface (*Lactuca sativa*). *A*, o aquênio inteiro; *B*, tegumento do fruto com as camadas subjacentes, em cortes transversais. (De Esau, *Plant Anatomy*, John Wiley and Sons, 1953. Segundo Borthwick e Robbins, 1928)

No grão de *Zea* (Kiesselbach e Walker, 1952), o pericarpo externo consiste de células com paredes espessas e pontuadas, muito comprimidas, especialmente na extremidade distal do fruto. O pericarpo central sofre desintegração. O pericarpo interno permanece com células de paredes finas distendidas de diferentes maneiras, diláceradas e comprimidas. Os tegumentos são desintegrados completamente. A cutícula ocorre entre a epiderme nucelar de paredes espessas e o pericarpo. *Sorghum* (Sanders, 1955) mostra colapso menor das células do pericarpo do que de muitos outros cereais.

Geralmente, é variável o grau de modificações que ocorrem na testa e no pericarpo durante o desenvolvimento da cariopse (Narayanaswami, 1955).

De considerável interesse fisiológico é o desenvolvimento de uma ou mais membranas graxas, na periferia do nucelo. Tais membranas derivam, provavelmente, dos tegumentos e da epiderme nucelar embora as camadas internas do pericarpo possam também contribuir com substâncias graxas. Todas estas camadas de tecidos são de origem epidérmica. Por este motivo, as membranas podem ser interpretadas como camadas cuticulares. Algumas vezes elas também são chamadas camadas semipermeáveis.

As cariopses das gramíneas possuem grande quantidade de endosperma. A camada mais externa (ou várias delas) do endosperma, contém inclusões protéicas recebendo o

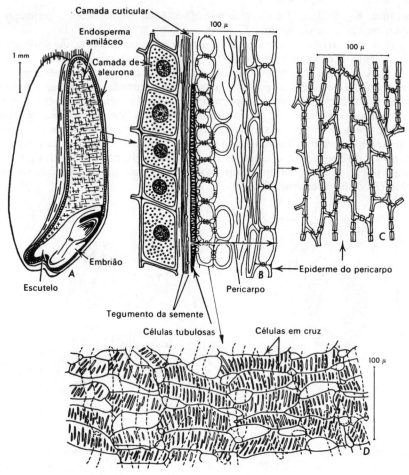

Figura 21.4 *A*, cariopse do trigo (*Triticum*) e partes do pericarpo, em corte longitudinal, (B) e vista frontal (C, D). (*A*, *B*, de Esau, Plant Anatomy, John Wiley and Sons, 1953. *C*, *D*, desenhados a partir de fotografias de Bradbury e outros, *Cereal Chem.*, 1956)

nome de camada de aleurona (Fig. 21.4A,B). As camadas internas de endosperma contêm amido e quantidade variável de uma proteína amorfa, o glúten. O farelo dos grãos de trigo é constituído do pericarpo e dos tecidos externos de semente, incluindo a camada de aleurona (Bradbury, e outros, 1956a).

Parede dos frutos carnosos

Os frutos carnosos, como os secos, podem derivar de gineceus monocarpelares ou multicarpelares. A parede pode ser constituída apenas do pericarpo ou do pericarpo unido a tecidos extracarpelares. A parte externa da parede do fruto ou a parede inteira podem tornar-se carnosas por diferenciação em parênquima suculento e macio. Outras partes além da parede podem tornar-se carnosas, tais como a placenta e os tabiques dos ovários multiloculares.

Exemplos. Exemplos bem conhecidos de frutos carnosos são as bagas, nas quais todo o tecido fundamental é carnoso. Na uva, o tecido carnoso é originado do pericarpo; no tomate, dos septos e também da placenta. O fruto das plantas pertencentes ao gênero *Citrus*, o hesperídeo, com sua casca coriácea é geralmente colocado numa categoria próxima à baga. Ele se desenvolve de um ovário com placentação axial. O pericarpo do hesperídeo é diferenciado em um exocarpo compacto, colenquimatoso, o flavedo com glândulas de óleo (esta é a parte amarela da casca); um mesocarpo esponjoso, o albedo (a parte branca da casca); e um endocarpo compacto que origina bolsas cheias de suco. Estas são comparáveis a pêlos multicelulares, originados subepidermicamente, formando com a epiderme uma camada única (Hartl, 1957). A parte distal de cada pêlo é alargada, e o interior desorganização é ocupado pelo suco.

O peponídeo das Cucurbitaceae de casca resistente é outro exemplo de fruto semelhante à baga. Dado que o fruto se desenvolve a partir de um ovário ínfero, a sua parede é constituída do pericarpo e tecidos extracarpelares. Não se distingue uma linha divisória entre os dois. A parede é maciça e de estrutura heterogênea (Matienko, 1957). Abaixo da epiderme externa existe uma camada de colênquima. A que se lhe segue imediatamente abaixo é representada por parênquima, parte do qual poderá conter cloroplastos. Alguns gêneros apresentam, nesta região, uma camada contínua ou descontínua de esclereídeos. A terceira região consiste de parênquima carnoso. Segue-se outra camada de parênquima suculento, nas espécies suculentas. Neste tecido podem estar presentes pigmentos carotenóides. Feixes vasculares encontram-se na parte carnosa da parede do fruto. A margem dobrada do carpelo no centro do fruto, também contribui para a formação da parte carnosa do fruto. Em muitas espécies a epiderme interna adere à semente como uma membrana fina e transparente.

A drupa (por exemplo, *Prunus*) é um fruto carnoso derivado de um ovário súpero (Fig. 21.5A) caracterizado por um endocarpo pétreo, mesocarpo carnoso e exocarpo fino, constituído de epiderme e colênquima subepidérmico (Fig. 21.5C). Feixes vasculares ocorrem na parte carnosa e no endocarpo pétreo (Fig. 21.5B). Na ameixa este (o caroço) deriva de três regiões do ovário. A epiderme interna forma uma camada multisseriada de esclereídeos alongados verticalmente; a imediata, também multisseriada, apresenta os esclereídeos alongados tangencialmente (Fig. 21.5E, F); e, duas a quatro camadas mais externas diferenciadas em esclereídeos isodiamétricos.

As drupas individuais das framboesas também apresentam endocarpo pétreo, constituído de esclereídeos alongados, curvos, orientados de maneira diferente nas diversas camadas (Fig. 21.6; Reeve, 1954b). O mesocarpo de natureza parenquimática constitui a maior parte da polpa suculenta. O exocarpo é portador de pêlos epidérmicos que mantêm as drupículas unidas quando maduras (Reeve, 1954a).

Os frutos de *Pyrus* (maçã, pera) derivam de um ovário ínfero e as partes extracarpelares (tubo floral de acordo com muitos pesquisadores) compõem a maior parte da parede carnosa do fruto (cf. Esau, 1953, p. 589). O limite entre pericarpo e tecidos extracarpelares pode ou não ser perceptível. A maior parte da porção carnosa da maçã é constituída de parênquima. Os feixes vasculares das sépalas e pétalas bem como suas anastomoses encontram-se mergulhados na região extracarpelar. Os carpelos são cinco, e cada um apresenta três feixes vasculares separados. O pericarpo é formado pelo exocarpo carnoso de natureza parenquimática, mais ou menos confluente com o parênquima extracarpelar, e do endocarpo cartilaginoso que apresenta esclereídeos orientados de maneira diferente nas sucessivas camadas (Cap. 6). A epiderme externa pode conter antocianinas e flobafenos que dão à epiderme de algumas variedades de maçãs, a coloração característica (Miličić, 1952).

Desenvolvimento. Frutos carnosos constituem objeto habitual para estudos de desenvolvimento quantitativo e seus resultados serviram para tirar conclusões a respeito de fatores envolvidos no crescimento da forma dos frutos (cf. Nitsch, 1953). Em muitas espécies, o ovário aumenta de volume à custa de multiplicação celular (por exemplo, cucur-

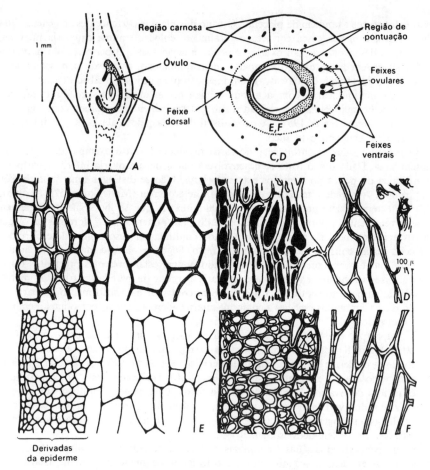

Figura 21.5 *A*, *B*, fruto da ameixeira (*Prunus*) em cortes longitudinal (A) e transversal (B). *C*, *D*, parte externa do pericarpo a partir de cortes transversais de frutos em dois estágios de desenvolvimento. *C*, seis semanas após a floração completada; *D*, duas semanas após a abscisão do fruto. *E*, *F*, parte interna do pericarpo (medula) a partir de cortes transversais de frutos em dois estágios de desenvolvimento. *E*, seis semanas após completada a floração, quando nesta região cessaram as divisões celulares. *F*, oito semanas após completada a floração por ocasião do início da lignificação. (Desenhados a partir de fotografias de Sterling, *Torrey Bot. Club Bul.*, 1953)

bitáceas, tomates, cerejas, maçãs). Por ocasião da antese as divisões celulares cessam gradualmente e o aumento de volume do fruto — que constitui o período mais longo do crescimento — é determinado por um aumento do volume celular. Em algumas espécies (cucurbitáceas, algumas variedades de tomates) o formato do fruto é determinado por ocasião da ântese; em outras (pimentão; algumas variedades de tomates) durante o crescimento, após a ântese (Kano e outros, 1957). A divisão celular polar e a expansão celular estão relacionadas com a determinação do formato do fruto. O abacate difere da maioria dos frutos pesquisados quanto ao processo do desenvolvimento (Schroeder, 1953). O período inicial do crescimento envolve divisão e aumento do volume celular; mais tarde, a divisão celular constitui o fator mais importante do aumento de volume do fruto, persistindo durante todo o tempo em que este permanece na árvore.

O fruto

Periderme e lenticelas

O súber pode substituir a epiderme externa da parede do fruto (Meissner, 1952). Em alguns frutos (por exemplo, *Aesculus*) um felogênio de origem subepidérmica forma súber e lenticelas. O fenômeno ocorre sempre em algumas espécies; em outras, depende das condições do ambiente. Em *Cucumis* a camada de súber é descontínua formando uma rede suberificada. *Cucumis* apresenta fendas durante os estágios tardios do crescimento do fruto. Estas fendas podem ocorrer por baixo dos estômatos ou em áreas isentas destes. Um felogênio surge por baixo das células mortas na região da fenda, produzindo células suberosas. O súber forma saliência nos dois lados da fenda porém permanece delgado, e o processo de fendilhamento continua a ocorrer no fundo da fenda. A estrutura resultante lembra uma lenticela. O aspecto áspero e castanho das maçãs é conseqüência da formação de uma periderme em certas regiões do fruto, suberização de células abaixo dos estômatos e cicatrizes deixadas pelos tricomas. As formações que se desenvolvem abaixo dos estômatos lembram lenticelas, mas raras vezes apresentam felogênio (cf. Esau, 1953, p. 593).

Tensões resultantes do crescimento dos frutos podem produzir modificações de estômatos (Miličić e Despot, 1957). Os estômatos podem ser rompidos, especialmente ao longo da linha de união das células estomatares. Numa variedade de marmelo (*Chaenomeles*) o parênquima localizado abaixo dos estômatos assume estrutura mais frouxa depois do rompimento deste, formando-se então, de vez em quando, algumas células suberosas por divisões tangenciais por baixo do estômato. Em *Prunus* (cereja nectarina) não foi observado súber, mas neste gênero podem ocorrer divisões em células vizinhas do estômato e por baixo dele, o que evita o rompimento do estômato e a conseqüente separação das células-guarda.

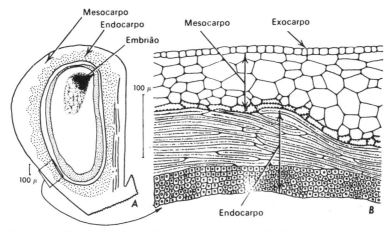

Figura 21.6 *A*, drupilha da framboeza (*Rubus*) em corte longitudinal e, *B*, fragmento de seu pericarpo. Os esclereídeos das duas regiões do endocarpo apresentam-se em orientação cruzada. (Desenhado a partir de fotografias de Reeve, *Amer. Jour. Bot.*, 1954)

Abscisão

Certos frutos podem sofrer abscisão em diferentes estágios de desenvolvimento; quando maduros podem fazê-lo ainda com as sementes em seu interior ou após a liberação destas. A abscisão dos frutos bem como a das folhas pode ser preparada por divisão celular ou as camadas de separação podem diferenciar-se sem a ocorrência de divisões. Em frutos agrupados, freqüentemente desenvolvem-se duas a três camadas de separação; primeiro ocorre a abscisão do fruto e a seguir a do pedúnculo. Em certas espécies de *Prunus* o fruto sofre abscisão acima do pedicelo, depois, deste, finalmente no esporão. A cicatriz deixada pelo esporão é selada pela periderme. Alguns frutos (por exemplo, *Pyrus*) sofrem abscisão com o pedúnculo.

Na camada de separação que ocorre em maçãs maduras (cf. Esau, 1953, p. 593) células em várias fileiras aumentam de volume; as paredes secundárias das células do esclerênquima perdem suas propriedades anisotrópicas e a lamela média, paredes primárias e boa parte dos espessamentos da parede secundária, são dissolvidos. Vasos e fibras são rompidos.

A abscisão dos frutos bem como a das folhas está sendo estudada do ponto de vista fisiológico, especialmente em relação aos compostos químicos que a retardam ou aceleram (cf. Cap. 18).

REFERÊNCIAS BIBLIOGRÁFICAS

Baumann-Bodenheim, M. G. Prinzipien eines Fruchtsystems der Angiospermen. *Schweiz. Bot. Gesell. Ber.* 64:94-112. 1954.

Bradbury, D., I. M. Cull, e M. M. MacMasters. Structure of the mature wheat kernel. I. Gross anatomy and relationships of parts. *Cereal Chem.* 33:329-342. 1956a.

Bradbury, D., M. M. MacMasters, e I. M. Cull. Structure of mature wheat kernel. II. Microscopic structure of pericarp, seed coat, and other coverings of the endosperm and germ of hard red winter wheat. *Cereal Chem.* 33:342-360. 1956b.

Esau, K. *Plant anatomy.* New York, John Wiley and Sons. 1953.

Fahn, A., e M. Zohary. On the pericarpical structure of the legumen, its evolution and relation to dehiscence. *Phytomorphology* 5:99-111. 1955.

Hartl, D. Struktur und Herkunft des Endocarps der Rutaçeen. *Beitr. zur Biol. der Pflanz.* 34:35-49. 1957.

Holden, D. J. Factors in dehiscence of the flax fruit. *Bot. Gaz.* 117:294-309. 1956.

Kano, K., T. Fujimura, T. Hirose, e Y. Tsukamoto. Studies on the thickening growth of garden fruits. I. On the cushaw, egg-plant and pepper. *Kyoto Univ. Res. Inst. Food Sci. Mem.* 12:45-90. 1957.

Kiesselbach, T. A., e E. R. Walker. Structure of certain specialized tissues in the kernel of corn. *Amer. Jour. Bot.* 39:561-569. 1952.

Matienko, B. T. Ob anatomo-morfologicheskoĭ prirode tsvetka i ploda tykvennykh. [On the antomico-morphological nature of the flower and fruit of the cucurbit family.] *Akad. Nauk SSSR Bot. Inst. Trudy Ser. 7. Morf. i Anat. Rast.* 4:288-322. 1957.

Meissner, F. Die Korkbildung der Früchte von *Aesculus-* und *Cucumis-* Arten. *Osterr. Bot. Ztschr.* 99:606-624. 1952.

Miličić, D. Zur Kenntnis der Phlobaphenkörper in Früchten einiger *Malus*-Arten. *Protoplasma* 41:327-335. 1952.

Miličić, D., e S. Despot. A pneumatodnim organima nekih plodova. [Über die Pneumatoden einiger Früchte.] *Jugoslav. Akad. Znan. i Umjetn. Od. Prirod. Nauk* 312:77-93. 1957.

Narayanaswami, S. The structure and development of the caryopsis in some Indian millets. V. *Eleusine coracana* Gaertn. *Papers Michigan Acad. Sci., Arts and Letters* 40:33-46. 1955.

Nitsch, J. P. The physiology of fruit growth. *Annu. Rev. Plant Physiol.* 4:199-236. 1953.

Reeve, R. M. Fruit histogenesis in *Rubus strigosus*. I. Outer epidermis, parenchyma, and receptacle. *Amer. Jour. Bot.* 41:152-160. 1954a.

Reeve, R. M. Fruit histogenesis in *Rubus strigosus*. II. Endocarp tissues. *Amer. Jour. Bot.* 41:173-181. 1954b.

Sanders, E. H. Developmental morphology of the kernel in grain sorghum. *Cereal Chem.* 32:12-25. 1955.

Schroeder, C. A. Growth and development of the Fuerte avocado fruit. *Amer. Soc. Hort. Sci.* 61:103-109. 1953.

Sterling, C. Developmental anatomy of the fruit of *Prunus domestica* L. *Torrey Bot. Club Bul.* 80:457-477. 1953.

Stopp, K. Karpologische Studien. I. Vergleichend-morphologische Untersuchungen über die Dehiszenzformen der Kapselfrüchte. *Abhandl. Akad. Wiss. Lit. Mainz. Math.-Nat. Kl.* 1950 (7):165-210. 1950.

22

A semente

A semente das angiospermas, único tópico deste capítulo, é constituída de: embrião, quantidade variável de endosperma (ou nenhuma), e tegumento, ou testa. Os diversos componentes do óvulo são mais ou menos preservados durante sua transformação em semente. O embrião ou este e o endosperma, ocupam a maior parte do volume da semente enquanto os tegumentos, ao transformarem-se em revestimento da semente, sofrem considerável redução em espessura e desorganização parcial. A micrópila pode permanecer como poro fechado ou ser obstruída. O funículo, todo ou em parte, sofre abscisão, deixando uma cicatriz, o hilo, que é considerado geralmente como a parte da semente mais permeável à água. Em óvulos anátropos, a parte do funículo, adnata ao óvulo, permanece reconhecível como uma linha saliente, a rafe, em uma das faces da semente. A variabilidade da estrutura da semente das angiospermas e a sua relativa constância em grupos menores permitem utilizar os seus caracteres na classificação das plantas (por exemplo, McClure, 1957).

O embrião das monocotiledôneas e dicotiledôneas foi discutido no Cap. 2. No presente, são tratados os outros dois componentes básicos da semente: o tegumento e o endosperma.

TEGUMENTO DA SEMENTE

Variações na estrutura da testa dependem, de um lado, de caracteres específicos do óvulo, especialmente no que diz respeito ao número e espessura dos tegumentos e arranjo do tecido vascular; e do outro, das modificações sofridas pelos tegumentos durante o desenvolvimento e maturação da semente. As sementes mais conhecidas apresentam tegumento seco. Em certas sementes de plantas vasculares não pertencentes às angiospermas, o tegumento torna-se uma estrutura carnosa e comestível (Pijl, 1955). Este tipo de desenvolvimento é tido como primitivo e como tendo dado origem a sementes com partes comestíveis reduzidas (isto é, arilo, carúncula e outras estruturas restritas) e, posteriormente, a sementes secas, envolvidas em pericarpo carnoso.

A organização do tegumento é melhor compreendida se for estudada a partir de seu desenvolvimento. Estudos deste tipo foram feitos, por exemplo, em sementes de *Asparagus*, *Beta* e *Lycopersicon* (cf. Esau, 1953, pp. 604 a 609); *Ricinus* (Singh, 1954); *Phaseolus lunatus* (Sterling, 1954); representantes de Cruciferae (Cernohorsky, 1947) e Cucurbitaceae (Singh, 1953).

Em *Ricinus* o tegumento externo é representado na semente por (a) epiderme externa, constituída de células alongadas tangencialmente e contendo substância colorida; (b) epiderme interna constituída de células colunares e (c), camadas de células parenquimáticas comprimidas, entre as duas camadas epidérmicas. A epiderme externa do tegumento interno apresenta células semelhantes a paliçada e esclerificadas. As outras camadas do tegumento são comprimidas, apresentando consistência papirácea. A carúncula se desenvolve a partir de divisões das células do tegumento externo, nas proximidades da micrópila. Os óvulos das Cruciferae apresentam tegumentos mais ou menos espessos. O externo, com dois a cinco estratos celulares e o interno, até com dez. As células da epiderme do tegumento externo são tomadas por material mucilaginoso que se apresenta em camadas (Fig. 22.1) e entumesce quando entra em contato com água; em algumas espécies rompe a parede externa da célula. Grossos depósitos celulósicos podem formar barras orientadas em sentido radial, uma por célula, na parede tangencial interna (Fig. 22.1B). Nos casos em que ocorre parênquima subepidérmico no tegumento externo, este pode desenvolver paredes espessadas (Fig. 22.1B) ou ser comprimido e absorvido (Fig. 22.1A). A epiderme interna do tegumento externo é a camada mais resistente, na maioria das espécies, em função dos espessamentos lignificados desenvolvidos pelas células nas paredes radiais e nas tangenciais internas (Fig. 22.1). Estas células são estruturalmente caracterizadas e muito empregadas em diagnoses de sistemática. O tegumento interno morre e é comprimido. Em algumas espécies a epiderme interna deste tegumento transforma-se em camada pigmentada.

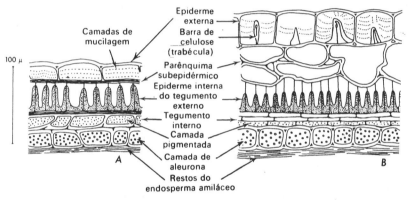

Figura 22.1 Cortes transversais do tegumento da semente e da camada de aleurona de *Brassica* (A) e *Sinapis* (B). (Segundo Černohorský, *Graines des Crucifères de Bohême*, Opera Botânica Cechica, 1947)

A cobertura da semente das Cucurbitaceae (Fig. 22.2A) é derivada de dois tegumentos dos quais o externo compreende duas ou três camadas de células e o interno, ao contrário, um número grande e variável de camadas. O tegumento interno desintegra-se logo nas fases iniciais do desenvolvimento da semente, enquanto o externo sofre divisões periclinais formando um sistema complexo de camadas estruturalmente diferentes. Na semente madura estas camadas e suas estruturas são as seguintes (Fig. 22.3A): a camada externa após o momento em que se completaram as divisões periclinais (agora a epiderme do revestimento da semente) é constituída de células alongadas radial ou tangencialmente, que apresentam espessamentos lignificados em forma de bastão nas paredes radiais (ao menos em partes da semente) e contém substância colorida. O tecido subepidérmico, variável em espessura, pode apresentar-se diferenciado em duas partes: a externa, contendo pigmentos, e a interna, provida de paredes espessas. Por baixo deste tecido subepidérmico, ocorre uma camada de esclerênquima da espessura de uma camada celular, muitas vezes em arranjo paliçádico. Mais para o interior, encontra-se parênquima lacunoso formado por células estreladas e, a seguir, clorênquima, tecido compacto de paredes delgadas. A epiderme interna é composta de células pequenas podendo ser clorofiladas. O nucelo é representado por duas a quatro camadas na semente madura e sua epiderme apresenta cutícula. Pode estar presente pequena quantidade de endosperma. Nas sementes secas o

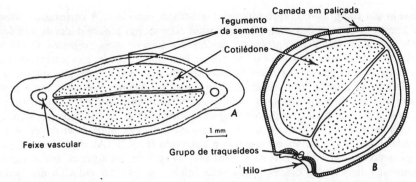

Figura 22.2 Diagramas representando cortes transversais de sementes da abóbora, *Cucurbita* (A) e do feijão, *Phaseolus* (B)

clorênquima é separado em geral, do tegumento como uma delgada membrana verde e, junto com a epiderme interna, envolve completamente o embrião e os restos do nucelo e do endosperma.

As sementes das Leguminosae (Fig. 22.2B; Papilionatae) foram estudadas com muita freqüência. Dos dois tegumentos, o interno desaparece durante a ontogênese; ao passo que o externo se diferencia em diversas camadas. A camada mais externa, a epiderme, permanece unisseriada e origina a camada paliçádica característica das sementes das leguminosas (Figs. 22.3B e 22.4). Essa camada é constituída de esclereídeos — macroesclereídeos (Cap. 6), ou células de Malpighi com paredes desigualmente espessadas. Duas camadas em paliçada ocorrem na região do hilo. A mais externa deriva do funículo (Fig. 22.4C). As células da camada subepidérmica diferenciam-se nas chamadas "células colunares" também deno-

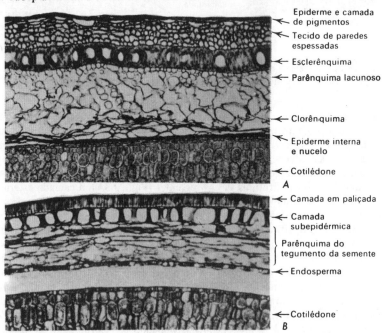

Figura 22.3 Cortes transversais dos tegumentos da semente e parte dos embriões da abóbora, *Cucurbita* (A) e soja, *Glycine* (B). (Ambos, ×90, *B*, cortesia de A. T. Guard)

A semente

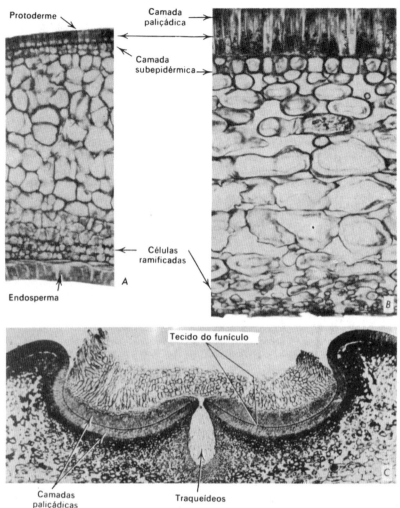

Figura 22.4 Tegumento do feijão (*Phaseolus*) em cortes transversais. Dois estágios da diferenciação; A, jovem; B, quase maduro; C, região do hilo. (A, B, ×280; C, ×43)

minadas células em pilar, ampulheta ou osteoesclereídeos, dependendo da distribuição dos espessamentos da parede e formato das células. Espaços intercelulares grandes podem ocorrer entre estas células (Fig. 22.3B). O tecido localizado mais profundamente é um parênquima lacunoso com grandes células alongadas tangencialmente na parte externa e células menores e muito ramificadas na interna (Fig. 22.4B). A camada subepidérmica e o parênquima que se situa debaixo dela tem origem comum (Fig. 22.4A). O sistema vascular de numerosas sementes de legumes é bem desenvolvido. Do funículo o feixe vascular se estende até a região da chalaza, onde se ramifica. Na região do hilo ocorre um grupo compacto de traqueídeos, de papel desconhecido (Fig. 22.4C).

A camada paliçádica despertou muita atenção pelo fato de sua estrutura, em certas sementes leguminosas duras, ser tida como causadora do alto grau de impermeabilidade, afetando, em conseqüência, a capacidade de germinação A chamada linha lúcida das células em paliçada é considerada como região particularmente impermeável. A linha lúcida resulta do alto grau de reforço de uma região restrita das paredes da epiderme. Em cortes das sementes, esta região tem orientação tangencial um pouco acima do meio de cada célula. As regiões de refração das células adjacentes situam-se na mesma posição e por esta razão formam uma linha contínua através da epiderme quando vista em corte. Em aspecto tridimensional a formação responsável pelo efeito de linha pode ser visualizada como uma bainha acompanhando o formato da semente. A parede celular ao nível da região da linha lúcida é descrita como especialmente compacta (Cavazza, 1950; Coe e Martin, 1920). Experimentos relativos a entrada de corantes em sementes não-lesadas indicam que a linha lúcida representa uma barreira à sua passagem. A informação de que a camada paliçádica pode estar coberta por outras camadas celulares fortemente impermeáveis (Cavazza, 1950) parece basear-se em observações errôneas (cf. Steiner e Jenkins, 1955).

As sementes duras dos legumes alcançam e mantêm uma percentagem muito baixa de umidade que não é afetada pelas flutuações do grau de umidade do ar circunjacente. O alcance deste alto grau de dissecação é atribuído à combinação da intensa impermeabilidade da testa com a ação valvular do hilo (Hyde, 1954). Afirma-se que o hilo atua como uma válvula higroscópica. A fissura ocorre ao longo da depressão do hilo e se abre quando a semente é envolvida por ar seco e se fecha quando o ar ao seu redor umedece. Por este motivo a penetração de umidade é impedida e a perda de vapor, possibilitada.

A ocorrência de tegumentos extremamente impermeáveis é um dos fatores importantes no retardamento da germinação das sementes, não apenas de Leguminosae como ainda, de outras angiospermas (cf. Toole e outros, 1956). Neste sentido a ocorrência de camadas cuticulares nas sementes reveste-se de interesse especial. Essas camadas originam-se nas cutículas do óvulo (cf. Esau, 1953, p. 555). O óvulo jovem é inteiramente revestido por uma cutícula. Após o desenvolvimento do tegumento ou tegumentos, duas ou três camadas cuticulares podem ser distinguidas, as dos tegumentos e a do nucelo. Durante o desenvolvimento do tegumento, a destruição de tecidos tegumentares pode resultar em justaposição, quando não em fusão, das várias cutículas, de tal modo que o embrião e o endosperma podem vir a ser envolvidos numa bainha cuticular proeminente interrompida apenas ao nível do hilo. Em acréscimo, afirma-se que a epiderme externa da semente também é amiúde provida de cutícula.

ENDOSPERMA

Como é sabido, em angiospermas, o produto de fusão de dois núcleos polares do saco embrionário com um núcleo gamético do tubo polínico, dá origem ao endosperma. Dois padrões principais de desenvolvimento de endosperma são reconhecidos (cf. Swamy e Ganapathy, 1957): (a) o nuclear, caracterizado pela multiplicação de núcleos sem que se siga uma imediata citoquinese; (b) celular, no qual as divisões estão associadas à citoquinese. Foi mencionado que o endosperma nuclear está relacionado com vários caracteres vegetativos e florais primitivos (Sporne, 1954). De outro lado, análises estatísticas que relacionam o tipo de desenvolvimento do endosperma e o tipo de placas de perfuração nos elementos de vaso lenhoso, indicam correlação positiva entre o tipo nuclear e a placa de perfuração (poro) simples, isto é, o tipo mais evoluído de placa (Swamy e Ganapathy, 1957).

A longevidade do endosperma, o tipo e quantidade de material armazenado no tecido, variam amplamente nas diferentes espécies. O material mais comumente armazenado é o amido (Fig. 22.5A). Outros carboidratos, como os polissacarídeos (manás) (Meier, 1958) e hemiceluloses (Crocker e Barton, 1953) depositados como material parietal, também são considerados de reserva (por exemplo, *Asparagus*, Fig. 22.5B-D; *Coffea*, *Diospyros*, *Iris*, *Phoenix*). O amido é formado em plastos, embora amido de outra origem tenha sido descrito em cereais (Aleksandrov e Aleksandrova, 1954). O endosperma portador de amido

A semente

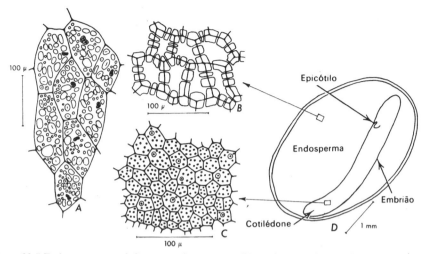

Figura 22.5 Endosperma e embrião. *A*, endosperma amiláceo do grão do centeio. *B–D, Asparagus officinalis*; endosperma de paredes espessadas. (B), parênquima do cotilédone (C) e corte longitudinal da semente (D). (*B–D*, segundo Robbins and Borthwick, *Bot. Gaz.*, 1925)

parece não estar vivo ao atingir a maturidade, pois os núcleos degeneram (Aleksandrov e Aleksandrova, 1954; Bradbury e outros, 1956). De acordo com os testes de microquímica (Müller, 1943), endosperma amiláceo, não-vivo, e perisperma (tecido nucelar armazenador) ocorrem em numerosas famílias, por exemplo, em Juncaceae, Cyperaceae, Gramineae, Polygonaceae, Caryophyllaceae, Chenopodiaceae, e outras. O endosperma amiláceo, parece ser vivo, em Liliaceae, Amaryllidaceae, *Viola, Ricinus* e *Daucus*. Nos grãos dos cereais a camada de aleurona proteínica localizada na periferia do endosperma é viva.

Um tipo de endosperma pouco comum foi encontrado em certas gramíneas (Matlakówna, 1912; Dore, 1956). Trata-se de um endosperma não-vivo portador de amido, rico em óleo, destituído de paredes celulares, apresentando consistência pastosa e oleosa. Em espécies que apresentam este tipo de endosperma, o escutelo é provido de um prolongamento apical, profundamente mergulhado no endosperma e as células do epitélio que reveste o escutelo (epiderme em contato com o endosperma) crescem, formando pêlos longos.

Sementes sem endosperma, ou apenas com pequenas quantidades dele, são chamadas sementes *exalbuminosas*; as que têm endosperma, são sementes *albuminosas*. Em sementes sem albume o embrião é grande em relação ao tamanho da semente, como um todo, armazenando reservas em partes de seu corpo, especialmente nos cotilédones (por exemplo, Leguminosae, Cucurbitaceae, Compositae). Como no endosperma, várias substâncias podem ser armazenadas nos cotilédones (Fig. 22.5C). Amido constitui produto comum de reserva, mas carboidratos podem ser armazenados também sob forma de hemicelulose nas paredes celulares dos cotilédones (por exemplo, *Tropaeolum, Primula, Impatiens, Lupinus*; Crocker e Barton, 1953). Em sementes com endosperma, a relação entre o tamanho do embrião e o endosperma varia grandemente.

Admite-se que deva existir uma relação nutricional entre o embrião e o endosperma. É comum o desenvolvimento do embrião depender da presença de endosperma, mesmo aparentemente em espécies que apresentam pseudogamia, nas quais a oosfera se desenvolve em embrião sem haver ocorrido fertilização (Rutishauser, 1954). A digestão do endosperma por parte do embrião em desenvolvimento, representa etapa de uma série complexa de fenômenos digestivos que têm como resultado a transferência de material alimentício do esporófito velho para o novo. Observou-se que os tecidos do óvulo acumulam amido após a polinização e, a seguir, sofrem destruição no decorrer do desenvolvimento do embrião. Nestes estágios iniciais o endosperma parece ser o elemento que transmite o material nutritivo dos tecidos do óvulo ao embrião. Mais tarde, o endosperma é destruído parcial ou totalmente, à medida em que o embrião avança durante o seu crescimento, no saco embrionário. O endosperma que persiste nas sementes com albúmem é utilizado durante a germinação.

Estudos processados em material vivo mostraram que cloroplastos podem estar presente em embriões em desenvolvimento e no endosperma (cf. Ioffe, 1957). Estas observações estão ainda sujeitas a ser relacionadas com o que é conhecido acerca da nutrição do embrião em desenvolvimento. Por outro lado, elas acentuam a inadequação de nossos conhecimentos relativos aos aspectos bioquímicos do desenvolvimento do esporófito jovem.

REFERÊNCIAS BIBLIOGRÁFICAS

Aleksandrov, V. G., e O. G. Aleksandrova. Ob otmiranii i razruschenii ĭader v kletkakh endosperma zlakov kak odnom iz vazhneĭshikh faktorov, obuslavlivaĭushchikh naliv zernovki. [Death and disintegration of nuclei in cells of endosperm of cereals as one of the most important factors determining the filling of the grain.] *Izvest. Akad. Nauk SSSR Ser. Biol.* 1954:88-103. 1954.

Bradbury, D., M. M. MacMasters, e I. M. Cull. Structure of the mature wheat kernel. III. Microscopic structure of the endosperm of hard red winter wheat. *Cereal Chem.* 33:361-373. 1956.

Cavazza, L. Recherches sur l'imperméabilité des graines dures chez les Légumineuses. *Schweiz. Bot. Gesell. Ber.* 60:596-610. 1950.

Černohorský, Z. Grains des Crucifères de Bohême. Étude anatomique et morphologique. *Opera Bot. Čech.* Vol. 5. 92 pp. 1947.

Coe, H. S., e J. N. Martin. Sweet-clover seed. *U. S. Dept. Agric. Bul.* 844. 1920.

Crocker, W., e L. V. Barton, Editores. *Physiology of seeds. An introduction to the experimental study of seed and germination problems.* Vol. 29. Waltham, Mass., Chronica Botanica Company. 1953.

Dore, W. G. Some grass genera with liquid endosperm. *Torrey Bot. Club Bul.* 93:335-337. 1956.

Esau, K. *Plant anatomy.* New York, John Wiley and Sons. 1953.

Hyde, E. O. C. The function of the hilum in some Papilionaceae in relation to ripening of the seed and the permeability of the testa. *Ann. Bot.* 18:241-256. 1954.

Ioffe, M. D. Razvitie zarodysha i endosperma u pshenitsy, konskikh bobov i redisa. [Development of embryo and endosperm in wheat, horse beans, and radishes.] *Akad. Nauk SSSR Bot. Inst. Trudy Ser.* 7. *Morf. i Anat. Rast.* 4:211-269. 1957.

Matlakówna, M. Ueber Gramineenfrüchte mit weichem Fettendosperm. *Acad. Sci. Cracovie Bul. Ser. B* 1912:405-416. 1912.

McClure, D. S. Seed characters of selected plant families. *Iowa State Coll. Jour. Sci.* 31:649--682. 1957.

Meier, H. On the structure of cell walls and cell wall mannans from ivory nuts and from dates. *Biochem. et Biophys. Acta* 28:229-240. 1958.

Müller, D. Tote Speichergewebe in lebenden Samen. *Planta* 33:721-727. 1943.

Pijl, L. van der. Sarcotesta, aril, pulpa and the evolution of the angiosperm fruit. I and II. *Nederland. Akad. Wetenschap. Proc. Ser. C Biol. and Med. Sci.* 58:154-161; 307-312. 1955.

Rutishauser, A. Entwicklungserregung der Eizelle bei pseudogamen Arten der Gattung *Ranunculus. Schweiz. Akad. Wiss. Bul.* 10:491-512. 1954.

Singh, B. Studies on the structure and development of seeds of Cucurbitaceae. *Phytomorphology* 3:224-239. 1953.

Singh, R. P. Structure and development of seeds in Euphorbiaceae: *Ricinus communis* L. *Phytomorphology* 4:118-123. 1954.

Sporne, K. R. A note on nuclear endosperm as a primitive character among dicotyledons. *Phytomorphology* 4:275-278. 1954.

Steiner, M., e I. Jancke. Sind die Malpigischen Zellen die Epidermis der Leguminosentesta? *Österr. Bot. Ztschr.* 102:542-550. 1955.

Sterling, C. Development of the seed coat of lima bean (*Phaseolus lunatus* L.). *Torrey Bot. Club Bul.* 81:271-287. 1954.

Swamy, B. G. L., e P. M. Ganapathy. On endosperm in dicotyledons. *Bot. Gaz.* 119:47-50. 1957.

Toole, E. H., S. B. Hendricks, H. A. Borthwick, e V. K. Toole. Physiology of seed germination. *Annu. Rev. Plant Physiol.* 7:299-324. 1956.

Glossário

Este glossário define termos selecionados empregados na linguagem da anatomia vegetal. Explica também algumas palavras usadas em citologia e morfologia, principalmente aquelas que podem ser esquecidas após um curso introdutório de Botânica, ou as que apresentam variação de sentido. Embora a uniformidade do uso de termos seja desejável, alguns deles estão sujeitos a alteração de sentido, à medida em que se amplia nossa compreensão dos fenômenos que descrevem. Neste glossário, as definições, que se afastam da acepção comum dada aos termos em questão, informarão ao leitor acerca de como esses termos são usados no texto.

Abaxial. Afastado do eixo.
Abscisão, camada de. Situada na zona de abscisão. Camada de células cuja disjunção ou decomposição separa uma parte da planta, tal como folha, flor, fruto etc., do seu corpo. **Sin.**: camada de separação.
Abscisão, zona de. Zona localizada na base da folha, fruto, flor ou outra parte da planta que contenha as *camadas de abscisão* e *de proteção*, as quais desempenham determinado papel no processo de separação de partes do corpo da planta.
Acrópeto, desenvolvimento. Produzido em etapas sucessivas em direção ao ápice; aplica-se a órgãos, tecidos ou séries de células. Oposto a *basípeto*, porém semelhante a *basífugo*.
Adaxial. Dirigido em direção ao eixo.
Adulta (planta). Termo de conveniência para contrastar uma planta em estágio inicial de crescimento, tal como embrião ou plântula, com outra, em estágios de crescimento mais avançado.
Adventícia. Refere-se a estruturas originadas em regiões em que não são habituais; raízes que se formam em caules ou folhas ou, ainda, em zonas mais velhas da raiz; e a gemas surtas fora das estruturas axilares ou terminais.
Aerênquima. Parênquima caracterizado por espaços intercelulares particularmente amplos de origem *esquizógena*, *lisígena* ou *rexígena*.
Aglomeração de poros. Veja *poro múltiplo*.
Albedo. Em frutos cítricos; tecido branco da casca.
Alburno. Lenho que, nas árvores vivas, contém células vivas e materiais de reserva.
Aleurona. Grânulos de proteína presentes nas sementes de numerosas plantas. Em geral limitada à parte externa, a *camada de aleurona*, do endosperma, como no trigo ou outros cereais.
Amido. Carboidrato insolúvel, a mais importante substância de reserva e nutrição das plantas, constituída de resíduos de glicose anidra, de fórmula $C_6H_{10}O_5$, na qual se decompõe facilmente.
Amiloplastídio (ou amiloplasto). Plastídio incolor (leucoplasto), que forma amido de reserva.
Analogia. Aplica-se aos casos em que ocorre a mesma função, porém com origem filogenética diferente; geralmente também estrutura diferente.
Anastomose. Interconexão de estruturas alongadas tais como nervuras ou feixes de células, que formam em conjunto uma rede ou retículo.
Anatomia. Área da morfologia que trata da estrutura interna dos organismos.
Anel anual. No lenho. Veja *camada de crescimento*. Termo desaprovado, pois, durante o ciclo anual, pode formar-se mais de uma camada de crescimento.
Anel de crescimento. No xilema e floema secundários; camada de crescimento quando observada em corte transversal.
Ångström. Um décimo de milimícron. Símbolo Å ou Å.U. (unidade de Ångström).
Anisótropo. Apresentando propriedades diferentes ao longo dos vários eixos. Anisótropo opticamente, alterando a luz que passa segundo determinados eixos; causando polarização da luz e dupla refração.
Ântese. Período de expansão completa da flor ou período em que ocorre a fertilização.
Anticlinal. Perpendicular à superfície.

Ápice ou ponta. Topo ou parte mais alta de qualquer objeto ou ser. No caule e na raiz, a porção contendo o meristema apical.
Aposição (da parede celular). Crescimento por deposições sucessivas de material parietal, camada sobre camada.
Área crivada. Área da parede de um elemento crivado com poros revestidos de calose e ocupados por filamentos de material protoplasmático, que interconectam os protoplastos dos elementos crivados contíguos.
Areia de cristais. Massa de cristais livres de tamanho diminuto.
Aréola. Termo empregado em relação a folhas, designando uma pequena área do mesófilo delimitada por nervuras que se entrecruzam.
Arilo. Excrescência carnosa que se origina na base do óvulo e envolve a semente.
Astroesclereídeo. Tipo de esclereídeo (ou esclerito) ramificado.
Atactostelo. Estelo no qual os feixes vasculares estão espalhados no tecido fundamental.
Aurícula. Pequeno lóbulo ou apêndice de uma folha.
Bainha. Estrutura incluindo ou revestindo outra. Aplicado às partes tubulares ou enroladas de um órgão, tal como a bainha da folha e as camadas de tecidos circundando a massa de outro.
Bainha amilífera. Aplica-se à (ou às) camada mais interna do córtex, quando caracterizada por um conspícuo acúmulo de amido bastante estável.
Bainha da folha. Parte inferior da folha que envolve o caule total ou parcialmente.
Bainha de feixe. Camada ou camadas de células envolvendo o feixe vascular. Pode ser constituída de parênquima ou esclerênquima.
Bainha de mestoma. Bainha de um feixe vascular provida de paredes espessas; a mais interna das duas bainhas das gramíneas, principalmente das pertencentes à subfamília Festucoidea. Bainha endodermóide.
Bainha medular. Veja *região perimedular*.
Barras de Sânio. Veja *crássulas*.
Base de bainha. Aplicada à base de uma folha, séssil ou peciolada, quando circunda o ramo.
Basífugo. Veja *acrópeto*.
Basípeto, desenvolvimento. Produzido em sucessão com direção à base, quando aplicado a órgãos, tecidos ou séries de células. Oposto a *acrópeto* e *basífugo*.
Bolsa. Em alemão, *Tasche*. Cobre os primórdios da raiz lateral derivada da endoderme, distinguindo-se da coifa, que deriva do periciclo.
Braquiesclereídeo (ou braquiesclerito). Esclereídeo curto, grosseiramente isodiamétrico lembrando, quanto ao formato, uma célula de parênquima. Célula pétrea.
Caliptrógeno. No meristema apical da raiz. Meristema que dá origem à coifa, independentemente de outras iniciais do meristema apical.
Calo. Tecido constituído de células grandes, de paredes delgadas, que se desenvolve como resultado de lesão (às vezes empregado para designar acúmulo de calose, hábito que deve ser abandonado).
Calose. Polissacarídeo aparentemente amorfo que, por hidrólise, produz glicose. Em plantas com sementes, é constituinte da parede nas áreas crivadas dos elementos crivados, mas também observada em células do parênquima após lesão.
Calota do feixe. Esclerênquima ou parênquima de paredes espessadas associado ao feixe vascular, apresentando-se como uma calota sobre o floema ou xilema, quando vista em corte transversal.
Camada de câmbio supernumerário. Câmbio vascular originado no floema ou no periciclo, por fora do câmbio vascular formado regularmente. Característica de algumas plantas com crescimento secundário anômalo.
Camada de crescimento. Camada de xilema ou floema secundários, produzida aparentemente durante uma estação de crescimento. (Veja também *falso anel anual*). O xilema é freqüentemente divisível em lenho precoce e tardio. Diferenciação entre floema primaveril e estival pode também estar presente.
Camada de oclusão. Na lenticela. Uma das camadas celulares compactas, formada periodicamente em alternância com os tecidos frouxos de enchimento.
Camada de separação. Veja *camada de abscisão*.
Camada protetora. Na zona de abscisão. Camada celular que exerce função protetora nas cicatrizes formadas pela abscisão de folhas ou outras partes da planta, em razão da presença de substâncias que impregnam as paredes celulares.
Câmara (cavidade) de pontuação. Espaço no interior da pontuação, da membrana até o lume celular ou até à abertura externa da pontuação, nos casos em que estiver presente um canal.
Câmbio. Meristema cujos produtos de divisão se dispõem ordenadamente em filas paralelas. Aplicado de preferência apenas aos dois meristemas laterais, *câmbio vascular* e *câmbio da casca* ou *felogênio*. Consiste de uma camada de iniciais e de suas derivadas indiferenciadas.
Câmbio cortical. Veja *felogênio*.
Câmbio estratificado. Câmbio vascular no qual as iniciais fusiformes e radiais estão dispostas em séries horizontais nas superfícies tangenciais. (Em inglês, *stratified* ou *storied cambium*).
Câmbio fascicular. Câmbio vascular que se origina do procâmbio nos feixes vasculares ou fascículos.
Câmbio interfascicular. Câmbio vascular que se origina entre os feixes vasculares ou fascículos, no parênquima interfascicular.

Glossário

Câmbio não-estratificado. Câmbio vascular no qual as iniciais fusiformes e de raios não se dispõem em séries horizontais nas superfícies tangenciais.

Câmbio vascular. Meristema lateral que forma os tecidos vasculares secundários, a saber, o xilema e o floema secundários. Localiza-se entre esses dois tecidos e, por divisão periclinal, dá origem a células em ambas as direções.

Campo crivado. Termo antigo, que se usava para designar uma área crivada relativamente não-diferenciada encontrada em partes da parede, com exceção das placas crivadas.

Campo cruzado. Principalmente no lenho das coníferas. Termo de conveniência para designar o retângulo formado pelas paredes de uma célula do raio e um traqueídeo axial, quando vistos em corte radial.

Campo de pontuação primário. Área delgada da camada intercelular e da parede celular primária no limite da qual se desenvolvem uma ou mais pontuações. Sin.: *pontuação primária*. Veja também *pontuação*.

Canal da pontuação. Passagem do lume celular para a câmara da pontuação areolada. (As pontuações simples em geral possuem, em geral, câmaras semelhantes a canais).

Cariocinese. Processo de divisão nuclear, em contraste com a divisão celular ou citocinese.

Cartilaginoso. Semelhante a cartilagem. Tecido firme, elástico e translúcido.

Carúncula. Protuberância carnosa nas proximidades do hilo de uma semente.

Casca. Termo não-técnico aplicado a todos os tecidos situados externamente ao câmbio vascular ou ao xilema. Em árvores mais velhas pode ser dividida em casca periférica morta e casca interna viva (geralmente constituída de floema). Veja também *ritidoma*.

Casca em anel. Tipo de ritidoma resultante da formação de sucessivas peridermes aproximadamente concêntricas ao redor do eixo.

Catáfilos. Folhas inseridas em níveis baixos de uma planta ou de um caule, como as escamas das gemas ou rizomas, etc.

Caulinar. Pertencente ao caule ou originando-se dele.

Cavidade secretora. Refere-se comumente a um espaço de origem lisígena contendo secreção derivada de células que se desagregaram durante a formação da cavidade.

Célula. Unidade estrutural e fisiológica do organismo vivo. A célula vegetal é constituída de parede e protoplasma; nas células mortas somente a parede celular ou esta e algumas inclusões não-vivas.

Célula acessória. De estômato. Veja *célula subsidiária*.

Célula apical. A célula inicial isolada do meristema apical da raiz ou do caule. Característica de numerosas plantas vasculares inferiores.

Célula buliforme. Célula epidérmica volumosa ocorrendo em fileiras longitudinais nas folhas das gramíneas. Também chamada de *célula motora* pelo fato de que se lhe atribui um papel no enrolamento e desenrolamento destas.

Célula colunar. Um dos numerosos termos para designar o esclereídeo subepidérmico no tegumento da semente de certas *Leguminosae*. Veja também *osteoesclereídeo* e *célula em ampulheta*.

Célula companheira. Célula parenquimática especializada do floema das angiospermas, associada ao elemento de vaso crivado e originando-se da mesma célula-mãe deste.

Célula crivada. Tipo de elemento crivado com áreas crivadas relativamente indiferenciadas, ou seja, áreas crivadas com poros estreitos e delgados filamentos de conexão; estas áreas são bastante uniformes na estrutura de todas as paredes; isto é, não existem placas crivadas. Típica das gimnospermas e das plantas vasculares inferiores.

Célula de Malpighi. Veja *macroesclereídeo*.

Célula de mirosina. Célula produtora de mirosina, que é um glicósido. Ocorre nas partes vegetativas e sementes de certas crucíferas.

Célula de passagem. Célula da endoderme ou exoderme das raízes, cujas paredes celulares permanecem delgadas, quando as células associadas desenvolvem paredes secundárias espessas. Apresenta estrias de Caspary na endoderme.

Célula de súber. Célula morta, com paredes suberificadas, derivada do felogênio. De função protetora pois suas paredes são altamente impermeáveis à água.

Célula em ampulheta. Célula do tegumento da semente de algumas leguminosas com deposição desigual da parede secundária, de tal modo que o lume apresenta formato de uma ampulheta.

Célula epitelial. Célula situada em tecido compacto e aparentemente especializado, em sentido fisiológico, o qual cobre uma superfície livre ou reveste uma cavidade. Pode ser secretora.

Célula esclerênquimática. Célula variável em formato e tamanho possuindo, freqüentemente, paredes secundárias mais ou menos espessas e lignificadas. Pertence à categoria de células de sustentação e pode ser ou não privada de protoplasto na maturidade.

Célula felóide. Célula do felema ou súber, que difere das células suberificadas por não apresentar suberina em suas paredes. Pode ser um esclereídeo.

Célula fotossintetizante. Célula parenquimática, portadora de cloroplastos, na qual ocorre o processo de fotossíntese.

Célula fusiforme. Longa e adelgaçada nas extremidades.

Célula laticífera. Laticífero simples, não-articulado.

Célula-mãe. Veja *célula precursora*.

Célula-mãe de floema. Derivada cambial que se divide para produzir determinados elementos do tecido floemático, tais como elemento crivado e suas células companheiras ou células do parênquima do floema, que formam um feixe parenquimático. Empregado em sentido mais amplo como sinônimo de *inicial de floema*.

Célula-mãe de xilema. Uma derivada cambial que se divide para produzir certos elementos do xilema, tais como células de parênquima axial, formando um cordão de parênquima. Usado também em sentido mais lato como sinônimo de *inicial xilemática*.

Célula meristemática. Célula que sintetiza protoplasma e se divide, tornando-se, portanto, fonte de novas células. Varia em formato, tamanho, espessura de suas paredes e grau de vacuolização. De acordo com uma definição de camadas parietais, paredes secundárias não ocorrem em células meristemáticas.

Célula motora. Veja também *célula buliforme*.

Célula mucilaginosa. Célula contendo mucilagens, gomas ou materiais de carboidrato similares. As mucilagens apresentam propriedade de entumescer na presença da água.

Célula parenquimática. Refere-se geralmente à célula com protoplasto nucleado vivo, ligada a uma ou várias atividades fisiológicas da planta. Varia em tamanho, formato e estrutura parietal.

Célula parenquimática esclerificada. Célula parenquimática que, por deposição de parede secundária espessa, torna-se em esclereídeo.

Célula pétrea. Veja *braquiesclereídeo*.

Célula plicada do mesófilo. Célula do mesófilo cujas paredes apresentam dobras que se projetam em direção ao lume celular.

Célula precursora. Célula que origina outras por divisão. Célula-mãe.

Célula radial ereta. Nos tecidos vasculares secundários. Célula radial que apresenta suas dimensões mais longas com orientação axial, isto é, vertical, em relação ao caule.

Célula radial procumbente. No tecido vascular secundário; célula radial alongada no sentido radial, isto é, uma célula prostrada.

Célula secretora. Célula viva especializada em relação à secreção ou excreção de uma ou mais substâncias, geralmente orgânicas.

Célula silicosa. Célula impregnada de sílica, como nas folhas das gramíneas.

Célula subsidiária. Célula epidérmica associada a um estômato e distinguível, pelo menos morfologicamente, das células epidérmicas que compõem a massa fundamental do tecido. Também denominada *célula acessória*.

Célula suporte. Veja *tecido de sustentação*.

Células albuminosas. No floema das gimnospermas; células do raio e do parênquima floemático, que parecem estar estreitamente associadas aos elementos crivados, morfológica e fisiologicamente. Em contraste com as células companheiras das angiospermas, não são derivadas, em geral, das mesmas células que originam os elementos crivados.

Células-guarda. No estômato; duas células que, por alteração da turgescência, abrem ou fecham a fenda estomatal.

Células-mãe centrais. No meristema apical do caule; algo alargadas e vacuolizadas ocupando posição sub-superficial. Comumente empregado em relação a gimnospermas nas quais estas células derivam de iniciais superficiais.

Células radiais quadrangulares. Nos tecidos vasculares secundários; célula de raio aproximadamente quadrangular quando vista em corte radial (considerada como sendo do mesmo tipo morfológico da *célula radial ereta*).

Células tubulares. Na cariopse (fruto) das gramíneas; células lignificadas alongadas e paralelas em relação ao eixo longitudinal do grão. Células remanescentes da epiderme interior do pericarpo.

Celulose. Carboidrato ou, mais exatamente, um polissacarídeo-hexosana, que é o componente das paredes das células vegetais. Constituída de moléculas longas em cadeia unidades básicas são os resíduos anídricos de glicose de fórmula $C_6H_{10}O_5$.

Cenócito. Agregado de unidades protoplasmáticas; estrutura multinucleada. Em plantas com sementes é, às vezes, aplicado a células multinucleadas.

Centrífugo, desenvolvimento. Produzido ou se desenvolvendo sucessivamente do centro em direção à periferia. (Algumas vezes também significa do ápice para baixo).

Centrípeto, desenvolvimento. Produzido ou se desenvolvendo sucessivamente em direção ao centro. (Algumas vezes também significa partindo de baixo em direção ao ápice).

Cerne. As partes interiores da madeira ou lenho que nas plantas em crescimento cessaram de conduzir e que não contém células vivas nem materiais de reserva, os quais foram removidos ou transformados em substâncias cernificantes geralmente de cor mais escura que o alburno.

Cicatriz. Marca deixada pela separação de duas partes, por exemplo, a folha, do caule. Caracteriza-se pela presença de uma substância protetora da nova superfície.

Cilindro central. Veja *cilindro vascular*.

Cilindro vascular. Termo de conveniência aplicado aos tecidos vasculares e aos tecidos fundamentais associados, no caule e na raiz. Refere-se à mesma parte do caule e da raiz denominada *estelo*, todavia, sem as implicações teóricas do conceito de estelo. O mesmo que *cilindro central*.

Cistólito. Concreção de carbonato de cálcio sobre excrescência da parede celulósica.

Citocinese. Processo de divisão da célula, independente da divisão do núcleo ou *cariocinese*.

Citologia. Ciência que trata da célula.

Citoplasma. A parte visível do protoplasma menos diferenciado que constitui a massa fundamental envolvendo os demais componentes do protoplasto.
Citoplasma parietal. Citoplasma localizado junto a parede celular.
Citoquimera. Combinação de tecidos cujas células possuem cromossomos em número diferente, na mesma parte da planta.
Clorênquima. Tecido parenquimático contendo cloroplastos. Mesófilo e outros parênquimas verdes.
Cloroplastídio (ou "cloroplasto"). Corpúsculo protoplasmático especializado, contendo clorofila, no qual são sintetizados açúcar e/ou amido.
Coifa. Estrutura celular em forma de um dedal que reveste o meristema apical da raiz.
Colênquima. Tecido de sustentação constituído de células vivas mais ou menos alongadas com paredes celulares espessadas desigualmente, em geral interpretadas como paredes primárias.
Colênquima angular. Tecido colenquimático no qual o espessamento da parede celular é depositado principalmente nos ângulos resultantes da união de várias células.
Colênquima em placa. Veja *colênquima lamelar*.
Colênquima lacunar. Colênquima caracterizado pela presença de espaços intercelulares e espessamentos parietais fronteiros aos espaços.
Colênquima lamelar. Colênquima em que os espessamentos parietais são depositados principalmente nas paredes tangenciais.
Coleóptilo. Nas gramíneas. Bainha que envolve o meristema apical com os seus primórdios foliares no embrião. Interpretado também como primeira folha.
Coleorriza. Nas Gramineae; bainha que envolve a radícula do embrião.
Coléter. Apêndice glandular multicelular (freqüentemente trata-se de tricoma) que secreta uma substância pegajosa. Ocorre em gemas de numerosas espécies lenhosas.
Conceito da túnica-corpo. Conceito da organização do meristema apical do caule, segundo o qual este meristema se diferencia em duas regiões, distinguíveis pelo método de crescimento: as células periféricas, a túnica com uma ou mais camadas de células, mostram crescimento de superfície (divisões anticlinais); a parte interna, corpo, possui crescimento em volume (divisão em vários planos).
Condição unilacunar bifacial. No caule; em um nó, dois traços foliares relacionados com uma folha encontram-se associados com uma lacuna.
Condriossomos. Empregado mais vezes como sinônimo de *mitocôndrios*.
Copal. Resina que exsuda de várias árvores tropicais. Solidifica-se em contato com o ar formando peças arredondadas ou irregulares, incolores, amareladas, avermelhadas ou castanhas.
Corpo (Também *corpus*). 1. No meristema apical do caule; grupo de células localizado por baixo da camada periférica que se divide anticlinalmente (túnica); estas células se dividem segundo vários planos, crescendo, por isso, em volume. 2. Conjunto de todos os órgãos áreos ou não, que formam a planta.
Corpo mucilaginoso. Em elementos crivados; corpo de material aparentemente de natureza protéica, ocorre freqüentemente em elementos crivados jovens; dispersa-se, mais tarde, no vacúolo, em forma de mucilagem.
Corpo primário (da planta). Parte da planta ou a planta inteira nos casos em que não há ocorrência de crescimento secundário, que se origina dos meristemas apicais e de seus tecidos meristemáticos derivados.
Corpo secundário. Parte da planta que se adiciona ao corpo primário, mediante atividade dos meristemas laterais, ou seja, câmbio vascular e felogênio. Consiste de tecidos vasculares secundários e de periderme.
Corte radial. Corte longitudinal acompanhando o raio de um corpo cilíndrico, como caule ou raiz.
Corte tangencial. Corte longitudinal talhado em ângulo reto com o raio. Aplicado às estruturas cilíndricas, tais como caule ou raiz, mas usado também em relação às lâminas foliares quando o corte é praticado paralelamente à superfície plana. O termo *paradermal* substitui "corte tangencial" quando se relaciona com a folha.
Corte transversal. Seção transversal, tomada perpendicularmente ao eixo longitudinal. Também denominada *transeção*.
Córtex. Região do tecido fundamental entre o sistema vascular e a epiderme. Região do tecido primário.
Cortiça. Veja *felema*.
Cortiça escamosa. Tipo de ritidoma no qual a periderme subseqüente se desenvolve como camadas sobrepostas, cada uma das quais isola massa de tecido escamiforme.
Costela. Protrusão alongada.
Costela da nervura. Na folha; uma saliência de tecido fundamental acompanhando a nervura maior, geralmente na parte inferior da folha.
Crássulas. Nos traqueídeos de gimnospermas; espessamentos de material intercelular e parede primária, ao longo das margens superior e inferior de um par de pontuações. Também chamadas *barras de Sânio*.
Crescimento. Aumento em tamanho por divisão celular e/ou expansão celular.
Crescimento coordenado. Crescimento de células de modo a não envolver separação de paredes. Oposto a *crescimento intrusivo*. Algumas vezes denominado *crescimento simplástico*.
Crescimento determinado. Do meristema apical. Forma número limitado de órgãos laterais e susta o crescimento. Característico do meristema floral.
Crescimento indeterminado. Do meristema apical. Produz número ilimitado de órgãos laterais, indefinidamente. Característico do meristema apical vegetativo.

Crescimento intercalar. Crescimento por divisão celular que ocorre a certa distância do meristema, do qual as células se originaram.
Crescimento interposicional. Veja *crescimento intrusivo.*
Crescimento intrusivo. Tipo de crescimento no qual uma célula penetra entre outras que se separam ao longo da lamela média defronte da célula em crescimento. Também chamado *crescimento interposicional.*
Crescimento marginal. Na folha; veja *meristema marginal.*
Crescimento primário. Crescimento de raízes e ápices reprodutivos formados sucessivamente a partir do momento de sua origem pelo meristema apical, até completar sua expansão. Tem seu começo nos meristemas apicais e continua nos meristemas derivados daqueles, protoderme, meristema fundamental e procâmbio, e até nos tecidos mais velhos.
Crescimento secundário. Em gimnospermas, maioria das dicotiledôneas e algumas monocotiledôneas; tipo de crescimento caracterizado por aumento em espessura do caule e da raiz resultando da formação de tecidos vasculares secundários, pelo câmbio vascular. Geralmente, suplementado pela atividade do câmbio cortical (felogênio), formando periderme.
Crescimento secundário anômalo. Empregado usualmente para designar tipos pouco comuns de crescimento secundário.
Crescimento simplástico. Veja *crescimento coordenado.*
Cripta estomatífera. Depressão na folha, cuja epiderme abriga os estômatos.
Cristal acicular. Cristal em formato de agulha.
Cristalóide. Cristal de proteína menos anguloso que um cristal mineral; entumesce em água.
Crivo pontuado. Arranjo de pequenas pontuações em forma de cachos.
Cromoplastídios. Corpúsculos protoplasmáticos contendo pigmentos não-clorofilados. Em geral, pigmentos carotenóides amarelos ou alaranjados.
Cutícula. Camada de material graxo, cutina, mais ou menos impermeável à água, na parede externa das células da epiderme.
Cutícula laminada. Composta de placas delgadas.
Cuticularização. Processo de formação da cutícula.
Cutina. Substância graxa altamente complexa, semelhante à cera, presente nas plantas, impregnando as paredes da epiderme; como camada separada, a cutícula na superfície externa da epiderme torna as paredes mais ou menos impermeáveis à água.
Cutinização. Processo de impregnação com cutina.
Decussado. Disposição foliar. Em pares, alternadamente em ângulos retos.
Dediferenciação. O oposto à diferenciação de célula ou tecido. Admite-se que ocorre quando células mais ou menos maduras reassumem atividades meristemáticas.
Derivada. Nos meristemas; célula produzida por divisão de uma célula meristemática.
Dermatogênio. Meristema formador da epiderme. Tem origem em iniciais independentes. Um dos três histógenos, de acordo com Hanstein.
Desenvolvimento. O processo de mudanças de uma planta ou de suas partes, do começo à maturidade.
Diafragma nodal. Nos caules ocos; septo de tecido atravessando o caule oco ao nível do nó.
Diarca. Xilema primário da raiz. Possui dois feixes ou pólos de protoxilema.
Dictiostelo. Estelo no qual as grandes lacunas foliares se arqueiam e secionam o sistema vascular em feixes, cada qual com o respectivo floema envolvendo o xilema.
Diferenciação. Alterações fisiológicas e morfológicas que ocorrem em células, tecidos, órgãos ou plantas, durante o desenvolvimento, com início no estágio meristemático ou juvenil e término no estágio maduro ou adulto. Em geral associado com um aumento da especialização.
Dilatação. Crescimento do parênquima por divisão celular na medula, raios ou sistema axial, ocasionando expansão do tecido após alcançar a maturidade.
Distal. Ponto mais distante do local de origem ou de fixação.
Dístico. Arranjo das folhas. Disposição em duas fileiras verticais. Bisseriado.
Divisão transversal (da célula). Com referência à célula, divisão perpendicular ao seu eixo longitudinal. Com referência à parte da planta, divisão da célula em sentido perpendicular ao eixo maior da planta.
Dorsiventral. Possuindo faces superior e inferior diferentes, tal como a folha. Também empregado em lugar de *folha bifacial.*
Drusa. Cristal globoso composto em que vários cristais componentes se projetam de sua superfície.
Ducto. Espaço alongado, formado pela separação das células vizinhas (origem esquizógena), por dissolução de células (origem lisígena) ou pela combinação dos dois processos (origem esquizolisígena).
Ducto de mucilagem. Ducto contendo mucilagem ou goma ou, ainda, material carboidratado similar.
Ducto gomífero. Ducto que contém goma.
Ducto resinífero. Ducto de origem esquizógena contendo resina. Também denominado canal resinífero.
Ducto resinífero traumático. Ducto resinífero formado em conseqüência de uma lesão.
Ducto secretor. Refere-se, no mais das vezes, ao ducto de origem esquizógena contendo secreção derivada das células (epiteliais) que o revestem.

Glossário

Ecotípico. De ecótipo ou tipo ecológico.
Ectoplasto. Limite externo do protoplasto, junto à parede celular. Também chamado *membrana plasmática*.
Eixo hipocótilo-raiz. No embrião; eixo abaixo do ou dos cotilédones compreendendo hipocótilo e meristema da raiz ou também a radícula.
Elaioplastídio. Plastídio do tipo leucoplastídio, que forma e armazena óleo.
Elemento crivado. Célula do tecido floemático relacionada principalmente com a condução longitudinal de material alimentar. Classificada em *célula crivada* e *elemento de vaso crivado*.
Elemento de vaso. Um dos componentes celulares do vaso. Corresponde ao termo obsoleto *segmento de vaso*.
Elemento de vaso crivado. Um dos componentes celulares do vaso crivado. Também se usa a expressão obsoleta *segmento de tubo crivado*.
Elemento traqueal. Termo geral indicando célula condutora de água, traqueídeo ou elemento de vaso.
Elementos do floema. Células do tecido de floema.
Elementos xilemáticos. Células que compõem o tecido xilemático.
Endocarpo. Camada mais interna do pericarpo.
Endoderme. Camada de tecido fundamental formando uma bainha ao redor da região vascular e apresentando características parietais específicas — estrias de Caspary ou espessamentos secundários. Em caules e raízes de plantas com semente, representada pela camada mais interna do córtex.
Endodermóide. Semelhante à endoderme.
Endógeno. Originário de tecidos profundos, como por exemplo no caso da raiz lateral.
Endosperma. Tecido nutritivo formado no saco embrionário das plantas com semente.
Endotécio. Na antera; camada parietal que apresenta, via de regra, espessamento secundário.
Enucleado. Destituído de núcleo.
Epiblasto. Pequena estrutura, presente em posição oposta ao escutelo, no embrião de algumas gramíneas. Algumas vezes considerado um cotilédone rudimentar.
Epicarpo. Veja *exocarpo*.
Epiderme. Camada externa de células de origem primária. Quando multisseriada (epiderme múltipla), apenas a camada mais externa se diferencia com características de epiderme.
Epiderme múltipla. Tecido com várias camadas celulares de espessura, derivado da protoderme; apenas a camada externa diferencia-se em epiderme típica.
Escama. Na epiderme; tricoma escamiforme. Geralmente discóide e provido de pedicelo preso à sua superfície inferior (peltado).
Esclereídeo. Célula do esclerênquima de formato variável, mas caracterizadamente não muito alongada, possuindo paredes secundárias lignificadas espessas, providas de numerosas pontuações.
Esclereídeo filiforme. Um esclereídeo muito longo e estreito, semelhante a uma fibra.
Esclerênquima. Tecido constituído de células esclerenquimáticas. Têm também sentido coletivo, para designar células esclerenquimáticas no corpo ou nos órgãos da planta. Inclui *fibras, fibroesclereídeos* e *esclereídeos*.
Esclerênquima perivascular. Esclerênquima localizado na periferia externa do sistema vascular das plantas com semente; não originário do floema primário. Termo antigo: *esclerênquima periciclíco*.
Esclerificação. O ato de tornar-se esclerênquima ao desenvolver paredes secundárias, com ou sem lignificação subseqüente.
Escutelo. O cotilédone das gramíneas. Considerado como um de dois cotilédones, se o epiblasto for interpretado como sendo, também, um cotilédone.
Espaço intercelular. Espaço existente entre as células em um tecido. Varia quanto à origem. (Veja *lisígeno, rexígeno* e *esquizógeno*).
Especialização. Mudança de estrutura de uma célula, tecido, órgão de planta ou da planta inteira, resultando em restrições das funções, potencialidades ou adaptabilidade a condições variáveis. Pode resultar em maior eficiência com relação a certas funções específicas. Algumas especializações são reversíveis, outras irreversíveis.
Espessamento anular da parede celular. Em elementos traqueais; material parietal secundário depositado em forma de anéis sobre a parede primária.
Espessamento espiral da parede celular. Veja *espessamento helicóide da parede celular*.
Espessamento parietal escalariforme. Em elementos traqueais; material parietal secundário depositado sobre a parede primária, de modo a formar um padrão semelhante a uma escada. Semelhante a uma hélice de pequena inclinação, com as espirais interconectadas, em intervalos.
Espessamento parietal helicoidal (espiral). Em elementos traqueais; material parietal secundário depositado sobre as paredes primária ou secundária como hélice contínua (espiral).
Espessamento reticulado da parede celular. Em elementos traqueais; material parietal secundário depositado sobre a parede primária de maneira a apresentar aspecto de rede.
Espessamento parietal reticulado escalariforme. Em elementos traqueais; material parietal secundário depositado sobre a parede primária, de acordo com um padrão intermediário entre os denominados escalariforme e reticulado.
Espessamento secundário. Usado amplamente tanto para designar a deposição de material parietal secundário, quanto para o crescimento secundário em espessura de caules e raízes.

Esquizógeno. Aplicado a espaços intercelulares. Origina-se da separação das paredes celulares ao longo da lamela média.

Estelo (Coluna). Concebido por Van Tieghem como a unidade morfológica do corpo da planta, compreendendo o sistema vascular e os tecidos fundamentais associados (periciclo, regiões interfasciculares e medula). Cilindro central do eixo (caule e raiz).

Estilóide. Cristal colunar alongado com pontas afiladas ou chanfradas.

Estômato. Um poro da epiderme e duas células-guarda que o circundam. As vezes aplicado somente ao poro.

Estômato anisocítico. Tipo em que três células subsidiárias, uma das quais muito menor que as outras duas, circundam o estômato. Termo antigo, *crucífero*.

Estômato anomocítico. Tipo em que não existem células subsidiárias associadas às células-guarda. Termo antigo, *ranunculáceo*.

Estômato diacítico. Tipo em que um par de células subsidiárias envolve o estômato e cujas paredes comuns formam ângulo reto com o eixo maior das células-guarda. Termo antigo, *cariofiláceo*.

Estômato paracítico. Tipo no qual uma ou mais células subsidiárias flanqueiam o estômato, paralelamente ao eixo longo da célula-guarda. Termo antigo, *rubiáceo*.

Estômio. Abertura circular na teca da antera, através da qual o pólen é liberado. Sua formação constitui um tipo de deiscência.

Estrelada ou **estelar**. Em forma de estrela.

Estria ou **fita de Caspary**. Estrutura em forma de fita nas paredes primárias, contendo lignina e suberina. Típica das células da endoderme das raízes nas quais ocorre em paredes anticlinais, radiais e transversais. Apresenta-se como pontuações nos cortes dessas paredes.

Estrôma. Nos plastídios, estrutura de sustentação.

Estrutura secretora. Qualquer uma dentre as numerosas variedades de estruturas, simples ou complexas, externas ou internas, que produzem secreção.

Eumeristema. Meristema constituído de células relativamente pequenas, de formato mais ou menos isodiamétrico, dispostas compactamente e apresentando paredes delgadas, citoplasma denso e núcleo grande. Palavra significando "meristema verdadeiro".

Eustelo. Estelo típico de dicotiledôneas e gimnospermas caracterizado por um sistema vascular cilíndrico constituído de feixes vasculares anastomosados, colaterais ou bicolaterais.

Evolução paralela (nas plantas). Evolução para uma direção similar em grupos diferentes.

Exocarpo. Camada externa do pericarpo. Também chamada *epicarpo*.

Exoderme. A camada mais externa, de uma ou mais células de espessura, do córtex de algumas raízes. Estruturalmente semelhante à endoderme, no sentido de apresentar paredes suberizadas e mais ou menos espessadas. Um tipo de *hipoderme*.

Exógeno. Tendo origem em tecidos superficiais como, por exemplo, uma gema axilar.

Extensão da bainha de feixe. Placa de tecido fundamental que se estende da bainha do feixe de uma nervura menor, localizada no mesófilo em direção à epidermei Pode estar presente em ambos os lados do feixe ou apenas em um deles. Pode ser parenquimática ou esclerenquimática.

Falso anel anual. No lenho; uma ou mais camadas de crescimento formadas durante uma estação de crescimento, quando vistas em corte transversal.

Fascículo. Feixe.

Feixe medular. Feixe vascular localizado mais ou menos próximo ao centro do caule, na região medular.

Feixe vascular. Parte do sistema vascular em forma de cordão composto de floema e xilema. Ocorre em caules, folhas e flores.

Feixe vascular anficrival. Feixe vascular concêntrico, no qual o floema envolve o xilema.

Feixe vascular anfivasal. Feixe vascular concêntrico, no qual o xilema circunda o floema.

Feixe vascular bicolateral. Feixe apresentando floema em ambos os lados do xilema.

Feixe vascular colateral. Feixe apresentando floema em um lado e, no outro, apenas xilema.

Feixe vascular concêntrico. Feixe vascular no qual o floema circunda o xilema (*anficrival*) ou este envolve o floema (*anfivasal*).

Feixe vascular de sutura. Emprega-se com referência a feixes menores que ligam entre si feixes maiores, como, por exemplo, nas folhas das gramíneas.

Feloderme. Tecido formado pelo felogênio em direção oposta ao súber. Assemelha-se ao parênquima cortical. É parte da periderme.

Felema (cortiça). Tecido protetor constituído de células não-vivas, de paredes suberizadas. Substitui a epiderme em caules de um a mais anos de idade, e em raízes de muitas plantas, sendo formado pelo felogênio (câmbio da casca). Parte da periderme.

Felogênio (câmbio da casca). Meristema lateral formador de periderme; tecido de proteção comum em caules e raízes de dicotiledôneas e gimnospermas. Produz felema (súber) em direção à superfície da planta e feloderme em direção ao interior.

Fenda da parede celular. Fissura na parede celular secundária, como nos traqueídeos do lenho de compressão.

Festucóide. Pertencente à subfamília das gramíneas Festucoideae.

Fibra. Célula esclerênquimática alongada, fusiforme, de paredes secundárias mais ou menos espessas, com ou sem lignina. Pode ou não apresentar protoplasto vivo na maturidade.

Glossário

Fibra de floema (*Bast fiber*). Originariamente, fibra do tecido liberiano; atualmente, toda e qualquer fibra extraxilemática.
Fibra de folha. Termo usado no comércio, para designar fibras provenientes de monocotiledôneas, principalmente de suas folhas.
Fibra de xilema. Fibra de tecido xilemático. Reconhecem-se dois tipos, no xilema secundário, os *fibrotraqueídeos* e *fibras libriformes*.
Fibra do periciclo. Fibra localizada na periferia externa da região vascular tendo origem, comumente, no floema primário (fibra do floema primário) e algumas vezes fora dele (fibra perivascular).
Fibra floemática secundária. Fibra localizada no sistema axial do floema secundário.
Fibra gelatinosa. Fibra de aparência gelatinosa com escassa ou nenhuma lignificação.
Fibra libriforme. Fibra do lenho, possuindo comumente paredes espessas e pontuações simples. Em geral é a célula mais longa do lenho.
Fibra perivascular. Fibra localizada na periferia externa da região vascular, tendo origem fora do floema primário, contrariamente à fibra primária de floema. Freqüentemente denominada fibra periciclica, como também o é a fibra primária do floema.
Fibra septada. Fibra com paredes transversais delgadas (septos), formadas depois que a célula desenvolveu espessamento parietal secundário.
Fibras extraxilemáticas. Fibras de vários tecidos de natureza não xilemática; externas ao xilema.
Fibras do floema primário. Fibras localizadas na periferia da região vascular e que se originam no floema primário. Freqüentemente denominadas *fibras do periciclo*.
Fibrila. Veja *macrofibrila*.
Fibroesclereídeo. Célula que apresenta características intermediárias entre as da fibra e do esclereídeo.
Fibrotraqueídeo. No lenho; traqueídeo semelhante à fibra, geralmente de paredes espessas e extremidades afiladas e pontuações areoladas com aberturas lenticulares ou em forma de fenda.
Filamentos de conexão. Nos elementos-crivados. Filamentos protoplasmáticos que ocorrem nos poros das áreas crivadas revestidos de calose, estabelecendo conexão entre os protoplastos de elementos-crivados contíguos.
Filiforme. Em forma de fio.
Filogenia. História da evolução de uma espécie ou de um grupo vegetal maior.
Filotaxia ou **fitotaxis.** O modo pelo qual as folhas estão dispostas no eixo de um caule.
Flavedo. Em *citrus*; tecido de cor amarela da casca.
Flobafenos. Derivados anidros dos taninos; substâncias amorfas, amarelas, vermelhas ou castanhas, muito conspícuas em material cortado.
Floema. Principal tecido condutor de alimentos das plantas vasculares; constituído, basicamente, de elementos crivados, células parenquimáticas, fibras e esclereídeos.
Floema externo. Floema primário localizado externamente ao xilema primário.
Floema incluso. Floema secundário incluído no xilema secundário de certas dicotiledôneas. Substitui *floema interxilemático*.
Floema interno. Floema primário localizado internamente, em relação ao xilema primário. Substitui *floema intraxilemático*.
Floema interxilemático. Veja *floema incluso*.
Floema intraxilemático. Veja *floema interno*.
Floema primário. Tecido floemático que se diferencia do procâmbio durante o crescimento primário e diferenciação de uma planta vascular. Geralmente dividido em protofloema e metafloema. Não se diferencia em sistema axial e radial.
Floema secundário. Tecido floemático formado pelo câmbio vascular durante o crescimento secundário em planta vascular. Diferenciado em sistemas axial e radial.
Flóico (floemático). Pertencente ao floema.
Folha bifacial. Folha que apresenta parênquima paliçádico em um lado da lâmina e parênquima esponjoso no outro. Folha dorsiventral.
Folha isobilateral. Folha na qual o parênquima paliçádico ocorre em ambas as faces da lâmina. *Folha isolateral*.
Folha isolateral. Veja *folha isobilateral*.
Folha unifacial. Folha com estrutura igual em ambas as faces. Em sentido ontogenético, uma folha que se desenvolve a partir de um centro de crescimento abaxial ou adaxial, para o ápice inicial do primórdio e que, em conseqüência em seu desenvolvimento, consiste somente do lado abaxial ou adaxial da folha.
Folículo. Fruto seco deiscente provido de sementes numerosas, derivado de um carpelo único e abrindo-se ao longo da sutura.
Fragmoplasto. Estrutura fibrosa que aparece por ocasião da telófase entre os dois núcleos e que desempenha certo papel no começo da partição (placa celular) que divide a célula-mãe em duas. Tem o formato de um fuso conectado, primeiramente, aos núcleos. Mais tarde, desenvolve-se anularmente para o lado.
Fragmossomo. Placa citoplasmática formada através da célula no plano da divisão celular, antes do aparecimento do fragmoplasto na mesma região.
Fruto agregado com receptáculo em taça. Fruto derivado de uma flor apocárpica (carpelos livres) e perígena (ovário

súpero com estrutura em taça abrigando perianto e estames). Fruto composto de frutículos, cada qual com o seu próprio pericarpo; mas o fruto no seu todo, pode apresentar uma parede formada por partes acessórias.

Fruto agregado livre. Fruto derivado de uma flor apocárpica (carpelos livres) e hipógina (ovário súpero). Composto de frutículos, cada qual com o seu próprio pericarpo.

Fruto unido livre. Fruto derivado de uma flor sincárpica (de carpelos unidos) e hipógena (com ovário súpero). A parede do fruto consiste somente de pericarpo.

Fruto em forma de taça (cálice). Fruto derivado de uma flor sincárpica (de carpelos unidos), epígena (de ovário ínfero). A parede do fruto consiste de pericarpo e partes acessórias (tubo floral ou receptáculo).

Funículo. Pedúnculo do óvulo.

Glândula. Estrutura secretora multicelular.

Glúten. Proteína amorfa que ocorre no endosperma amiláceo dos cereais.

Goma. Termo não-técnico, aplicado ao material resultante da decomposição das células vegetais. Principalmente de seus carboidratos.

Goma de cicatrização. Goma formada como resultado de alguma lesão. Veja *Goma*.

Gomose. Sintoma de uma doença caracterizada pela formação de goma, que pode acumular-se no interior de cavidades ou ductos ou surgir na superfície do vegetal.

Grana (singular, *granum*). Em cloroplastídios. Corpúsculos discóides formados por membranas empilhadas contendo clorofilas e carotenóides, associados à fotossíntese.

Gutação. Exsudação de água sob forma líquida, pelas plantas.

Hadroma. Nas plantas com sementes refere-se às células vivas e às condutoras do xilema, isto é, elementos traqueais e células do parênquima, excluindo as células específicas de sustentação.

Haploqueilico. Tipo de estômato das gimnospermas. As células subsidiárias não se relacionam ontogenicamente com as células-guarda.

Hidatódio. Poro aqüífero ou glândula de água; estrutura que libera água; geralmente localizada nas folhas. Varia em grau de diferenciação.

Hidromorfo. Refere-se a caracteres estruturais típicos de plantas (hidrófitas) que requerem grande suprimento de água e podem viver parcial ou inteiramente submersas. Sin.: *higromorfo*.

Hilo. (1) Parte central do grão de amido ao redor da qual as camadas desta substância se dispõem mais ou menos concentricamente. (2) Cicatriz deixada pelo funículo numa semente.

Hiperplasia. Diz respeito, geralmente, à multiplicação celular excessiva.

Hipertrofia. Refere-se geralmente ao aumento anormal de volume. A hipertrofia de uma célula ou de suas partes, não envolve divisão. Quando diz respeito a um órgão, pode compreender aumento celular e multiplicação celular anormal (hiperplasia).

Hipoderme. Termo comum para designar camada ou camadas celulares abaixo da epiderme. Assim denominada quando difere morfologicamente das camadas corticais subjacentes. *Exoderme* é uma hipoderme especializada das raízes.

Hipófise. Célula do suspensor situada em ponto mais extremo e da qual se originam parte da raiz e da coifa no embrião das angiospermas.

Hipsófilos. Folhas inseridas na planta em níveis elevados como as brácteas florais, em contraste com *catáfilos*.

Histogênese. Formação de tecidos; de onde, *histogenético*, que se relaciona com a origem ou formação de tecidos.

Histogênio. Termo de autoria de Hanstein, para designar um meristema dos ápices do caule ou da raiz, que forma um sistema tissular definido na planta. Conhecem-se três tipos: *dermatogênio, periblema* e *pleroma*. (Veja definições correspondentes).

Histogênio, conceito de. Conceito de Hanstein admitindo que os três sistemas tissulares do corpo vegetal, epiderme, córtex e sistema vascular, associados ao tecido fundamental, se originam de meristemas diferentes, os histogênios, os quais se localizam nos meristemas apicais.

Homologia. Aplica-se nos casos de origem filogenética comum, mas não necessariamente de idêntica estrutura ou função.

Idioblasto. Célula de um tecido que difere marcadamente em formato, tamanho ou conteúdo, das demais células do mesmo tecido.

Incremento. No processo de crescimento. Acréscimo no corpo vegetal pela atividade de um meristema.

Indiferenciado. Em ontogênia, estado ainda meristemático ou semelhante a estruturas meristemáticas. No estado adulto, relativamente não especializado.

Iniciais. Nos meristemas; células que se autoperpetuam por divisões, formando ao mesmo tempo novas células do corpo vegetal.

Iniciais cambiais. No câmbio vascular e felogênio; células formando derivadas por divisões periclinais em duas direções. No câmbio vascular, classificadas em *iniciais fusiformes* (fonte das células axiais do xilema e do floema) e *iniciais radiais* (fonte de células de raio).

Iniciais marginais. Na folha; células ao longo das margens de uma lâmina foliar em crescimento, que contribuem com células para a formação da protoderme. Componentes do *meristema marginal*, que está relacionado com o *crescimento marginal*.

Iniciais submarginais. Na folha; células situadas sob a protoderme ao longo das margens de uma lâmina foliar em crescimento, que contribuem com a formação de células para os tecidos do interior da folha. Componentes do *meristema marginal*, que se relacionam com o *crescimento marginal*.

Glossário

Inicial de raio. Célula radial do câmbio vascular, que dá origem a células do raio do xilema e floema secundários.

Inicial do floema. Célula de câmbio situada na parte lateral do floema da zona cambial, que se divide periclinalmente uma ou mais vezes, dando origem a células que se diferenciam em elementos floemáticos, com ou sem divisões adicionais, segundo vários planos. Denominada, às vezes, *célula-mãe do floema*.

Inicial fusiforme. No câmbio vascular; célula alongada com extremidades chanfradas, que dá origem aos elementos do sistema axial no xilema e floema secundários.

Inicial subapical. Na folha; célula situada sob a protoderme no ápice de um primórdio foliar que, por sucessivas divisões, forma células em direção ao tecido interior da folha.

Inicial xilemática. Célula cambial situada no lado xilemático da zona cambial que se divide periclinalmente uma ou mais vezes e forma células que se diferenciam em elementos xilemáticos com ou sem divisões suplementares em vários planos. Às vezes denominada célula-mãe do xilema.

Intususcepção. Da parede celular. Crescimento por interpolação de material parietal novo no interior da parede previamente formada.

Isodiamétrico. De formato regular, apresentando todos os diâmetros de igual comprimento.

Isótropo. Apresentando propriedades semelhantes em todas as direções. Opticamente isótropo, não desviando a luz.

Lacuna. Geralmente, espaço contendo ar, que varia quanto a origem. (Veja *lisígeno*, *rexígeno* e *esquizógeno*).

Lacuna de ramo. Na região nodal de um caule. Área de parênquima do cilindro vascular do tronco principal, ocorrendo no ponto em que os traços de ramos são afastados da região vascular do tronco principal, em direção ao ramo. Geralmente confluindo com a lacuna foliar da folha subtendente ao ramo.

Lacuna do protoxilema. Espaço circundado por células do parênquima no protoxilema de um feixe vascular. Aparece em algumas plantas depois de haver cessado a extensão e a função dos elementos traqueais do protoxilema.

Lacuna foliar. Na região nodal do caule; região parenquimática no cilindro vascular, ocorrendo no ponto em que um traço foliar se desvia do sistema vascular do caule, em direção à folha.

Lamela. Placa ou camada delgada.

Lamela média. Entre paredes celulares; camada de material intercelular, na maioria, de natureza péctica, cimentando paredes primárias de células contíguas.

Lamela média composta. Termo aplicado à designação das duas paredes primárias e a lamela média; algumas vezes inclui também as primeiras camadas da parede secundária depositadas sobre as paredes primárias.

Lâmina. Na folha; limbo ou parte expandida da folha.

Látex. Fluido geralmente leitoso contido nos laticíferos. Consiste de uma variedade de substâncias orgânicas e inorgânicas, incluindo freqüentemente borracha.

Laticífero. Célula ou séries de células contendo um fluido característico denominado látex.

Laticífero articulado. Laticífero composto, constituído por mais de uma célula. As paredes entre células contíguas podem ou não ser parcial ou totalmente removidas durante a ontogênese. Pode ser anastomosado ou não.

Laticífero composto. Constituído por mais de uma célula. Laticífero *articulado*.

Laticífero não-articulado. Laticífero simples; célula única geralmente multinucleada, podendo ou não ramificar-se.

Laticífero simples. Laticífero constituído de uma célula. *Laticífero não-articulado*.

Lenho. Xilema secundário.

Lenho com poros em anel. Lenho no qual os poros (vasos) do lenho precoce são nitidamente maiores do que os do lenho tardio e formam uma zona bem definida — o anel — no corte transversal do lenho.

Lenho com poros difusos. Lenho no qual os poros (vasos) se distribuem mais ou menos uniformemente em uma camada de crescimento ou mudam, apenas gradativamente, em tamanho, do lenho primaveril ao estival.

Lenho de compressão. Lenho de reação em coníferas. Formado nos lados inferiores dos ramos ou dos caules arrimados ou tortuosos; caracterizado por estrutura densa, forte lignificação e outras peculiaridades.

Lenho de reação. Lenho apresentando característicos anatômicos mais ou menos diferenciados que se forma nas partes do caule e ramos apoiados ou tortuosos e aparentemente tendendo a restaurar a posição original. *Lenho de compressão* nas coníferas e *lenho de tensão*, nas dicotiledôneas.

Lenho de tensão. Lenho de reação nas dicotiledôneas, formado nas partes superiores dos ramos e caules, apoiados ou tortuosos, caracterizado por ausência de lignificação e, freqüentemente, por alto conteúdo de fibras gelatinosas.

Lenho estival. Veja *lenho tardio*.

Lenho estratificado. Lenho no qual as células axiais e os raios se dispõem em séries horizontais nas superfícies tangenciais. Em certos casos, somente os raios são estratificados ocasionando ondulações visíveis a olho nu. (Em inglês, *stratified* ou *storied wood*).

Lenho não-estratificado. Lenho no qual as células axiais e radiais não se dispõem em séries horizontais nas superfícies tangenciais.

Lenho não-poroso. Xilema secundário privado de vasos.

Lenho poroso. Xilema secundário apresentando vasos.

Lenho precoce. Lenho formado na primeira parte do anel de crescimento. Menos denso, apresentando células maiores do que o lenho estival ou tardio. Substitui *lenho primaveril*.

Lenho primaveril. Veja *lenho precoce.*
Lenho serrado em quatro. Lenho serrado ao longo do plano radial de modo a que a superfície radial fique exposta.
Lenho tardio. Lenho formado nas partes finais de uma camada de crescimento. Mais denso, apresentando células menores que as do lenho precoce. Substitui lenho estival.
Lenticela. Formação especial na periderme que se distingue do felema por apresentar espaços intercelulares. O tecido da lenticela pode ou não ser suberizado.
Leptoma. Em plantas com sementes refere-se aos elementos condutores e parenquimáticos do floema, isto é, elementos crivados, células companheiras e outras células do parênquima, excluindo-se as de sustentação.
Leucoplastídio. Plastídio incolor.
Lignificação. Impregnação por lignina.
Lignina. Substância ou mistura de substâncias orgânicas de elevado conteúdo de carbono, mas diferente dos carboidratos; encontra-se associada à celulose nas paredes de numerosas células.
Linha lúcida. Linha contínua, ao longo da epiderme, vista em cortes de certas sementes de leguminosas. Resultado da junção de regiões de alto grau de refração nas paredes de células epidérmicas adjacentes. Supõe-se que estas regiões sejam altamente impermeáveis.
Lisígeno. Quando aplicado ao espaço intercelular. Originado pela dissolução de células.
Litocisto. Célula contendo um cistólito.
Lume (na célula vegetal). Espaço delimitado pela parede celular.
Macroesclereídeo. Esclereídeo um tanto alongado com paredes secundárias distribuídas desigualmente. Comum em sementes de Leguminosae, nas quais os macroesclereídeos formam a epiderme. Também chamada célula de Malpighi.
Macrofibrila. Agregado de microfibrilas; visível ao microscópio ótico.
Madeira dura. Madeira produzida por dicotiledôneas lenhosas.
Madeira mole ou **madeira branca.** Lenho produzido pelas árvores coníferas.
Maduro. Um termo de conveniência aplicado às células ou tecidos que tenham completado sua diferenciação e, conseqüentemente, tenham assumido a função ou estágio característico de sua espécie, numa parte inteiramente desenvolvida do corpo vegetal.
Massa meristemática. Tecido meristemático no qual as células se dividem segundo vários planos, de modo a causar aumento em volume do tecido.
Matriz. Em geral refere-se a um meio no qual se encontra incluída alguma coisa.
Medula. Tecido fundamental localizado no centro de um caule ou raiz. A homologia entre a medula da raiz e a do caule é controvertida.
Medula com diafragma. Medula na qual se alternam camadas transversais (diafragmas) de células com paredes firmes e regiões de células tenras. Estas podem ser destruídas com a idade, formando-se, então, na medula, pequenos compartimentos.
Membrana celular. Tradução do alemão *Zellmembrane.*
Membrana de pontuação. Parte da camada intercelular e da parede celular primária que limita externamente a cavidade (câmaras) de pontuação.
Membrana plasmática. Veja *ectoplasto.*
Meristema. Tecido relacionado primordialmente com a síntese protoplásmica e a formação de novas células, por divisão.
Meristema adaxial. Tecido meristemático localizado na face adaxial da folha, que contribui para o aumento em espessura do pecíolo e da nervura mediana.
Meristema apical. Grupo de células meristemáticas localizadas no ápice da raiz ou do caule que, por divisão, produz os precursores dos tecidos primários da raiz ou do caule. Pode ser vegetativo (isto é, dando origem a órgãos e tecidos vegetativos) ou reprodutor (isto é, em angiospermas, o meristema floral origina órgãos e tecidos florais, incluindo as células reprodutoras).
Meristema apical reprodutor. Veja *meristema apical.*
Meristema axilar. Meristema localizado na axila de uma folha dando origem a uma gema axilar.
Meristema em costela. Tecido meristemático, no qual as células se dividem segundo ângulos retos em relação ao eixo longitudinal do caule, raiz ou folha, produzindo um complexo de fileiras celulares paralelas (costelas). Característico do meristema fundamental de órgãos que assumem formato cilíndrico. Também chamado de *meristema em fileira.*
Meristema em fileira. Veja *meristema em costela.*
Meristema em placa. Tecido meristemático constituído de camadas celulares paralelas que se dividem apenas anticlinalmente em relação à maior superfície do tecido. Característico do meristema fundamental de partes de plantas que adquirem formato achatado, como a folha.
Meristema floral. Meristema floral apical. Veja *meristema apical.*
Meristema floral apical. Veja *meristema apical.*
Meristema fundamental. Meristema primário ou tecido meristemático derivado do meristema apical e dando origem aos tecidos fundamentais.
Meristema intercalar. Tecido meristemático derivado do meristema apical e que continua sua atividade meristemática a certa distância daquele. Pode intercalar-se entre tecidos mais ou menos maduros.

Glossário

Meristema isolado. Meristema que dá origem à gema axilar e apresentando-se destacado do meristema apical, em virtude da interveniência de células vacuoladas. Meristema axilar.
Meristema marginal. Na folha, meristema localizado ao longo da margem de um primórdio foliar que dá origem à lâmina. Pode apresentar iniciais marginais e submarginais diferentes. Relacionado ao *crescimento marginal*.
Meristema primário. Empregado geralmente para designar cada um dos três tecidos meristemáticos derivados do meristema apical: protoderme, meristema fundamental e procâmbio.
Meristema primário de espessamento. Meristema derivado do meristema apical e responsável pelo crescimento primário em espessura do eixo caulinar. Pode apresentar-se como zona de revestimento reconhecível. Encontrado, amiúde, em dicotiledôneas.
Meristema residual. Refere-se ao resíduo da parte menos diferenciada do meristema apical. Tecido relativamente mais meristemático do que os tecidos em processo de diferenciação a ele associados, debaixo do meristema apical. Origina o procâmbio e parte do tecido fundamental.
Meristema vascular. Termo de significação geral, aplicável ao *câmbio vascular* e ao *procâmbio*.
Mesocarpo. Camada mediana do pericarpo.
Mesocótilo. Entrenó localizado entre o nó escutelar e o coleóptilo no embrião e na plântula de gramíneas.
Mesófilo. Parênquima fotossintetizante da folha localizado entre camadas da epiderme.
Mesófilo cêntrico. Modificação do mesófilo isobilateral no qual as camadas paliçádicas abaxial e adaxial são contínuas. Encontra-se em folhas cilíndricas estreitas.
Mesófilo isobilateral. Veja *folha isobilateral*.
Mesomorfo. Refere-se a caracteres estruturais típicos de plantas (mesófitas) que exigem abundante quantidade de água no solo e atmosfera relativamente úmida.
Metafloema. Parte do floema primário que se diferencia depois do protofloema ou antes do floema secundário, quando presente.
Metaxilema. Parte do xilema primário que se diferencia do protoxilema ou antes do xilema secundário, quando presente.
Micela. Atualmente empregado para designar partes das microfibrilas de celulose nas quais as moléculas de celulose se dispõem paralelamente umas às outras, de tal modo que os átomos formam uma estrutura cristalina, em treliça.
Micorriza. União simbiótica de fungos e raízes. Pode ser ectotrófica (as hifas envolvem a raiz do hospedeiro) ou endotrófica (as hifas localizam-se totalmente no interior das células).
Microfibrila. Componente filiforme da parede celular constituído de moléculas celulósicas; visível somente com o microscópio eletrônico.
Micromícron. Milionésimo de mícron. Centésimo de ångström. Símbolo $\mu\mu$.
Mícron. Milésimo de milímetro. Dez mil ångströns. Símbolo μ.
Microssomo. Várias definições. A mais amplamente aceita: pequenas partículas citoplasmáticas (de aproximadamente 250 ångströns de diâmetro) associadas à síntese de proteína.
Milimícron. Milésimo de mícron ou milionésimo de milímetro. Dez ångströns. Símbolo $m\mu$.
Mitocôndrios. Pequenos corpúsculos protoplasmáticos no citoplasma, variando, em tamanho, de uma fração de mícron de diâmetro a formas alongadas de vários mícrons de comprimento. Considerados como sedes de enzimas relacionadas com os fenômenos respiratórios. Freqüentemente chamados de condriossomos.
Morfogênese (da planta). Origem da forma. Soma de fenômenos relacionados com a diferenciação e desenvolvimento de tecidos e órgãos.
Morfologia (de plantas). Área da ciência relacionada com a forma, estrutura e desenvolvimento das plantas.
Mucilagem. Nos elementos crivados. Inclusão relativamente viscosa, considerada, de modo geral, como composta de proteína.
Multisseriado. Constituído de muitas camadas de células.
Nectário. Estrutura glandular multicelular secretora de um líquido açucarado. Ocorre em flores (*nectários florais*) ou em partes vegetativas da planta (*nectários extraflorais*).
Nectário extrafloral. Veja *nectário*.
Nectário floral. Veja *nectário*.
Nervura (veia). Feixe de tecido vascular num órgão laminar, como a folha. Daí, nervação e venação foliar.
Nó. Parte do caule na qual se inserem uma ou mais folhas. Não está claramente delimitado do ponto de vista anatômico.
Nó multilacunar. No caule; nó provido de numerosas lacunas foliares relacionadas com uma folha.
Nó trilacunar. No caule; um nó com três lacunas foliares relacionadas com uma folha.
Nó unilacunar. Um nó com uma única lacuna relacionada com uma folha. Se duas ou mais folhas estiverem inseridas nesse nó, cada uma delas estaria associada a uma lacuna.
Ontogenia. História da vida do desenvolvimento do organismo individual ou de uma de suas partes.
Órgão (da planta). Parte visivelmente diferenciada da planta, tal como raiz, caule, folha e partes da flor.
Ortóstica. Em filotaxia; linha vertical ao longo da qual se insere fila de folhas ou escamas sobre um eixo. Geralmente, é mais uma espiral muito aberta que uma linha reta.
Osteoesclereídeo. Esclereídeo em formato de osso apresentando região mediana colunar e dilatação em ambas as extremidades.

Panicóide. Pertencente à subfamília Panicoideae, das gramíneas.
Papila. Tipo de tricoma. Protuberância de pequeno relevo.
Par de pontuações. Duas pontuações complementares de células adjacentes. Componentes principais são duas *cavidades de pontuação* e a *membrana da pontuação.*
Par de pontuação. Um par de pontuações areoladas intercelulares.
Par de pontuação semi-areolado. Apareamento intercelular de uma pontuação simples com outra areolada.
Par de pontuações simples. Aparceiramento intercalar de duas pontuações simples.
Paradérmico. Diz respeito a cortes praticados paralelamente à superfície de um órgão achatado como, por exemplo, a folha; também denominado *tangencial.*
Parástica. Em filotaxia; linha curva (hélice) ao longo da qual se insere uma fila de folhas ou escamas sobre um eixo. Veja também *ortóstica.*
Parede. Veja *parede celular.*
Parede celular. Membrana mais ou menos rígida envolvendo o protoplasto da célula. Nas plantas superiores, composta de polissacarídeos, constituída principalmente de celulose e outras substâncias orgânicas e inorgânicas. O termo é usado com três sentidos: (1), parede celular de uma célula individual, (2) divisão entre duas células, constituída de substância intercelular e duas paredes pertencentes a duas células adjacentes, e (3), camada parietal primária ou secundária.
Parede celular primária. Versão baseada em estudos realizados com microscópio ótico; parede celular principalmente enquanto a célula aumenta em tamanho. Versão baseada em estudos por microscópio eletrônico: parede celular na qual as microfibrilas de celulose mostram orientações variadas — desde o acaso até mais ou menos paralela — que podem mudar consideravelmente durante o aumento do tamanho da célula. As duas versões não são necessariamente coincidentes quanto à delimitação das paredes secundária e primária.
Parede celular secundária. Versão baseada nos estudos feitos por meio do microscópio ótico: parede celular depositada em algumas células sobre a parede primária depois desta haver cessado de crescer em superfície. Versão baseada em estudos com microscópio eletrônico: parede celular na qual microfibrilas de celulose apresentam orientação paralela bem definida. As duas versões não coincidem necessariamente na delimitação das paredes secundária e primária.
Parede do fruto. Parte externa do fruto, derivada da parede do ovário (*pericarpo*) ou desta e partes acessórias associadas ao ovário, no fruto.
Parede nacarada. Espessamento de paredes ocorrendo em elementos crivados de certas plantas. Ainda não analisado, em termos de classificação, se se trata de paredes primárias ou secundárias.
Parede "nacré". Veja *parede nacarada.*
Parede terminal nodular. Nas células parênquimáticas do xilema. A parede celular que forma ângulo reto com o eixo longitudinal da célula imita contas de rosário, devido a pontuações muito profundas.
Parênquima. Tecido constituído de células parenquimáticas.
Parênquima apotraqueal. No lenho; parênquima axial tipicamente independente dos poros ou vasos, incluindo os apotraqueais: limitante (*inicial* ou *terminal*), *em faixa* e *difuso.*
Parênquima apotraqueal difuso. No lenho; parênquima axial apresentando-se sob forma de células isoladas ou feixes distribuidos irregularmente entre as fibras, quando visto em corte transversal. Veja também *parênquima apotraqueal.*
Parênquima apotraqueal em faixa. No lenho; faixas concêntricas de parênquima axial, quando vistas em cortes transversais; tipicamente independentes dos poros ou vasos. Veja também *parênquima apotraqueal.*
Parênquima apotraqueal inicial. Veja *parênquima apotraqueal limitante.*
Parênquima apotraqueal limitante. No lenho; células do parênquima axial ocorrendo isoladas ou em forma de camada mais ou menos contínua, de uma estação de crescimento (*inicial*) ou no fim dela (terminal). Veja também *parênquima apotraqueal.*
Parênquima apotraqueal terminal. Veja *parênquima apotraqueal limitante.*
Parênquima axial. No tecido vascular secundário; células parenquimáticas do sistema axial, contrastando com as células parenquimáticas do raio.
Periderme de cicatrização. Periderme formada em resposta a algum ferimento ou outras lesões.
Parênquima do floema. Células do parênquima que ocorrem no floema. No floema secundário diz respeito ao parênquima axial.
Parênquima do raio. No tecido vascular secundário, células parenquimáticas componentes de um raio vascular. Em oposição ao parênquima axial.
Parênquima esponjoso. Parênquima do mesófilo (folha) com espaços intercelulares conspícuos. As células variam de formato.
Parênquima horizontal. Veja *parênquima radial.*
Parênquima longitudinal. Veja *parênquima axial.*
Parênquima paliçádico. Parênquima foliar, caracterizado pelo formato alongado das células e disposição perpendicular em relação à superfície da folha.
Parênquima paratraqueal. No lenho; parênquima axial associado a vasos e outros elementos traqueais. Compreende *vasicêntrico, aliforme* e *confluente.*
Parênquima paratraqueal aliforme. No lenho; grupos de células parenquimáticas vasicêntricas apresentando

extensões aliformes, quando vistas em cortes transversais. Veja também *parênquima paratraqueal* e *parênquima paratraqueal vasicêntrico*.
Parênquima paratraqueal confluente. No lenho; grupos de células parênquimáticas aliformes que coalescem formando faixas tangenciais ou diagonais irregulares quando vistas em corte transversal. Veja também *parênquima paratraqueal* e *parênquima paratraqueal aliforme*.
Parênquima radial. Veja *parênquima do raio*.
Parênquima vertical. Veja *parênquima axial*.
Partes acessórias. Partes não-derivadas do ovário, mas associadas ao fruto.
Pêlo glandular. Tricoma apresentando extremidade unicelular ou multicelular constituída de células secretoras. Geralmente originada em pedúnculo de células não-glandulares.
Pêlo peltado. Tricoma constituído de uma placa celular discóide, situada num pedúnculo ou inserida diretamente sobre o pé.
Pêlo radicular. Tipo de tricoma da epiderme da raiz que é simples expansão de uma célula epidérmica. Relacionado com a absorção da solução existente no solo.
Pêlo secretor. Também *pêlo glandular*. Tricoma apresentando ápice único ou multicelular. Constituído de células secretoras. Geralmente forma-se sobre um pedúnculo de células não-glandulares.
Periblema. Meristema formador do córtex. Um dos três histógenos, segundo Hanstein.
Pericarpo. Parede do fruto que se desenvolve a partir da parede do ovário.
Periciclo. Parte do tecido fundamental do estelo localizado entre o floema e a endoderme. Em plantas com sementes, regularmente presente nas raízes e ausente na maioria dos caules.
Periclinal. Paralelo à circunferência.
Periderme. Tecido protetor secundário derivado do felogênio (câmbio do súber) e que substitui a epiderme, principalmente em caules e raízes. Consiste de *felema* (súber), *felogênio* e *feloderme*.
Perisperma. Tecido de reserva das sementes, semelhante a endosperma, mas derivado do nucelo.
Placa celular. Estrutura que aparece por ocasião da telófase entre os dois novos núcleos formados durante a mitose e indicando o começo da divisão celular (citoquinese), por meio de nova parede celular. Formada no fragmoplasto e possivelmente constituída de substâncias componentes da lamela média.
Placa crivada. Parte da parede de um elemento crivado portando uma ou mais áreas crivadas altamente diferenciadas. Típica das angiospermas.
Placa crivada composta. Placa crivada constituída de várias áreas crivadas em arranjo escalariforme ou reticulado.
Placa crivada escalariforme. Placa crivada composta apresentando áreas crivadas alongadas, segundo disposição paralela em padrão de escala (escalariforme).
Placa crivada reticulada. Placa crivada composta, com áreas crivadas que se dispõem de modo a formar padrão de rede.
Placa crivada simples. Placa crivada com uma área crivada.
Placa de perfuração. Parte perfurada da parede de um elemento de vaso.
Placa de perfuração escalariforme. Em elementos de vaso; tipo de placa multiperfurada, na qual as perfurações alongadas se dispõem em arranjo paralelo, umas com as outras formando um padrão de escada (escalariforme). As partes remanescentes da placa entre as aberturas, são denominadas "barras".
Placa de perfuração multiperfurada. Em elementos de vasos; placa de perfuração apresentando mais de uma perfuração. Veja também *placa de perfuração*.
Placa de perfuração reticulada. Em elemento de vaso; tipo de placa multiperfurada na qual as perfurações formam padrões em rede.
Placa de perfuração simples. Em elementos de vasos; placa com uma única perfuração.
Plasmodesma. Filamento de citoplasma que atravessa um poro da parede e une, em geral, os protoplastos de células adjacentes.
Plastídio. Corpúsculo citoplasmático diferenciado como centro de atividade química e/ou vital.
Plastocrono. Intervalo de tempo mediando entre dois eventos sucessivos e repetitivos como, por exemplo, a origem de primórdios foliares, alcance de certos estágios de desenvolvimento de uma folha etc.; variável em comprimento quando medido em unidades de tempo.
Pleroma. Meristema formador do centro do eixo, composto pelos tecidos vasculares primários associados ao tecido fundamental, como a medula. Um dos três histógenos, segundo Hanstein.
Poliarca. Xilema primário. Apresenta numerosos feixes de protoxilema ou pólos protoxilemáticos.
Poliderme. Tipo especial de tecido protetor no qual camadas celulares com característica de endoderme, alternam-se com camadas de células parenquimáticas não-suberizadas.
Pólos protofloemáticos. Termo de conveniência para designar zonas de protofloema que amadurecem em primeiro lugar no sistema vascular de um órgão vegetal. Aplicado a cortes transversais.
Pólos protoxilemáticos. Expressão de conveniência para designar pontos de elementos xilemáticos que amadurecem primeiro no sistema vascular de um órgão vegetal. Aplica-se em observações de cortes transversais.
Ponto de Caspary. Veja *estria de Caspary*.
Pontuação. Depressão ou região delgada na parede celular. Na parede primária é designada como pontuação primária ou *campo de pontuação primário*. Em geral, faz parte de um *par de pontuações*.
Pontuação areolada. Pontuação na qual a parede secundária se arqueia sobre a membrana de pontuação.

Pontuação areolada circular. Provida de abertura circular.
Pontuação aspirada. No lenho; pontuação areolada na qual a membrana de pontuação é deslocada lateralmente e o toro bloqueia a abertura.
Pontuação cega. Pontuação sem pontuação complementar na parede celular adjacente, que pode estar voltada em direção ao lume celular ou a um espaço intercelular.
Pontuação intervascular. Em elementos traqueais, pontuações entre elementos traqueais.
Pontuação primária. Veja *campo de pontuação primária*.
Pontuação ramificada. Veja *pontuação ramiforme*.
Pontuação ramiforme. Pontuação simples com câmara de pontuação coalescente, semelhante a canal, como ocorre em células pétreas.
Pontuação simples. Pontuação cuja câmara se torna mais larga, permanece com largura constante ou somente se torna gradativamente mais estreita durante o crescimento em espessura da parede secundária, isto é, em direção ao lume da célula.
Pontuações alternas. Em elementos traqueais, pontuações em fileiras diagonais.
Pontuações escalariformes. Em elementos traqueais; pontuações alongadas dispostas paralelamente, de modo a formar padrão semelhante a escada (escalariforme).
Pontuações opostas. Em elementos traqueais; pontuações em pares horizontais ou em fileiras horizontais curtas.
Poro. No lenho; termo de conveniência para designar o corte transversal de um vaso.
Poro de pontuação. Abertura da pontuação para o interior da célula. Nos casos em que existe canal de pontuação numa pontuação areolada, reconhecem-se duas aberturas: a *interna*, do lume celular em direção ao canal e a *externa*, do canal em direção a câmara (cavidade) da pontuação.
Poro múltiplo. No lenho; grupo de dois ou mais poros (corte transversal de vasos) reunidos e achatados ao nível das superfícies de contato. *Poros radiais múltiplos*, poros em fila radial; *poros aglomerados*, agrupamento irregular.
Poro radial múltiplo. Veja *poro múltiplo*.
Poro solitário. No lenho; poro (vaso cortado transversalmente) rodeado por células que não são elementos de vaso.
Primórdio. Órgão, célula ou série organizada de células em seu estágio inicial de diferenciação como, por exemplo, primórdio foliar, primórdio de esclereídeo e primórdio de vaso.
Procâmbio. Meristema primário ou tecido meristemático que se diferencia em tecido vascular primário. Também chamado *tecido provascular*.
Procâmbio floemático. Parte do procâmbio que se diferencia em floema primário.
Procâmbio xilárico. A parte do procâmbio que se diferencia em xilema primário. Às vezes denominado procâmbio xilóico.
Proembrião. Embrião em estágio inicial de desenvolvimento, geralmente antes de que o desenvolvimento do corpo e suspensor se tornem evidentes.
Prófilo. Uma das primeiras folhas de um ramo lateral.
Promeristema. No meristema apical; células iniciais e suas mais recentes derivadas. É a parte mais distal do caule ou da raiz.
Proplastídio. Plastídio em seu estado inicial de desenvolvimento. Plastídio primário.
Protoderme. Meristema ou tecido meristemático primário que origina a epiderme. Epiderme em estágio meristemático. Pode ou não originar-se de iniciais independentes.
Protofloema. Os primeiros elementos floemáticos formados num órgão vegetal. Primeira parte do floema primário.
Protoplasma. Substância viva. Termo empregado para designar todo o conteúdo de uma célula ou de um organismo.
Protoplasto. Unidade viva organizada de uma célula.
Protostelo. O tipo mais simples de estelo contendo uma coluna sólida de tecido vascular.
Protuberância foliar. Protrusão lateral na base de meristema apical constituindo o estágio inicial de um primórdio foliar em desenvolvimento.
Protoxilema. Primeiros elementos do xilema formados num órgão vegetal. Primeira parte do xilema primário.
Proximal. Mais próximo da origem ou do local de inserção.
Púlvino. Aumento da base do pecíolo de uma folha ou peciólulo de um folíolo. Estrutura que desempenha papel nos movimentos dos dois órgãos citados.
Quimera. Combinação na mesma parte da planta de tecidos de constituição genética diferente.
Radícula. Raiz do embrião. Constitui a continuação basal do hipocótilo no embrião.
Rafe. Saliência situada ao longo do corpo de uma semente, formada pela parte do funículo que estivera adnata ao óvulo (em óvulos anátropos).
Ráfide. Cristal acicular. Ocorre em companhia de outros cristais do mesmo tipo, formando feixes estreitamente unidos em pacote.
Raio. Lâmina de tecido, variável em altura e largura, formada pelas iniciais radiais do câmbio vascular, que se estende em sentido radial nos xilema e floema secundários.
Raio agregado. No tecido vascular secundário; grupo de raios pequenos dispostos de forma a parecer um raio grande.

Glossário

Raio bisseriado. No tecido vascular secundário; raio de duas células de largura.
Raio do floema. Parte do raio vascular localizado no floema secundário.
Raio heterocelular. No tecido vascular secundário; raio constituído por células de mais de um formato. Nas dicotiledôneas, de células procumbentes, quadrangulares ou eretas (estas duas últimas classificadas como tipo único); nas coníferas, células parenquimáticas e traqueídeos do raio.
Raio homocelular. Nos tecidos vasculares secundários; raio formado por células de formato único; em dicotiledôneas, células procumbentes, quadrangulares e eretas estas duas últimas classificadas como tipo único; em coníferas, apenas por células do parênquima.
Raio medular. Região interfascicular do caule.
Raio multisseriado. No tecido vascular secundário; raio de poucas a muitas células de largura.
Raio unisseriado. Nos tecidos vasculares secundários; da largura de uma célula.
Raio vascular. Raio do xilema ou floema secundários. Veja *raio* e *sistema radial*.
Raio xilemático. Parte do raio vascular localizado no xilema secundário.
Raiz adventícia embrionária. Raiz iniciada no embrião sobre o hipocótilo ou mais acima, no eixo.
Raiz contrátil. Raiz que sofre contração durante algum tempo de seu desenvolvimento, ocasionando, em conseqüência, mudanças de posição das porções caulinares em relação ao solo.
Raiz lateral (Branch root). Raiz que se origina de outra mais velha; também chamada de raiz secundária no caso em que a mais velha seja pivotante ou primária.
Raiz pivotante. A primeira raiz ou raiz primária, formada diretamente a partir da radícula do embrião.
Raiz primária. Raiz pivotante, resultante do desenvolvimento da radícula do embrião.
Raiz secundária. Veja *ramificação da raiz*.
Rediferenciação. Diferenciação reversa de uma célula ou de um tecido e subseqüente diferenciação em outro tipo de célula ou tecido.
Região de transição. No corpo primário, a região na qual as estruturas contrastantes da raiz e do caule se unem e que, portanto, possui características de transição em relação à raiz e ao caule.
Região interfascicular. Região tissular localizada entre feixes vasculares no caule. Também denominada *raio medular*.
Região ou zona perimedular. Região periférica da medula, também denominada *bainha medular*.
Retículo. Rede.
Rexígeno. Aplicado a um espaço intercelular. Origina-se da separação de células.
Ritidoma. Periderme e tecidos por esta isolados. Inclui massas de tecido cortical e floemático nos caules jovens e floema secundário nos mais velhos. Termo técnico para designar a casca externa. (O floema secundário constitui a casca interna.)
Rizoderme. Epiderme da raiz. Termo usado para expressar a opinião segundo a qual a epiderme da raiz não é homóloga à do caule.
Semente com albume. Semente contendo endosperma, quando madura.
Semente exalbuminosa. Semente sem endosperma, quando madura.
Septo. Um tabique, uma parede divisória.
Seriação radial. Ocorrência de uma série ordenada numa direção radial.
Sifonostelo. Tipo de estelo em que o sistema vascular aparece em forma de cilindro oco; isto é, a medula está presente.
Sifonostelo anfiflóico. Estelo apresentando medula e duas regiões de floema, uma externa e a outra interna, em relação ao xilema.
Sifonostelo ectoflóico. Estelo apresentando medula e uma região de floema, em posição externa ao xilema.
Sindetoqueílico. Tipo de estômato das gimnospermas. As células subsidiárias (ou suas precursoras) derivam da mesma célula protodérmica, tal como a célula-mãe, da célula-guarda.
Sistema axial. No tecido vascular secundário; todas as células derivadas das iniciais cambiais fusiformes e orientadas com o seu diâmetro maior paralelamente ao eixo principal do caule ou da raiz. Outros termos: *sistema vertical* e *sistema longitudinal*.
Sistema de tecido. Tecido ou tecidos de uma planta ou de seus órgãos, organizado estrutural e funcionalmente em unidade.
Sistema de tecido dérmico. A epiderme ou a periderme.
Sistema de tecido fascicular. Sistema de tecido vascular.
Sistema do tecido fundamental. Veja também *tecido fundamental*.
Sistema pivotante. Sistema radicular, baseado na raiz pivotante, que pode possuir ramificações de várias ordens.
Sistema radial. Nos tecidos vasculares secundários; totalidade dos raios, em contraste com o sistema axial. Sin.: *sistema horizontal*.
Sistema radicular fasciculado. Sistema radicular composto de numerosas raízes, aproximadamente iguais em comprimento e espessura. Nas gramíneas e em numerosas outras monocotiledôneas.
Sistema vascular. O conjunto de todos os tecidos vasculares em suas disposições específicas na planta ou em um de seus órgãos. Em contraste com o cilindro vascular, cilindro central ou estelo, não inclui tecidos fundamentais.
Sistema tissular fundamental. Todo o complexo de tecidos fundamentais, com a exceção da epiderme (ou periderme) e do tecido vascular.

Sistema tissular heterogêneo do raio. Nos tecidos vasculares secundários; todos os raios são heterocelulares ou homocelulares e heterocelulares combinados. (Não se emprega para coníferas.)
Sistema tissular homogêneo do raio. Nos tecidos vasculares secundários; todos os raios são homocelulares, constituídos somente de células procumbentes. (Não empregado para coníferas.)
Solenostelo. Uma forma de sifonostelo anfiflóico.
Súber de cicatrização. Veja *periderme de cicatrização*.
Súber estratificado. Tecido protetor encontrado nas monocotiledôneas. As células suberizadas ocorrem em fileiras radiais, cada qual constituída de várias células, todas derivadas de uma só. (Em inglês, *storied cork*).
Súber interxilemático. Súber que se desenvolve entre os elementos do tecido xilemático.
Suberina. A mesma definição que se usa para cutina, com a qual está estreitamente relacionada.
Suberização. Impregnação da parede com suberina ou deposição de lamelas de suberina na parede.
Substância intercelular. Veja *lamela média*.
Substâncias ergásticas. Produtos passivos do protoplasma, tais como grãos de amido, gotículas de gordura, cristais e líquidos. Ocorrem no citoplasma, vacúolos e paredes celulares.
Substâncias pécticas. Grupo de carboidratos complexos derivados do ácido poligalacturônico. Ocorrem em três tipos principais: protopectina, pectina e ácido péctico. Constituinte principal da substância intercelular ou lamela-média. Também presente nas paredes celulares.
Tabular. Com formato de chapa ou tábua.
Tampão de mucilagem. Acumulação de mucilagem numa área crivada. Forma-se, aparentemente, como resposta ao seccionamento do floema.
Tangencial. Na direção da tangente; em ângulos retos com o raio. Pode coincidir com *periclinal*.
Tanino. Termo coletivo para um grupo heterogêneo de derivados fenólicos. Substância amorfa fortemente adstringente, largamente distribuída entre as plantas e usada em curtume, tingimento e preparação de tintas.
Tapetum. Na antera; camada de células que revestem o lóculo e são absorvidas durante a maturação do grão de pólen.
Tepetum tegumentar. No óvulo; a epiderme do tegumento (ou do tegumento interno) localizada junto ao saco embrionário, consistindo de células que se colorem intensamente. Parecem desempenhar certo papel na nutrição do embrião.
Tecido. Material formado pela união de células, que podem ser de tipo similar (tecido simples) ou variado (tecido complexo).
Tecido caloso. Veja *calo*.
Tecido cicatricial ou de cicatrização. Constituído de células necrosadas em conseqüência de ferimentos e células subjacentes impregnadas de substâncias protetoras.
Tecido complementar. Na lenticela; veja *tecido de enchimento*.
Tecido condutor. Veja *tecido vascular*.
Tecido de enchimento. Em lenticelas; tecido frouxo formado pelo felogênio da lenticela, em direção à periferia. Pode ou não ser suberizado. Também denominado *tecido complementar*.
Tecido de sustentação. Refere-se ao tecido composto de células com paredes mais ou menos espessas, primárias (colênquima) ou secundárias (esclerênquima), que conferem resistência ao corpo da planta. Também denominado *tecido mecânico*.
Tecido de transfusão. Nas folhas de gimnospermas; tecido envolvente ou possivelmente associado ao feixe vascular, composto de traqueídeos e células parenquimáticas vivas. Veja *tecido de transfusão acessório*.
Tecido de transfusão acessório. Em folhas de certas gimnospermas; tecido de transfusão localizado no mesófilo, ao invés de estar associado ao feixe vascular.
Tecido dérmico. Tecido de revestimento das plantas ou seja, epiderme ou periderme. Também chamado *sistema de tecido dérmico*.
Tecido estigmatóide. Tecido aparentando semelhança citológica e fisiológica com os tecidos do estigma e que estabelece conexão entre este e o interior do ovário. Outras expressões são *tecido condutor*, ou *transmissor de pólen*. .
Tecido fundamental. Um dos tecidos constituintes do sistema *tissular* fundamental (em inglês, *fundamental tissue* e *ground tissue*).
Tecido mecânico. Veja *tecido de sustentação*.
Tecido provascular. Veja *procâmbio*.
Tecido vascular. Termo geral que se refere a cada um ou a ambos os tecidos vasculares — xilema e floema.
Tecido vascular primário. Tecido vascular (xilema e floema) que se diferencia do procâmbio durante o crescimento primário e diferenciação de uma planta vascular.
Tecidos vasculares secundários. Tecidos vasculares (xilema e floema) formados pelo câmbio vascular durante o crescimento secundário, em plantas vasculares. Diferenciado em sistemas axial e radial.
Tegumento da semente ou testa. Tegumento externo da semente, resultante do tegumento ou tegumentos do óvulo.
Tépala. Na flor; um elemento do perianto não diferenciado em cálice e corola.
Testa. Veja *tegumento da semente*.
Tetrarca. Xilema primário da raiz, possuindo quatro cordões ou pólos de protoxilema.

Glossário

Tilose. No lenho; protuberância de uma célula parenquimática radial ou axial, através de uma cavidade de pontuação, numa parede de vaso, bloqueando parcial ou inteiramente o lume deste.

Tilosóide. Semelhante à tilose; proliferação de células epiteliais num canal intercelular, tal como um ducto resinífero.

Tonoplasto. Membrana citoplasmática limitando o vacúolo, tendo como contraste, o *ectoplasto*.

Torus. Na pontuação areolada; parte central espessada da membrana de pontuação e constituindo-se da lamela média e de duas paredes primárias.

Trabécula. Na célula; parte de parede celular em formato de bastonete ou carretel atravessando o lúme da célula.

Traço cotiledonar. Traço foliar do cotilédone localizado no hipocótilo.

Traço de ramo. Feixe vascular do tronco principal estendendo-se entre suas conexões com o tecido vascular do ramo e uma unidade vascular do tronco principal. Na realidade, traço foliar de uma das primeiras folhas (prófilo) do ramo.

Traço foliar. Feixe vascular no caule que se estende entre a sua conexão com uma folha e com outra unidade vascular no caule. A folha pode possuir um ou mais traços. Algumas vezes todo o complexo de traços foliares é denominado traço foliar.

Transecção. Corte transversal.

Traqueídeo. Elemento traqueal do xilema, privado de perfurações, em contraste com o elemento de vaso. Pode ocorrer nos xilemas primário e secundário e apresentar qualquer tipo de espessamento parietal secundário encontrado nos elementos traqueais.

Traqueídeo axial. Traqueídeo (ou traqueide) no sistema axial do lenho; contrastando com o traqueídeo do raio.

Traqueídeo de transfusão. Traqueídeo situado no *tecido de transfusão*.

Traqueídeo radial. Forma parte de um raio. Encontra-se em certas coníferas.

Triarca. Xilema primário da raiz, contendo três cordões ou pólos de protoxilema.

Tricoblasto. Usado atualmente para designar células radiculares que dão origem aos pêlos radiculares.

Tricoesclereídeo. Tipo de esclereídeo ramificado, com delgados ramos filiformes estendendo-se em direção aos espaços intercelulares.

Tricoma. Protuberância da epiderme, de formato, tamanho e funções variáveis. Vários tipos, incluindo pêlos, escamas e outros.

Tubo crivado. Série de elementos crivados (elementos de tubo crivado) dispostos ponta a ponta e interconectados através de placas crivadas.

Túnica. Do meristema apical do caule; camada ou camadas de células periféricas que se dividem somente, ou quase, em plano anticlinal, desse modo condicionando o crescimento em superfície. Forma um manto ao redor do corpo.

Unisseriado. Consistindo de uma camada de células.

Vacúolo. Cavidade no citoplasma cheia de fluido aquoso, o suco celular.

Vaso. Série tubular de elementos de vasos cujas paredes adjacentes possuem perfurações.

Vaso laticífero. Um laticífero articulado ou composto no qual paredes celulares entre células contíguas são parcial ou completamente removidas.

Velame. Epiderme múltipla que cobre as raízes aéreas de algumas orquídeas e aráceas epífitas tropicais. Ocorre também em algumas raízes terrestres.

Venação. Disposição das nervuras ou veias na lâmina foliar.

Venação aberta. Na lâmina foliar; as nervuras maiores terminam livremente no mesófilo, isto é, sem conectar-se com outras nervuras por anastomose.

Venação dendróide. Tipo de venação no qual as nervuras de menor tamanho deixam de formar malhas fechadas ao redor de pequenas áreas do mesófilo.

Venação estriada. Veja *venação paralela*.

Venação fechada. Na lâmina foliar; padrão de venação caracterizado por nervuras anastomosantes.

Venação paralela. Na lâmina foliar; as nervuras maiores apresentando disposição aproximadamente paralela. (Convergindo no ápice e na base foliar).

Venação reticulada. Na lâmina foliar; nervuras formando um sistema anastomosado, com aspecto global de rede.

Venação reticulada. Na lâmina foliar; as nervuras formam um sistema anastomosado lembrando, em seu todo, uma rede.

Vesícula aquosa. Um dos tipos de tricoma. Célula epidérmica aumentada, rica de conteúdo aquoso.

Xeromórfico. Refere-se aos característicos típicos das plantas (xerófitas) adaptadas aos habitats secos.

Xilema. O principal tecido condutor de água das plantas vasculares caracterizado pela presença de elementos traqueais. O xilema pode ser também um tecido de sustentação, especialmente no xilema secundário (lenho ou madeira).

Xilema endarca. Feixe xilemático no qual a maturação das células progride centrifugamente. Os elementos mais velhos (protoxilema) estão mais próximos do centro do eixo. Típico dos caules de plantas com sementes, bem como das folhas nas quais o protoxilema mais antigo se encontra na face adaxial.

Xilema exarca. Feixe de xilema no qual a maturação das células progride centripetamente; os elementos mais velhos (protoxilema) encontram-se afastados do centro do eixo. Típico das raízes de plantas com sementes.

Xilema mesarca. Feixe xilemático em que a maturação das células tem início no centro e a seguir progride centrípeta e centrifugamente; isto é, os elementos mais velhos (os protoxilemas) encontram-se no centro do feixe.

Xilema primário. Tecido xilemático que se diferencia do procâmbio durante o crescimento primário e diferenciação de uma planta vascular. Em geral, dividido em protoxilema e metaxilema. Não é diferenciado em sistemas axial e radial.

Xilema secundário. Tecido xilemático formado pelo câmbio vascular durante o crescimento secundário, em planta vascular. Diferenciado em sistemas axial e radial.

Xilotomia. Anatomia do xilema ou lenho.

Zonação citoistológica. No meristema apical; presença de áreas apresentando características citológicas diferentes.

Zona conchoide. Nos primórdios de gemas axilares; zona de camadas celulares paralelas, encurvadas, cujo complexo assume aspecto de concha. É resultado da divisão celular regular ao longo dos limites proximais do primórdio.

Zona de transição. No meristema apical; zona de células que se dividem, dispostas de modo regular nas proximidades da periferia interna do promeristema, ou, mais especificamente, da célula-mãe central.

Índice

Os números em negrito indicam ilustrações não localizadas na página correspondente do texto a que se refere o assunto.

Abies, crescimento do ápice da raiz, 145; esclereídeos, **41**; folha, 226, **228**; lenho, 86, periderme, 117; raiz, **154**
Abietinae, folha, 228
Abscisão, da folha, **212**, 214; do fruto, 253
Acacia, lenho, 75
Acanthaceae, crescimento anômalo, 198
Acer, elemento crivado, 102; folha, **218**; lenho, 82, **83**, 86; pontuação, **65**; raio, **69**; súber, 121
Actaea, raiz, 155
Aerênquima, 27, 137
Aesculus, coléter, 126; fruto, 327; lenho, 82, 84
Agave, crescimento secundário, 199; fibras, 46
Ailanthus, elemento de vaso, 63
Aipo, colênquima, 34; parênquima, 25
Alburno, 61
Aleurona, grão de, 31
Aleurona, camada de, 250, 261
Alfafa, *veja Medicago*
Algodão, *veja Gossypium*
Allium, ápice da raiz, **144**; embrião, 11; esclereídeo, **43**, **44**; estômato, **53**, **55**; folha, 209, 222, 223; semente, **11**
Alnus, lenho, 86
Aloe, crescimento secundário, 199; periderme, 120, 200
Amaranthaceae, crescimento anômalo, 198
Amaryllidaceae, células secretoras, 129; semente, 261
Ambrosia, colênquima, **34**; endoderme, **162**
Amido, como substância ergástica, 29
Amido, grão de, **30**
Amiloplasto, 29, 30
Ampelidaceae, células secretoras, 129
Amygdalus, lenho, 85
Ananas, fibras de, 46
Angiosperma, folha (*veja também* Folha), 201
Anômalo, crescimento secundário, 155, **156**, **157**, 196
Antirrhinum, flor, **240**; placentação, **238**
Ápice da raiz, *veja* raiz, meristema apical da
Ápice da raiz, 18, **144**; terminação da, 19
Ápice do caule, *veja* caule, meristema apical do
Apium, colênquima, 34; parênquima, 25

Apocynaceae, floema interno, 163
Aquilegia, flor, **236**
Araceae, feixe vascular, 163; velame, 136
Araucaria, folha, 226, **228**; meristema apical do caule, 174
Araucariaceae, folha, 226; lenho, 75
Área crivada, 98, 99, **101**
Aréola, no mesófilo, 204
Aristolochia, caule, 25; fibras extraxilemáticas, 164; floema, 106
Artemisia, folha, 221
Articulado, laticífero, 131, **132**
Asclepiadaceae, crescimento anômalo, 197; floema interno, 163
Asparagus, semente, 256, 260, **261**
Atriplex, folha, **217**, 221
Avena, caule, 197, 199; feixe vascular, **105**; flor, **244**
Axial, parênquima, no lenho de coníferas, 76; no lenho de dicotiledôneas, 82
Axial, sistema, no lenho, 59
Axilar, gema, **168**, 177

Baccharis, folha, **218**
Bainha, de amido, 162, 195, **196**; extensão da, 207; do feixe vascular, 205; na folha de gramíneas, 225; medular, 163
Bambusa, caule, 199
Bambusaceae, folha, 225
Barra de Sânio (crássula), **64**
Batata, *veja Solanum*
Batata doce, *veja Ipomoea*
Bauhinia, crescimento anômalo, 199
Begonia, feixe vascular, 163
Berberis, periderme, 117
Beta, estômatos, **55**; floema, **106**; folha, 219; raiz, 135, 155, **156**; sementes, 256
Betula, coléter, 126; floema, 107; lenho, 82, 86; lenticela, 123; medula, 24; periderme, **115**, 120; súber, 121
Boehmeria, fibras, 46
Boraginaceae, folha, 221
Brassica, hidatódio, **128**; nó, **166**; raiz, 153; semente, **257**

Bromus, caule reprodutor, **243**, folha, **224**, raiz, **139**; raiz lateral, **148**
Brotação (tillering), 14, 135, 158
Buliforme, célula, 50, 224

Cactaceae, células secretoras, 129
Calamus, fibras, 47
Calose, 98, **100**, 101
Calycanthaceae, células secretoras, 129
Camada de crescimento, no floema, 111
Câmbio, atividade estacional, 191; em citoquinese, 95; no caule, 186; estratificado, 90; fascicular, 186; interfascicular, 186; não-estratificado, 90; do súber, 3, 114, 117; vascular, 3, 59, **76**, **79**, 90-96; vascular na raiz, 150; vascular no caule, 186
Camellia, esclereídeos, **43**, 44
Campo primário de pontuação, 27
Campo cruzado, **78**, 82
Campsis, floema, **100**, 106, 111
Canal secretor, 129; esquizógeno, **130**
Canna, folha, 223; parênquima, **24**
Cannabis, fibras, 45, 103; folha, **207**, 219
Capsella, embrião, **7**; epiderme, **51**
Capsicum, cromoplastídio, **30**; fruto, 252
Carex, folha, 223
Carica, látex, 132
Cariopse, **12**, 249, **250**
Carpelo, 234, **242**
Carpinus, lenho, 82, 83, 86; periderme, 117
Carya, coléter, 126; floema, 107; lenho, 75
Caryophyllaceae, folha, 221; semente, 261
Caspary, estrias de, 137, **138**, **162**
Cassiope, pétala e sépala, 233
Castanea, lenho, 82, 86
Catalpa, lenho, 82, 85
Caule, 160-185; bainha de amido no, 162, 195; câmbio fascicular no, 186; córtex do, 162; crescimento primário do, 178; diferenciação vascular no, 179, **181**, **182**; endoderme no, 162-193; estrutura nodal do, 173; de coníferas, **189**, 192; de dicotiledôneas lenhosas **189**, 192, 199; de gramíneas, **197**, **198**, 199; de monocotiledôneas, 199; de trepadeiras, 194, 195, **196**; esclereídeos no, 42; estrutura primária do, 160, **161**; estrutura secundária, 186, **187**, **188**, **189**; medula do, 162; meristema apical do, 170; periciclo do, 164; procâmbio do, 171; sistema vascular do, 162
Caule, meristema apical do, 6, **18**, 170, **171**, **172**, **173**, **175**, **180**, **241**
Caules, tipos de, 192
Cavidade oleífera, **130**
Cavidade secretora lisígena, **130**
Ceanothus, nectário, 127
Cebola, *veja Allium*
Cedrus, folha, 226
Célula albuminosa, 103, 105, 226
Célula apical, 171
Célula buliforme, 50; silicosa, em gramíneas, 50, 51; suberosa, em gramíneas, 50, **51**; subsidiária, 54

Célula colenquimatosa, *veja* Colênquima
Célula cristalífera, 129
Célula crivada, 99, **102**, 105
Célula esclerenquimática, *veja* Esclerênquima
Célula felóide, 114
Célula-guarda, 52; cloroplastídio na, 55; das gramíneas, 55
Célula madura, conceito de, 20
Célula motora, 224
Célula oleífera (de óleo), 129, **130**
Célula, parede da, 33, **39**, **40**; formação da, **26**; na célula do súber, 114; na célula do parênquima, 23; na epiderme, 50; no colênquima, 33; no esclerênquima, 38; nos elementos crivados, 98; primária, 26, 34, 38, 42; secundária, 26, 38, 42; secundária, crescimento na fibra, 48
Célula parenquimática, *veja* Parênquima
Célula de passagem, na endoderme, 138
Célula, placa da, 24, **26**, 95
Célula secretora, 128
Célula subsidiária, 54
Célula tanínifera, 129, **130**
Células companheiras, 103
Células-mãe centrais, no meristema apical, 175
Células, sumários dos tipos de, 3, 4
Celulose, 38, **39**, 41
Celtis, lenho, 82, 86
Cenoura, *veja Daucus*
Cephalanthus, floema, 106
Cera, na cutícula, 52
Ceratonia, tanóides, 129
Cerne, 61
Chaenomeles, fruto, 253
Chenopodiaceae, crescimento anômalo, 198; semente, 261
Chrysothamnus, folha, 221
Cicatriz, 192
Cicatrização, 192
Cilindro vascular, 169; da raiz, 138
Citoistológica, zonação, no meristema apical, 174
Cistólito, 129, **130**
Citoquimera, 174, 176
Citoquinese, 24; no câmbio vascular, 95
Citrus, cavidade secretora, 129, **130**; folha, 220, **220**; fruto, 251; raiz, 155
Citrullus, epiderme, **53**
Clematis, súber, 121
Clerodendron, nó, 166
Clorênquima, 28
Cloroplastídio, **25**, 28; na célula guarda, 55; no embrião, 262; no endosperma, 262; na epiderme, 49
Cocos, periderme, 200; esclereídeos, 45
Coffea, semente, 260
Coifa, **18**, 142; no embrião, 9, 10
Colênquima, 3, 33-37
Coleóptilo, 14
Coleorriza, 13; identidade da, 14
Coléter, 126
Commellinaceae, células secretoras, 129
Compositae, floema interno, 163; fruto, 249; látex, 132; semente, 261
Compressão, lenho (madeira) de, 85

Índice

Condriossomos, 29
Conífera, caule, 192; ducto resinífero, 228; floema, 105; folha, 225; madeira, 75
Convolvulaceae, floema interno, 163
Convolvulus, endoderme, **138**; raiz, 155
Corchorus, fibras, 45
Cordyline, crescimento secundário, 199; súber estratificado, **121**
Cornus, fruto, **247**
Corpo da planta, 1-3
Corpo primário, afetado pelo crescimento secundário, 188; conceito de, 2
Córtex, da raiz, 136; do caule, 162
Costela, da nervura, 35, 205
Cotilédone, 8; desenvolvimento do, 8; traço vascular do, 20
Crássula, 64
Crassulaceae, células secretoras, 129
Crescimento, anel de, 60
Crescimento coordenado, 47; do ápice da raiz, 16; intercalar, 179, 208, 209; intrusivo, 47; marginal da folha, 208; primário, 2, 16, 22; secundário, 3, 22, 186; secundário anômalo, 155, 196; secundário nas monocotiledôneas, 199
Crescimento primário, 2, 16, 22
Crescimento secundário, 3, 22; anômalo, 155, 196; em monocotiledôneas, 199; na raiz, 150, **151, 152**; no caule, 186, **187, 188, 189**
Cripta estomatífera, 202
Cristais, 30, 31
Cristalóide, 31
Cromoplastídios, 29, **30**
Cruciferae, raiz, 156; semente, 256
Cryptocarya, elementos de vaso crivado, **102**; câmbio vascular, **94**; lenho, 82
Cucumis, fruto, 253
Cucurbita, caule, **36, 194**, 196; fibra extraxilária, 164; fruto, 251; placa crivada, **101**; raiz, **153**; semente, **258**
Cucurbitaceae, caule, 196; floema interno, 163; fruto, 251; semente, 256, 257, 261
Cunninghamia, folha, 226
Cupressaceae, folha, 226; lenho, 76
Cupressinae, folha, 228
Cupressus, meristema apical do caule, **175**; folha, 226
Cutícula, 49, **51**, 52; nos pêlos glandulares, 126; nas sementes, 260
Cuticularização, 52
Cutina, 49, 52
Cutinização, 52
Cycadales, folha, 229
Cycas, estômato, 55; folha, 229
Cydonia, esclereídeos, 44
Cyperaceae, epiderme, 55; feixe vascular, 163; flor, 244; semente, 261

Dacrydium, folha, 226, 228
Dammara, folha, 226
Daucus, cromoplastídio, 29, **30**; raiz, 135, 155; semente, 261
Deiscência, da antera, 234; do fruto, 247
Derivadas, das iniciais meristemáticas, 16

Dermatógeno, 9, **174**
Desdiferenciação, 178
Dianthus, epiderme, **53**; folha, **220**
Dicotiledôneas, floema, 106
Dicotiledôneas, folha, 219
Dicotiledôneas, caule tipo trepadeira, 195
Diferenciação, conceito de, 19; gradiente de, 21; no caule, 179
Diospyros, lenho, **82**, 86; plasmodesmas, **27**, semente, 260
Diplotaxis, embrião, **8**
Dodecatheon, placentação, **238**
Dorsiventral, folha, 223; mesófilo, 220
Dracaena, crescimento secundário, 199
Drymis, carpelo, **242**; lenho, 68, 84, 86
Ducto gomífero, 85, 131
Ducto resinífero, 76, **78**, 131; na folha de coníferas, 226

Echeveria, células taniníferas, 129
Eichhornia, coifa, 142
Eixo hipocótilo, raiz, 6
Elaeis, raiz, **141**
Elemento crivado, 97; ontogenia do, **103**
Elemento de vaso, 61, **62**, **63**; ontogênese do, **64**; especialização filogenética do, 67
Elemento de vaso crivado, 99, **102**
Elementos traqueais, 61, **62**; especialização filogenética dos, 67
Elementos xilemáticos, **62**, **63**
Embrião, 6-15, **133**, **261**; de cebola, 11; de dicotiledôneas, 6; formação do, 6; das gramíneas, 12; das monocotiledôneas, 10
Endarca, xilema, 21, 183
Endoderme, célula de passagem na, 138; na folha de coníferas, 226; na raiz, 137, **143**; no caule, 162, 193
Endosperma, 250, 260
Endotécio, 234
Enxertia, 192; natural, da raiz, 155
Ephedra, meristema apical, 174
Epiblasto, 12
Epicótilo, 6
Epiderme, 3, 49-58; cloroplastídios na, 49; da folha, 51, **53**, 201; da raiz, 136; do caule, 161; múltipla, 49, **50**; parede celular da, 50
Epiderme múltipla, 49, **50**, 136, 221
Epitema, 128
Equisetum, meristema apical do caule, **172**
Ergásticas, substâncias, 29
Ericaceae, células secretoras, 129
Ericales, folha, 217
Ervilha, *veja Pisum*
Esclereídeos, 38, **41, 42, 43**; desenvolvimento dos, 47; no floema, 103, 107; na semente, 258
Esclerênquima, 3, 38-48; comparado com o colênquima, 33; na folha de gramíneas, 225; no floema, 103
Escutelo, 12
Espaços intercelulares esquizógenos, 24
Especialização, conceito de, 19
Esquizogenia, 129
Estame, 233, **234**
Estelo, conceito de, 169; tipos de, 169

Estigma, 238
Estigmatóide, tecido, 238
Estilete, 238
Estômato, 51, 52, **53, 54**; desenvolvimento do, **55**, 56; nas angiospermas, 201; nas gimnospermas, 55; tipos de, nas dicotiledôneas, 54
Estratificado, câmbio, **90**; floema, 107; lenho, 80; súber, 120, **121**, 200
Estrutura nodal, 164, **165**, 166
Estruturas secretoras, 4, 125-133, **130**; externas, 125; internas, 128
Eucalyptus, cavidade secretora, 129; floema, 108; lenho, 75; súber, 121
Euphorbia, amido, **30**; embrião, **133**; laticíferos, **133**; nectário, 127
Euphorbiaceae, laticífero, 132
Exalbuminosa, semente, 261
Exarca, xilema, 21, 141, 183
Exoderme, 138
Extraxilemáticas, fibras, 45, 164

Fagus, elemento de vaso, **63**; lenho, 82, 86; lenticela, **122**, 123; periderme, 117; raio, **69**
Fascicular, câmbio, 186
Feixe vascular, 163; anficrival, 163; anfivasal, 163; bicolateral, 163; colateral, 72; diferenciação do, 183
Felema (*veja também* Súber), 113, 114
Feloderme, 113, 114
Felogênio, 3, 113; início do, 117
Fibra liberiana, 45
Fibra libriforme, 66
Fibras, 38, **39**, 45, **62**; desenvolvimento das, 47; duras, 46; econômicas, 45, 223; extraxilemáticas, 45, 164; gelatinosas, 67, 85; no floema, 45, 103, 105, 107, 164; folha, 46; libriforme, 66; periciclo, 45, 104; perivascular, 45, 164, 195; septada, 67, 83, 107; no xilema, 66, 68
Fibras do xilema, especialização filogenética, 67
Fibras septadas, 67, 83, 107
Fibroesclereídeo, 104, 107
Fibrotraqueídeo, 66
Ficus, borracha, 132; cistólito, 129, **130**; folha, **50**, 221; lenho, 82
Filotaxia, 167
Floema, 4, 97-112; de coníferas, 105; de dicotiledôneas, 106; diferenciação primária, 183; externo, 163; interno, 163, 194; não-funcional, 104, 110, 189; primário, 104; secundário, **60, 94**, 105, 107, **108, 109, 110, 111**; secundário, tipos de células, 97
Floema de coníferas, 105
Floema estratificado, 107
Floema externo, 163
Floema, fibras do, 45, 103, 104, 106, 164
Floema, não-estratificado, 107
Floema, não-funcional, 104, 110, 189
Floema primário, 104, **105, 106**, 141; diferenciação do, 174
Floema secundário, **60, 94**, 98, 105, **107, 111**; tipos de células, 97
Flor, 232-245; desenvolvimento da, 239, **240**, 241,

243, **244**; das gramíneas, **244**; placentação, 235; sistema vascular, **237**, 239
Foeniculum, raiz, 155
Folha, **50**, 201-231; abscisão da, **212**, 214; crescimento apical da, 208, **210**; crescimento marginal da, 208, **210**; das angiospermas, 201; das cicadáceas, **229**; das coníferas, 225, **227, 228**; das dicotiledôneas, **202**, 207, 219; das gimnospermas, 225; das gramíneas, 223, **224, 225**; das monocotiledôneas, **205, 222**, 223; de Ginkgo, **229**; desenvolvimento da, 208; dorsiventral, 223; endoderme na, 226; epiderme da, 201; hidromorfa, 219, 221, **222**; hipoderme na, 217, 221, 226; mesófilo da, 203, **212, 218, 219, 220, 221**, 223; mesomorfa, 221; morfologia da, 201; desenvolvimento dos tecidos vasculares da, 213; ducto resinífero na, 228; esclereídeos na, 44; sistema vascular da, 203; tecido de sustentação na, 221; unifacial, 209; variações estruturais na, 216; venação ou nervação da, 203, **204, 206**; xeromorfa, 216, **217**, 221
Folha das coníferas, 225; ducto resinífero em, 228
Folha, das gimnospermas, 225
Folha, disposição, 167
Folha dorsiventral, 223
Folha, fibras da, 46
Folha hidromorfa, 219, 221, **222**
Folha, lacuna foliar, 164, **165, 166**; após crescimento secundário, 190; fechada, 190; origem da, na ontogênese, 180
Folha, mesomorfa, 220
Folha, primórdio da, 176, 208; das gemas dormentes, 211
Folha, protrusão lateral inicial, 176, 208
Folha, traço foliar, 164, **165, 166**; após crescimento secundário, 190; fechado, 190; origem do, na ontogênese, 180
Folha unifacial, 209
Folha xeromorfa, 216, **217**, 221
Fragaria, nectário, **127**; poliderme, **116**; raiz, **137**
Fragmoplasto, 24, **26, 95**, 102
Fraxinus, casca (súber), 121; elemento crivado, **102**; floema, 107, **110**; lenho, 82, **83**, 84, 86; lenticela, 123; pontuação, **65**
Fruto, 246-263; abscisão, 253; desenvolvimento do, 251; esclereídeos no, 44; lenticelas no, 253, periderme no, 253, tipos de, 246
Fruto, parede do, 246; carnoso, 250, **252, 253**; seco, 247, **248, 249**
Fuchsia, placentação, 238
Fusiforme, inicial, 90, **91**

Gaillardia, cromoplastídios, **30**; parênquima, 24
Gelatinosa, fibra, 67, 85
Gema adventícia, 178
Gema axilar, **168**, 177
Gineceu, 234
Ginkgo, estômato, 55; folha, 174, 229; meristema apical do caule, 175
Glandulares, pêlos, 125, 126
Glândulas, 125
Gleditsia, lenho, 82

Índice

Glycine, esclereídeos, 45; fruto, 248; semente, 258; tricomas, 56
Gnetum, estômato, 55
Gomose, 85
Gordura, como substância ergástica, 31
Gossypium, cavidades secretoras, 129; fibras do algodão, 47, 56, 57; folha, 220; tricomas da folha, 56, 126
Gradientes de diferenciação, 21
Gramineae, caule, 179, 199; desenvolvimento floral, 243; embrião, 12; epiderme, 49, 55; folha, 223; fruto, 249; raiz, 135; semente, 261
Gramíneas festucóides, 224
Gramíneas panicóides, folha, 225
Grana, em cloroplastídios, 29
Grão de aleurona, 31
Grão de amido, 30
Greggia, folha, 217
Guttiferae, células secretoras, 129
Gynmocladus, ritidoma, 119

Hakea, esclereídeos, 43, 44
Haplopappus, folha, 221
Helianthus, caule, 193; diferenciação vascular, 182; meristema apical da inflorescência, 241; meristema apical do caule, 241; raiz lateral, 148
Helleborus, epiderme, 51
Herbáceas, caule das dicotiledôneas, 193
Heterocelular, raio, 69
Hevea, borracha, 132
Hibiscus, fibras, 45, 103
Hicoria, lenho, 82, 83, 86
Hidatódio, 128, 205
Hidromorfa, folha, 219, 221, 222
Hilo, em grão de amido, 31
Hipocótilo, 6
Hipoderme, na folha, 216, 221, 226
Hipófise, 9
Histógeno, conceito de, 174
Homocelular, raio, 69
Hordeum, caule, 197, 198
Hosta, folha, 223; nervação ou venação, 204
Hoya, esclereídeos, 43, 44
Humulus, folha, 219
Hydrangea, ráfides, 130
Hypericaceae, células secretoras, 129; poliderme, 116; raiz, 155

Idioblasto, 31, 44, 50, 128
Impatiens, semente, 261
Inflorescência, das gramíneas, 243
Inicial, anel no ápice do caule, 177
Inicial fusiforme, 90
Inicial de raio, 90, 91, 93
Iniciais, da raiz, 90, 93; no câmbio vascular, 90; no meristema, 16; no promeristema do caule, 172-174; no promeristema da raiz, 142
Intercalar, crescimento, 179, 208, 209; meristema, 179, 211
Intercelular, espaços esquizógenos, 24; substância, 24, 38
Interfascicular, câmbio, 186; parênquima, origem do, na ontogênese, 180

Intrusivo, crescimento, 47
Ipomoea, amido, 30; folha, 219; periderme, 114, 120; raiz, 135, 156, 157
Iris, folha, 209, 222, 223; semente, 260
Isobilateral, mesófilo, 221

Juglans, abscisão da folha, 212; câmbio vascular, 93, 94; cristais, 30; elemento crivado, 102; floema, 107; folha, 206; lenho, 82, 85, 86; medula, 163; tecidos vasculares secundários, 91
Juncaceae, feixe vascular, 163; semente, 261
Juniperus, folha, 226

Labiatae, folha, 221
Lactuca, folha, 219; fruto, 249; látex, 133; laticífero, 132
Lacuna foliar fechada, 190
Lamela média, 24, 38; composta, 34, 38
Larix, folha, 225, 226, 228; lenho, 76, 86
Látex, 133
Laticífero, 4, 131; articulado, 132; não-articulado, 133
Lauraceae, células secretoras, 129; folha, 221
Laurus, floema, 107
Lavandula, tricoma, 56, 126
Leguminosae, canais secretores, 131; células secretoras, 129; folha, 221; fruto, 248; semente, 258, 261
Lenho, 59, 60, 75, 76, 77, 79-83; de coníferas, 75; de dicotiledôneas, 82; de poros em anel, 82; de poros difusos, 82; distribuição dos vasos no, 82; ducto gomífero no, 85; ducto resinífero no, 76; estratificado, 82; não-estratificado, 82; precoce (primaveril), 60, 75; tardio (estival), 60, 75; tipo de reação, 85; tensão, 85
Lenho com poros em anel, 82; com poros difusos, 82
Lenho de, compressão, 85; de reação, 85; de tensão, 85
Lenho estratificado, 82; não-estratificado, 82
Lenho precoce (primaveril), 60; tardio (estival), 60
Lenticela, 121, 122; no fruto, 253
Leptadenia, crescimento anômalo, 197
Leucoplastídio, 29
Lignina, 38
Ligustrum, folha, 220; mesófilo, 25; venação, 204
Liliaceae, feixe vascular, 163; semente, 261
Liliflorae, crescimento secundário, 199
Lilium, folha, 220, 223
Linha lúcida, nas sementes de leguminosas, 260
Linum, ápice da raiz, 18; ápice do caule, 18; caule, 46; diferenciação vascular, 181; fibras, 45, 46, 103; folha, 211, 219; fruto, 248; plântula, 1 região de transição, 17
Liquidambar, lenho, 83, 86
Liriodendron, câmbio vascular, 79, 93; caule, 193; células oleíferas, 130; elemento crivado, 102; elemento de vaso, 63; fibras, 45; floema, 94, 107, 109, 111; lenho, 79, 82, 86; lenticela, 123; pontuações, 65; venação, 204
Lisigenia, 129
Litocisto, 50, 130

Loganiaceae, crescimento anômalo, 197
Lonicera, casca, 121; diferenciação vascular, 181; ritidoma, 119
Lotus, caule, 161, 187
Lupinus, semente, 261
Lycopersicon, raiz adventícia, 158; cromoplastídio, 29, 30; flor, 237; folha, 219; fruto, 250, 251; raiz, 153; semente, 256
Lycopodium, sistema vascular, 167

Maclura, lenho, 85
Macrofibrila, 39, 42
Madeira de lei, 75
Magnolia, floema, 107; lenticela, 123; pontuações, 65
Magnoliaceae, células secretoras, 129
Malus (veja também Pyrus), coléter, 126; córtex da raiz, 138; escleredeos, 43, 44; fruto, 251, 253, 254; lenticela, 123
Malvaceae, células secretoras, 129
Manihot, borracha, 133
Medicago, caule, 187, 193; folha, 219; raiz, 151, 152, 153
Medula, do caule, 163
Melilothus, raiz, 146
Membrana da pontuação, 27
Meristema, 2, 16; apical, 2, 16; da medula, 175; destacado, 178; do espessamento primário, 179; em fileira, 176; em forma de costela, 176; em forma de placa, 209; fundamental, 9; iniciais no, 16; intercalar, 179, 209; lateral, 3, 90, 113; marginal, na folha, 210, 208; periférico, no meristema apical, 170, 175; residual, 180; vascular, veja procâmbio e câmbio vascular
Meristema apical, 2, 16; da flor, 239; da inflorescência, 241; da raiz, 18, 142, 143; do caule, 18, 170, 171, 172, 173, 175, 180, 241; do embrião, 9
Meristema em placa, 209
Meristema medular, 175
Meristema primário de espessamento, 179, 180
Meristemático, tecido, 19
Mesembryanthemum, feixe vascular, 163; tricomas, 56
Mesocótilo, 14
Mesófilo (veja também Folha), 25, 28, 203; aréola no, 204; cêntrico, 221; diferenciação do, 213; dorsiventral, 220; isobilateral, 221; plicado, 226; terminação do feixe no, 204; variações na estrutura do, 219
Mesomorfa, folha, 220
Metafloema, 104; da raiz, 141
Metasequoia, folha, 226
Metaxilema, 21, 70; da raiz, 141
Micela, 39, 42
Michelia, parênquima do xilema, 84
Micorriza, 142
Microfibrila, 39, 40, 41, 42
Mitocôndrios, 29
Monimiaceae, folha, 221
Monocotiledôneas, caule, 199
Monocotiledôneas, folha, 223
Monstera, escleredeos, 44; raiz, 141

Moraceae, laticíferos, 133
Morus, lenho, 82, 85
Mucilagem, nos elementos crivados, 101
Musa, fibras, 46; folha, 223
Myrtaceae, células secretoras, 129; poliderme, 116; raiz, 155

Nectário, 126, 127, 220
Nerium, folha, 217
Nervura central, sistema vascular na, 206
Nervura costal (em costela), 35, 205
Nicotiana, caule, 194; fruto, 248
Nodal, estrutura, 165, 166
Nuphar, escleredeos, 44
Nyctaginaceae, crescimento anômalo, 198
Nymphaea, escleredeos, 44; folha, 222

Ochroma, lenho, 75
Olea, escleredeos, 43, 44; tricomas, 56
Onagraceae, poliderme, 116; raiz, 155
Orchis, velame, 136
Órgão, da planta, 1
Ortóstica, 168
Oryza, caule, 199; estômato, 54
Osmanthus, escleredeos, 44
Ostrya, floema, 107, 111
Ovário, 235
Óvulo, 238

Pandanus, raiz, 135
Panicóide, gramínea, folha, 225
Papaver, látex, 132
Papilionatae, semente, 258
Par de pontuações, 27; areoladas, 62, 66; semi-areoladas, 64, 65, 66; simples, 62
Parástica, 168
Parede celular primária, 26, 42; no colênquima, 34; no esclerênquima, 38
Parede celular secundária, 26, 42; crescimento da, na fibra, 47; no esclerênquima, 38
Parênquima, 3, 23-32; axial em lenho das coníferas, 76; axial, em lenho das dicotiledôneas, 82; colenquimático (colenquimatoso), 35; comparado com o colênquima, 33; esclerificado, 38, 44; esclerótico, 69; no floema, 104; no xilema, 69, 84
Parênquima do raio, 78
Parênquima interfascicular, sua origem na ontogênese, 180
Pastinaca, folha, 219, 220
Pecíolo, 222; sistema vascular no, 205, 206
Pécticas, substâncias, 41
Pelargonium, caule, 193, 194; fibras extraxiláricas (extraxilemáticas), 164; folha, 206; periderme, 118; tricomas, 56
Pêlo da raiz, 136, 145
Pêlo urticante, 126
Pêlos, 57; glandulares, 125, 126; urticantes, 126
Peperomia, folha, 221
Periblema, 174
Pericarpo, 246
Periclíclicas, fibras, 45, 104
Periciclo, na raiz, 138, 140; no caule, 164

Índice

Periderme, 3, 113-123; de lesão (cicatrização), 113, **114**, 120, 192; desenvolvimento da, 117, **118**; na raiz, 150; no fruto, 253
Perimedular, zona, 163
Perivasculares, fibras, 45, 164, 195
Persea, fruto, 252; lenticela, **122**
Pétala, 232, **233**
Phaseolus, amido, **30**; esclereídeos, 43, **44**; fruto, 248; semente, 256, **258**, **259**
Phoenix, semente, 260
Phormium, fibra, 46
Picea, ápice da raiz, **143**; folha, 226; lenho, 76
Pinaceae, folha, 226; lenho, 75
Pinus, casca, 121; caule, **189**; célula crivada, **102**; cristais, **30**; estômato, **54**; floema, 106, **109**; folha, 225, 226, **227**, 228; lenho, 76, 77, **78**, 86; meristema apical do caule, **173**, 175; pontuação areolada, 65; traqueídeo, **63**
Pistilo, 235
Pisum, esclereídeos, 45; folha, 219; fruto, 248; meristema apical do caule, **172**, **173**; raiz, **147**
Placa crivada, 98, **99**, 100
Placa de perfuração, no elemento de vaso, 62
Placentação, 235
Plasmodesmas, 27
Plastídios, 28
Plastocrono, 177
Platanus, lenho, 82, 86
Pleroma, 174
Plúmula, 6
Poa, folha, **224**
Podocarpaceae, folha, 226; lenho, 76
Podocarpus, esclereídeos, 44; folha, 226-228
Polaridade, 20; no embrião, 8
Poliderme, 116, 155
Polygonaceae, semente, 261
Pontuação, areolada, 42, **66**, **78**; areolada aspirada, 65; na parede celular, 27, 42; nos elementos traqueais, 61; primordial (primária), **40**; ramiforme, 44; simples, **26**, 42
Pontuações, **65**
Populus, elemento de vaso, **63**; floema, 107; lenho, 82, 86; lenticela, 123
Primária, parede celular, 26, 42; no colênquima, 35; no esclerênquima, 38
Primária, raiz, 135
Primário, corpo, conceito de, 3; afetado pelo crescimento secundário, 186; crescimento, 3, 19, 22; floema, 104, **105**, **106**, 141; diferenciação do, 183; meristema de espessamento, 179, **180**; sistema vascular, **165**; tecidos vasculares, 59
Primário, campo de pontuação, 27
Primário, xilema, 70, **71**, **105**; da raiz, 141; diferenciação do, 183; parede secundária no, 72
Primula, plasmodesmas, **27**; semente, 261
Procâmbio, 9, 59; da raiz, 145; do caule, 171; origem do, no caule, 179
Proembrião, 8
Prófilo, 201
Promeristema, na raiz, 142; no caule, 170, 174; quiescente, 144, 176
Proplastídio, 29
Proteaceae, folha, 221

Protoderme, 9
Protofloema, 104, 141
Protoxilema, 21, 70, 139
Prunus, abscisão da folha, **212**; caule, 193; estame, **234**; estômato, **54**; floema, 107; folha, **220**; fruto, 251, **252**, 253; lenho, 85, 86; lenticela, **123**; periderme, 120
Pseudotsuga, ducto resinífero, **78**; esclereídeos, 44; lenho, 76, 86; traqueídeos, **78**
Pseudowintera, lenho, 68
Pterocarya, medula, 163
Púlvino, 222
Pyrus, casca, 121; córtex da raiz, 138; elemento crivado, **102**; esclereídeos, 43, **44**; folha, 212, 220; fruto, 251, 254; lenho, 82; lenticela, 123; placa crivada, **101**

Quercus, casca, 121; caule, 197; elementos do xilema, **62**; floema, 107; lenho, 75, **81**, 82, 84, 85, 86; lenticela, 123; periderme, 117; ritidoma, **119**
Quiescente, promeristema, 144, 176

Rabanete, *veja Raphanus*
Radícula, 6, 13; identificação da, em gramíneas, 14
Ráfides, **130**
Raio, dilatação do, 108, 190; heterocelular, **69**; homocelular, **69**; no floema das dicotiledôneas, 107; no lenho das coníferas, 76; no lenho das dicotiledôneas, 83; tipos de células no, 69
Raio, iniciais do, 90, 91, 93
Raio, parênquima do, **78**
Raio, traqueídeos do, 77, **78**
Raiz, 135-159; adventícia, **14**, 135, 158; armazenadora, 155; câmbio vascular da, 150; cilindro vascular da, 138; contráctil, 135; córtex da, 136; crescimento apical da, 144; de dicotiledôneas herbáceas, 153, 155; de espécies lenhosas, 154; diferenciação primária da, 145, **147**; enxerto natural da, 155; epiderme da, 136; estrutura anômala da, 155, **156**, **157**; estrutura primária da, 135, **137**, **139**, **140-141**, **146**, **147**; estrutura secundária da, 150, **151**, **152**, **153**, **154**; floema primário da, 141; lateral, 145, **148**; meristema apical da, **18**, 142, **143**; metafloema da, 141; metaxilema da, 141; periciclo da, 138; periderme da, 150; poliderme da, 155; primária, 135; procâmbio da, 145; promeristema da, 142; protofloema da, 141; protoxilema da, 141; de reserva, 155; seminal, 14; xilema primário da, 141
Raiz, ápice da, **18**, **144**; terminação da, 19
Raiz, coifa da, **18**, 142; coifa no embrião, 9
Raiz, pêlos da, 136, 145
Raiz, sistema, adventício, 135; axial, (pivotante), 135; fascicular, (fibroso), 135
Ranunculus, 194; fruto, **247**
Raphanus, ápice da raiz, **143**; folha, 219; raiz, 135, 156, **157**
Raphia, fibras de, 47
Região de transição na plântula, 17, 21
Rheum, feixe vascular, 163

Rhododendron, periderme, **115**
Rhus, câmbio vascular, **92**; canal secretor, **130**; periderme, **115**
Ribes, flor, **237**; periderme, 117
Ricinus, caule, **193**; semente, **256**, 261
Ritidoma, 116, **119**, 120, 190
Robínia, atividade cambial, 191; casca, 121; fibras, 45; floema, **98**, 107; lenho, 82, 85, 86; lenticela, 123; periderme, 120; tecidos vasculares secundários, **91**
Rosa, pétala, **233**; fruto, **247**
Rosaceae, células secretoras, 129; folha, 221; poliderme, 116; raiz, 155
Roystonia, periderme, 200
Rubus, fruto, **253**
Rumex, feixe vascular, 163; nó, **166**
Rutaceae, células secretoras, 129

Saccharum, caule, **199**; epiderme, **51**; folha, **224**
Saccopetalum, parênquima xilemático, **84**
Saintpaulia, tricoma, **56**
Salix, casca, 121; caule, **193**; lenho, **80**, 86; lenticela, 123; nervação, **204**; nó, **166**
Salsola, folha, **217**, 220
Sambucus, células taniníferas, 129, **130**; epiderme, **51**; fibras, 45; lenticela, 123
Sanguisorba, folha, **206**
Sansevieria, crescimento secundário, 199; fibras, 46
Sarcobatus, folha, 221
Sciadopitys, folha, 226
Scirpus, flor, **244**
Secale, caule, **197**, 199; endosperma, 261
Secundária, parede celular, 26, 42; crescimento da, na fibra, 48; no esclerênquima, 38
Secundário, crescimento, 3, 22; anômalo, 155, **196**; nas monocotiledôneas, 199; na raiz, 150, **151**, **152**; no caule, 186, **187**, **188**, **189**
Secundário, floema, 60, 94, **98**, 105, **107-111**; tipos de células no, **98**
Secundário, tecidos vasculares, 59, **60**, **91**, **92**
Secundário, xilema (*veja também* Lenho), 59, 60 75, **76**, **77**, **79-83**; das coníferas, 75; das dicotiledôneas, 79; tipos de células no, 61
Sedum, epiderme, 53
Selaginella, sistema vascular, 167
Semente, 11, 256-263, **257-259**, **261**; albuminosa, 261; esclereídeos em, 45; exalbuminosa, 261
Semente, tegumento da, 256
Sempervivum, células taniníferas, 129
Sépala, 232, **233**
Sequoia, 78; casca, 121; fibra, 45; folha, 226, 228; lenho, **78**, **86**
Sida, tricoma, **56**
Simarubaceae, células secretoras, 129
Sinapis, semente, **257**
Sistema de raios, no xilema, 59
Sistema de tecidos, classificação, 2; conceito de, 1
Sistema radicular, adventício, 135; fibroso (fasciculado), 135; pivotante (axial), 135
Sistema vascular, da flor, 239; da nervura mediana, **206**; da raiz, 138; das folhas de angiospermas, 203; do caule, 163, **165**; do pecíolo, **206**

Sistema vascular primário, **165**
Smilax, raiz, **140**
Solanaceae, caule, **194**; floema interno, 163
Solanum, caule, **195**; folha, **219**; fruto, **247**; gema axilar, **168**, 177; meristema apical do caule, **171**; periderme, 120; primórdio foliar, 208; raiz, **153**; tricoma, **56**
Sonchus, látex, 133
Sorghum, caule, 199; fruto, 249
Soja, *veja Glycine*
Sphaeralcea, folha, **217**
Spiraea, nó, **166**
Sporobolus, folha, **217**
Sterculiaceae, folha, 221
Stipa, ápice da raiz, **143**
Streptochaeta, coleóptilo em, 14
Strychnos, crescimento anômalo, 197
Súber, 113, 114; alado, 120; em monocotiledôneas, 120; estratificado, 120, **121**, **200**; interxilemático, 113
Suberina, 114
Substâncias pécticas, 41
Suspensor, 8
Syringa, folha, **202**, 220; terminação do feixe, **205**, **206**

Tabaco, *veja Nicotiana*
Talauma, periderme, 119
Tanino, 31
Tapetum, no estame, **298**
Taraxacum, látex, 133
Taxaceae, lenho, 76
Taxineae, folha, 228
Taxodiaceae, folha, 226; lenho, 75
Taxodium, folha, 225
Taxus, folha, 226, **227**, 228
Tecido, conceito de, 1; de sustentação, 33, 38; mecânico, 33, 38; origem do, 16; vascular, 59
Tecido caloso, 158, 178, 192
Tecido complementar, da lenticela, 121
Tecido de enchimento, da lenticela, 121
Tecido de sustentação, 33, 38; na folha, 221
Tecido de transfusão, 226; acessório, 228, 229
Tecido estigmatóide, **238**
Tecido mecânico, 33, 38; na folha, 228
Tecido provascular, 59
Tecido, sistema de, classificação do, 2; conceito de, 1
Tecidos, sumários dos tipos de, 3-4
Tecidos vasculares, 59; desenvolvimento dos, na folha, 213; no caule, 179; no nectário, 127; origem dos, 179; primários, 59; secundários, 59, **60**, **91**, **92**
Tegumento da semente, 256
Terminação do caule, 19
Terminação do feixe no mesófilo, 204, **206**
Terminalia, parênquima do xilema, **84**
Testa, 256
Tetracentraceae, célula secretora, 129
Tetracentron, lenho, 68
Thuya, câmbio vascular, **76**, 93; fibras, 45; floema, **107**, **108**; folha, 227; lenho, **76**, 86
Thumbergia, crescimento anômalo, 197

Índice

Tilia, canal de mucilagem, 131; casca, 121; caule, 36, **188, 189,** 193; fibras, 45; floema, 107 **111,** 121, 189; lenho, 82, 86; lenticela, 123; raiz, **154**
Tiliaceae, células secretoras, 129
Tillering (abrolhamento), 14, 135, 158
Tilose, 84; na zona de abscisão, 214
Tomate, *veja Lycopersicon*
Torreya, folha, 226
Torus (toro), 65, **78**
Traço, da folha, 164, **165, 166,** 180, **190,** 191; de cotilédone, 20
Traço, de ramo, **165, 166,** 167
Traqueais, elementos, 61, **62**; especialização filogenética dos, 67
Traqueídeo, 61, **62**; em coníferas, 75; no raio, 77
Traqueídeos de raio, 77, 78
Transição, região de, na plântula, **17,** 21
Transição, zona de, no meristema apical, 176
Tricomas (*veja também* Pêlos), **56, 57**; secretores, 125, **126**
Trifolium, caule, **161**
Trigo, *veja Triticum*
Triticum, cariopse, **250**; caule, **197,** 199; embrião, 14; flor, **244**; folha, **225**; início floral, **243**
Trochodendraceae, células secretoras, 129
Trochodendron, esclereídeos, **43, 44**; lenho, 68
Tropaeolum, semente, 261
Tsuga, folha, 228
Túnica-corpo, conceito de, 172

Ulmus, lenho, 82, 86
Umbelliferae, canais secretores, 131; raiz, 155
Urtica, pêlo urticante, 126

Vaccinium, periderme, **115**
Vaso, 61; distribuição no lenho, 82
Vaso crivado, 99, **100**

Vaso, elemento de, 61, **62, 63**; especialização filogenética do, 67; ontogênese do, 64
Velame, 49, 136
Venação ou nervação, 203, **204**
Veronica, nó, **166**
Vicia, fruto, 248
Vigna, epiderme, **53**
Viola, semente, 261
Vitis, casca, 121; caule, 195; cristais, **30**; feixe vascular, **90**; fibras, 45; floema, 107, 111; folha, **206,** 220; fruto, 250; lenho, 85; periderme, 117, **118,** 195; placa crivada, **100**; tricomas, 125

Welwitschia, estômato, 55
Winteraceae, células secretoras, 129
Wisteria, câmbio vascular, **92**

Xeromorfa, folha, 216, **217,** 220
Xilema, 5, 59-89; endarca, 21, 183; exarca, 21, 141, 183; fibras, 66; primário, 70, **71, 105**; primário, diferenciação do, 183; primário da raiz, 141; primário, parede secundária no, 72; secundário (*veja também* Lenho), 59, **60,** 75, **76, 77, 79-83**; secundário, de coníferas, 75; secundário, de dicotiledôneas, 80; secundário, tipos de células no, 61
Xilema, elementos do, **62, 63**
Xilema, fibras, especialização filogenética das, 67

Yucca, crescimento secundário, 199

Zantedeschia, folha, **205,** 223
Zea, ápice do caule, 180; *cariopse*, **12**; caule, **198, 199**; cloroplastídio, 28; crescimento ápice da raiz, 144; embrião, 14, **12**; folha, 224; fruto, 249; raiz, 135, **139, 140,** 146.

GRÁFICA PAYM
Tel. [11] 4392-3344
paym@graficapaym.com.br